TRAITÉ

DE

GÉOMÉTRIE ÉLÉMENTAIRE

A L'USAGE DES ASPIRANTS

AUX ÉCOLES DU GOUVERNEMENT

PAR

J. BOURGET

Ancien élève de l'École normale, agrégé de l'Université, docteur ès sciences
directeur des études à l'École préparatoire de Sainte-Barbe

ET

CH. HOUSEL

Professeur, ancien élève de l'École normale

PARIS

LIBRAIRIE HACHETTE ET Cⁱᵉ
BOULEVARD SAINT-GERMAIN, 79

1874

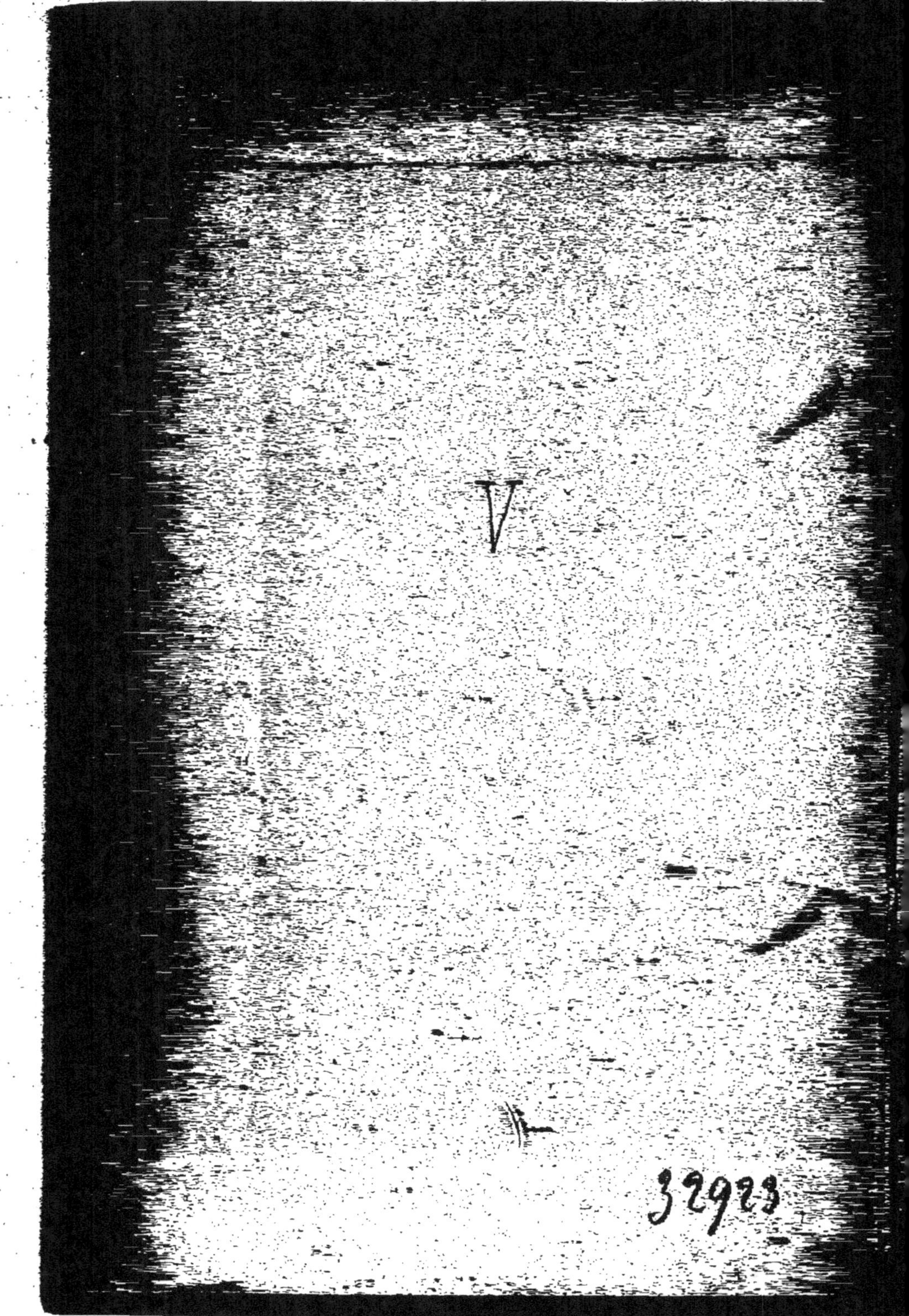

V

32923

TRAITÉ

DE

GÉOMÉTRIE ÉLÉMENTAIRE

PARIS. — IMP. SIMON RAÇON ET COMP., RUE D'ERFURTH, 1.

TRAITÉ

DE

GÉOMÉTRIE ÉLÉMENTAIRE

A L'USAGE DES ASPIRANTS

AUX ÉCOLES DU GOUVERNEMENT

PAR

J. BOURGET

Ancien élève de l'École normale, agrégé de l'Université, docteur ès sciences
directeur des études à l'École préparatoire de Sainte-Barbe

ET

CH. HOUSEL

Professeur, ancien élève de l'École normale

PARIS

LIBRAIRIE HACHETTE ET CIE

79, BOULEVARD SAINT-GERMAIN, 79

—

1874

Droits de traduction et de reproduction réservés

PRÉFACE

———

Dans le traité de géométrie élémentaire que nous publions, nous avons respecté autant que possible les traditions de l'enseignement classique.

Notre ouvrage est divisé en neuf livres.

Le PREMIER traite des propriétés générales des figures planes, formées par des lignes droites, savoir : les angles, les triangles, les parallèles, les polygones, les parallélogrammes. L'étude du triangle isoscèle précède celle du triangle quelconque et permet de rapprocher les trois cas d'égalité. Nous nous passons de l'axiome d'Archimède : *la ligne droite est le plus court chemin d'un point à un autre* ; nous démontrons, comme Euclide, que dans un triangle un côté est moindre que la somme des deux autres, et ensuite que la ligne droite est plus courte qu'une ligne brisée aboutissant aux mêmes points.

Le SECOND LIVRE est consacré à l'étude de la circonférence et de la mesure des angles. Nous y avons intercalé la théorie des rapports et des proportions entre grandeurs concrètes. Nous nous sommes attachés à préciser, par l'emploi de la méthode

a

des limites, la notion du rapport entre deux grandeurs incommensurables. Ce livre est terminé par une série de problèmes élémentaires que nous avons résolus par la *méthode analytique*, avec laquelle les élèves doivent se familiariser aussitôt que possible.

Dans le TROISIÈME LIVRE, nous traitons de la mesure des surfaces, et ensuite des lignes proportionnelles et de la similitude. En commençant par la mesure des surfaces, on a l'avantage de pouvoir transformer tous les théorèmes qui se rapportent à la proportionnalité en d'autres exprimant l'équivalence de deux aires. Nous avons terminé le chapitre de la similitude par quelques notions sur l'homothétie.

Le QUATRIÈME LIVRE est consacré aux polygones réguliers, à la mesure de la circonférence et du cercle. Dans cette partie du cours, on trouve le premier exemple de la recherche du rapport entre un arc de courbe et une ligne droite prise pour unité. Nous croyons, avec Duhamel et d'autres géomètres, que cette recherche exige nécessairement la définition préalable de la longueur de l'arc. La même difficulté ne se présente pas dans la mesure de la surface d'un cercle, parce qu'elle est comprise entre deux surfaces polygonales. La méthode des limites permet de traiter simplement et rigoureusement ces points délicats de la géométrie.

Le CINQUIÈME LIVRE a pour objet l'étude des propriétés générales du plan, des dièdres et des angles solides. Il commence par la théorie des droites et des plans parallèles, faite indépendamment des théorèmes sur la perpendicularité. Cette marche a l'avantage de donner immédiatement la notion de l'angle de deux droites quelconques de l'espace et de simplifier, en la généralisant, la théorie des droites et des plans perpendiculaires.

Les trièdres présentent, avec les triangles du plan, une analogie évidente ; les démonstrations des propositions qui s'y rapportent sont la répétition de celles qui ont été données des propositions analogues du premier livre, et l'on aperçoit bien ainsi que tout théorème relatif aux polygones plans et indépendant de la théorie des parallèles a son correspondant dans la géométrie des angles solides.

Le SIXIÈME LIVRE est l'analogue du second ; il traite des propriétés de la sphère et des figures tracées sur sa surface. Nous l'avons rendu complétement indépendant du cinquième dans le chapitre des triangles et des polygones sphériques, et nous avons reproduit à dessein toutes les démonstrations du premier livre, afin que le lecteur vît nettement l'analogie et la différence qui existent entre les triangles du plan et les triangles de la sphère. Nous nous sommes attachés à préciser les relations entre deux petits cercles tracés sur une sphère, afin que la géométrie du compas, sur cette surface, ne présentât rien d'obscur dans la discussion des problèmes intéressants qu'elle offre aux élèves.

Le SEPTIÈME LIVRE est consacré à la mesure des volumes, à la similitude et à la symétrie des polyèdres. Il est terminé par quelques théorèmes généraux sur les polyèdres, qui nous paraissent devoir entrer dans l'enseignement classique, à cause de leur importance et de leur simplicité.

Le HUITIÈME LIVRE a pour objet la mesure de la surface et du volume des corps ronds : cylindre, cône, sphère. Ici se présente une difficulté nouvelle : c'est la recherche du rapport d'une surface courbe au carré plan pris pour unité. Nous croyons qu'elle doit être précédée de la *définition* de l'aire d'une surface courbe. La même difficulté ne se présente pas dans l'évaluation des volumes, parce qu'on peut les comprendre entre deux volumes de polyèdres.

Dans le NEUVIÈME LIVRE nous avons exposé géométriquement les propriétés les plus importantes de l'ellipse, de la parabole, de l'hyperbole, et démontré, au moyen des théorèmes de Dandelin, que ces courbes sont des sections coniques ou cylindriques. La théorie de l'hélice termine ce dernier livre.

Paris, 10 décembre 1873.

J. BOURGET, HOUSEL.

GÉOMÉTRIE

LIVRE I

FIGURES RECTILIGNES

§ 1. — PRÉLIMINAIRES.

1. Définitions. — On appelle *volume* une certaine portion de l'espace.

Ce qui limite un volume est une *surface*. Nous pouvons, par abstraction, ne considérer que la surface d'un volume; elle n'a pas d'*épaisseur*.

Ce qui limite une surface est une *ligne*. Deux surfaces qui se rencontrent se limitent mutuellement; donc l'intersection de deux surfaces est une ligne. La ligne est sans largeur, ni épaisseur.

L'extrémité d'une portion de ligne s'appelle un *point*. Deux lignes qui se rencontrent se limitent mutuellement, leur intersection est un point. Le point n'a pas d'étendue.

Les volumes, les surfaces et les lignes portent le nom général de *figures*.

On dit que deux figures sont *égales* quand on peut les faire coïncider en imaginant que l'une soit transportée sur l'autre. Dans ce transport on suppose que la figure mobile conserve la même forme et l'on fait abstraction de l'impénétrabilité de la matière.

La *géométrie* a pour but l'étude des propriétés des figures.

2. Un *axiome* est une proposition que l'on regarde comme évidente. Plusieurs axiomes sont communs à toutes les sciences relatives aux grandeurs mesurables ; nous citerons les suivants dont nous ferons un fréquent usage :

A. *Le tout est plus grand que sa partie et égal à la somme de ses parties.*

B. *Deux quantités égales à une troisième sont égales entre elles.*

D'autres axiomes sont particuliers à la géométrie, nous les ferons connaître plus loin.

Un *théorème* est une proposition que l'on ramène à l'évidence des axiomes au moyen d'un raisonnement appelé *démonstration*.

Un *lemme* est un théorème destiné à préparer la démonstration d'un autre plus important.

Un *corollaire* est une conséquence déduite d'un ou de plusieurs théorèmes.

Un *scholie* est une remarque faite sur une proposition.

Un *problème* est une question à résoudre. La réponse s'appelle *solution*.

3. Ligne droite. — La plus simple de toutes les lignes est la *ligne droite*. Nous ne la définissons pas ; la notion que nous en avons ne peut pas être ramenée à d'autres plus élémentaires. Pour introduire cette notion dans les raisonnements de la géométrie, nous admettons les principes suivants (fig. 1).

Axiome I. — *Entre deux points A et B on peut mener une ligne droite et on n'en peut mener qu'une.*

Cette ligne peut être prolongée dans deux sens à partir de chaque point.

Une portion de ligne droite peut être mise en coïncidence avec une autre portion de la même droite ou de toute autre droite.*

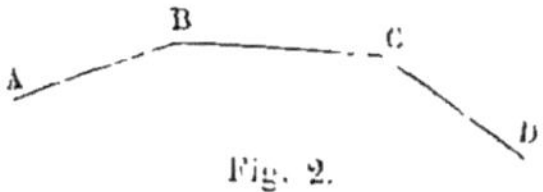

La ligne brisée est celle qui est formée de plusieurs lignes droites (fig. 2).

Fig. 1.

Fig. 2.

* On admet souvent comme un axiome que *la ligne droite est le plus court chemin d'un point à un autre*. A l'exemple d'Euclide, nous démontrerons rigoureusement qu'une ligne droite est plus courte qu'une ligne brisée ayant les mêmes extrémités, et la définition que nous donnerons de la longueur d'une ligne courbe nous fera voir que la ligne droite est plus courte que toute ligne aboutissant aux mêmes extrémités. La notion de chemin est complexe, et ne peut pas expliquer la notion claire et simple de ligne droite.

La ligne courbe est celle qui n'est ni droite, ni composée de lignes droites (fig. 3). Cette définition dit bien ce que la ligne courbe n'est pas, mais elle ne fait pas connaître ce qu'elle est. C'est qu'en effet il n'y a qu'une seule espèce de ligne droite, tandis qu'il y a une infinité de lignes courbes dont chacune a sa définition particulière.

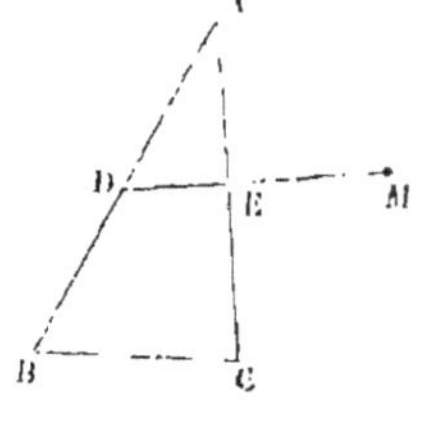
Fig. 3.

4. Plan. — La plus simple de toutes les surfaces est la surface *plane* ou le *plan*. Une table unie, une nappe d'eau tranquille nous en donnent l'idée. Pour introduire cette notion dans les raisonnements de la géométrie, nous admettons les principes suivants :

Axiome II. — *Il existe une surface telle qu'une droite ayant avec elle deux points communs y est contenue tout entière.*

D'après l'axiome de la ligne droite, *cette surface, qu'on nomme plan, est indéfinie.*

Par une droite il passe une infinité de plans.

Nous nommerons *figures planes* toutes celles qu'on peut tracer sur un plan et nous ne nous occuperons que des figures de cette nature dans les quatre premiers livres.

5. Angle. — On nomme *angle* l'écartement plus ou moins grand de deux droites qui se coupent (fig. 4). On nomme *côté* de l'angle les droites AB, AC qui le forment, et *sommet* leur point d'intersection. On désigne un angle par son sommet A ou par trois lettres BAC, la lettre du sommet étant au milieu.

Fig. 4.

PROPOSITION I.

6. Théorème. — *Par trois points non en ligne droite on peut faire passer un plan et on n'en peut faire passer qu'un.*

Soient A, B, C les points donnés.

1° Par la droite AB faisons passer un plan et imaginons qu'il tourne autour de AB comme charnière (4); il atteindra le point C dans le cours de ce mouvement. Donc par trois points non en ligne droite on peut faire passer un plan P.

Fig. 5.

2° Soit P′ un second plan passant par les trois points et M un point de ce nouveau plan. Joignons au point M un point D de AB, choisi de telle sorte que D et M soient de part et d'autre de AC. Cette droite rencontrera AC en E. La droite DEM du plan P′, passant par deux points D et E du plan P, y est tout entière contenue·(4); donc M appartient au plan P. Ainsi tout point de l'un des plans appartient à l'autre, donc ces deux plans se confondent.

CoROLLAIRE 1. — *Un angle détermine un plan.* — En effet, un plan passant par le sommet et deux points pris chacun sur l'un des côtés, contiendra l'angle. D'ailleurs le plan de l'angle passant par trois points non en ligne droite est unique.

CoROLLAIRE 2. — *Une droite et un point situé au dehors déterminent un plan.*

CoROLLAIRE 3. — *Une portion de plan peut s'appliquer sur une autre partie du même plan ou sur un autre plan.* — Il suffit, en effet, de faire coïncider trois points non en ligne droite.

CoROLLAIRE 4. — *Un plan peut s'appliquer sur lui-même, après avoir été retourné.*

§ 2. — ANGLES.

DÉFINITIONS.

7. Perpendiculaire. Angle droit. — Nous pouvons maintenant considérer dans un plan un angle, ou ce qui revient au même deux droites qui se coupent.

Une droite qui en coupe une autre forme avec elle deux angles COB, COA qui ont un sommet et un côté communs; on les nomme *angles adjacents* (fig. 6). Si ces deux angles sont égaux, on les appelle *droits* et la ligne OC est dite *perpendiculaire* sur AB.

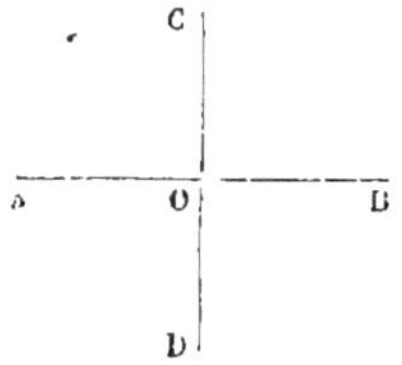

On appelle donc *perpendiculaire une droite qui forme avec une autre deux angles adjacents égaux.*

Fig. 6.

On appelle *angle droit l'un quelconque des deux angles égaux formés par une droite perpendiculaire sur une autre.*

8. Si deux angles DOB, DOE (fig. 7) sont placés l'un à la suite de

l'autre de manière à être *adjacents*, les côtés extrêmes OB, OE forment un angle qui est dit la *somme* des
deux premiers. De même EOB est la somme
des angles EOC, COE, EOD, DOB.

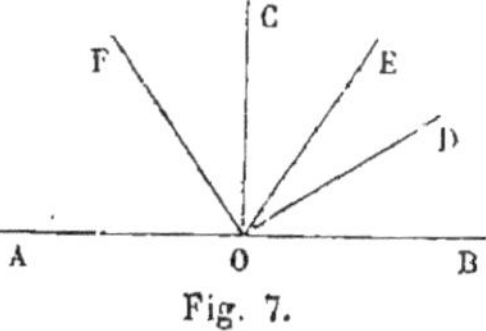

Un angle est dit *plus grand* qu'un autre, quand il est la *somme* de cet autre et
d'un autre angle ; ainsi EOB $>$ DOB.

On dit qu'un angle est *aigu* s'il est moindre qu'un *droit*, *oltus*
s'il est plus grand.

9. On appelle *bissectrice* d'un angle la ligne qui, partant du
sommet, divise cet angle en deux parties égales.

PROPOSITION II.

10. Théorème. — *Par un point pris sur une droite on peut
élever une perpendiculaire à cette droite et on n'en peut élever
qu'une* (fig. 7).

Menons par le point O de AB une ligne quelconque OE. Si les
angles EOB et AOE sont égaux, le théorème est démontré. Si ces
angles sont inégaux, imaginons que le plus petit EOB soit porté à
gauche, et soit AOF = EOB. Si nous menons la bissectrice de l'angle
EOF, cette ligne OC sera la pendiculaire demandée. En effet :

$$
\begin{aligned}
COB &= COE + EOB & &\text{(8)}\\
&= COF + FOA & &\text{par hypothèse.}\\
&= COA & &\text{(8)}
\end{aligned}
$$

D'ailleurs les angles adjacents DOB, DOA formés avec AB par toute
autre ligne OD seront inégaux, puisque

$$DOB = COB - COD \qquad \text{et} \qquad DOA = COA + COD.$$

11. Corollaire. — *Tous les angles droits sont égaux* (fig. 8).

Soit OC perpendiculaire sur
AB et O'C' perpendiculaire sur
A'B'. Les angles COB, COA sont
égaux par définition (**7**). Les
angles C'O'B', C'O'A' sont aussi
égaux par définition (**7**). Il faut

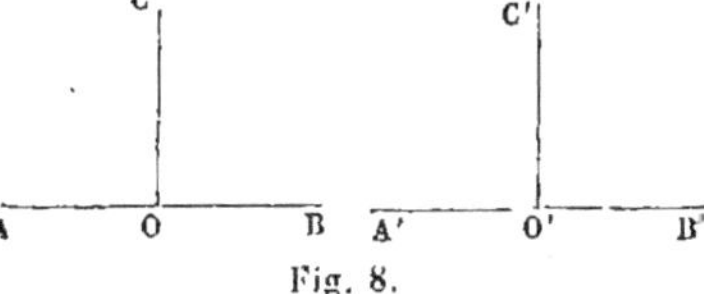

démontrer que les angles droits de la première figure sont égaux
aux angles droits de la seconde.

Or plaçons A'B' de la seconde figure sur AB de manière à faire coïncider les points O et O'. La droite O'C' suivra la direction OC, puisque par un point on ne peut élever qu'une perpendiculaire sur une droite (**10**).

PROPOSITION III.

12. Théorème. — *Toute ligne droite qui en rencontre une autre fait avec celle-ci deux angles adjacents dont la somme est égale à deux angles droits* (fig. 7).

Soit OD rencontrant AB.

Par le point O élevons une perpendiculaire OC (**10**). Nous aurons :

$$DOB = COB - COD = 1 \text{ dr.} - COD,$$
$$DOA = COA + COD = 1 \text{ dr.} + COD;$$

donc, en ajoutant membre à membre,

$$DOB + DOA = 2 \text{ dr.}$$

Ce qu'il fallait démontrer.

Scholie. — On nomme angles *supplémentaires* deux angles dont la somme est égale à deux angles droits ; chacun est dit le *supplément* de l'autre.

On appelle angles *complémentaires* deux angles dont la somme est égale à un angle droit ; chacun est dit le complément de l'autre.

13. Corollaire 1. — Si l'un des angles supplémentaires est droit, l'autre sera droit aussi.

Corollaire 2. — Si une droite CD (fig. 6) est perpendiculaire sur une autre AB, réciproquement AB sera perpendiculaire sur CD. En effet, soit O leur point d'intersection : $AOC = 1$ dr. par hypothèse, donc $AOD = 1$ dr. (**13**, cor. 1). Donc AB est perpendiculaire sur CD.

Corollaire 3. — La somme de tous les angles formés autour d'un même point du même côté d'une droite vaut deux angles droits (fig. 7).

Corollaire 4. — La somme des angles formés par diverses droites issues d'un même point vaut quatre angles droits. En effet, si par le point de concours des diverses droites on mène une droite xy quelconque, la somme des angles au-dessus de xy vaudra 2 dr., la somme des angles au-dessous de xy vaudra 2 dr. ; donc la somme totale des angles vaudra 4 dr.; or cette somme est précisément égale à la somme des angles donnés.

PROPOSITION IV.

14. Théorème. — *Réciproquement, si deux angles adjacents sont supplémentaires, les côtés extérieurs sont en ligne droite* (fig. 9).

Par hypothèse, BOE a pour supplément AOE.

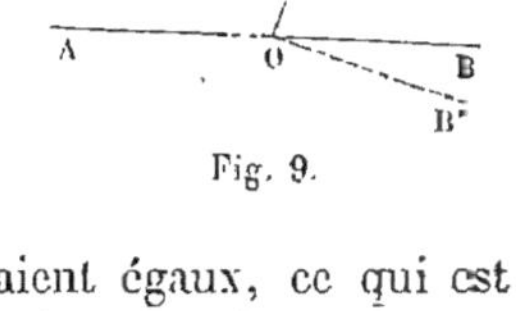

Fig. 9.

Si OB n'est pas le prolongement de OA, soit OB′ ce prolongement; alors B′OE aurait pour supplément AOE. Donc les deux angles BOE, B′OE, ayant même supplément, seraient égaux, ce qui est absurde, à moins que OB′ ne coïncide avec OB. C. q. f. d.

15. Scholie. — Dans une proposition on suppose toujours une chose pour en démontrer une autre; en d'autres termes on doit distinguer l'*hypothèse* ou les *hypothèses* et la *conclusion* ou les *conclusions*.

On nomme *réciproque* d'une proposition donnée une autre proposition dont l'hypothèse est la conclusion de la première, et inversement. Comme il peut se faire qu'une proposition ait plusieurs hypothèses ou plusieurs conclusions, une même proposition peut donner lieu à plusieurs réciproques.

On vient de voir un exemple de deux propositions réciproques.

Le mode de démonstration employé dans le dernier théorème s'appelle *réduction à l'absurde*. Il consiste à faire voir que si l'on suppose le contraire de ce qu'on veut démontrer, on est conduit à une absurdité.

PROPOSITION V.

16. Théorème. — *Quand deux droites se coupent, les angles opposés au sommet sont égaux* (fig. 10).

En effet, les angles BOD, AOC sont égaux, comme ayant même supplément AOD.

De même, AOD, COB sont égaux, comme ayant même supplément AOC.

Corollaire. — Réciproquement, si de part et

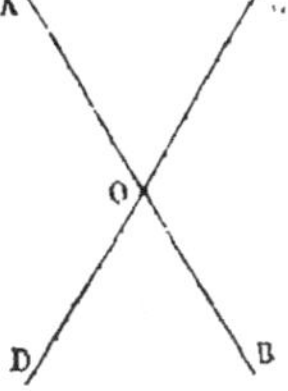

Fig. 10.

d'autre d'une ligne AB les angles opposés au sommet, AOC, DOB, sont égaux, les lignes OC, OD qui les forment sont le prolongement l'une de l'autre. En effet, soit OD′ le prolongement de OC, l'angle D′OB sera égal à AOC ; donc il se confond avec DOB, donc OD′ se confond avec OD.

§ 3. — TRIANGLES.

DÉFINITIONS.

17. Un *triangle* est la portion de plan comprise entre trois droites qui se coupent deux à deux (fig. 11). Dans un triangle il y a six éléments, trois angles A, B, C dont les sommets sont ceux du triangle et trois côtés BC, CA, AB, que l'on désigne respectivement par a, b, c, pour montrer qu'ils sont opposés aux angles de même nom.

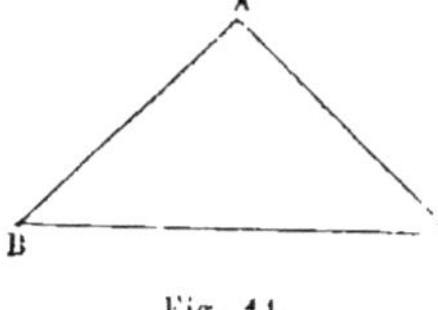

Fig. 11.

Si les trois côtés sont inégaux, le triangle est dit *scalène*.

Si deux côtés sont égaux, le triangle est dit *isoscèle*. On nomme *base* le troisième côté.

Si les trois côtés sont égaux, le triangle est dit *équilatéral*.

Si un angle est droit, le triangle est dit *rectangle*. Le côté opposé à l'angle droit se nomme *hypoténuse*.

PROPOSITION VI.

18. Théorème. — *Dans un triangle isoscèle, les angles opposés aux côtés égaux sont égaux* (fig. 12).

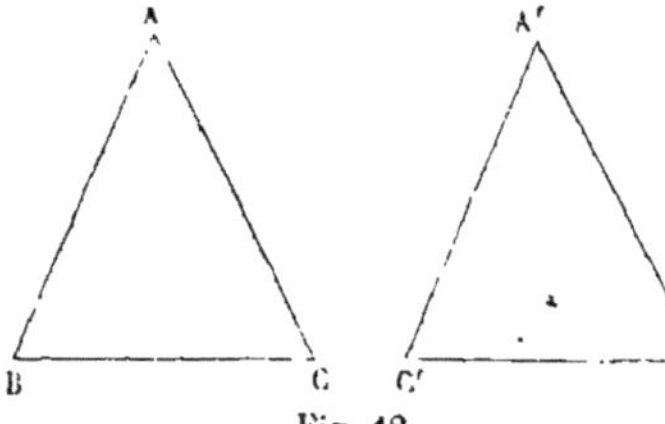

Fig. 12.

Par hypothèse AB = AC. Il faut démontrer que B = C.

A côté du triangle ABC, plaçons le même triangle retourné A′C′B′. Prenons maintenant la figure A′C′B′ et portons-la sur ABC, de manière à faire coïncider les deux angles égaux A′ et A. Le point C′ viendra en B et le point B′ en B en vertu de notre hypothèse ; donc B′C′ s'appliquera sur BC (**3**) et les deux figures coïncideront. Donc B′ = C ; mais B′ est égal à B, donc les angles B et C sont égaux.

C. q. f. d.

PROPOSITION VII.

19. Théorème. — *Réciproquement, si dans un triangle deux angles sont égaux, les côtés opposés sont égaux et le triangle est isoscèle* (fig. 12).

Par hypothèse B = C. Il faut démontrer que AB = AC.

A côté du triangle ABC, plaçons la même figure retournée A′C′B′. Puis portons cette seconde figure sur la première, en faisant coïncider les deux lignes égales C′B′ et BC. L'angle C′ ou C étant égal à B par hypothèse, le côté C′A′ suivra la direction BA. Pour la même raison, B′A′ suivra la direction CA ; donc le point A′ coïncidera avec le point A. Donc les deux figures coïncideront. Donc A′C′ = AB ; mais A′C′ est la même chose que AC, donc AB = AC.

C. q. f. d.

PROPOSITION VIII.

20. Théorème. — *Dans un triangle isoscèle la bissectrice de l'angle du sommet passe par le milieu de la base et est perpendiculaire à cette base* (fig. 13).

Par hypothèse l'angle BAD = l'angle DAC. Il faut démontrer 1° que BD = DC, 2° que l'angle BDA = l'angle ADC.

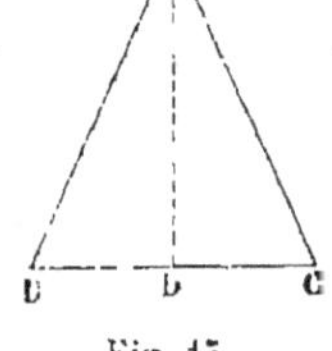

Fig. 13.

Or faisons tourner la figure DAC autour de AD comme charnière, de manière à la replier sur ADB. Les angles en A étant égaux par hypothèse, AC suivra la direction AB. Le triangle étant isoscèle, le point C tombera en B ; donc, D étant immobile, DC s'appliquera sur DB ; donc

$$1°\ DB = DC\ ;\qquad 2°\ \text{angle } BDA = \text{angle } CDA.$$

C. q. f. d.

21. Scholie. — Dans un triangle quelconque, on appelle *médiane* la ligne qui va d'un sommet au milieu du côté opposé ; on appelle *hauteur* la perpendiculaire abaissée d'un sommet sur le côté opposé ou son prolongement. On voit que, dans un triangle isoscèle, la bissectrice de l'angle au sommet est en même temps médiane et hauteur. Or un seul de ces caractères suffit pour déterminer AD; on peut donc formuler les diverses propositions réciproques suivantes :

22. Corollaire 1. — La hauteur partant du sommet d'un triangle isoscèle est bissectrice de l'angle au sommet et médiane de la base.

Corollaire 2. — La médiane partant du sommet d'un triangle isoscèle est bissectrice de l'angle au sommet et en même temps hauteur.

Corollaire 3. — La perpendiculaire élevée sur le milieu de la base est bissectrice de l'angle au sommet par lequel elle passe.

PROPOSITION IX.

23. Théorème. — *Deux triangles sont égaux quand ils ont un angle égal compris entre deux côtés égaux chacun à chacun* (fig. 14).

Par hypothèse, on a :

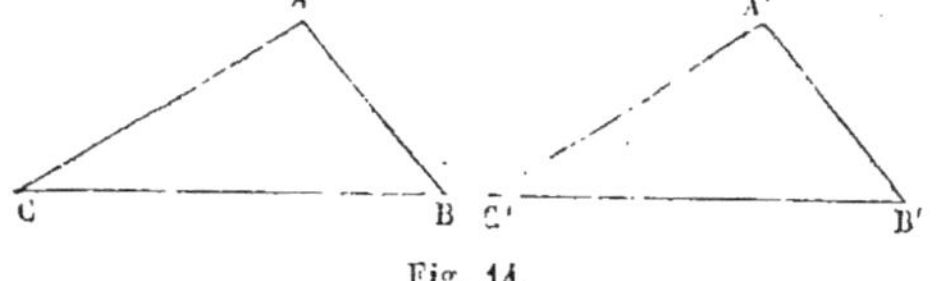

Fig. 14.

$$A = A',$$
$$AB = A'B',$$
$$AC = A'C'.$$

Portons la seconde figure sur la première, de manière à faire coïncider l'angle A' avec son égal A. Le point B' tombera en B et le point C' en C, d'après les hypothèses faites; donc B'C' coïncidera avec BC (**3**). Donc les deux triangles sont égaux.

C. q. f. d.

Scholie 1. — Nous avons admis que les éléments égaux étaient disposés dans le même ordre; s'il n'en était pas ainsi, on retournerait le triangle A'B'C' avant de le porter sur ABC.

Scholie 2. — Dans deux triangles égaux, les angles égaux sont opposés aux côtés égaux.

PROPOSITION X.

24. Théorème. — *Deux triangles sont égaux quand ils ont un côté égal adjacent à deux angles égaux chacun à chacun* (fig. 14).

Par hypothèse, on a :

$$BC = B'C', \quad B = B', \quad C = C'.$$

Portons la seconde figure sur la première, de manière à faire coïncider B'C' avec son égal BC. La ligne B'A' suivra la direction BA et C'A' la direction CA, en vertu des hypothèses faites, et

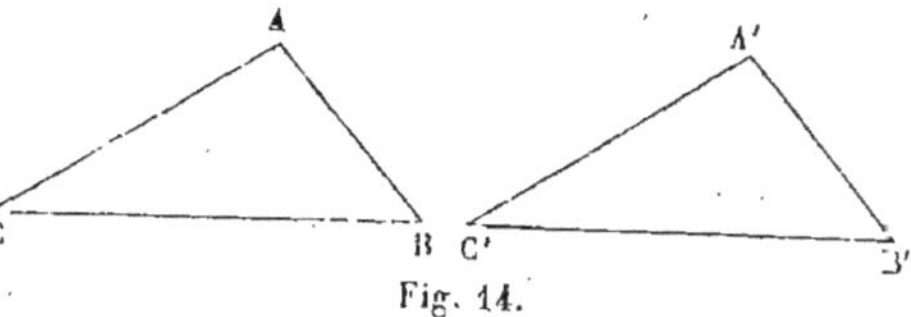
Fig. 14.

comme deux droites ne peuvent se couper qu'en un point (**3**), le sommet A' coïncidera avec A. Donc les deux triangles sont égaux.

C. q. f. d.

25. Théorème. — *Deux triangles sont égaux quand ils ont les trois côtés égaux chacun à chacun* (fig. 15).

Par hypothèse, on a :

$$BC = B'C', \quad CA = C'A', \quad AB = A'B'.$$

Portons la seconde figure retournée sur la première et faisons coïncider B'C' avec son égal BC. Le triangle A'B'C' sera devenu DBC. Joignons A

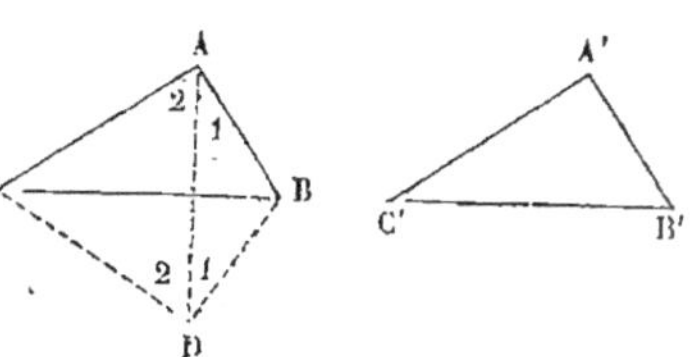
Fig. 15.

et D. Le triangle ACD sera isocèle, d'après nos hypothèses ; donc les angles CAD et CDA seront égaux. De même, le triangle ABD sera isocèle et les angles BAD et BDA seront égaux (**18**). Donc les angles A et D ou A et A' seront égaux, comme sommes d'angles égaux. Donc les deux triangles seront égaux (**23**).

C. q. f. d.

Scholie 1. — Il pourrait arriver que la ligne AD fût en dehors de la figure ABDC. Dans ce cas les angles A et D seraient égaux, comme différences d'angles égaux.

Scholie 2. — On pourrait encore présenter la démonstration de la proposition précédente d'une autre manière, en s'appuyant toujours sur la théorie du triangle isocèle. — On dirait : la perpendiculaire élevée sur le milieu de AD doit passer par les sommets B et C (**22**, cor. 3); donc BC est cette perpendiculaire. Or on sait qu'elle est bissectrice de l'angle au sommet; donc l'angle CBA = CBD ou bien B = B'.

C. q. f. d.

PROPOSITION XII.

26. Théorème. — *Dans un triangle quelconque un angle exté-rieur est plus grand que chacun des angles intérieurs non adja-cents* (fig. 16).

On nomme *angle extérieur* celui qui est formé par un côté tel que AC et le prolongement d'un autre tel que BC.

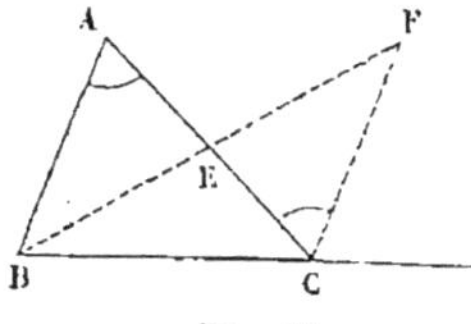

Fig. 16.

Nous allons démontrer que ACD > A.

Pour cela, joignons le sommet B au milieu E de AC, et prolongeons la droite ainsi tracée d'une longueur EF = EB, puis menons CF. Le point F étant, par construction, dans l'angle extérieur ACD, la droite CF divisera cet angle en deux parties.

Cela posé, les triangles ECF, EBA sont égaux, car les angles op-posés par le sommet en E sont égaux, et ils sont compris entre deux côtés égaux chacun à chacun, par construction. Donc l'angle ECF est égal à l'angle A (**23**, scholie 2), donc ACD > A.

C. q. f. d.

PROPOSITION XIII.

27. Théorème. — *Dans un triangle, au plus grand côté est opposé le plus grand angle, et réciproquement* (fig. 17).

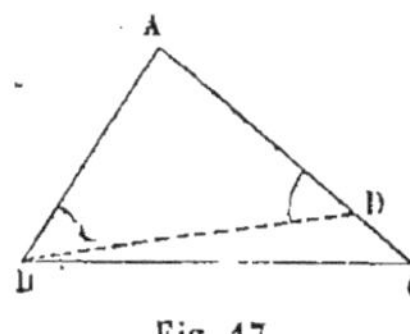

Fig. 17.

1° Par hypothèse AC > AB. Il faut dé-montrer que B > C.

Prenons, sur le plus grand côté, une lon-gueur AD = AB et menons BD. Le triangle ABD est isoscèle et l'angle ADB = l'angle ABD. Or ADB est extérieur au triangle DCB; donc (**26**) il est plus grand que C, donc ABD et *à fortiori* B est plus grand que C.

C. q. f. d.

2° *Réciproquement*, on suppose $B > C$, il faut démontrer que $AC > AB$. En effet, si l'on avait $AC < AB$, on en conclurait par les théorèmes (**27**, 1°; **18**) $B < C$, ce qui est contraire à l'hypothèse.

PROPOSITION XIV.

28. Théorème. — *Dans un triangle un côté quelconque est moindre que la somme des deux autres* (fig. 18).

Il suffit de démontrer que le plus grand côté BC est moindre que la somme des deux autres.

Sur le prolongement de CA prenons $AD = AB$, et menons BD. Le triangle formé ABD est isoscèle, par suite l'angle D est égal à l'angle DBA et conséquemment inférieur à l'angle DBC. Donc (**27**, 2°) le côté BC est inférieur à $DA + AC$ ou, ce qui est la même chose, à $BA + AC$.

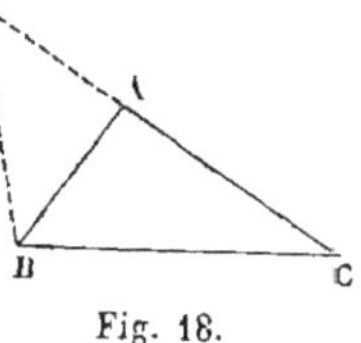
Fig. 18.

C. q. f. d.

COROLLAIRE. — Dans un triangle un côté quelconque est plus grand que la différence des deux autres. En effet, de l'inégalité

$$AB + AC > BC$$

nous déduisons

$$AC > BC - AB.$$

PROPOSITION XV.

29. Théorème. — *La ligne droite est plus courte qu'une ligne brisée ayant les mêmes extrémités* (fig. 19).

Considérons entre les deux points A et B un contour brisé ACDEFB.

Nous aurons, d'après le théorème précédent,

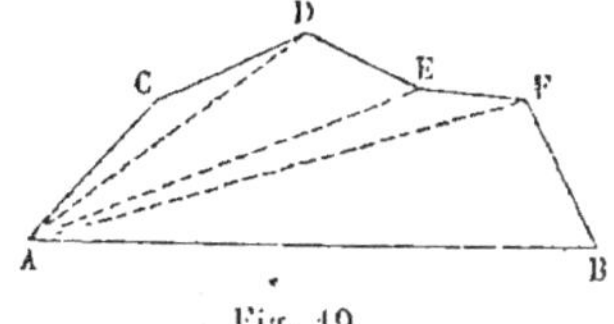
Fig. 19.

$$
\begin{aligned}
AB &< AF + FB, \\
&< AE + EF + FB, &\text{à fortiori.} \\
&< AD + DE + EF + FB, &\text{à fortiori} \\
&< AC + CD + DE + EF + FB, &\text{à fortiori.}
\end{aligned}
$$

C. q. f. d.

30. Scholie. — Nous appelons *longueur* d'une ligne courbe, la limite vers laquelle tend la longueur d'une ligne brisée inscrite, quand le nombre des côtés croît indéfiniment à mesure que chacun d'eux tend vers zéro. Il est facile de voir, par la méthode des limites, que la proposition, étant vraie pour une ligne brisée, est par cela même vraie pour une ligne courbe. Donc *la ligne droite est le plus court chemin d'un point à un autre.* (Voir note A.)

PROPOSITION XVI.

31. **Théorème**. — *Si l'on joint un point intérieur d'un triangle aux extrémités d'un côté, la somme des lignes enveloppées est moindre que la somme des lignes enveloppantes* (fig. 20).

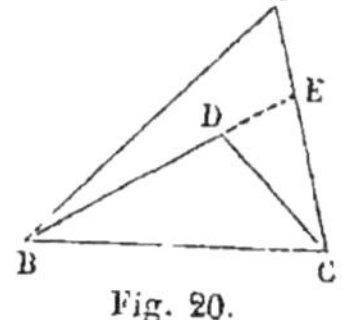

Fig. 20.

Il faut démontrer que, dans le triangle ABC, on a

$$BD + DC < BA + AC.$$

Prolongeons BD jusqu'à sa rencontre en E avec AC, nous aurons, en vertu du théorème **28**,

$$\begin{aligned}
BD + DC &< BD + DE + EC, \\
&< BE + EC, \\
&< BA + AE + EC, \quad \text{à fortiori.} \\
&< BA + AC.
\end{aligned}$$

C. q. f. d.

Scholie 1. — Le théorème est encore vrai si le point D est pris sur l'un des côtés AB ou AC.

Scholie 2. — L'angle BDC est plus grand que l'angle BEC et *à fortiori* plus grand que l'angle BAC (**26**).

PROPOSITION XVII.

32. **Théorème**. — *Si deux triangles ont deux côtés égaux chacun à chacun et que l'angle compris dans le premier soit plus grand que l'angle compris dans le second, le côté opposé dans le premier est plus grand que le côté opposé dans le second* (fig. 21).

Par hypothèse,

$$AB = A'B', \quad AC = A'C', \quad A > A'.$$

Il faut démontrer que

$$BC > B'C'.$$

Portons la seconde figure sur la première de manière à faire coïncider A'C' avec son égal AC. L'angle B'A'C' étant moindre que l'angle BAC, la ligne A'B' se placera dans l'intérieur de l'angle BAC suivant AE, et le côté B'C' deviendra EC. Cela posé, menons la bissectrice de l'angle BAE : elle rencontrera BC en D ; joignons les points D et E. Les deux triangles DAE et DAB sont égaux parce que, d'après nos hypothèses et nos constructions, ils ont un angle égal compris entre deux côtés égaux chacun à chacun ; donc DE = DB.

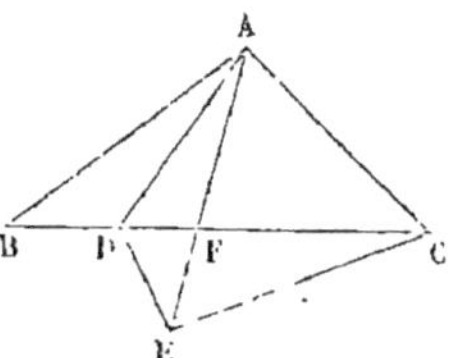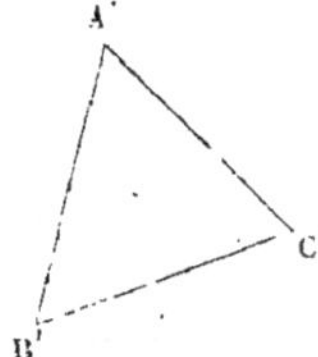

Fig. 21.

Mais, dans le triangle DEC (**28**),

$$DC + DE > EC,$$

donc

$$DC + DB > EC,$$

ou bien

$$BC > B'C'.$$

C. q. f. d.

COROLLAIRE. — RÉCIPROQUEMENT, *si deux triangles ont deux côtés égaux chacun à chacun, et si le troisième côté du premier est plus grand que le troisième côté du second, l'angle opposé du premier triangle sera plus grand que l'angle opposé du second triangle.*

On démontre facilement cette réciproque par la méthode de *réduction à l'absurde* (**15**). On dit : si l'angle opposé du premier triangle était égal à l'angle opposé du second, les deux triangles seraient égaux (**28**) et le troisième côté du premier serait égal au troisième côté du second, ce qui est contraire à l'hypothèse. — Si l'angle opposé du premier triangle était moindre que l'angle opposé du second, le troisième côté du premier serait moindre que le troi-

sième côté du second, ce qui est encore contraire à l'hypothèse.
L'angle opposé du premier triangle est donc plus grand que l'angle
opposé du premier. C. q. f. d.

§ 4. — PERPENDICULAIRES.

PROPOSITION XVIII.

33. Théorème. — *D'un point extérieur à une droite, on peut
mener une perpendiculaire à cette droite et on n'en peut mener
qu'une* (fig. 22).

Soit MN la droite donnée, A le point extérieur. 1° Par le point
A, menons une ligne quelconque AB,
jusqu'à la rencontre en B de MN. Si
l'angle ABN est égal à l'angle ABM,
le théorème est démontré (**7**). Si l'angle ABN $<$ ABM, soit NBA′ = NBA;
prenons BA′ = BA, puis menons AA′,
qui coupe en O la ligne MN.

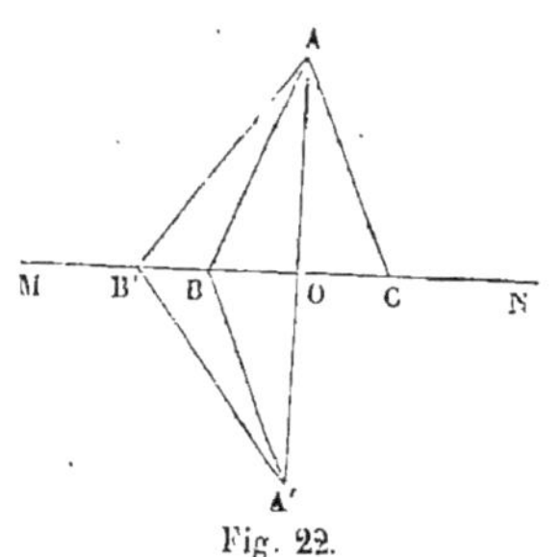

Fig. 22.

Les triangles ABO, A′BO sont égaux,
comme ayant un angle égal compris
entre deux côtés égaux chacun à cha-
cun; donc les deux angles BOA, BOA′ sont égaux; donc MN est
perpendiculaire sur AA′; par suite AA′ est perpendiculaire sur MN
(**13**, cor.).

2° Admettons que du point A on puisse abaisser une seconde
perpendiculaire AB sur la droite MN. Prolongeons la première au-
dessous de MN, de telle sorte que OA′ = OA, puis menons BA′. Les
deux triangles AOB, A′OB ont un angle droit égal compris entre
deux côtés égaux chacun à chacun, donc ils sont égaux. Par suite,
l'angle ABO = l'angle A′BO; mais le premier est droit par hypothèse, donc le second est droit aussi. — Les deux angles adjacents
en B étant supplémentaires, la ligne BA′ est le prolongement de
AB (**14**); donc entre les deux points A et A′ on peut mener deux
lignes droites, ce qui est absurde (**3**).

C. q. f. d.

PROPOSITION XIX.

34. Théorème. — *Si d'un point extérieur à une droite on mène à cette droite une perpendiculaire et diverses obliques :*

1° La perpendiculaire est plus courte que toute oblique ;

2° Deux obliques, également éloignées du pied de la perpendiculaire, sont égales ;

3° De deux obliques, celle qui s'écarte le plus du pied de la perpendiculaire est la plus longue (fig. 22).

Du point A menons la perpendiculaire AO, puis les obliques AB, AC, AB' et supposons que

$$OB = OC \quad \text{et} \quad OB' > OB.$$

1° Si sur le prolongement de AO nous prenons $OA' = OA$, nous aurons le point A' qu'on nomme, pour abréger, le *symétrique* du point A, par rapport à MN. Menons A'B ; cette droite est égale à AB (**33**, 2°). Or $AA' < AB + BA'$ (**28**) ; par suite, en prenant les moitiés des deux longueurs inégales,

$$AO < AB.$$

2° Les deux triangles AOB, AOC sont égaux, comme ayant un angle droit égal compris entre deux côtés égaux chacun à chacun, en vertu de nos hypothèses ; donc $AB = AC$.

3° Menons A'B, A'B' ; ces deux lignes sont respectivement égales à AB, AB' (**33**, 2°). Or $AB + BA' < AB' + B'A'$ (**31**). Donc, en prenant les moitiés de ces deux contours inégaux,

$$AB < AB'.$$

C. q. f. d.

SCHOLIE. — Si les deux obliques AC, AB' étaient de part et d'autre de la perpendiculaire, on prendrait $OB = OC$, puis on comparerait OB' et $OB = OC$.

COROLLAIRE 1. — Les réciproques de ces trois propositions sont vraies.

COROLLAIRE 2. — D'un même point, on ne peut mener à une droite que deux droites égales AB, AC.

SCHOLIE. — La perpendiculaire unique qu'on peut mener d'un point à une droite, se nomme la *distance du point à la droite*.

PROPOSITION XX

35. Théorème. — *Si l'on élève une perpendiculaire sur le milieu d'une droite, 1° tout point pris sur cette perpendiculaire est également distant des extrémités de la droite ; 2° tout point hors de cette perpendiculaire est inégalement distant des extrémités* (fig. 23).

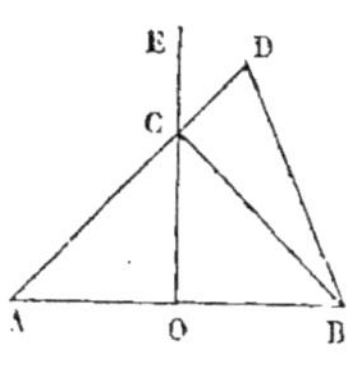

Fig. 23.

Par hypothèse, O est le milieu de AB et la droite OE est perpendiculaire sur AB.

1° Joignons le point C de OE, aux points A et B. Les deux droites formées CA, CB seront égales comme obliques s'écartant également du pied de la perpendiculaire (**34**).

2° Joignons un point D, en dehors de OE, aux points A et B. Soit C le point où DA coupe OE, menons CB. Dans le triangle DCB, nous avons $DB < DC + CB$; mais $CB = CA$ (1°), donc

$$DB < DC + CA \qquad \text{ou} \qquad DB < DA.$$

C. q. f. d.

Corollaire 1. — *Réciproquement*, tout point à égale distance des extrémités d'une droite est sur la perpendiculaire élevée au milieu de cette droite.

Corollaire 2. — On appelle *lieu géométrique* l'ensemble des points qui jouissent d'une même propriété. On peut donc dire ici que *la perpendiculaire élevée sur le milieu d'une droite est le lieu géométrique des points également éloignés des extrémités de cette droite.*

PROPOSITION XXI.

36. Théorème. — *Deux triangles rectangles sont égaux, quand ils ont l'hypoténuse égale et un côté de l'angle droit égal* (fig. 24).

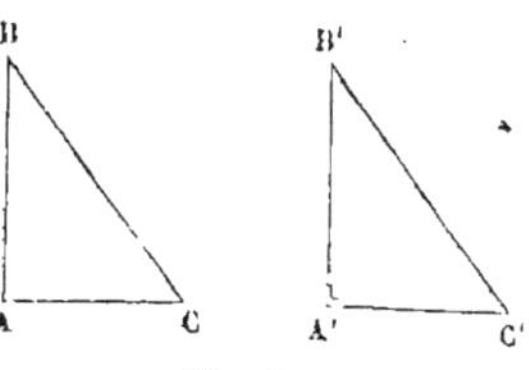

Fig. 24.

Par hypothèse, les deux triangles ABC, A'B'C' sont rectangles et

$$BC = B'C', \qquad AC = A'C'$$

Portons la seconde figure sur la première de manière à mettre en coïncidence les angles droits (**11**). Le point C′ tombera en C, d'après nos hypothèses. Le point B′ tombera en B, parce que les obliques C′B′, CB étant égales doivent s'éloigner également du pied de la perpendiculaire (**34**, cor. 1).

C. q. f. d.

PROPOSITION XXII.

37. Théorème. — *Deux triangles rectangles sont égaux quand ils ont l'hypoténuse égale et un angle adjacent égal* (fig. 24).

Par hypothèse, les triangles ABC, A′B′C′ sont rectangles et

$$BC = B'C', \qquad \text{angle } ABC = \text{angle } A'B'C'.$$

Plaçons la seconde figure sur la première, de manière à faire coïncider les deux angles égaux B′ et B. Le point C′ tombera en C d'après nos hypothèses et le point A′ en A, car d'un point C on ne peut abaisser qu'une perpendiculaire sur la droite BA.

C. q. f. d.

PROPOSITION XXIII.

38. Théorème. — *La bissectrice d'un angle est le lieu géométrique des points également distants des côtés* (fig. 25).

Soit M un point quelconque du lieu, c'est-à-dire un point également distant des côtés de l'angle, de telle sorte que les perpendiculaires MB, MC soient égales. Menons MA. Les deux triangles rectangles MAB, MAC sont égaux, comme ayant l'hypoténuse MA commune et un côté de l'angle droit égal. Donc l'angle MAB = l'angle MAC. Donc tout point du lieu est sur la bissectrice de l'angle A.

C. q. f. d.

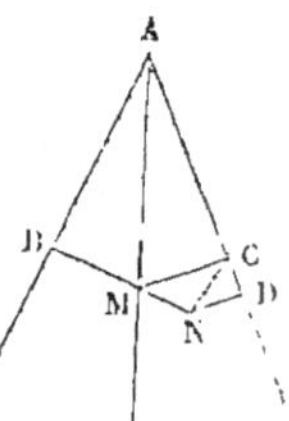

Fig. 25.

Scholie 1. — Quand on a démontré que tous les points jouissant d'une même propriété se trouvent sur une ligne, on peut dire que cette ligne est le *lieu géométrique* de tous les points en question, mais il ne faudrait pas croire que réciproquement tous les points de cette ligne jouissent toujours de la propriété du lieu. En général cette réciproque est vraie, mais il y a des exceptions et par conséquent il faut pour chaque lieu la démontrer. — La réciproque est vraie dans le cas qui nous occupe.

Soit M un point quelconque de la bissectrice, menons de ce point les perpendiculaires MB, MC aux côtés. Les deux triangles rectangles formés sont égaux, comme ayant l'hypoténuse égale et un angle adjacent égal ; donc MB = MC.

Scholie 2. — Du théorème et de sa réciproque il résulte que *tout point pris en dehors de la bissectrice est inégalement distant des côtés de l'angle*, car s'il était également ment distant, il serait sur la bissectrice.

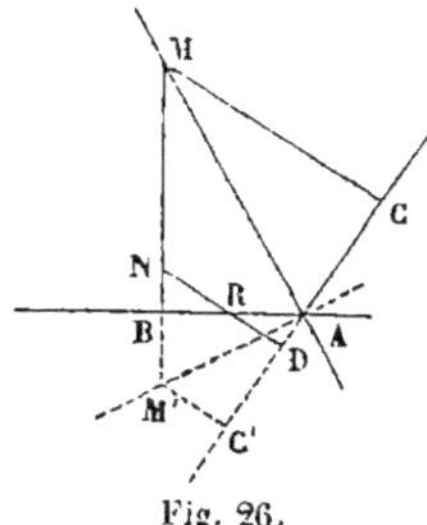

Fig. 26.

On peut démontrer directement cette dernière proposition, mais il faut examiner deux cas, celui de la figure 25, dans lequel les perpendiculaires NB, ND tombent toutes deux sur les côtés de l'angle et celui de la fig. 26, dans lequel l'une des deux perpendiculaires tombe sur le prolongement AC' d'un côté.

Corollaire. — L'ensemble des deux bissectrices AM, AM' (fig. 26) est le lieu géométrique de tous les points du plan également distants des deux droites. Ces deux bissectrices sont perpendiculaires l'une sur l'autre, car leur angle MAM' est la moitié de deux angles droits.

§ 5. — FIGURES CONVEXES.

39. Définitions. — Un *polygone* est une portion de plan terminée par une ligne brisée.

On dit qu'un polygone est *convexe*, quand il est situé d'un même côté relativement à chacun de ses côtés prolongés.

Le *triangle* est le polygone le plus simple ; il est toujours convexe.

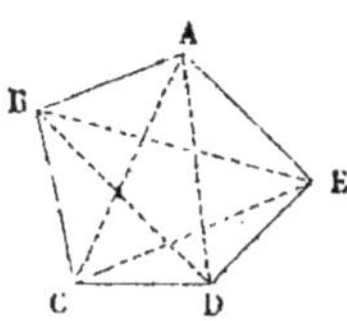

Fig. 27.

On nomme *quadrilatère* le polygone de quatre côtés, *pentagone* celui de cinq, *hexagone*, celui de six, etc.

On appelle *diagonale* d'un polygone toute ligne qui joint deux sommets non consécutifs. Telles sont les droites AC, BD de la figure 28, et les droites AC, AD, BE, BD, CE de la figure 27.

PROPOSITION XXIV.

40. Théorème. — *Une droite ne peut rencontrer qu'en deux points un contour polygonal convexe* (fig. 28).

Soit un contour polygonal convexe ABCD et MN une droite quelconque.

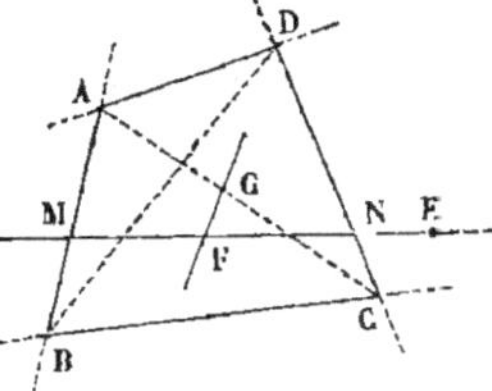

Fig. 28.

Si cette droite rencontrait le contour en trois points M, N, E, le contour ne serait pas tout entier d'un même côté de CD. Si les trois points étaient M, N, F, par le point F passerait un côté FG du contour et les deux points M et N seraient de part et d'autre de cette ligne.

Si, le contour ABCD n'est pas convexe (fig. 29), une ligne droite MN peut le couper en plus de deux points.

41. Corollaire. — *Réciproquement, si un contour polygonal ne peut être coupé qu'en deux points par une droite quelconque, il est convexe.*

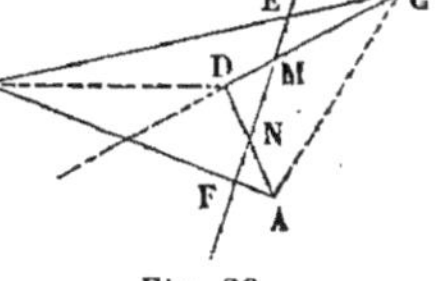

Fig. 29.

En effet, si un côté CD (fig. 29) laissait de part et d'autre des portions du contour, on pourrait prendre de part et d'autre deux points E et F et en les joignant on aurait une droite coupant le contour au moins en trois points E, F, M.

PROPOSITION XXV.

42. Théorème. — *Si deux contours aboutissent, sans se couper, aux mêmes extrémités A et B, la ligne enveloppante est plus grande que la ligne enveloppée, celle-ci étant supposée convexe* (fig. 30).

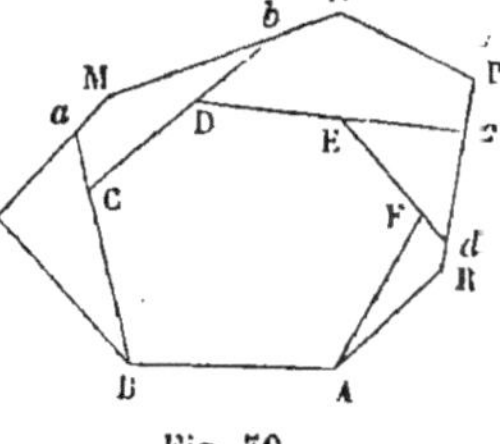

Fig. 30.

Par hypothèse, le contour BCDEFA est convexe; le contour enveloppant BLMNPRA est quelconque.

Prolongeons, dans le même sens, tous les côtés du premier contour, jusqu'à leur rencontre avec le second en a, b, c, d; nous pourrons poser les inégalités suivantes :

$$BC + Ca < BL + La,$$
$$CD + Db < Ca + aM + Mb,$$
$$DE + Ec < Db + bN + NP + Pc,$$
$$EF + Fd < Ec + cd,$$
$$FA \qquad < Fd + dR + RA.$$

En ajoutant membre à membre ces diverses inégalités, nous obtenons

$$BCDEFA < BLMNPRA.$$

C. q. f. d.

Scholie. — Notre démonstration suppose, dans chaque inégalité posée, que la ligne droite considérée, telle que BCa, laisse tout entière le contour convexe d'un seul côté, et n'est comparée qu'à la portion BLa du second contour, qui aboutit aux mêmes extrémités ; elle ne pourrait donc pas se répéter, si le premier contour n'était pas convexe.

Corollaire. — Si les deux points A et B se confondent, la démonstration subsiste encore. Si le contour convexe est enveloppé entièrement par le second, le théorème est encore vrai.

§ 6. — PARALLÈLES.

43. Définitions. — On dit que deux droites sont *parallèles*, lorsque, étant dans un même plan, elles ne se rencontrent pas à quelque distance qu'on les prolonge.

PROPOSITION XXVI.

44. Théorème. — *Deux perpendiculaires à une même droite sont parallèles* (fig. 31).

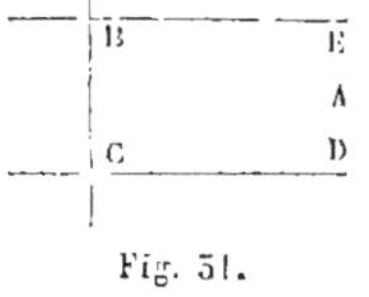

Fig. 31.

En effet, en deux points B et C d'une même droite, soient élevées à cette droite des perpendiculaires. Si elles se rencontraient en un point A, on pourrait de ce point abaisser deux perpendiculaires sur une droite, ce qui est absurde (**33**).

Corollaire. — *D'un point donné B on peut toujours mener une parallèle à une droite CD.* En effet, du point B on peut abaisser sur CD une perpendiculaire BC (**33**). Du point B, sur BC, on peut élever une perpendiculaire BE (**10**) ; cette dernière droite sera parallèle à CD (**43**).

45. Théorème. — *Deux lignes sont parallèles si elles font avec une sécante*

1° *Des angles correspondants égaux ;*

2° *Des angles alternes-internes égaux ;*

3° *Des angles alternes-externes égaux ;*

4° *Des angles intérieurs supplémentaires;*

5° *Des angles extérieurs supplémentaires.*

Lorsque deux droites AB, CD (fig. 52) sont coupées par une sécante EGHF, la figure formée présente huit angles.

On nomme :

Angles correspondants, deux angles, comme AGH, CHF, non adjacents, situés d'un même côté de la sécante, l'un entre les deux droites, l'autre en dehors ;

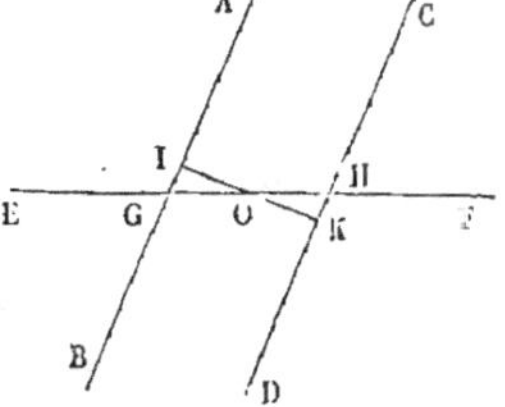

Fig. 52.

Angles alternes-internes, deux angles, comme AGH, DHG, non adjacents, situés de part et d'autre de la sécante et entre les deux droites ;

Angles alternes-externes, deux angles, comme EGB, CHF, non adjacents, situés de part et d'autre de la sécante, et en dehors ;

Angles intérieurs, deux angles, comme AGH, GHC, situés entre les deux droites, du même côté de la sécante ;

Angles extérieurs, deux angles, comme EGB, DHF, situés en dehors, du même côté de la sécante.

Ces définitions posées, admettons 1° que les deux angles correspondants AGH, CHF soient égaux. Du point O, milieu de GH, abaissons sur les droites AB et CD les perpendiculaires OI, OK ; les triangles rectangles formés seront égaux comme ayant l'hypoténuse égale et les angles IGO, OHK = CHF égaux (**37**). Donc les angles en O, opposés par le sommet, sont égaux ; donc IOK est une ligne droite (**16**, cor.) ; donc les deux droites AB et CD sont parallèles, comme perpendiculaires à une même droite IK (**44**).

2° Si les angles alternes-internes ou alternes-externes sont égaux, les angles correspondants sont égaux ; donc les droites sont parallèles (1°).

3° Si les angles intérieurs ou extérieurs sont supplémentaires, on prouve facilement que les angles correspondants sont égaux ; donc les droites sont parallèles.

C. q. f. d.

PROPOSITION XXVIII.

46. Axiome 3. — *Par un point on ne peut mener qu'une seule parallèle à une droite.*

On a cru longtemps que cette proposition pouvait être ramenée à l'axiome fondamental de la ligne droite et on lui donnait le nom de *postulatum*, qui indiquait une proposition admise provisoirement sans démonstration, par l'imperfection de nos connaissances en géométrie.

Les travaux de Lobatschewsky (1840), géomètre russe, et ceux de Bolyai, géomètre hongrois (1833), publiés par M. J. Houël, ont démontré que cet axiome est indépendant du premier, et qu'il est *impossible* de l'y réduire par une démonstration.

Depuis, plusieurs géomètres français, italiens, allemands ont confirmé, par de nouvelles recherches sur le même sujet, les conclusions de Lobatschewsky et de Bolyai.

PROPOSITION XXIX.

47. Théorème. — *Si deux droites sont parallèles, toute perpendiculaire à l'une est perpendiculaire à l'autre (fig. 33).*

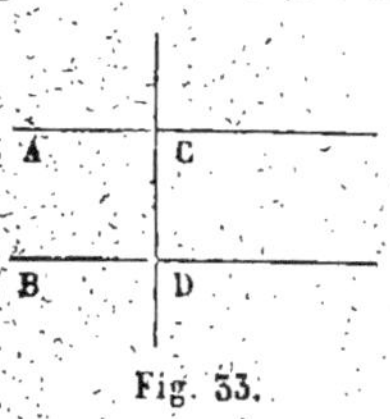

Par hypothèse, A et B sont deux droites parallèles et CD est une droite perpendiculaire à la droite A.

1° CD rencontre B, sans quoi du point C on pourrait mener deux parallèles à B.

2° Si l'angle D n'était pas droit, par le point D on mènerait une perpendiculaire à CD, différente de B, cette nouvelle droite serait parallèle à A (44), par suite du point D on pourrait mener deux parallèles à A.

Fig. 33.

CorÓLLAIRE. — *Si deux droites AB, CD sont l'une perpendicu-*

laire, l'autre oblique à une troisième AC, ces droites se rencontrent (fig. 34).

En effet, si CD était parallèle à AB, on pourrait élever au point G une perpendiculaire à AC qui serait une seconde parallèle à AB, menée par le même point.

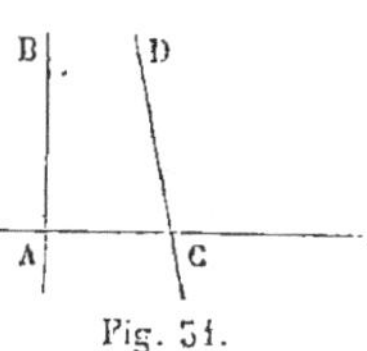

Fig. 34.

PROPOSITION XXX.

48. Théorème. — *Deux droites parallèles à une troisième sont parallèles entre elles* (fig. 35).

Par hypothèse, les deux droites A et B sont respectivement parallèles à C.

Si A et B se rencontraient en un point O, de ce point on pourrait mener deux parallèles à C (46).

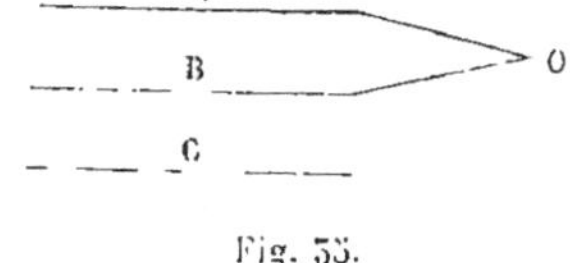

Fig. 35.

PROPOSITION XXXI.

49. Théorème. — *Quand deux droites parallèles sont coupées par une sécante :*

1° *Les angles correspondants sont égaux,*

2° *Les angles alternes-internes sont égaux,*

3° *Les angles alternes-externes sont égaux,*

4° *Les angles intérieurs sont supplémentaires,*

5° *Les angles extérieurs sont supplémentaires* (fig. 36).

Par hypothèse les droites AB et CD sont parallèles.

1° Si les deux angles correspondants BGH, DHF ne sont pas égaux, par le point G menons A'B' de telle sorte que B'GH soit égal à son correspondant DHF, A'B' serait parallèle à CD (45). Donc, du point G on pourrait mener deux parallèles à CD (46).

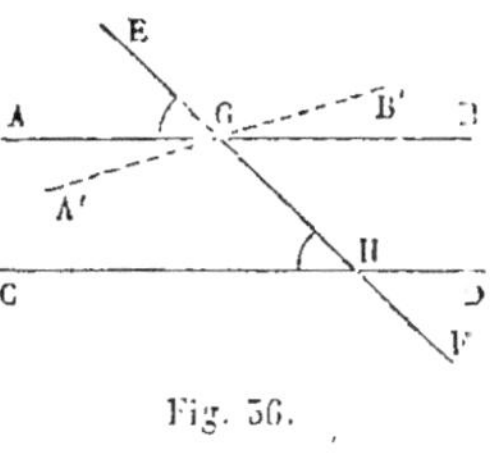

Fig. 36.

2° On raisonne d'une façon analogue pour les quatre autres propositions.

PROPOSITION XXXII.

50. Théorème. — *Deux angles dont les côtés sont parallèles chacun à chacun sont égaux ou supplémentaires* (fig. 37).

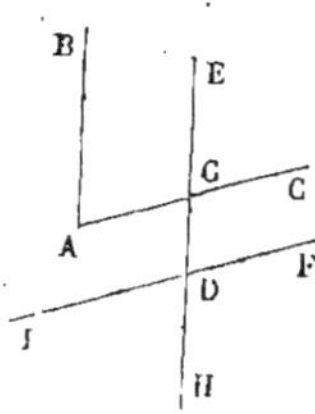

Fig. 37.

Par hypothèse, AB est parallèle à DE et AC à DF. Par rapport aux deux parallèles AB, DE, le côté AC est une sécante, et par rapport aux deux parallèles AC et DF, le côté ED est une sécante. Par conséquent, les deux angles A et D sont ou égaux ou supplémentaires d'un même angle en G (**49**); donc ils sont eux-mêmes égaux ou supplémentaires. Ainsi BAC, EDF sont égaux à l'angle EGC, donc ils sont égaux entre eux. L'angle IDE est égal à AGE, l'angle BAC a pour supplément l'angle AGE; donc IDE a pour supplément BAC.

PROPOSITION XXXIII.

51. Théorème. — *Deux angles dont les côtés sont perpendiculaires chacun à chacun sont égaux ou supplémentaires* (fig. 58).

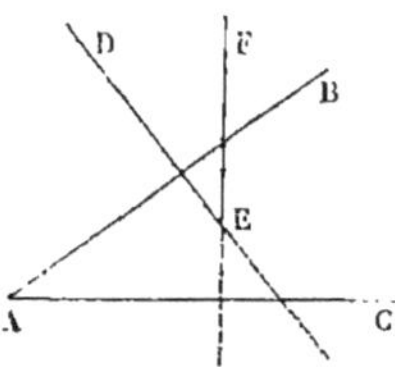

Fig. 58.

Par hypothèse, DE est perpendiculaire sur AB et FE sur AC.

Faisons tourner l'angle DEF autour du point E, d'un angle droit. Le côté DE deviendra perpendiculaire à sa première direction, par suite parallèle à AC (**44**); de même, le côté FE deviendra perpendiculaire à sa première direction, par suite parallèle à AC. Donc les deux angles, après la rotation, auront les côtés parallèles chacun à chacun, donc ils seront égaux ou supplémentaires. C. q. f. d

PROPOSITION XXXIV.

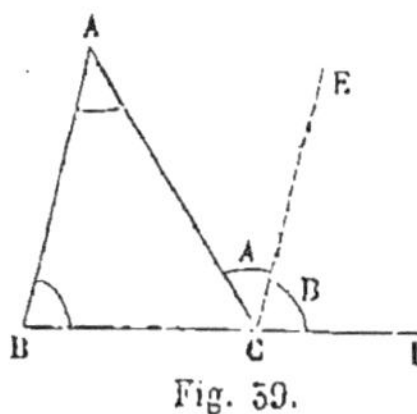

Fig. 59.

52. Théorème. — *La somme des angles d'un triangle est égale à deux angles droits* (fig. 59).

Prolongeons BC du triangle ABC et par C menons une parallèle à BA. La somme des angles autour du point C, au-dessus de BD, vaut 2 droits (**13**, cor. 3). Or les deux angles ECD et ABC sont égaux comme correspondants ; les deux angles ACE, BAC sont égaux comme alternes-internes ; donc la somme des trois angles du triangle vaut 2 droits.

CorollaiRE 1. — Deux angles d'un triangle étant donnés, le troisième est déterminé. Donc si deux angles d'un triangle sont égaux, chacun à chacun, à deux angles d'un autre triangle, les troisièmes angles sont aussi égaux.

CorollaiRE 2. — L'angle extérieur ACD d'un triangle est égal à la somme des deux intérieurs non adjacents.

CorollaiRE 2. — Un triangle équilatéral a les trois angles égaux entre eux, et réciproquement (**18**, **19**) (fig. 40). Dans un pareil triangle chaque angle vaut $\frac{2}{3}$ d'angle droit.

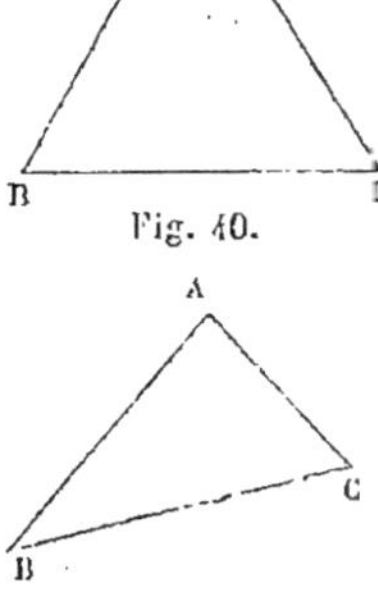
Fig. 40.

CorollaiRE 3. — Dans un triangle il ne peut y avoir qu'un angle droit et *à fortiori* qu'un angle obtus. — Dans un triangle rectangle, la somme des deux angles aigus vaut 1 droit. Si le triangle rectangle est isocèle, chacun des angles aigus vaut la moitié d'un angle droit (fig. 41).

Fig. 41.

PROPOSITION XXXV.

53. Théorème. — *Dans un polygone convexe la somme des angles intérieurs est égale à autant de fois deux angles droits qu'il y a de côtés moins deux* (fig. 42).

Soit le polygone ABCDEF, que nous supposerons convexe.

Joignons le point A à tous les sommets CDE par des diagonales ; nous formerons autant de triangles qu'il y a de côtés moins deux, parce que chaque triangle emploie un côté du polygone, excepté le premier et

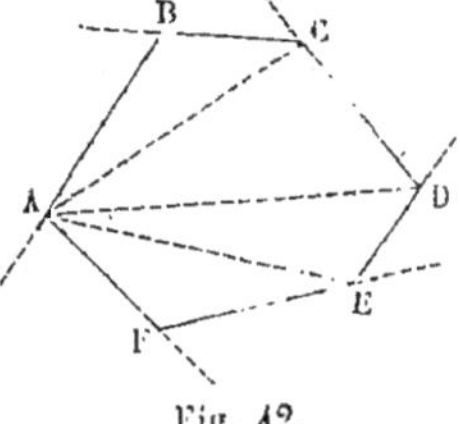
Fig. 42.

le dernier qui en prennent deux. D'ailleurs la somme des angles du polygone est égale à la somme des angles des triangles. Donc cette somme est bien égale à autant de fois deux angles droits qu'il y a de côtés moins deux.

Scholie 1. — Si l'on désigne par S la somme des angles et par *n* le nombre des côtés du polygone, on obtient la formule

$$S = 2(n - 2) = 2n - 4.$$

Scholie 2. — Le théorème serait encore vrai pour un polygone non convexe, pourvu que l'on considérât des angles supérieurs à 2 droits dans l'intérieur du polygone.

54. Corollaire. — *La somme des angles extérieurs formés en prolongeant tous les côtés dans le même sens est égale à 4 droits* (fig. 42.)

En effet, à chaque sommet correspondent un angle extérieur et un angle intérieur dont la somme vaut 2 droits ; donc la somme totale des deux séries d'angles vaut $2n$ droits ; mais la somme des intérieurs vaut $(2n - 4)$ droits, donc la somme des angles extérieurs vaut 4 droits.

PROPOSITION XXXVI.

55. Théorème. — *Deux triangles sont équiangles, lorsqu'ils ont leurs côtés parallèles ou perpendiculaires chacun à chacun.*

Désignons par A, A' par B, B', par C, C' les angles des deux triangles dont les côtés sont parallèles ou perpendiculaires chacun à chacun. Nous savons que ces angles sont ou égaux ou supplémentaires (**50, 51**).

On ne peut pas avoir en même temps

$$A + A' = 2d, \quad B + B' = 2d, \quad C + C' = 2d,$$

puisque la somme des six angles est égale seulement à **4 droits**.

On ne peut pas avoir

$$A + A' = 2d, \quad B + B' = 2d, \quad C = C'$$

pour la même raison.

On est donc forcé d'admettre que deux angles du premier triangle sont égaux à leurs homologues du second ; mais alors aussi le troisième du premier triangle est égal à son homologue du second (**52**, cor. 1) et les deux triangles sont équiangles. C. q. f. d.

§ 7. — PARALLÉLOGRAMMES.

56. Définitions. — On nomme *trapèze* un quadrilatère dont deux côtés opposés sont parallèles.

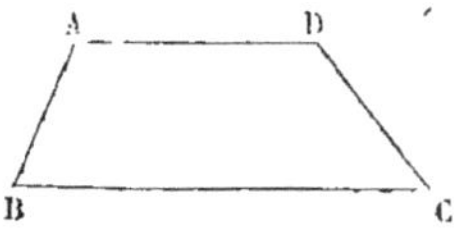

On nomme *parallélogramme* un quadrilatère dont les côtés opposés sont parallèles.

On nomme *rectangle* un quadrilatère dont les angles sont droits.

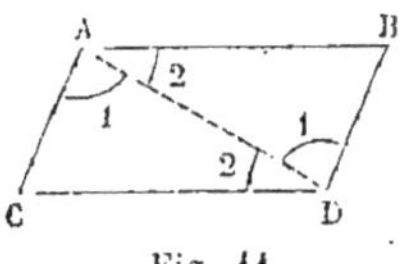

Fig. 43.

On nomme *losange* ou *rhombe* un quadrilatère dont les quatre côtés sont égaux.

On nomme *carré* un losange dont les angles sont droits.

PROPOSITION XXXVII.

57. Théorème. — *Dans un parallélogramme :*

1° *Les côtés opposés sont égaux ;*

2° *Les angles opposés sont égaux ;*

3° *Les diagonales se coupent mutuellement en parties égales.*

Par hypothèse, AB est parallèle à DC et AD à BC.

1° Menons la diagonale AC. Les deux triangles formés, en vertu de nos hypothèses, auront un côté égal adjacent à deux angles égaux chacun à chacun (49); donc AB = DC et AD = BC.

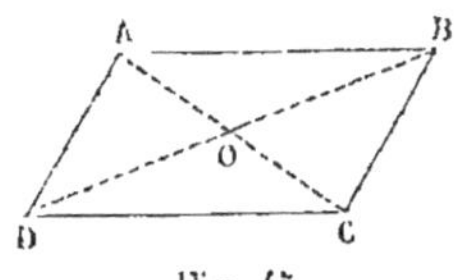

Fig. 44.

2° L'égalité des mêmes triangles nous montre que B = D et que les angles DAB, DCB sont égaux comme sommes d'angles égaux.

3° Menons les deux diagonales BD, AC, qui se coupent en O. Les deux triangles AOB, DOC sont égaux, car AB = DC (1°), les angles BAO et OCD sont égaux (49); les angles ABO, ODC sont égaux, pour la même raison ; donc OB = OD et OA = OC.

Fig. 45.

C. q. f. d.

COROLLAIRE 1. — *Les parallèles comprises entre parallèles sont égales.*

COROLLAIRE 2. — *Deux parallèles sont partout à égale distance* (fig. 46).

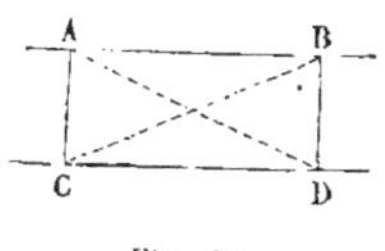

Fig. 46.

Soient des points A et B deux perpendiculaires AC et BD qui mesurent les distances de ces points à la droite CD, ces droites sont parallèles (**44**) et comprises entre parallèles ; donc elles sont égales.

PROPOSITION XXXVIII.

58. Théorème. — *Réciproquement, un quadrilatère est un parallélogramme,*

1° *Si les côtés opposés sont égaux ;*

2° *Si deux côtés opposés sont égaux et parallèles ;*

3° *Si les angles opposés sont égaux ;*

4° *Si les diagonales se coupent mutuellement en parties égales* (fig. 44, 45).

1° Supposons AB = DC, AD = BC. — La diagonale AC déterminera deux triangles égaux (**25**). Donc les angles alternes-internes BAC, DCA sont égaux, par suite les lignes AB et DC sont parallèles (**45**). Donc les angles alternes-internes DAC, ACB sont égaux, par suite les côtés AD et BC sont parallèles (**45**).

2° Supposons que les deux côtés AB, DC soient en même temps égaux et parallèles. — La diagonale AC déterminera encore deux triangles égaux, comme ayant un angle égal, BAC = DCA, compris entre deux côtés égaux. Donc AD = BC et l'on rentre dans les données du cas précédent.

L'égalité des triangles prouve aussi que les angles alternes-internes DAC, ACB sont égaux et que, par suite, les côtés AD et BC sont parallèles.

3° Supposons B = D et A = C (fig. 47). — La somme des quatre

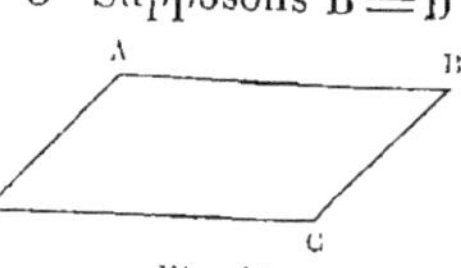

Fig. 47.

angles vaut 4 dr. (**53**) ; donc, en vertu des hypothèses, la somme des angles intérieurs A et D vaut 2 dr., par suite les lignes AB et DC sont parallèles (**45**). Pour la même raison, la somme des angles intérieurs D et C vaut 2 dr., par suite les lignes AD et BC sont parallèles.

4°. Supposons que les diagonales se coupent mutuellement en parties égales et que l'on ait

$$OA = OC, \quad OB = OD \ (\text{fig. 45}).$$

Les deux triangles AOB, DOC sont égaux (**23**); donc les angles alternes-internes OAB, OCD sont égaux, par suite AB et DC sont parallèles. On prouverait de la même manière que AD et BC sont parallèles au moyen des deux triangles égaux OAD et OBC.

CorollAire 1. — Un *rectangle* est un parallélogramme, puisque les angles opposés sont égaux. — On démontre facilement que dans un rectangle les diagonales sont égales et que, réciproquement, un parallélogramme est un rectangle, si les diagonales sont égales.

CorollAire 2. — Un *losange* est un parallélogramme, puisque les côtés opposés sont égaux. Un *carré* est donc un parallélogramme.

PROPOSITION XXXIX.

59. Théorème. — *Dans un losange, les diagonales se coupent à angle droit* (fig. 47).

Par hypothèse, ABCD est un losange. Menons les diagonales AC, BD qui se coupent en O. Le point A étant également éloigné des points B et D appartient à la perpendiculaire élevée sur le milieu de BD. Le point C appartient aussi à cette perpendiculaire, pour la même raison. Donc AC est perpendiculaire sur le milieu de BD et de même BD est perpendiculaire sur le milieu de AC.

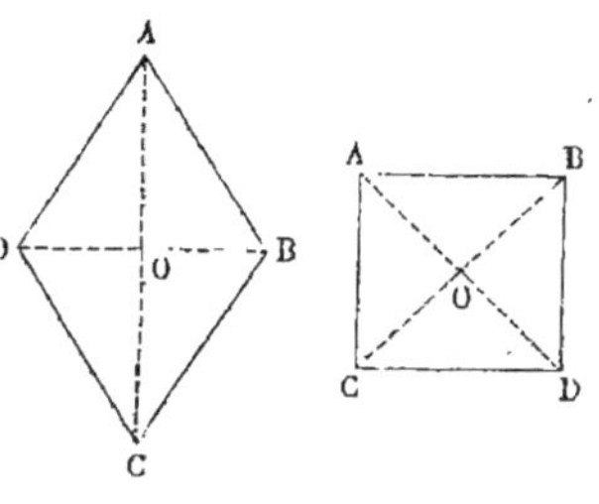

Fig. 47.   Fig, 48.

Scholie. — On pourrait démontrer le même théorème au moyen de l'égalité des triangles AOB, AOD.

CorollAire 1. — Dans un carré (fig. 48) les diagonales sont égales, se coupent à angle droit et en parties égales, car la figure est en même temps un parallélogramme, un rectangle et un losange.

CorollAire 2. — Ces théorèmes ont diverses réciproques faciles à formuler et à démontrer :

1°. *Tout parallélogramme est un losange si ses diagonales sont perpendiculaires l'une sur l'autre, ou bien, si l'une d'elles est bissectrice des angles dont elle unit les sommets.*

2° *Tout parallélogramme est un carré si ses diagonales sont égales et perpendiculaires entre elles.*

§ 8. — POINTS DE CONCOURS.

PROPOSITION XL.

60. Théorème. — *Les trois perpendiculaires au milieu des côtés d'un triangle concourent en un même point* (fig. 49).

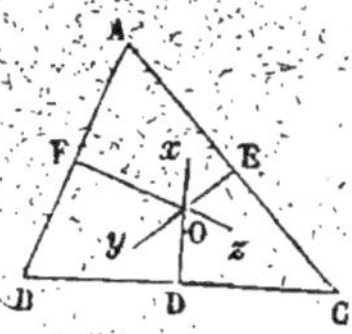

Fig. 49.

Par hypothèse, Dx, Ey, Fz sont perpendiculaires sur les milieux des côtés du triangle ABC.

Considérons deux d'entre elles, Dx, Ey. Elles se coupent, car si elles étaient parallèles, les perpendiculaires GD et CE seraient dans le prolongement l'une de l'autre (**47**), et les trois sommets du triangle seraient sur une même ligne droite ; soit O leur point de concours. Ce point, étant sur Dx, est à égale distance des points B et C ; étant sur Ey, il est à égale distance des points C et A. Il est donc également distant des points A et B, par suite il appartient à la perpendiculaire Fz, élevée sur le milieu de AB (**35**).

C.-q. f. d.

PROPOSITION XLI.

61. Théorème. — *Les trois hauteurs d'un triangle concourent au même point* (fig. 50).

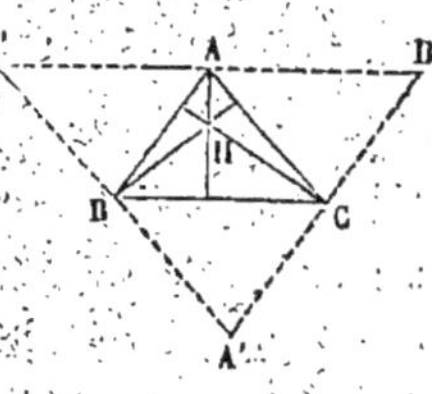

Fig. 50.

Par hypothèse, les lignes AH, BH′, CH″ sont les hauteurs du triangle ABC.

Par les sommets de ce triangle, menons des parallèles aux côtés opposés, nous formons un nouveau triangle A′B′C′. — Or, par construction, la figure AB′CB est un parallélogramme, donc AB′ = BC ; de même, AC′BC est un parallélogramme, donc AC′ = BC ;

donc le point A est le milieu de B′C′.

On démontrerait de même que B est le milieu de A′C′, que C est le milieu de A′B′.

La hauteur AH étant perpendiculaire à BC, l'est à sa parallèle B′C′ ; de même BH, CH sont respectivement perpendiculaires à A′C′ et à A′B′. Donc ces hauteurs concourent, comme étant les perpendiculaires élevées sur les milieux des côtés du triangle A′B′C′.

PROPOSITION XLII.

62. Théorème. — *Les bissectrices des angles d'un triangle concourent au même point* (fig. 51).

Par hypothèse, les lignes AI, BI, CI sont bissectrices des angles du triangle.

Considérons deux de ces lignes, AI, BI ; elles se rencontrent au point I. Ce point est également distant des trois côtés du triangle, comme appartenant aux deux bissectrices AI et BI (**38**). Donc il est situé sur la troisième, lieu des points également distants de CA et de CB.

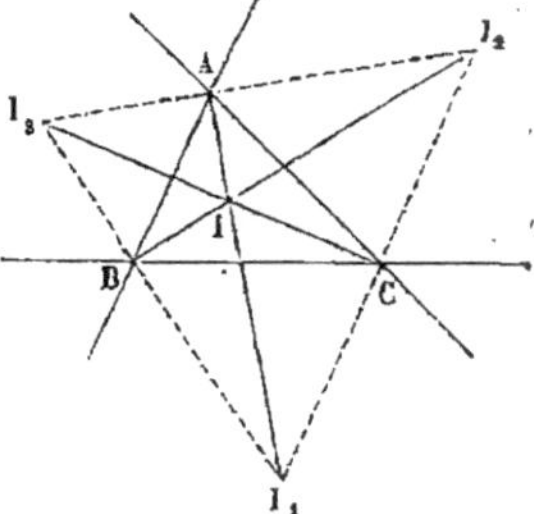
Fig. 51.

SCHOLIE. — On sait que la bissectrice CI_1 du supplément de l'angle C du triangle fait aussi partie du lieu des points également distants des directions CB et AC. De même la bissectrice BI_1 du supplément de l'angle B fait partie du lieu des points également distants de BC et BA; donc le point I_1 est le point de concours de l'une des premières bissectrices, AI, et de deux autres, perpendiculaires à BI et à CI. En raisonnant de la même manière sur les autres angles, nous trouverions deux nouveaux points de concours I_2 et I_3 jouissant de propriétés analogues. Il existe donc 4 points également distants des trois droites qui déterminent le triangle ABC par leurs intersections deux à deux.

PROPOSITION XLIII.

63. Théorème. — *Les trois médianes d'un triangle concourent en un même point. Ce point est situé au tiers de chacune d'elles à partir de la base correspondante* (fig. 52).

Par hypothèse, AM, BN, CP sont les médianes du triangle ABC.

Nous avons vu, dans le cours de la démonstration du théorème **61**,

3

fig. 50, que la ligne joignant les milieux de deux côtés d'un triangle est parallèle au troisième et égale à la moitié de ce troisième.

Cela posé, soit G le point où se coupent les deux médianes AM et BN, soit D le milieu de AG et E le milieu de BG; menons DE et MN. Les deux lignes seront parallèles à AB et égales à sa moitié; donc elles seront parallèles et égales entre elles. Donc la figure DEMN est un parallélogramme, par suite $GM = GD = DA = \frac{1}{3}AM$. Donc une médiane quelconque est coupée par une autre au tiers de sa longueur à partir de la base correspondante. Donc les trois médianes concourent au même point. Ce point est le *centre de gravité* du triangle.

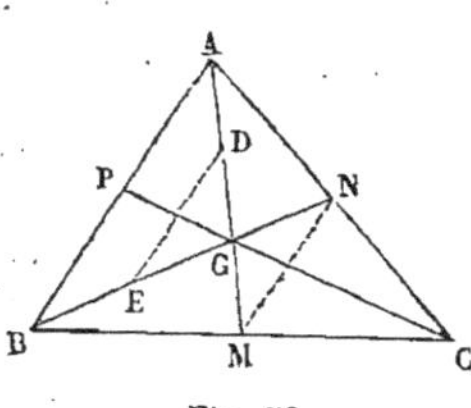
Fig. 52.

LIVRE II

CIRCONFÉRENCE

---

§ 1. — DÉFINITIONS.

64. — La *circonférence* est une ligne courbe dont tous les points sont également distants d'un point intérieur qu'on appelle *centre* (fig. 53).

On appelle *rayon* une droite, telle que OD, qui va du centre à la circonférence. *Tous les rayons sont égaux*, d'après la définition de la circonférence.

On appelle *diamètre* une droite, telle que AB, qui passe par le centre et se termine à deux points de la circonférence. — *Un diamètre vaut deux rayons.* — *Tous les diamètres sont égaux.*

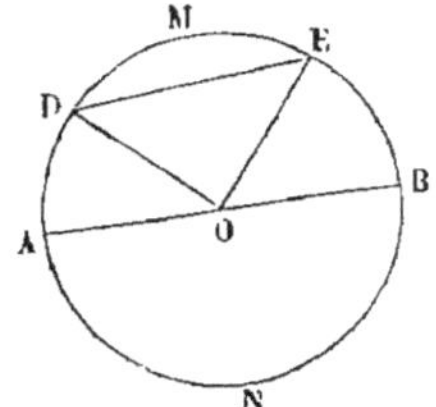

Fig. 53.

65. — Un *arc* est une portion quelconque DME de la circonférence.

On appelle *corde* la droite qui réunit les extrémités d'un arc. A une même corde DE correspondent deux arcs DME, DANBE, dont la somme est égale à la circonférence. On appelle ordinairement *arc sous-tendu par une corde*, le plus petit des deux.

66. — Le *cercle* est la portion de plan contenu dans la circonférence.

On nomme *secteur* la portion de cercle AOD comprise entre deux rayons.

On nomme *segment* la portion de cercle DME comprise entre un arc et sa corde.

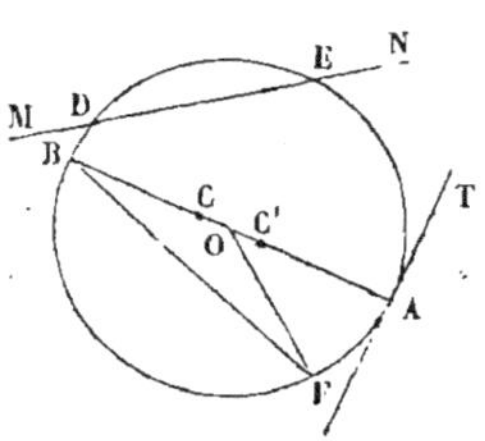

Fig. 54.

67. — On nomme *sécante* toute droite qui coupe la circonférence en pénétrant dans le cercle (fig. 54). Telle est la droite NM.

Une droite, telle que AT, qui n'a qu'un point A de commun avec la circonférence, se nomme *tangente*. Le point commun A est appelé *point de contact*.

68. — On appele *angle au centre* un angle, tel que DOE, dont le sommet est au centre (fig. 55).

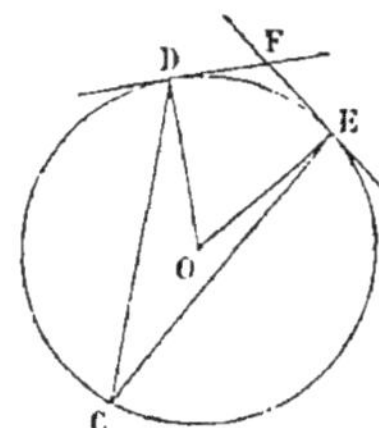

Fig. 55.

L'*angle inscrit* est celui dont le sommet est sur la circonférence et dont les côtés sont des sécantes. Tel est DCE.

En général, une *figure inscrite* est celle dont tous les sommets sont sur la circonférence.

L'*angle circonscrit* est celui dont les deux côtés sont tangents à la circonférence, telle est DFE.

En général, on appelle *figure circonscrite* celle dont les côtés sont tangents à la circonférence.

§ 2. — SÉCANTE, TANGENTE.

PROPOSITION I.

69. Théorème. — *Une circonférence n'a qu'un centre* (fig. 54).

Admettons, s'il est possible, que C et C′ soient deux centres. Menons la sécante CC′ et terminons-la aux points A et B où elle rencontre la circonférence. Nous aurons en même temps

$$CA = CB \qquad \text{et} \qquad C'A = C'B.$$

Or la seconde égalité est absurde si la première est vraie, puisque

$$C'A < CA \qquad \text{et} \qquad C'B > CB.$$

PROPOSITION II.

70. Théorème. — *Une ligne droite ne peut rencontrer une circonférence qu'en deux points* (fig. 54).

En effet, si une ligne droite rencontrait une circonférence en trois points, D, E, N, on pourrait du centre mener trois lignes égales à une même droite, ce qui est absurde, d'après le théorème **34** du livre 1er.

PROPOSITION III.

71. Théorème. — *Un diamètre divise la circonférence et le cercle en deux parties égales* (fig. 54).

En effet, plions la figure suivant le diamètre AB. La partie AFB s'appliquera exactement sur AEB, car tous les rayons sont égaux.

PROPOSITION IV.

72. Théorème. — *Toute corde est moindre que le diamètre* (fig. 54).

En effet, si l'on joint les extrémités de la corde au centre, on formera un triangle, dans lequel la corde est moindre que la somme de deux rayons, par suite moindre que le diamètre (**28**).

PROPOSITION V.

73. Théorème. — *Dans un même cercle ou dans des cercles égaux, à des arcs égaux correspondent des cordes égales, et réciproquement* (fig. 56).

1° Par hypothèse, les cercles O et O_1 ont le même rayon, et les deux arcs AMB, $A_1M_1B_1$ sont égaux.

Plaçons les deux cercles égaux l'un sur l'autre, de manière à

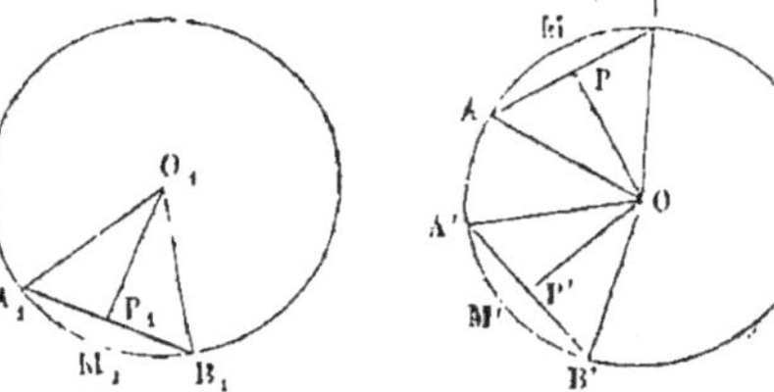

Fig. 56.

faire coïncider les arcs égaux ; les cordes AB, A_1B_1 coïncideront, puisque entre deux points on ne peut mener qu'une seule ligne droite.

2° Par hypothèse, les cercles O et O_1 ont le même rayon et les cordes AB, A_1B_1 sont égales.

Joignons leurs extrémités aux centres O et O_1. Les deux triangles formés auront leurs trois côtés égaux chacun à chacun. Donc, si l'on fait coïncider les deux cercles, en mettant les triangles égaux l'un sur l'autre, les arcs AMB, $A_1M_1B_1$ coïncideront.

Scholie. — Si les arcs ou les cordes sont dans le même cercle, on fera la démonstration en imaginant que les figures à comparer appartiennent à deux cercles superposés, ou bien en faisant tourner la moitié du cercle autour du diamètre qui partage l'arc AA′ en deux parties égales, ou bien encore en faisant pivoter le cercle O sur lui-même, de manière à amener le point A au point B′. Ces divers procédés de démonstration conduisent tous au même résultat.

PROPOSITION VI.

74. Théorème. — *Dans un même cercle ou dans des cercles égaux, à un plus grand arc correspond une plus grande corde, et réciproquement* (fig. 57).

1° D'après le théorème précédent, nous pouvons toujours supposer que les deux arcs appartiennent à la même circonférence et que le plus petit, AB, soit appliqué sur le plus grand, AD, à partir de la même origine A.

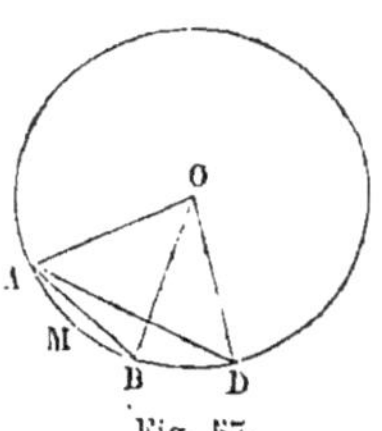

Fig. 57.

Joignons au centre les extrémités D, B, A des cordes. Nous formons deux triangles ayant un angle inégal compris entre deux cotés égaux chacun à chacun, donc (**32**) le troisième côté AD de l'un est supérieur au troisième côté AB de l'autre.

2° *Réciproquement*, si la corde AD est supérieure à la corde AB, les deux triangles auront deux côtés égaux chacun à chacun, et le troisième côté inégal ; donc (**32**, cor.) l'angle AOD sera plus grand que l'angle AOB ; par suite l'arc AD sera plus grand que l'arc AB.

Scholie 1. — On pourrait aussi démontrer la réciproque par la méthode dite de réduction à l'absurde.

Scholie 2. — Le théorème précédent ne s'applique qu'au plus petit des deux arcs sous-tendus.

PROPOSITION VII.

75. Théorème. — *Le centre, le milieu de la corde et le milieu de l'arc sont sur une même droite perpendiculaire à la corde* (fig. 58).

Par hypothèse, AB est une corde d'un cercle O; P son milieu, M et N les milieux des arcs sous-tendus.

Le triangle OAB étant isoscèle, la médiane OP sera perpendiculaire sur la corde AB (**22**); donc les cordes MA, MB seront égales, par suite les arcs MA, MB. Donc aussi les cordes NA, NB seront égales et par suite les arcs NA, NB.

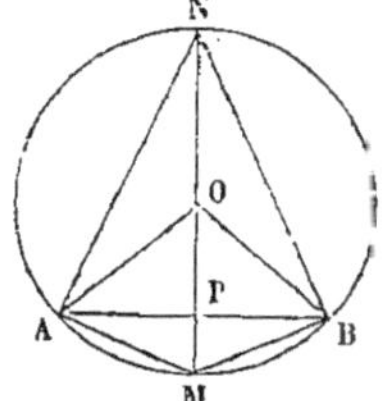

Fig. 58.

PROPOSITION VIII.

76. Théorème. — *Par trois points non en ligne droite on peut faire passer une circonférence et on n'en peut faire passer qu'une* (fig. 59).

1º Nous avons démontré (**60**) que les trois perpendiculaires élevées sur les milieux des côtés d'un triangle ABC concourent en un point O également éloigné des trois sommets A, B, C. Si donc, du point O comme centre, avec OA comme rayon, nous décrivons une circonférence, elle passera par les trois points A, B, C.

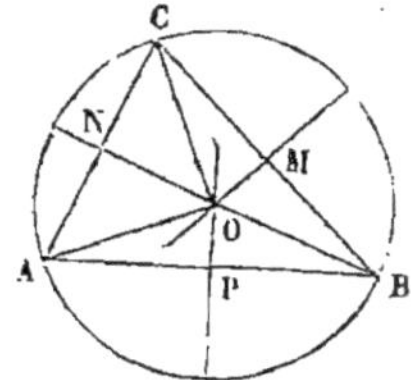

Fig. 59.

2º On ne peut faire passer qu'une circonférence par les trois points A, B, C. En effet, son centre doit être à égale distance des points A et B, par suite il doit être sur la perpendiculaire élevée sur le milieu P de AB (**35**); par une raison semblable, il doit être sur la perpendiculaire élevée sur le milieu d'un autre côté, donc il est nécessairement en O. D'ailleurs cette circonférence, passant en A, aura OA pour rayon. Donc toutes les circonférences passant par les trois points ont même centre et même rayon; par suite, elles se confondent.

Corollaire. — Deux circonférences ne peuvent pas avoir plus de deux points communs.

PROPOSITION IX.

77. Théorème. — *Dans un même cercle ou dans des cercles égaux, deux cordes égales sont également éloignées du centre, et réciproquement* (fig. 60).

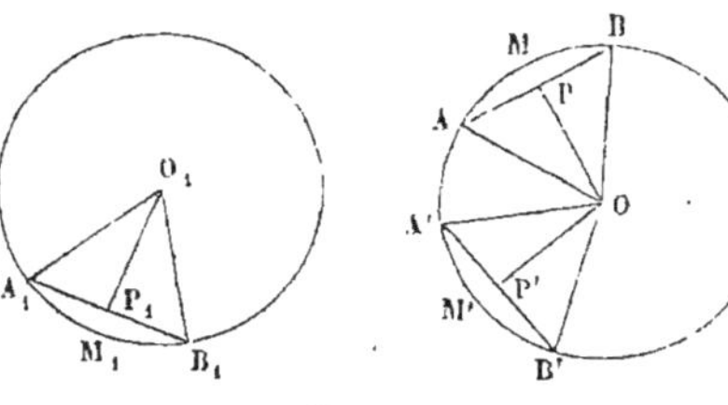

Fig. 60.

En effet, 1° les cordes AB, A_1B_1 étant égales, les deux triangles rectangles OAP, $O_1A_1P_1$ sont égaux, comme ayant l'hypoténuse égale et un côté égal (**36**); donc $OP = O_1P_1$:

2° Les distances OP, O_1P_1 étant égales, les deux triangles rectangles, OAP, $O_1A_1P_1$ sont égaux, comme ayant l'hypoténuse égale et un côté égal; donc $AP = A_1P_1$, donc $AB = A_1B_1$.

PROPOSITION X.

78. Théorème. — *Dans un même cercle ou dans des cercles égaux, une corde plus petite est plus éloignée du centre, et réciproquement* (fig. 61).

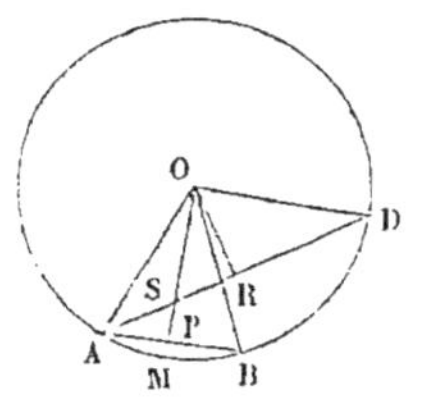

Fig. 61.

Nous pouvons toujours supposer que les cordes inégales aient une extrémité A commune (**77**).

1° Supposons $AB < AD$; l'arc AMB sera moindre que AMD (**74**), donc la perpendiculaire OP, abaissée du centre sur AB, coupera AD en un point S. La perpendiculaire OR étant moindre que l'oblique OS, sera, *à fortiori*, moindre que OP.

2° Supposons $OP > OR$. — La corde AB ne peut être ni égale ni supérieure à AD, car alors OP serait égale ou inférieure à OR, ce qui est contraire à l'hypothèse.

PROPOSITION XI.

79. Théorème. — *La perpendiculaire à l'extrémité d'un rayon est tangente à la circonférence, et réciproquement* (fig. 62).

1° Par hypothèse, AT est perpendiculaire sur OA. Donc toute ligne OT menée du centre à la droite AT est oblique et par suite plus grande que OA, donc tout point de AT, autre que A, est extérieur au cercle.

2° Par hypothèse, AT n'a qu'un point commun A avec la circonférence ; donc tout autre point est en dehors ; donc OA est la plus courte des lignes qu'on peut mener du centre à la droite AT ; donc OA est perpendiculaire sur AT (**34**, récipr.).

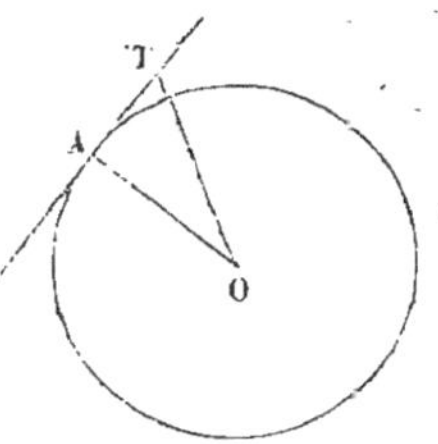

Fig. 62.

Corollaire. — *Par un point pris sur une circonférence, on peut mener une tangente et on n'en peut mener qu'une.* En effet, par ce point on peut mener une perpendiculaire au rayon correspondant et une seule.

PROPOSITION XII.

80. Théorème. — *La tangente en un point de la circonférence peut être regardée comme la direction limite des sécantes qui passent par ce point et par un point infiniment voisin* (fig. 63).

Soit BC une sécante passant par un point B fixe et par un point variable C, infiniment voisin de B, c'est-à-dire se rapprochant indéfiniment de B.

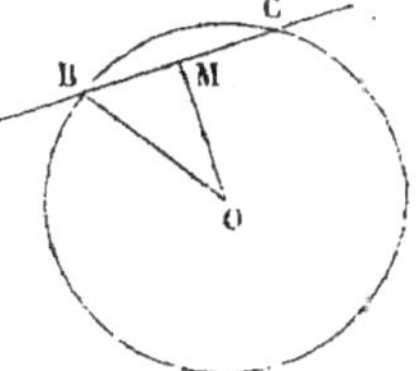

Fig. 63.

Du centre O abaissons sur la sécante BC une perpendiculaire OM. Le point M sera le milieu de la corde BC (**75**). Lorsque le point s'approche du point B, le point M s'en approche aussi et OM a pour limite OB. Donc BC a pour limite une perpendiculaire à OB, par conséquent la tangente au point B (**79**, 1°).

Scholie. — En général, on appelle *tangente* à une courbe quelconque en un point la limite des positions d'une sécante qui passe par ce point et par un point *infiniment voisin*. On nomme point *infiniment voisin* un point variable de position, qui tend vers le premier en restant sur la courbe.

PROPOSITION XIII.

81. Théorème. — *Deux parallèles interceptent sur la circonférence des arcs égaux* (fig. 64).

1° Supposons les deux parallèles AB et CD sécantes.

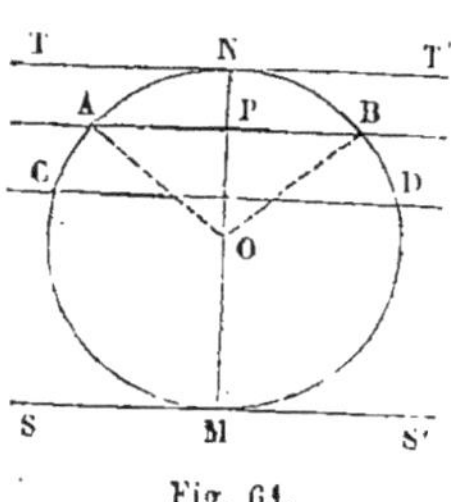

Fig. 64.

Si du centre nous abaissons la perpendiculaire commune aux deux parallèles, le diamètre MN ainsi formé partage les deux arcs CND, ANB en deux parties égales ; donc AC = NC — NA est égal à BD = ND — NB.

2° Supposons l'une des parallèles AB sécante et l'autre T tangente. En joignant le centre au point de contact N, la ligne ainsi formée est perpendiculaire sur T (**79**, 2°), et par suite à AB. Donc le point N est le milieu de l'arc AB (**75**).

3° Supposons que les deux parallèles soient tangentes, comme T et S. Les rayons OM et ON des points de contact seront les prolongements l'un de l'autre, comme perpendiculaires à deux droites parallèles ; donc MN est un diamètre, donc arc NAM = arc NBM.

COROLLAIRE. — La réciproque est vraie et se démontre par la *réduction à l'absurde*. Dans l'énoncé de cette réciproque, il faut indiquer qu'après avoir uni par une droite les extrémités A et B des arcs égaux, les deux autres extrémités C et D devront être du même côté de la droite formée.

§ 5. — NORMALE.

DÉFINITION.

82. La *normale* en un point d'une courbe quelconque est la perpendiculaire à la tangente. Pour une circonférence O (fig. 65), la normale en un point D est donc le rayon OD du point de contact. La normale en un point quelconque d'une circonférence passe donc par le centre.

PROPOSITION XIV.

83. Théorème. — *Si d'un point on mène la normale à une circonférence, l'une des distances du point à la circonférence sera* MAXIMUM, *l'autre* MINIMUM (fig. 65).

Par hypothèse, du point A nous menons la normale à la circonférence, c'est-à-dire AO, puisque toutes les normales passent par le centre. Puis nous menons diverses sécantes telles que AEF.

Joignons le point O aux points E et F. Nous avons AF<AO+OF ou AF<AO+OD. Nous avons aussi AE>AO—OE ou AE>AO—OB.

Si le point A était intérieur, en A′ par exemple, on raisonnerait d'une manière analogue.

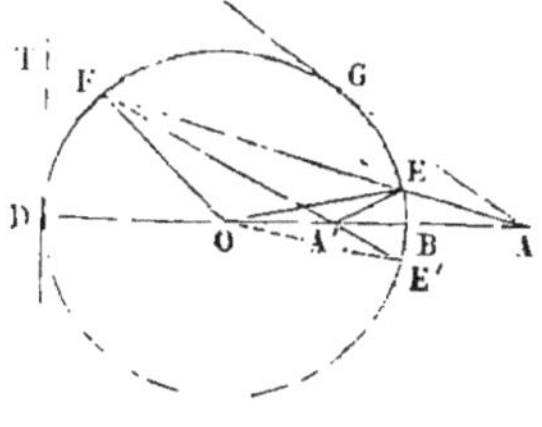

Fig. 65.

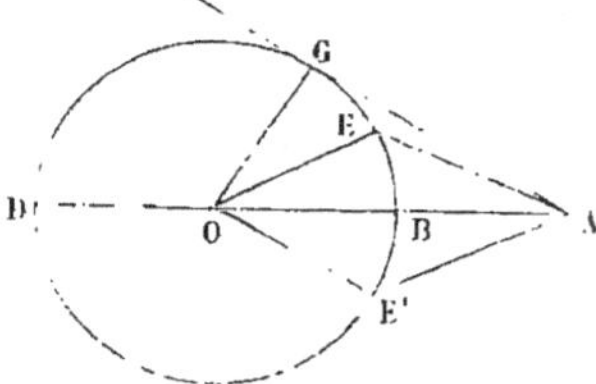

Fig. 66.

On voit donc que AB est la distance la plus courte du point A à la circonférence et AD la distance la plus longue; c'est ce qu'indique l'énoncé du théorème.

CoROLLAIRE. — Deux sécantes également éloignées de la normale sont égales et deux sécantes inégalement éloignées sont inégales (fig. 66).

§ 4. — POSITIONS RELATIVES DE DEUX CIRCONFÉRENCES.

PROPOSITION XV.

84. Théorème. — *Si deux circonférences ont un point commun hors de la ligne des centres, elles en ont un autre symétriquement placé par rapport à cette ligne* (fig. 67).

Par hypothèse, les circonférences O et O′ ont un point A commun en dehors de la ligne des centres OO′.

Du point A abaissons sur OO′ une perpendiculaire AI et prolongeons-la d'une quantité A′I

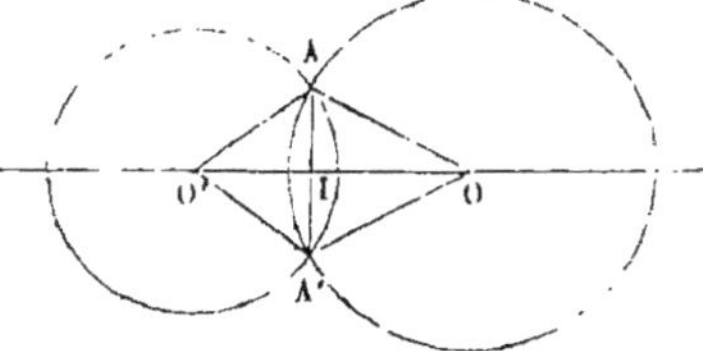

Fig. 67.

égale à AI. Le point A′ se nomme le *symétrique* de A par rapport à OO′.

Les deux lignes OA, OA' sont égales, comme obliques s'écartant également du pied I de la perpendiculaire; donc la circonférence O qui passe en A, passe aussi en A'. — De même O'A et O'A' sont égales; donc la circonférence O' passe en A'. Donc le point A' est commun aux deux circonférences.

Corollaire 1. — *Si deux circonférences n'ont qu'un point commun, ou, ce qui est la même chose, sont tangentes, le point de contact est sur la ligne des centres.* — En effet, s'il était en dehors, les deux circonférences auraient un second point commun.

Corollaire 2. — *Si deux circonférences ont deux points communs sur la ligne des centres, elles se confondent, car elles ont même diamètre, par suite même centre et même rayon.*

Corollaire 3. — *Deux circonférences ne peuvent pas avoir un point commun sur la ligne des centres et un point commun en dehors,* car elles auraient alors un troisième point commun et par suite se confondraient (**76**).

PROPOSITION XVI.

85. Théorème. — *Si deux circonférences ont deux points communs, la ligne des centres est perpendiculaire sur le milieu de la corde commune* (fig. 67).

En effet, ces deux points ne sont pas tous deux sur la ligne des centres (**84**, cor. 2). Ces deux points sont tous deux hors de la ligne des centres (**84**, cor. 3). Cela posé, le centre O étant à égale distance de ces deux points, appartient à la perpendiculaire élevée sur le milieu de la droite qui les joint. Le centre O' appartient aussi à cette perpendiculaire, pour la même raison. Donc OO' est cette perpendiculaire.

C. q. f. d.

86. Scholie. — Deux circonférences, sur un plan, peuvent avoir cinq positions relatives et seulement cinq.

1° Elles peuvent avoir deux points communs; on dit alors qu'elles se coupent.

2° Elles peuvent avoir un seul point commun, ou autrement dit être tangentes; et dans ce cas l'un des cercles est extérieur à l'autre ou bien l'un des cercles est contenu dans l'autre. Les circonférences sont dites *tangentes extérieurement* ou *tangentes intérieurement* (fig. 68, 69).

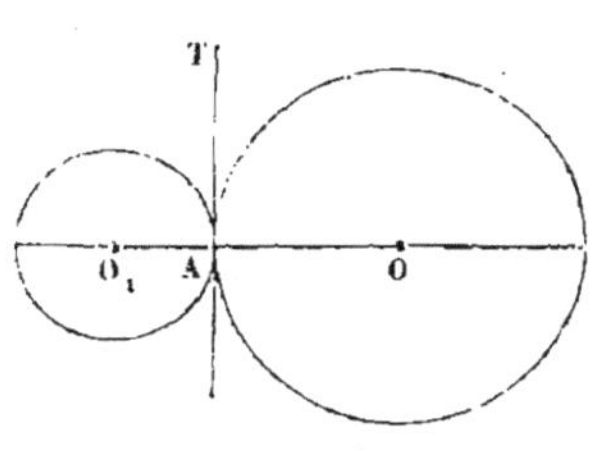

Fig. 68.

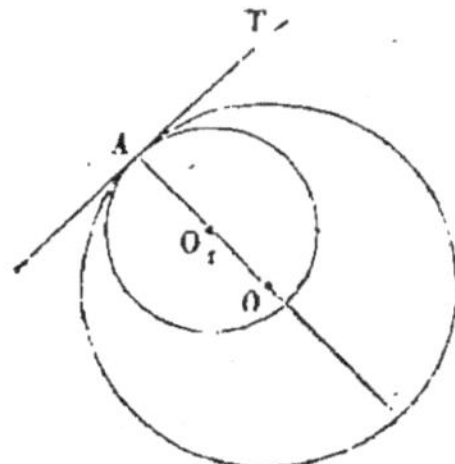

Fig. 69.

3° Elles peuvent n'avoir aucun point commun ; et dans ce cas, l'un des cercles est *extérieur* ou bien l'un des cercles est *intérieur* (fig. 70, 71).

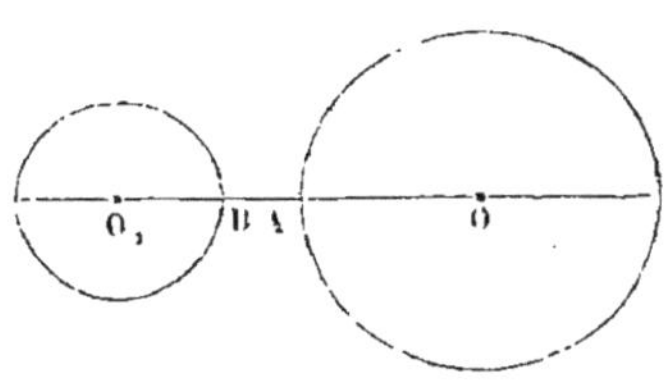

Fig. 70.

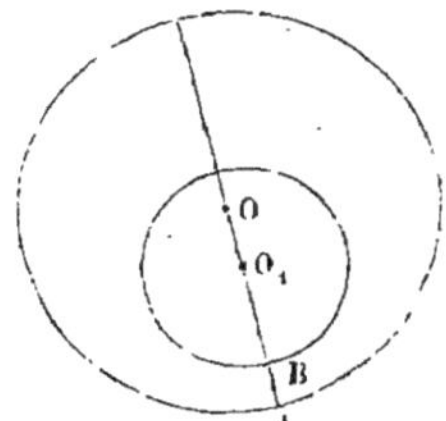

Fig. 71.

PROPOSITION XVII.

87. Théorème. — *En désignant par* D *la distance des centres de deux circonférences, ayant respectivement pour rayons* R *et* r :

1° *Si les circonférences sont extérieures, on a* $D > R + r$.

2° *Si elles sont tangentes extérieurement, on a* $D = R + r$.

3° *Si elles se coupent, on a à la fois* $D < R + r$ *et* $D > R - r$.

4° *Si elles sont tangentes intérieurement, on a* $D = R - r$.

5° *Si elles sont intérieures, on a* $D < R - r$, *et les cinq réciproques sont vraies* (fig. 67, 68, 69, 70, 71).

1° Si les circonférences sont extérieures (fig. 70), la distance des centres se compose des deux rayons et d'un intervalle AB ; donc $D > R + r$.

2° Si les circonférences sont tangentes extérieurement, le point de contact est sur la ligne des centres (**84**, cor. 1); donc la distance des centres se compose des deux rayons, $D = R + r$ (fig. 68).

3° Si les circonférences se coupent, les points communs A et A' sont en dehors de la ligne des centres; donc AOO' est un triangle dans lequel on a, à la fois, $D < R + r$ et $D > R - r$ (fig. 67).

4° Si les circonférences sont tangentes intérieurement, le point de contact est sur la ligne des centres et le petit rayon est une partie du grand; donc $D = R - r$ (fig. 69).

5° Si les circonférences sont intérieures, le grand rayon se compose de la distance des centres du plus petit rayon et d'une ligne AB; donc $D < R - r$ (fig. 71).

Les réciproques se démontrent par la réduction à l'absurde.

Corollaire. — Quand deux circonférences sont tangentes, si par le point de contact A (fig. 68, 69) on mène une perpendiculaire à la ligne des centres, elle est tangente, en même temps, aux deux circonférences.

§ 5. — RAPPORT DE DEUX LIGNES, DE DEUX ARCS. — RAPPORTS INCOMMENSURABLES. — PROPORTIONS.

DÉFINITIONS.

88. — Soient deux lignes A et B, ou, plus généralement, deux grandeurs concrètes de même nature : on appelle *rapport de A à B le nombre entier ou fractionnaire qui exprime combien de fois A contient B ou une partie aliquote de B.*

Le rapport de A à B s'indique par la notation des fractions $\frac{A}{B}$; mais comme A et B sont des *noms* de grandeurs et non des *nombres*, le rapport de deux grandeurs concrètes désignées par A et B ne doit pas être confondu avec le rapport de deux nombres.

Si la grandeur A contient 5 fois la grandeur B, le rapport de A à B est 5, et l'on écrit :

$$\frac{A}{B} = 5.$$

Si la grandeur A contient 3 fois la 5e partie de B, le rapport est $\frac{3}{5}$ et l'on écrit :

$$\frac{A}{B} = \frac{3}{5}.$$

$\frac{B}{A}$ est appelé le *rapport inverse* de A à B.

On a vu, en arithmétique, que *multiplier* par 3 c'est répéter 3 fois, que *multiplier* par $\frac{3}{5}$ c'est prendre les $\frac{3}{5}$; donc on peut dire que : *le rapport de deux grandeurs concrètes est le nombre abstrait par lequel il faut multiplier la seconde pour avoir la première.*

On appelle *mesure* d'une grandeur A, relativement à une unité B, le rapport de A à B.

PROPOSITION XVIII.

89. Théorème. — *Le rapport de deux grandeurs A et B peut s'obtenir en prenant le rapport des nombres qui les mesurent*

En effet, soit U une unité servant à mesurer A et B, et supposons (α, β, α', β' étant des nombres entiers)

$$\frac{A}{U} = \frac{\alpha}{\beta}; \quad \frac{B}{U} = \frac{\alpha'}{\beta'}.$$

Nous pouvons toujours réduire au même dénominateur les deux rapports numériques et écrire :

$$\frac{A}{U} = \frac{a}{d}; \quad \frac{B}{U} = \frac{b}{d}.$$

Appelons ω la d^e partie de U, les égalités précédentes veulent dire que

$$U = \omega.d, \quad A = \omega.a, \quad B = \omega.b;$$

donc A contient a fois la b^e partie de B, donc

$$\frac{A}{B} = \frac{a}{b},$$

ou bien

$$\frac{A}{B} = \frac{\left(\frac{a}{d}\right)}{\left(\frac{b}{d}\right)} = \frac{\left(\frac{\alpha}{\beta}\right)}{\left(\frac{\alpha'}{\beta'}\right)} = \frac{\left(\frac{A}{U}\right)}{\left(\frac{B}{U}\right)}.$$

C. q. f. d.

Corollaire 1. — Si l'on avait

$$\frac{A}{U} = \frac{\alpha}{\beta} \qquad \text{et} \qquad \frac{U}{B} = \frac{\beta'}{\alpha'},$$

on voit qu'on en tirerait

$$\frac{A}{B} = \frac{\alpha}{\beta} \times \frac{\beta'}{\alpha'} = \frac{A}{U} \times \frac{U}{B};$$

donc on peut dire, pour abréger, *le rapport* $\frac{A}{B}$ *s'obtient en multipliant membre à membre les deux proportions*

$$\frac{A}{U} = \frac{\alpha}{\beta}, \qquad \frac{U}{B} = \frac{\beta'}{\alpha'}.$$

Ce corollaire est d'un fréquent usage en géométrie.

Corollaire 2. — Si deux grandeurs A et B ont une commune mesure ω, qui soit contenue a fois dans la première et b fois dans la seconde, on peut dire, ω étant considérée comme l'unité, que les nombres a et b mesurent les grandeurs A et B ; donc on a

$$\frac{A}{B} = \frac{a}{b}.$$

Ce résultat est d'ailleurs une conséquence immédiate de la définition du rapport, puisque A contient a fois la b^e partie de B.

PROPOSITION XIX.

90. Problème. — *Trouver la plus grande commune mesure de deux grandeurs.*

Pour trouver la plus grande commune mesure de deux grandeurs facilement comparables, comme deux lignes droites, deux arcs de même rayon, on peut raisonner comme on le fait en arithmétique, quand on cherche le plus grand commun diviseur de deux nombres (fig. 72).

1° Si A contient B un nombre exact de fois, B est la plus grande commune mesure demandée.

2° Supposons qu'il n'en soit pas ainsi, que A contienne 3 fois B, et qu'il reste une portion R_1 de A inférieure à B, on pourra poser

$$A = B.3 + R_1.$$

Toute commune mesure de A et B sera contenue un nombre exact de fois dans A et dans B.3, par suite dans R_1; donc elle sera commune mesure de B et R_1. *Réciproquement*, toute commune mesure de B et R_1 sera contenue un nombre exact de fois dans B.3 et R_1; donc elle sera commune mesure de A et B. — *Donc la plus grande commune mesure de A et B est la même que la plus grande commune mesure de B et R_1.*

3° On portera donc R_1 sur B autant de fois que possible, on obtiendra, par exemple,

$$B = R_1.2 + R_2.$$

4° On portera R_2 sur R_1, ce qui donnera, par exemple,

$$R_1 = R_2.4 + R_3,$$

puis R_3 sur R_2 et ainsi de suite; le premier reste contenu exactement dans le précédent sera la plus grande commune mesure demandée. Supposons que ce soit R_3 et que l'on ait

$$R_2 = R_3.5.$$

5° On déduira des égalités successives :

$$A = R_3.162, \qquad B = R_3.47,$$

par suite

$$\frac{A}{B} = \frac{162}{47}.$$

Corollaire. — Il est facile de voir que le rapport $\dfrac{162}{47}$ est irré-
ductible. En effet, si ces deux nombres avaient un facteur commun m, on aurait en désignant par q et q' les quotients :

$$A = R_3.(m.q), \qquad B = R_3.(mq'),$$

ou bien

$$A = (R_3 m)\, q, \qquad B = (R_3 m)\, q';$$

donc la grandeur $R_3 m$ plus grande que R_3 serait une commune mesure de A et B, et par suite R_3 ne serait pas la plus grande.

Remarque. — Dans la pratique, les opérations que nous venons
d'indiquer se terminent toujours, car les restes R_1, R_2, R_3,... allant
en diminuant indéfiniment, on arrivera nécessairement à un reste
nul, au point de vue des observations.

Théoriquement, on peut cependant concevoir que cette série d'o-
pérations soit indéfinie et qu'il n'existe pas de commune mesure entre
A et B ; nous verrons qu'il en est ainsi pour le côté et la diagonale d'un
carré. On dit alors que les grandeurs A et B sont *incommensurables*.

D'après notre définition (**88**), il faudrait dire que A et B n'ont
pas de rapport ; ou bien il faut donner à la définition de ce mot
une extension telle, que deux grandeurs quelconques aient un rapport.

**91. Définition du rapport de deux grandeurs incommen-
surables.** — On appelle *rapport de deux grandeurs incommensurables, la limite du rapport de deux grandeurs commensurables,
ayant respectivement pour limites les grandeurs données.*

Ainsi, soient A et B deux lignes droites incommensurables, et
soient A′ et B′ deux lignes commensurables variables ayant respectivement A et B pour limites ; on a, *par définition*,

$$\frac{A}{B} = \lim. \frac{A'}{B'}.$$

Mais pour que cette définition soit acceptable, il faut démontrer
1° que cette limite existe ; 2° qu'elle est indépendante de la loi suivant laquelle A′ et B′ tendent vers A et B ; 3° qu'elle comprend,
comme cas particulier, la définition du rapport de deux grandeurs
commensurables.

PROPOSITION XX.

92. Théorème. — *Si deux grandeurs commensurables varia-bles* A′, B′ *tendent respectivement vers deux grandeurs fixes* A *et* B :

1° *Le rapport* $\dfrac{A'}{B'}$ *variable tend vers une limite fixe et finie.*

2° *Cette limite est indépendante du mode de variation des grandeurs* A′ *et* B′.

3° *Si* A *et* B *sont commensurables, cette limite est égale au rapport des deux grandeurs.*

1° Soit ω une grandeur quelconque, que nous supposerons plus tard variable et tendant vers zéro. Portons-la sur A et B, et soient :

$$A' = \omega.\alpha, \qquad A'' = \omega(\alpha+1), \qquad A' < A < A'',$$
$$B' = \omega.\beta, \qquad B'' = \omega(\beta+1), \qquad B' < B < B'',$$

α et β étant des nombres entiers.

Considérons les deux rapports

$$\frac{A'}{B''} = \frac{\alpha}{\beta+1}, \qquad \frac{A''}{B'} = \frac{\alpha+1}{\beta},$$

le premier est inférieur au second.

Faisons décroître ω, et soit ω_1 une nouvelle valeur de cette variable, telle que

$$A'_1 = \omega_1.\alpha_1, \qquad A''_1 = \omega_1(\alpha_1+1), \qquad A'_1 < A < A''_1,$$
$$B'_1 = \omega_1.\beta_1, \qquad B''_1 = \omega_1(\beta_1+1), \qquad B'_1 < B < B''_1.$$

Nous obtiendrons de nouveaux rapports analogues aux précédents

$$\frac{A'_1}{B''_1} = \frac{\alpha_1}{\beta_1+1}, \qquad \frac{A''_1}{B'_1} = \frac{\alpha_1+1}{\beta_1},$$

Or nous pouvons prendre ω_1 assez petit pour que A'_1 et A''_1 soient tous deux compris entre A′ et A″, et qu'en même temps B'_1, B''_1 soient compris entre B′ et B″. Dans cette hypothèse, les deux rapports

$$\frac{A'_1}{B''_1} = \frac{\alpha_1}{\beta_1+1}, \qquad \frac{A''_1}{B'_1} = \frac{\alpha_1+1}{\beta_1}.$$

sont tous deux compris entre les rapports

$$\frac{A'}{B''} = \frac{\alpha}{\beta+1}, \qquad \frac{A''}{B'} = \frac{\alpha+1}{\beta}.$$

Par un raisonnement semblable, nous passerions des deux rapports nouveaux à deux autres qu'ils comprendraient et qui par suite seraient entre les deux premiers. Donc, quand ω tend vers zéro, les deux rapports

$$\frac{A'}{B''} = \frac{\alpha}{\beta + 1}, \qquad \frac{A''}{B'} = \frac{\alpha + 1}{\beta},$$

restent finis. D'ailleurs la limite de leur quotient est

$$\lim. \frac{\alpha + 1}{\beta} \cdot \frac{\beta + 1}{\alpha},$$

ou

$$\lim. \left(1 + \frac{1}{\alpha} \right)\left(1 + \frac{1}{\beta} \right) = 1 ,$$

puisque les nombres α et β croissent indéfiniment. Donc ces deux rapports tendent vers une certaine limite λ commune, comprise entre les deux, et l'on a

$$\lambda = \lim. \frac{A'}{B''} = \lim \frac{A''}{B'}$$

et *à fortiori*

$$\lambda = \lim. \frac{A'}{B'} = \lim. \frac{A''}{B''}.$$

La première partie du théorème est donc démontrée.

2° Supposons qu'en partant d'un autre choix de ω, nous ayons trouvé une autre limite λ'.

λ était la limite des rapports croissants $\dfrac{\alpha}{\beta + 1}$ et des rapports décroissants, toujours supérieurs aux premiers $\dfrac{\alpha + 1}{\beta}$.

λ' est la limite des rapports croissants suivant une autre loi $\dfrac{\alpha'}{\beta' + 1}$ et des rapports décroissants $\dfrac{\alpha' + 1}{\beta'}$.

D'après la démonstration précédente, les rapports $\dfrac{\alpha'}{\beta' + 1}$ sont non-seulement inférieurs aux rapports $\dfrac{\alpha' + 1}{\beta'}$, mais encore inférieurs aux rapports $\frac{\alpha+1}{\beta}$. De même, les rapports $\frac{\alpha}{\beta+1}$ sont non-seulement inférieurs aux rapports $\frac{\alpha+1}{\beta}$, mais encore inférieurs aux rapports $\frac{\alpha'+1}{\beta'}$.

Cela posé, λ étant la limite des rapports $\frac{\alpha}{\beta+1}$ ne peut pas surpasser λ' qui est la limite des rapports supérieurs $\frac{\alpha'+1}{\beta'}$. De même λ', étant la limite des rapports $\frac{\alpha'}{\beta'+1}$, ne peut pas surpasser λ, qui est la limite des rapports supérieurs $\frac{\alpha+1}{\beta}$. Donc

$$\lambda = \lambda'.$$

3° Supposons que A et B soient commensurables et désignons par $\frac{a}{b}$ leur rapport. En opérant comme précédemment, on verra que

$$\frac{\alpha}{\beta+1} < \frac{a}{b} < \frac{\alpha+1}{\beta};$$

or les rapports variables extrêmes tendent l'un vers l'autre, donc $\frac{a}{b}$ est leur limite commune λ.

Donc le théorème énoncé est complétement démontré et nous pouvons adopter la définition ci-dessus pour le rapport de deux grandeurs quelconques.

Scholie. — La notion de limite conduit, comme on vient de le voir, à celle d'une mesure pour une grandeur quelconque commensurable ou non avec son unité. Si la grandeur est commensurable avec son unité, la mesure s'exprime par un nombre entier ou fractionnaire. Dans le cas contraire, elle ne peut s'exprimer que par un signe. Mais ce signe, au même titre qu'un nombre entier ou fractionnaire, représente la grandeur comparée à son unité ; on lui donne, par extension, le nom de *nombre*, et pour le distinguer, on l'appelle *nombre incommensurable*.

93. Proportions. — On appelle *proportion* l'expression de l'égalité de deux rapports

$$\frac{A}{B} = \frac{A'}{B'}.$$

A et B′ se nomment *extrêmes*, B et A′ se nomment *moyens*. Le dernier terme B′ est appelé *quatrième proportionnel aux trois premiers* A, B, A′.

Si les deux moyens sont égaux, comme dans la proportion

$$\frac{A}{M} = \frac{M}{B},$$

le terme M est nommé *moyen proportionnel entre* A *et* B.

Si les quatre grandeurs A, B, A′, B′ sont remplacées par les nombres qui les mesurent, on a une proportion dont les propriétés ont été étudiées en arithmétique et on peut lui appliquer toutes les transformations relatives aux fractions égales. Mais il n'en est plus ainsi quand A, B, A′, B′ désignent des grandeurs concrètes; nous allons démontrer les propriétés dont nous ferons usage dans le courant de cet ouvrage.

PROPOSITION XXI.

94. Théorème. — *Si dans une proportion, les quatre termes désignent des grandeurs concrètes de même nature, on peut changer l'ordre des moyens.*

Soit la proportion

$$\frac{A}{B} = \frac{A'}{B'}.$$

Désignons par ω la b^e partie de B et par ω' la b^e partie de B′, la proportion indique que l'on a à la fois, a étant un nombre entier,

$$A = \omega.a, \qquad B = \omega.b,$$
$$A' = \omega'.a, \qquad B' = \omega'.b.$$

Or ces égalités montrent que les deux rapports $\dfrac{A}{A'}$ et $\dfrac{B}{B'}$ sont tous deux égaux au rapport de ω à ω'; donc ils sont égaux entre eux et l'on a bien

$$\frac{A}{A'} = \frac{B}{B'}.$$

C. q. f. d.

Corollaire. — Comme d'ailleurs on peut lire une proportion en sens inverse, et que les rapports peuvent être remplacés par leurs inverses, on voit que l'on peut écrire une pareille proportion de huit manières :

$$\frac{A}{B}=\frac{A'}{B'} \qquad \frac{A'}{B'}=\frac{A}{B}$$

$$\frac{A}{A'}=\frac{B}{B'} \qquad \frac{A'}{A}=\frac{B'}{B}$$

$$\frac{B}{A}=\frac{B'}{A'} \qquad \frac{B'}{A'}=\frac{B}{A}$$

$$\frac{B}{B'}=\frac{A}{A'} \qquad \frac{B'}{B}=\frac{A'}{A}$$

Scholie 1. — Si les quatre termes ne désignaient pas des grandeurs concrètes de même espèce, si, par exemple, A et B étaient deux surfaces, et A′ et B′ deux lignes, le théorème ne serait pas vrai. Dans ce cas on pourrait écrire la proportion primitive de quatre manières seulement :

$$\frac{A}{B}=\frac{A'}{B'} \qquad \frac{A'}{B'}=\frac{A}{B}$$

$$\frac{B}{A}=\frac{B'}{A'} \qquad \frac{B'}{A'}=\frac{B}{A}$$

Scholie 2. — Dans une proportion entre grandeurs concrètes on ne peut pas dire que *le produit des extrêmes est égal au produit des moyens*. En effet, le produit de deux grandeurs concrètes n'a pas de sens.

PROPOSITION XXII.

95. Théorème. — *Dans une suite de rapports égaux, dont les termes représentent des grandeurs concrètes de même nature, la somme des numérateurs est à la somme des dénominateurs dans le même rapport qu'un numérateur est à son dénominateur.*

Soit la suite de rapports égaux :

$$\frac{A}{B}=\frac{A'}{B'}=\frac{A''}{B''}=\frac{A'''}{B'''}\cdots$$

Soit $\dfrac{a}{b}$ le rapport numérique qui représente la valeur commune de ces rapports égaux. Appelons ω la b^e partie de b, ω' la b^e partie de B', etc... Nous aurons, par hypothèse, a étant un nombre entier,

$$A = \omega.a \qquad A' = \omega'.a \qquad A'' = \omega''.a\ldots$$
$$B = \omega.b \qquad B' = \omega'.b \qquad B'' = \omega''.b\ldots$$

donc

$$A + A' + A'' + \ldots = (\omega + \omega' + \omega''\ldots)\,a = \Omega.a,$$
$$B + B' + B'' + \ldots = (\omega + \omega' + \omega''\ldots)\,b = \Omega.b.$$

Par suite

$$\frac{A + A' + A'' + \ldots}{B + B' + B'' + \ldots} = \frac{a}{b} = \frac{A}{B}.$$

C. q. f. d.

Corollaire. — Par une raison semblable on peut poser

$$\frac{A + A' - A'' + \ldots}{B + B' - B'' + \ldots} = \frac{A}{B}.$$

On peut même, avant d'ajouter les numérateurs et les dénominateurs, transformer les rapports égaux sans changer leurs valeurs; et l'on obtient ainsi l'égalité plus générale

$$\frac{A}{B} = \frac{A'}{B'} = \frac{A''}{B''}\ldots = \frac{A.m + A'.m' + A''.m''}{B.m + B'.m' + B''.m''},$$

m, m', $m''\ldots$ sont des nombres quelconques.

PROPOSITION XXIII.

96 Théorème. — *Plusieurs rapports quelconques étant donnés et leurs termes représentant des grandeurs de même nature, le rapport entre la somme des numérateurs et la somme des dénominateurs est compris entre le plus petit et le plus grand des rapports donnés.*

Soient les rapports

$$\frac{A}{B}, \qquad \frac{A'}{B'}, \qquad \frac{A''}{B''}, \qquad \frac{A'''}{B'''},$$

rangés par ordre de grandeurs décroissantes, désignons par m la valeur du plus petit, par M la valeur du plus grand, nous aurons, par hypothèse,

$$\begin{array}{ll} A > B.m & A = B.M \\ A' > B'.m & A' < B'.M \\ A'' > B''.m & A'' < B''.M \\ A''' = B'''.m & A''' < B'''.M \end{array}$$

donc

$$A + A' + A'' + A''' \begin{array}{l} > (B + B' + B'' + B''').m \\ < (B + B' + B'' + B''').M, \end{array}$$

par suite

$$\frac{A + A' + A'' + A'''}{B + B' + B'' + B'''} > m \quad \text{et} \quad < M.$$

C. q. f. d.

Scholie. — On voit, en résumé, que les rapports de grandeurs concrètes ont les mêmes propriétés que les rapports de nombres.

§ 6. — MESURE DES ANGLES.

PROPOSITION XXIV.

97. Théorème. — *Dans le même cercle ou dans des cercles égaux, aux arcs égaux correspondent des angles au centre égaux, et réciproquement* (fig. 73).

1° Par hypothèse, l'arc $AMB =$ l'arc $A'M'B'$.

Joignons les extrémités des arcs au centre et menons les cordes des arcs. De l'égalité des arcs nous déduisons l'égalité des cordes (**73**). De l'égalité des cordes nous déduisons l'égalité des triangles AOB, A'OB'; par suite, l'égalité des angles au centre AOB, A'OB'.

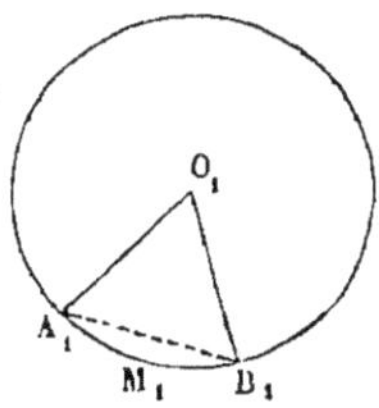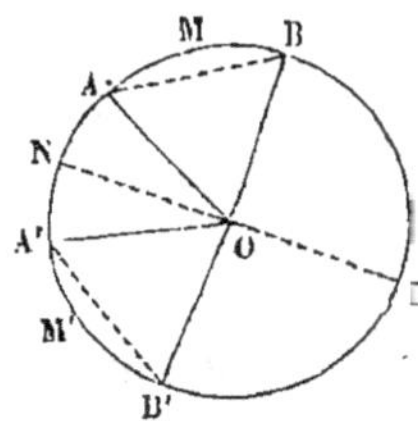

Fig. 73.

2° Par hypothèse, l'angle $AOB =$ l'angle $A'OB'$.

De l'hypothèse nous déduisons immédiatement l'égalité des triangles AOB, A'OB' (**23**) ; par suite l'égalité des cordes AB, A'B' ; par suite l'égalité des arcs AMB, A'M'B' (**73**).

C. q. f. d.

SCHOLIE. — On pourrait facilement démontrer la même proposition, par superposition directe, en faisant tourner le demi-cercle ABP autour du diamètre moyen ON, qui divise l'arc AA' en deux parties égales.

PROPOSITION XXV.

98. Théorème. — *Dans un même cercle ou dans des cercles égaux, deux angles au centre sont entre eux comme les arcs correspondants* (fig. 74).

1° Par hypothèse, les deux arcs AB et BC sont commensurables ; leur commune mesure est comprise 5 fois dans AB et 3 fois dans BC, de telle sorte que

$$\frac{AB}{BC} = \frac{5}{3}.$$

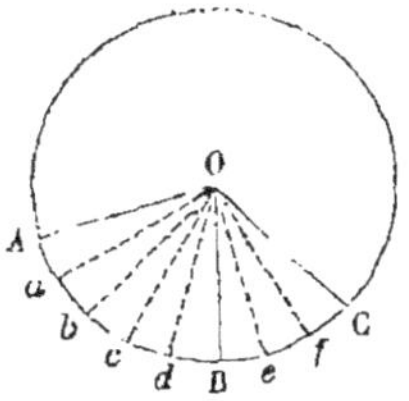

Si nous joignons au centre tous les points de division, l'angle ADB sera partagé en 5 parties égales, l'angle BOC en 3 parties égales entre elles et égales à celles de l'angle AOB (**97**) ; donc

$$\frac{AOB}{BOC} = \frac{5}{3}.$$

Fig. 74.

2° Supposons maintenant que les arcs AB et BC soient incommensurables.

Divisons l'un des deux, BC par exemple, en un certain nombre n de parties égales ; portons cette partie aliquote sur AB autant de fois que possible, nous formerons un arc AB' commensurable avec BC et qui différera de AB d'une quantité aussi faible que nous voudrons. D'après le cas précédent,

$$\frac{AOB'}{BOC} = \frac{AB'}{BC}.$$

Or, quand deux quantités variables sont toujours égales, leurs limites sont évidemment égales ; donc

$$\lim. \frac{AOB'}{BOC} = \lim. \frac{AB'}{BC}.$$

Mais, par définition (**91**), le premier membre est le rapport de $\frac{AOB}{BOC}$; et le second, le rapport $\frac{AB}{BC}$; donc

$$\frac{AOB}{BOC} = \frac{AB}{BC}.$$

C. q. f. d.

99. Corollaire. — *Un angle a pour mesure l'arc compris entre ses côtés et décrit de son sommet comme centre, pourvu que l'unité d'arc corresponde à l'unité d'angle.*

En effet, la proportion du théorème **98** peut s'énoncer ainsi : la mesure de AOB relativement à BOC pris pour unité, est égale à la mesure de l'arc AB, relativement à BC pris pour unité ; car le mot *mesure* est synonyme de *rapport* (**88**).

100. Scholie. — On prend habituellement l'angle droit comme unité d'angle, par suite le quadrant ou le quart de la circonférence pour unité d'arc. On divise le quadrant en 90 parties qu'on nomme degrés (°), chaque degré se divise en 60 minutes (') et chaque minute en 60 secondes ("), pour l'évaluation des angles inférieurs à un angle droit. On voit, d'après cela, que le nombre

$$57° \quad 28' \quad 55'',$$

par exemple, représente un angle aigu, dont l'arc contient $\frac{57}{90}$ d'angle droit, plus $\frac{28}{90.60} = \frac{28}{5400}$ d'angle droit, plus

$$\frac{55}{90.60.60} = \frac{55}{324000} \text{ d'angle droit.}$$

PROPOSITION XXVI.

101. **Théorème.** — *Un angle inscrit a pour mesure la moitié de l'arc compris entre ses côtés* (fig. 75).

1° L'un des côtés AC de l'angle inscrit passe par le centre O. — Par le centre O menons un diamètre MN parallèle au côté AB ; l'angle au centre NOC sera égal à l'angle inscrit BAC (**50**). Donc

BAC a pour mesure l'arc NC qui sert de mesure à NOC. Or NC = AM, puisque ces deux arcs mesurent des angles égaux ; d'ailleurs AM et BN sont égaux comme arcs compris entre parallèles ; donc NC est la moitié de BC. Donc l'angle inscrit a bien pour mesure la moitié de l'arc compris entre ses côtés.

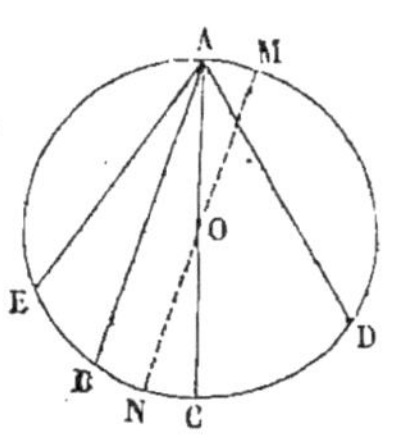

Fig. 75.

2° L'angle inscrit BAD contient le centre entre ses côtés. — Si nous menons le diamètre AOC, nous décomposons l'angle inscrit en deux autres BAC, CAD qui rentrent dans le cas précédent. Or BAC a pour mesure $\frac{1}{2}$ arc BC, CAD a pour mesure $\frac{1}{2}$ arc D ; donc BAD a pour mesure $\frac{1}{2}$ arc BC $+ \frac{1}{2}$ arc CD ou $\frac{1}{2}$ arc BD.

3° L'angle inscrit BAE a le centre en dehors de ses côtés. Si l'on mène le diamètre AC, l'angle donné est la différence de deux autres EAC, BAC, qui rentrent dans le premier cas. Or EAC a pour mesure $\frac{1}{2}$ arc EC ; BAC a pour mesure $\frac{1}{2}$ arc BC ; donc EAB a pour mesure $\frac{1}{2}$ arc EC $- \frac{1}{2}$ arc BC ou $\frac{1}{2}$ arc EB. — C. q. f. d.

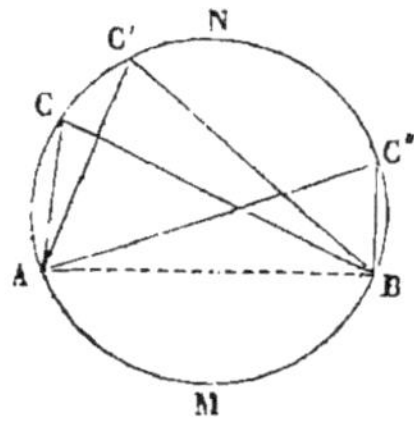

Fig. 76.

102. Corollaire. — *Tous les angles inscrits dans un même segment ANB (fig. 76), tels que C, C′, C″,… sont égaux entre eux;* car ils ont tous pour mesure la moitié de l'arc AMB. Le segment ANB est pour cette raison appelé *segment capable* de l'angle C.

Tout angle inscrit dans un demi-cercle est droit; car il a pour mesure la moitié de la demi-circonférence ou un quadrant.

PROPOSITION XXVII.

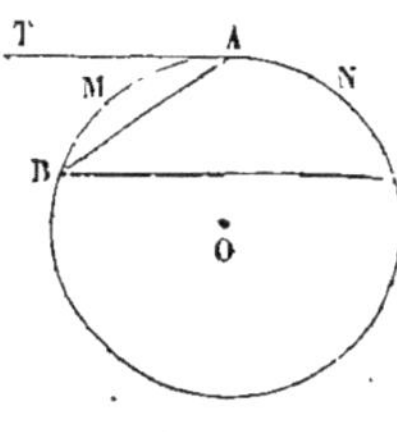

Fig. 77.

103. Théorème. — *Un angle formé par une tangente et une corde a pour mesure la moitié de l'arc compris entre ses côtés* (fig. 77).

Par hypothèse AT, est tangente à la circonférence et AB est une corde.

Par le point B, menons BC parallèle à AT, l'angle donné TAB sera égal à l'angle inscrit ABC (**50**). Or ce dernier a pour mesure $\frac{1}{2}$ arc AC qui est égal à $\frac{1}{2}$ arc AB (**81**).

Scholie. — On peut rattacher cette proposition à celle de l'angle inscrit, par la méthode des limites. Imaginons que la droite AE (fig. 74) tourne autour du point A et tende vers la tangente (**80**), l'angle inscrit BAE tendra vers l'angle TAB, et l'arc BE tendra vers l'arc BA. Or l'angle inscrit a pour mesure $\frac{1}{2}$ BE ; donc l'angle limite aura pour mesure la limite de $\frac{1}{2}$ BE ou $\frac{1}{2}$ BA.

PROPOSITION XXVIII.

104. Théorème. — *Un angle dont le sommet est à l'intérieur de la circonférence, a pour mesure la demi-somme des arcs compris entre ses côtés prolongés* (fig. 78).

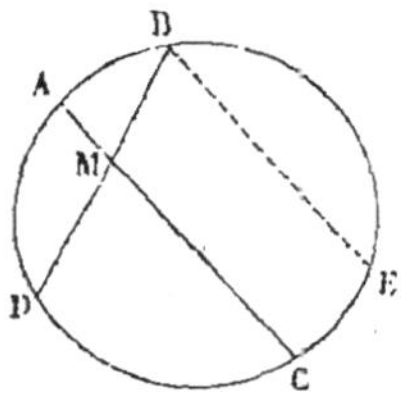

Par hypothèse, l'angle DMC a son sommet M dans l'intérieur de la circonférence.

Par le point B où DM prolongé rencontre la circonférence, menons BE parallèle à AC. L'angle donné DMC est égal à l'angle inscrit DBE (**50**). Donc DMC a pour mesure $\frac{1}{2}$ arc DCE ; ou, ce qui est la même chose, $\frac{1}{2}$ arc DC $+ \frac{1}{2}$ arc CE ; ou bien enfin, $\frac{1}{2}$ arc DC $+ \frac{1}{2}$ arc AB (**81**). — C. q. f. d.

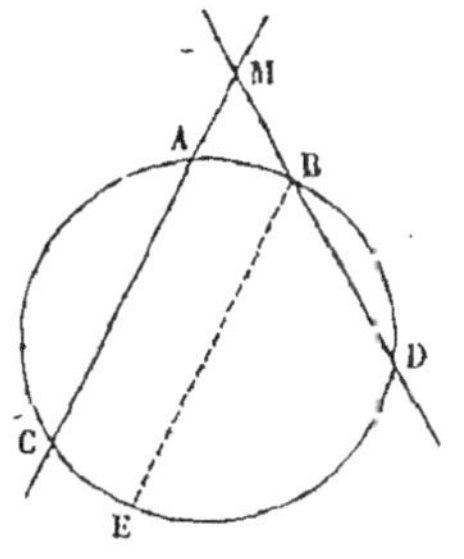

Fig. 78.

PROPOSITION XXIX.

105. Théorème. — *Un angle dont le sommet est en dehors de la circonférence, a pour mesure la demi-différence des arcs compris entre ses côtés* (fig. 79).

Par hypothèse, l'angle DMC a son sommet en dehors de la circonférence.

Du point B où MD coupe la circonférence, menons une parallèle à AC. L'angle donné M est égal à l'angle inscrit EBD. Donc M a pour mesure $\frac{1}{2}$ arc ED ; ou, ce qui est la même chose, $\frac{1}{2}$ arc CD $- \frac{1}{2}$ arc CE ; ou bien enfin, $\frac{1}{2}$ arc CD $- \frac{1}{2}$ arc AB (**81**). — C. q. f. d.

Fig. 79.

Corollaire 1. — Le théorème est encore vrai et se démontre de la même manière, quand l'angle M est formé, soit par une sé-cante et une tangente, soit par deux tangentes (fig. 80).

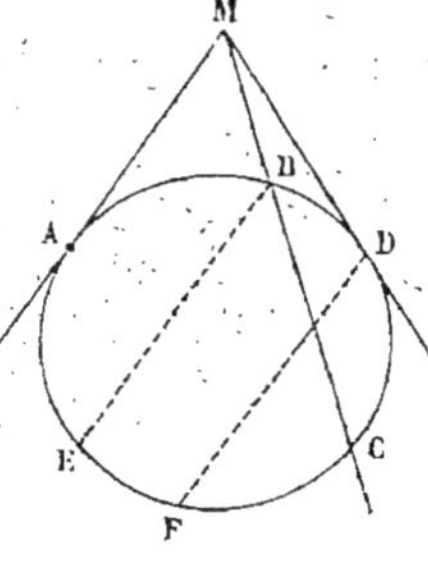
Fig. 80.

Corollaire 2. — *Le lieu des points d'où l'on voit une droite sous un angle donné est une circonférence passant par ses extrémités.* En effet, si par un point du lieu et les extrémités de la droite on fait passer une circonférence, les autres points ne pourront être ni à l'intérieur, ni à l'extérieur, d'après les théorèmes **104** et **105**.

§ 7. -- QUADRILATÈRE INSCRIT ET CIRCONSCRIT.

PROPOSITION XXX.

106. Théorème. — *Dans tout quadrilatère inscrit les angles opposés sont supplémentaires, et réciproquement* (fig. 81).

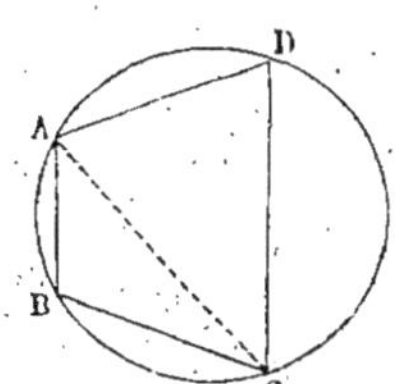
Fig. 81.

1° Par hypothèse, le quadrilatère ABCD est inscrit.

Donc l'angle ADC et l'angle opposé ABC ont en somme pour mesure la moitié de la circonférence, donc ils valent ensemble 2 dr. Les deux autres angles opposés valent ensemble 2 dr. pour la même raison.

2° *Réciproquement, si les angles opposés d'un quadrilatère sont supplémentaires, le quadrilatère est inscriptible.* En effet, par les trois points A, B, C faisons passer une circonférence; si le point D était en dedans ou en dehors, les deux angles opposés B et D vaudraient ensemble plus ou moins de 2 droits (**104, 105**), ce qui est contraire à l'hypothèse.

PROPOSITION XXXI.

107. Lemme. — *D'un point extérieur on peut mener deux tangentes à la circonférence et elles sont égales* (fig. 82),

Soit BE une tangente en E. Faisons tourner la partie supérieure de la figure autour du diamètre BO, le point E tombera en un point F de la circonférence, et comme le rayon OF rabattu restera perpendiculaire à BF, rabattement de BE, on voit que BF sera une seconde tangente à la circonférence égale à BE et menée par le même point B.

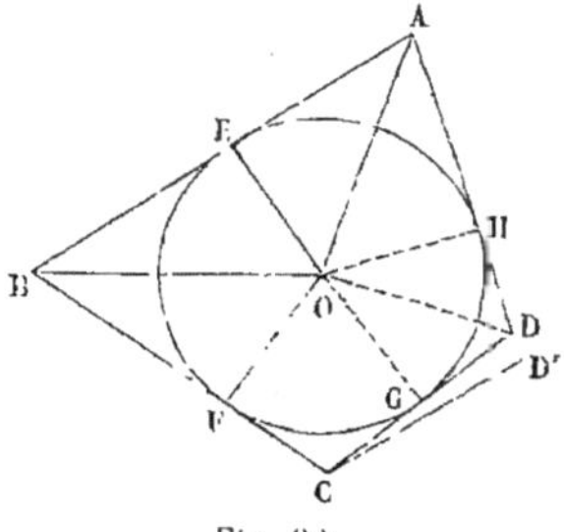

Fig. 82.

PROPOSITION XXXII.

108. Théorème. — *Dans un quadrilatère circonscrit, la somme de deux côtés opposés est égale à la somme des deux autres, et réciproquement* (fig. 82).

1° Par hypothèse, le quadrilatère ABCD est circonscrit, c'est-à-dire que la circonférence O est tangente aux quatre côtés en E, F, G, H.

D'après le lemme précédent, nous avons :

$$AE = AH,$$
$$BE = BF,$$
$$CG = CF,$$
$$DG = DH;$$

donc, en ajoutant membre à membre, nous aurons

$$AE + BE + CG + DG = AH + BF + CF + DH,$$

ou bien

$$AB + CD = BC + AD.$$

2° *Réciproquement*, si, par hypothèse, $AB + CD' = BC + AD'$, la circonférence inscrite de façon à être tangente aux trois côtés (**38, 62**) AB, BC, AD', touchera nécessairement le quatrième CD'. Car, s'il n'en était pas ainsi, du point C on pourrait mener la tangente CD, qui déterminerait le quadrilatère inscrit ABCD et l'on aurait :

$$AB + CD = BC + AD' - DD'.$$

Si nous comparons cette égalité à celle de l'hypethèse, nous en tirons

$$CD' - CD = DD',$$

ou bien

$$CD' = CD + DD',$$

ce qui est absurde (**28**).

§ 8. — PROBLÈMES DU LIVRE II.

109. Méthode générale pour la solution des problèmes de géométrie.

Résoudre un problème par la *règle* et le *compas*, c'est indiquer une série de constructions par *lignes droites* ou *cercles* à la suite desquelles se trouve la réponse à la question proposée.

Habituellement il s'agit de construire une figure de géométrie au moyen de certaines données ; voici, dans ce cas, la marche générale qu'on peut indiquer :

1° On suppose le problème résolu et l'on fait la figure demandée.

2° On cherche quels sont les points dont la connaissance suffirait pour achever facilement la figure ; on les prend pour *inconnus* et on en réduit le nombre au minimum, à un seul si cela est possible.

3° On cherche à démontrer qu'en vertu des données ou des hypothèses indiquées dans l'énoncé du problème, chacun des points inconnus se trouve

> soit sur deux lignes droites,
> soit sur une ligne droite et une circonférence,
> soit sur deux circonférences

connues, que l'on pourrait tracer d'avance. — Le problème est alors résolu.

4° Ou bien, on cherche à ramener la détermination des points inconnus à la solution de problèmes déjà résolus.

Nous allons résoudre un certain nombre de problèmes simples auxquels on ramène un très-grand nombre d'autres problèmes.

PROPOSITION XXXIII.

110. Problème. — *Élever une perpendiculaire sur le milieu d'une droite donnée* (fig. 83).

Soit AB la droite donnée sur le milieu de laquelle il s'agit d'élever une perpendiculaire.

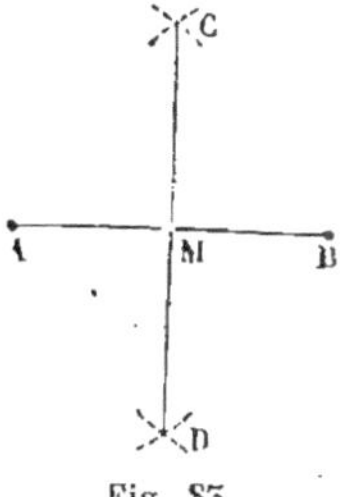

Supposons le problème résolu et soit CMD cette perpendiculaire. Deux points C et D suffiront pour la mener. Or elle est le lieu des points également distants des extrémités A et B; donc les deux points C et D sont chacun à égale distance des points A et B. Donc le point C est déterminé par l'intersection de deux circonférences égales et d'ailleurs quelconques décrites des points A et B comme centres. Il en est de même du point D.

Fig. 83.

Il faut que les circonférences se coupent, le rayon doit donc être supérieur à la moitié de AB (**87**); en le prenant égal ou supérieur à AB, cette condition sera remplie.

On peut prendre la même circonférence ou deux circonférences différentes pour la détermination des points C et D.

Corollaire. — Le problème que nous venons de résoudre sert à *trouver le milieu d'une droite donnée*, et aussi à *partager une droite en deux parties égales*.

PROPOSITION XXXIV.

111. Problème. — *D'un point donné mener une perpendiculaire à une droite donnée* (fig. 84).

1° *Le point donné O est sur la droite AB.*

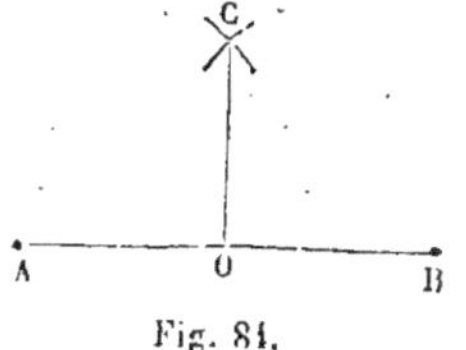

Supposons le problème résolu et soit OC la perpendiculaire demandée. Choisissons un point quelconque C de cette droite pour inconnu. Si nous prenons de part et d'autre du point O deux distances égales OA et OB,

Fig. 84.

le point inconnu C sera à égale distance des deux points A et B. Donc on le déterminera, comme dans le problème précédent, par l'intersection de deux circonférences égales, de rayon arbitraire, décrites des points A et B comme centres.

5

2° *Le point O donné est à l'extrémité d'une droite qu'on ne peut pas prolonger.* Dans ce cas la construction précédente est en défaut.

Supposons encore le problème résolu et soit OB la perpendiculaire sur AO (fig. 85). Prenons l'un des points B de cette droite comme inconnu. Joignons-le à un point quelconque A de AO, nous formons un triangle rectangle AOB. Si sur AB comme diamètre nous décrivons une circonférence, elle passera par le point O, car l'angle O, étant droit, sera inscrit dans la demi-circonférence AOB. Or, d'un point C arbitrairement choisi en dehors de AO, nous pouvons décrire une circonférence de rayon CO, qui coupera en A la ligne AO, le rayon AC prolongé coupera la circonférence en B, et ce point se trouvera ainsi déterminé par l'intersection d'une circonférence et d'une droite. En joignant le point B au point O le problème proposé sera résolu.

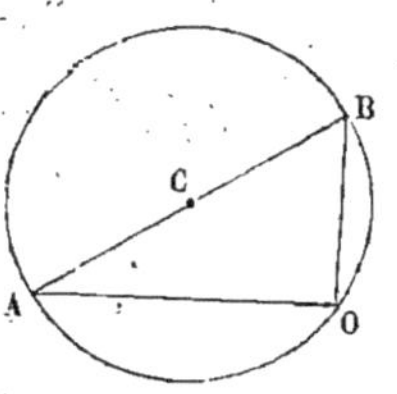

Fig. 85.

3° *Le point O donné est en dehors de la droite donnée* (fig. 86).

Supposons le problème résolu et soit OCD la perpendiculaire demandée.

Il s'agit de trouver un second point D de cette ligne. Du point O comme centre, coupons AB en deux points A et B, par une circonférence de cercle; la perpendiculaire demandée est le lieu des points également distants des points A et B; donc le point D se déterminera comme dans le problème **110**, par l'intersection de deux circonférences égales, décrites avec un rayon arbitraire des points A et B comme centres.

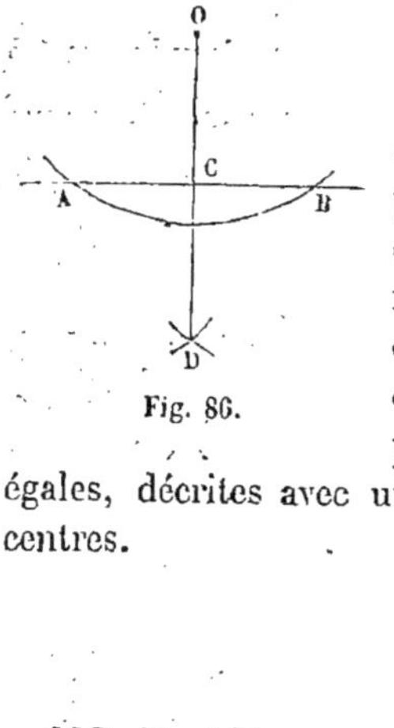

Fig. 86.

PROPOSITION XXXV.

112. Problème. — *Par un point donné d'une droite, mener une autre droite faisant avec elle un angle donné* (fig. 87).

Soit D l'angle donné, A le point donné sur la droite BC.

Supposons le problème résolu et soit AE la ligne cherchée; il

s'agit de trouver un point E quelconque de cette droite. Des points
D et A comme centres avec un
même rayon arbitraire, décrivons
deux circonférences égales. Les
angles D et A étant égaux par
hypothèse, les arcs C'E' et CE
sont égaux, par suite leurs cor-
des sont égales ; donc le point E se déterminera par l'intersection
de la première circonférence arbitraire et d'une seconde circonférence, décrite du point C comme centre avec un rayon égal à la
corde de l'arc C'E'.

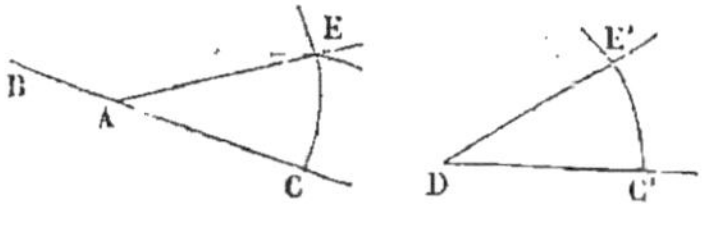

Fig. 87.

PROPOSITION XXXVI.

113. Problème. — *Par un point donné, mener une parallèle
à une droite donnée.*

Première solution (fig. 88).

Soit A le point donné et BC la droite donnée.

Supposons le problème résolu et soit AD la parallèle inconnue,
il s'agit d'en déterminer un second point D.
Joignons le point A à un point quelconque
C de BC, les deux angles ACB et CAD seront égaux comme alternes-internes ; donc
la question est ramenée à faire l'angle CAD
égal à l'angle ACB. Nous opérerons comme dans le cas précédent **112**.

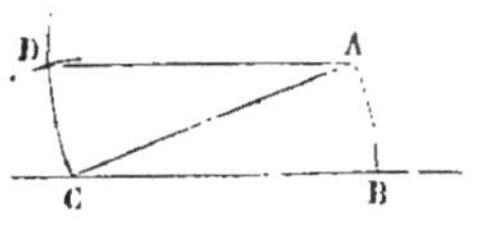

Fig. 88.

Deuxième solution (fig. 89).

Supposons le problème résolu et décrivons une circonférence
quelconque coupant BC et passant par le
point A ; l'arc DC sera égal à l'arc AB (**85**),
par suite la corde CD égale à la corde AB.
Donc le point D sera déterminé par l'intersection de la première circonférence arbitraire et d'une circonférence décrite du
point C comme centre avec un rayon égal
à la corde AB.

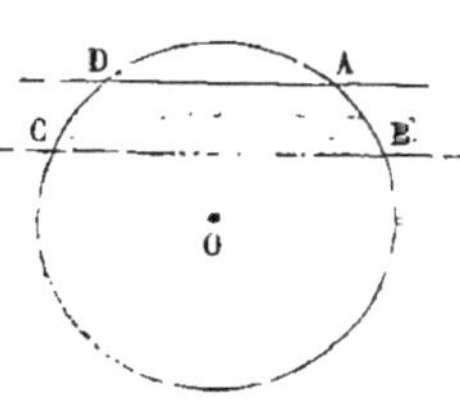

Fig. 89.

Troisième solution (fig. 90).

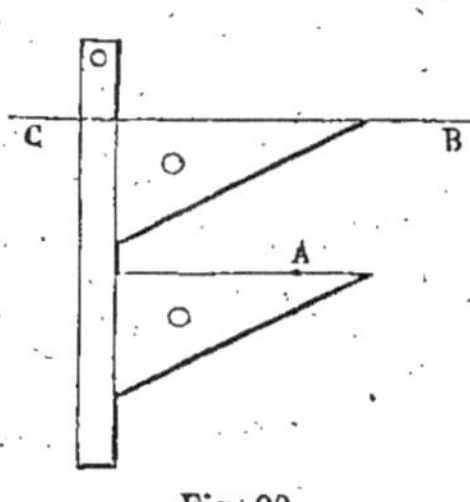

Fig. 90.

On se sert souvent, pour résoudre le même problème, d'une *équerre* que l'on fait glisser le long d'une règle. L'équerre est un triangle rectangle en bois. On applique l'un des côtés le long de la droite BC, puis on applique la règle contre l'équerre. Si, en maintenant la règle, on fait glisser l'équerre jusqu'à ce que le côté qui était en coïncidence avec BC passe par le point A, ce côté sera parallèle à sa première position, à cause de l'égalité des angles correspondants.

PROPOSITION XXXVII.

114. Problème. — *Par trois points faire passer une circonférence* (fig. 91).

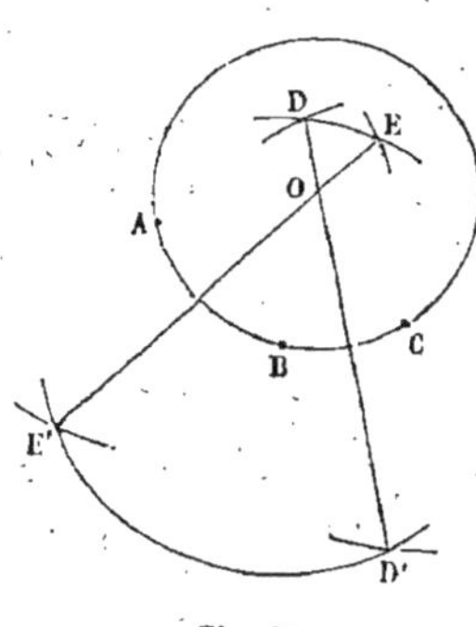

Fig. 91.

Soient A, B, C les trois points donnés. Supposons le problème résolu et soit OABC la circonférence demandée. Nous prenons pour inconnu le point O.

Ce point appartient à la perpendiculaire élevée sur le milieu de la corde AB et aussi à la perpendiculaire élevée sur le milieu de BC ; nous sommes donc ramenés à résoudre deux fois le problème **110**.

Corollaire. — Ce problème servirait à *trouver le centre d'une circonférence ou d'un arc donné*.

PROPOSITION XXXVIII.

115. Problème. — *Diviser en deux parties égales un angle ou un arc donné* (fig. 92).

1° Soit AOB l'angle donné, et, en supposant le problème résolu, soit OC la bissectrice de cet angle.

Du point O comme centre avec un rayon arbitraire, décrivons une circonférence et soit AB l'arc intercepté par les côtés de l'angle, la bissectrice OC est perpendiculaire sur le milieu de AB; donc pour en trouver un second point C, on opérera comme dans le problème **110**.

2° Soit AB un arc donné. Imaginons la corde AB, nous savons que la perpendiculaire élevée sur le milieu de cette corde divise l'arc en deux parties égales (**75**); nous sommes donc ramenés à résoudre le problème **110**.

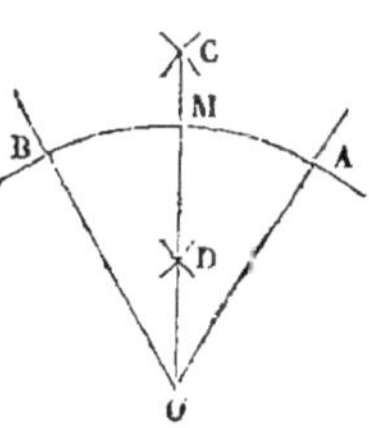

Fig. 92.

PROPOSITION XXXIX.

116. Problème. — *Mener une circonférence tangente aux trois côtés d'un triangle.*

Soit ABC le triangle proposé (fig. 93).

Supposons le problème résolu et soit une circonférence I tangente aux trois côtés. Le centre I étant à égale distance des deux côtés AB, AC est sur la bissectrice de l'angle A; il est, pour la même raison, sur la bissectrice de B, donc il est déterminé par l'intersection de deux bissectrices.

Si l'on mène les bissectrices des angles extérieurs, on dé-termine trois autres centres de cercles tangents aux trois côtés.

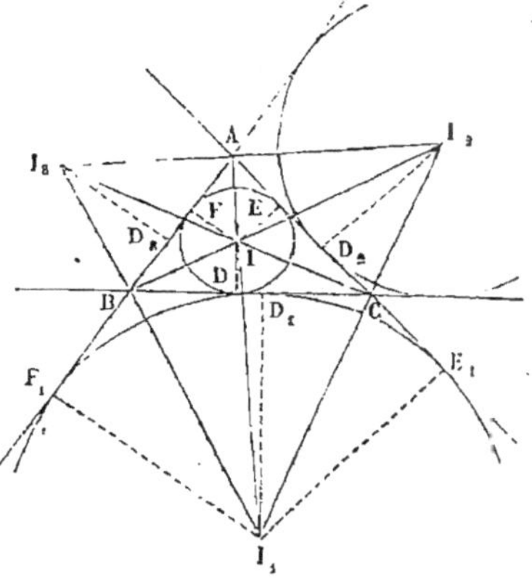

Fig. 93.

PROPOSITION XL.

117. Problème. — *D'un point donné me-ner une tangente à une circonférence.*

1er Cas. — *Le point donné A est sur la cir-conférence (fig. 94).*

La tangente étant perpendiculaire sur le rayon du point de contact, on est ramené à ce problème résolu : *En un point d'une droite OA, élever une perpendiculaire à cette droite* (**111**).

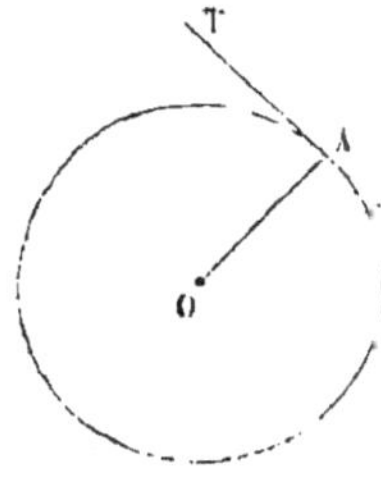

Fig. 94.

2ᵉ Cas. — *Le point donné est en dehors de la circonférence.*

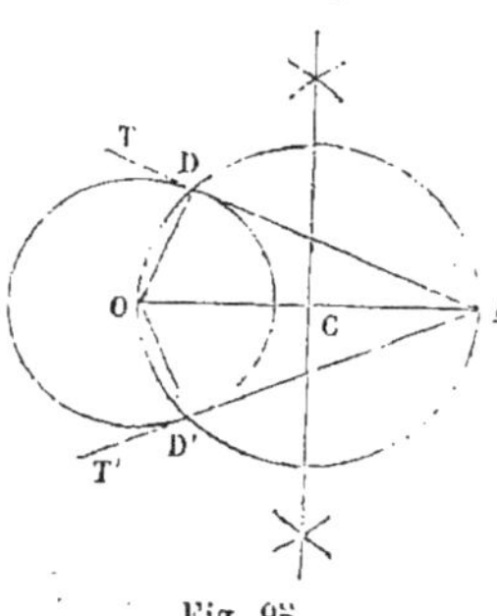

Fig. 95.

1ʳᵉ Solution (fig. 95). — Soit A le point donné et, en supposant le problème résolu, soit D le point inconnu de contact.

L'angle ODA est droit; donc le point se trouve sur la circonférence décrite sur OA comme diamètre. Le problème est donc ramené au problème **110** et le point D est donné par l'intersection de deux circonférences.

2ᵉ Solution (fig. 96). — Soit toujours A le point donné et AD la tangente inconnue. Il s'agit de déterminer le point de contact D.

Prolongeons le rayon OD d'une quantité DE = OD. La connaissance du point E suffirait à la détermination du point D. Or le point E est sur une circonférence décrite du point O avec un rayon égal au diamètre MN du cercle O, et en même temps sur une circonférence décrite du point A comme centre avec AO comme rayon (**34**). Donc le point E est déterminé par l'intersection de deux circonférences connues.

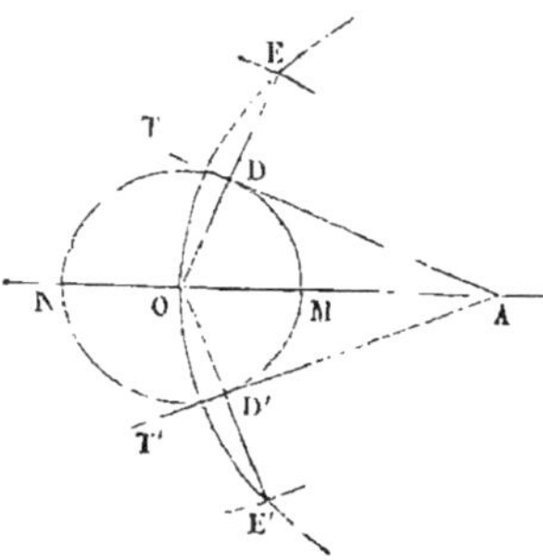

Fig. 96.

Scholie. — Il est facile de voir que, si le point A est extérieur, les conditions d'intersection des deux circonférences sont toujours remplies (**87**).

Dans la figure qui se rapporte à la première solution, on a D = OC, R = OD, R' = OC, et il est évident que

$$OC < OC + OD,$$
$$OC > OC - OD, \text{ si } OC > OD,$$

et si OC est moindre que OD, on a

$$OA \quad \text{ou} \quad 2.OC > OD, \text{ puisque le point est extérieur,}$$

par suite

$$OC > OD - OC;$$

donc, dans tous les cas, la distance des centres est plus petite que la somme des rayons et plus grande que leur différence.

Dans la figure qui se rapporte au second cas, on a

$$OA < OA + 2R,$$

et aussi

$$OA > OA - 2R, \text{ si } 2R \text{ est inférieur à } OA.$$

Dans le cas contraire, on a toujours

$$OA > R, \text{ puisque le point A est extérieur;}$$

donc

$$2OA > 2R,$$

par suite

$$OA > 2R - OA.$$

Donc la distance des centres est plus petite que la somme des rayons et plus grande que leur différence.

On voit d'ailleurs que dans tous les cas il y a deux solutions.

PROPOSITION XLI.

118. Problème. — *Mener une tangente commune à deux cercles.*

1er Cas. — *Tangentes extérieures* (fig. 97).

Soient O et O' les deux cercles et, en supposant le problème résolu, AB une tangente extérieure. Les deux points A et B sont les inconnus de la question.

Joignons OA, OB, et par O' menons une parallèle à AB, qui

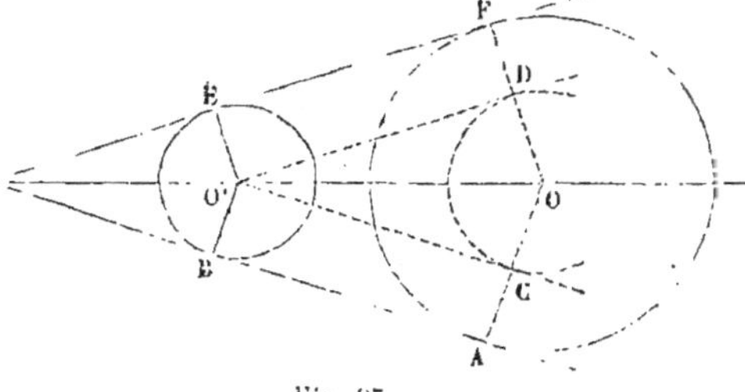

Fig. 97.

coupe OA au point C. La connaissance du point C permettrait de trouver facilement A et B, car, en menant OC et prolongeant, on aurait A, et comme OA et O'B sont perpendiculaires à la même droite AB, elles sont parallèles ; par suite, en menant du point O' une parallèle à OA, on déterminerait le point B. Nous pouvons donc prendre le point C comme inconnu. Or du point O comme centre avec OC = OA — O'B décrivons une circonférence, elle sera tangente à O'C perpendiculaire à OA. Donc on déterminera le point C en menant du point O' une tangente à une circonférence, décrite du point O comme centre, avec un rayon égal à la différence des rayons donnés (**117**).

Il y a évidemment deux solutions.

2ᵉ Cas. — *Tangentes intérieures* (fig. 98).

Soient O et O' les deux circonférences données et soit AB une tangente intérieure, en supposant le problème résolu.

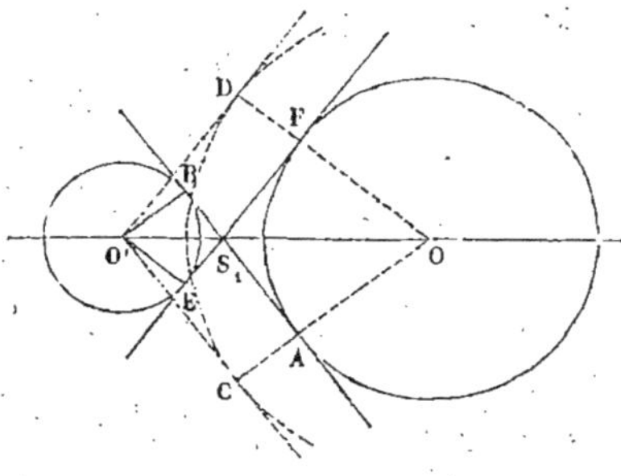

Fig. 98.

Menons les rayons parallèles OA et OB et cherchons à déterminer les points A et B. Si, du point O', nous menons une parallèle O'C à la tangente AB, nous voyons que la détermination du point C suffira pour trouver les points A et B. Mais si, du point O comme centre, nous décrivons une circonférence avec OC = OA + O'B comme rayon, elle sera tangente à O'C. Donc on déterminera le point C en menant du point O' une tangente à une circonférence décrite du point O comme centre avec un rayon égal à la somme des rayons (**117**).

Le problème n'est possible que si le point O' est hors de cette circonférence auxiliaire, donc il faut que

$$OO' > R + r,$$

en d'autres termes, les deux circonférences doivent être ou extérieures ou tangentes extérieurement. Dans le premier cas, il y a deux solutions ; dans le second, une seule.

PROPOSITION XLII.

119. Problème. — *Sur une droite donnée AB décrire un segment capable d'un angle donné* (fig. 99).

Soit ACB ce segment, en supposant le problème résolu; il faut trouver le centre O. Sur le milieu de AB élevons une perpendiculaire, elle passera par le centre O. D'un autre côté, si nous menons en B la tangente BT, l'angle ABT. formé par une tangente et une corde, aura pour mesure la moitié de l'arc AB et par suite sera égal à l'angle donné ACB. Donc on peut mener cette droite BT, avant d'avoir décrit le segment (**112**), le centre O se trouve alors sur la perpendiculaire élevée au point B de BT; donc le centre du segment est déterminé par deux droites dont la construction dépend de problèmes déjà résolus (**110, 111**).

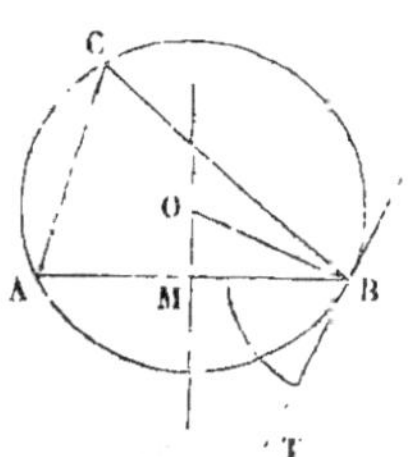

Fig. 99.

PROPOSITION XLIII.

120. Problème. — *D'un point A situé hors d'une droite, mener une autre droite faisant avec la première un angle donné* (fig. 100).

Soit D l'angle donné, soit B le point donné hors de la droite donnée BC.

Soit AB la droite demandée en supposant le problème résolu. Si par le point A nous menons une parallèle B_1C_1 à BC (**113**), l'angle $E_1A_1C_1$ sera égal à l'angle ABC = D, donc le problème est ramené à mener par le point A de B_1C_1 une droite AE, faisant avec la première un angle donné (**111**).

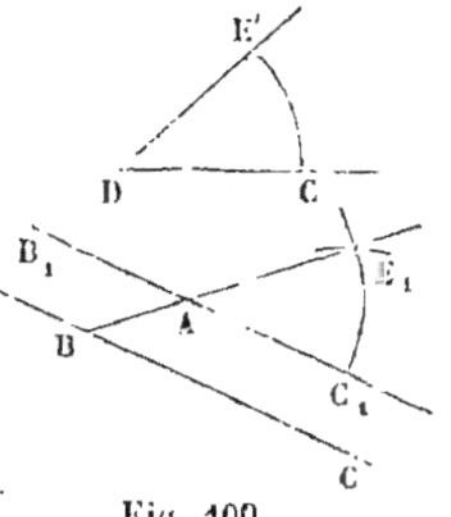

Fig. 100.

PROPOSITION XLIV.

121. Problème. — *Construire un triangle, connaissant deux côtés et l'angle compris* (fig. 101).

Supposons le problème résolu et soit ABC le triangle demandé,

dans lequel on connaît

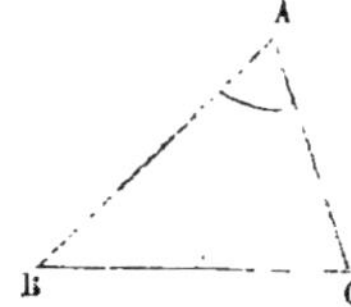

Fig. 101.

A, $b = AC$, $c = AB$.

Le côté AC étant donné, on le placera dans une situation quelconque sur le plan de construction. Ensuite au point A de la ligne AC on fera un angle CAB égal à l'angle donné (**113**), et l'on prendra sur AB une longueur $AB = c$; en menant BC le triangle est achevé.

PROPOSITION XLV.

122. Problème. — *Construire un triangle, connaissant un côté et les deux angles adjacents* (fig. 101).

Supposons le problème résolu et soit ABC le triangle demandé, dans lequel on connaît :

$$a = BC, \quad B, \quad C.$$

Le côté $a = BC$ étant connu, on le placera d'une manière quelconque sur le plan de construction; puis aux points B et C on fera des angles égaux aux angles donnés : le point A où les lignes menées se couperont achèvera le triangle demandé; on est ainsi ramené à résoudre deux fois le problème **113**.

Scholie 1. — Les deux problèmes précédents ne peuvent avoir qu'une solution, par suite des théorèmes (**23**), (**24**) relatifs à l'égalité des triangles.

Scholie 2. — Si, au lieu de donner les deux angles adjacents B et C, on donnait deux angles quelconques A et B, on chercherait d'abord l'angle C en retranchant de deux droits la somme des angles donnés.

PROPOSITION XLVI.

123. Problème. — *Construire un triangle, connaissant les trois côtés* (fig. 101).

Supposons le problème résolu et soit ABC le triangle demandé, dans lequel on connaît

$$a = BC, \quad b = CA, \quad c = AB.$$

Le côté $a = BC$ étant connu, on le placera d'une manière quelconque sur le plan de construction. Le point A se trouvera alors évidemment à l'intersection de deux circonférences décrites des points B et C comme centres, avec b et c comme rayons.

SCHOLIE 1. — Le problème admet deux solutions, puisque les circonférences se coupent en deux points, mais elles sont nécessairement identiques, puisque deux triangles sont égaux quand ils ont les trois côtés égaux chacun à chacun.

SCHOLIE 2. — Pour que le problème soit possible, il faut et il suffit que les circonférences (b) et (c) se coupent; donc *il faut et il suffit que le plus grand côté donné soit moindre que la somme des deux autres*, car il sera certainement plus grand que leur différence.

PROPOSITION XLVII.

124. Problème. — *Construire un triangle, connaissant deux côtés et l'angle opposé à l'un d'eux (cas douteux)* (fig. 102).

Supposons le problème résolu et soit CAB le triangle demandé, dans lequel on connaît

$$b = AC, \qquad a = CB, \qquad A = CAB.$$

Puisque l'angle A est connu, en un point A d'une ligne indéfinie AB on peut

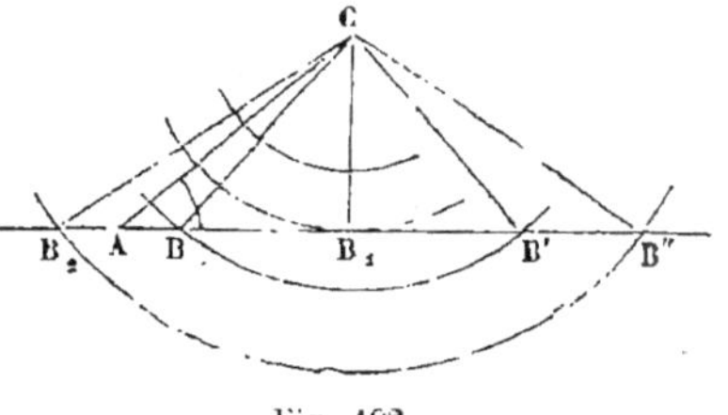

Fig. 102.

faire un angle égal à l'angle donné, puis sur AC prendre une longueur b égale à l'un des côtés donnés. Pour achever le triangle, il suffit de déterminer le troisième sommet B; or il se trouve à la fois sur AB et sur une circonférence de cercle décrite du point C comme centre avec a comme rayon.

SCHOLIE. — La *discussion* des divers cas que ce problème présente est intéressante.

1° Dans tous les cas, le problème est impossible si a est inférieur à la perpendiculaire CB_1 abaissée du point C sur AB.

2° Si A *est aigu*, le côté a peut être :

Égal à CB_1 et alors il y a une solution CAB_1;

Supérieur à CB_1 et plus petit que $b = AC$, et alors il y a deux solutions admissibles, CBA, CB'A;

Supérieur à $b = $ AC, et alors il n'y a qu'une solution CB″A, car le triangle CB$_2$A correspond à un angle obtus CAB$_2$, supplémentaire de l'angle donné A.

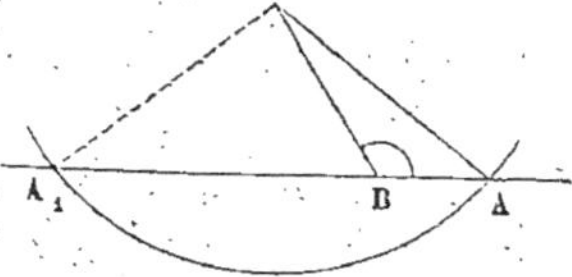

Fig. 103.

3° *Si* A $= 1$ dr., on obtient deux solutions identiques.

4° *Si* A *est obtus*, le côté a doit être supérieur à b pour que le problème soit possible, et il n'y a qu'une solution (fig. 103).

En résumé, *il n'y a double solution que dans un seul cas, celui où* A < 90 *et* $a < b$.

§ IX. — EXERCICES.

125. Théorèmes.

LIVRE I.

I. — La somme des lignes qui joignent un point pris à l'intérieur d'un triangle aux trois sommets est moindre que le périmètre du triangle et plus grande que la moitié de ce périmètre.

II. — Une médiane est moindre que la demi-somme des côtés adjacents et plus grande que la moitié de l'excès de cette somme sur le troisième côté.

III. — Si la bissectrice d'un angle d'un triangle divise le côté opposé en deux parties égales, le triangle est isoscèle.

IV. — Si par un point pris sur la base d'un triangle isoscèle on abaisse des perpendiculaires sur les deux autres côtés, la somme de ces perpendiculaires est constante. Cas où le point est pris sur le prolongement de la base.

V. — Si d'un point pris dans l'intérieur d'un triangle équilatéral on abaisse des perpendiculaires sur les trois côtés, la somme des trois perpendiculaires est constante. Cas où le point est pris en dehors du triangle équilatéral.

VI. — Les bissectrices des angles d'un quadrilatère forment un second quadrilatère dont les angles opposés sont supplémentaires.

VII. — En joignant les milieux des côtés d'un quadrilatère, on forme un parallélogramme.

VIII. — Si dans un triangle rectangle on joint le sommet de l'angle droit au milieu de l'hypoténuse, la ligne ainsi formée est égale à la moitié de l'hypoténuse.

LIVRE II.

I. — Les pieds des perpendiculaires abaissées d'un point d'une circonférence sur les côtés d'un triangle inscrit sont situés sur une même ligne droite. (Théorème de Simpson.)

II. — Deux circonférences se coupent. Par l'un des points d'intersection on mène les diamètres des deux circonférences ; la ligne qui joint leurs extrémités passe par le second point d'intersection.

III. — Deux circonférences se coupent. Si par l'un des points d'intersection on mène deux sécantes quelconques, les droites qui joignent les extrémités de ces sécantes forment un angle constant. Cas où les deux circonférences données sont tangentes.

IV. — Une circonférence O′ touche une circonférence O au point A et une droite BC au point I. On trace IA que l'on prolonge jusqu'à la rencontre en D avec la circonférence O. On mène ensuite le diamètre DOE que l'on prolonge jusqu'à sa rencontre en H avec la droite BC. Démontrer : 1° que le diamètre DE est perpendiculaire en H à la droite BC ; 2° que le quadrilatère AEHI est inscriptible.

V. — On joint les pieds des hauteurs d'un triangle, démontrer :

1° Que les hauteurs sont bissectrices du triangle formé ;
2° Que les côtés du triangle formé sont respectivement perpendiculaires aux lignes qui joignent les sommets du triangle donné au centre du cercle circonscrit ;
3° Que le cercle passant par les pieds des hauteurs passe aussi par les milieux des côtés du triangle donné et par les milieux des segments des hauteurs compris entre les sommets du triangle donné et les côtés du triangle formé par les pieds des hauteurs (cercle des neuf points).

VI. — Par un sommet du triangle on mène la hauteur, la bissectrice et le rayon du cercle circonscrit, démontrer que la bissectrice divise en deux parties égales l'angle formé par la hauteur et le rayon.

VII. — Dans un triangle, l'angle d'un rayon du cercle circonscrit et de la hauteur correspondante est égal à la différence des angles à la base.

VIII. — On circonscrit un cercle à un triangle. D'un sommet on mène la hauteur correspondante et on la prolonge jusqu'à sa rencontre avec la circonférence circonscrite. Démontrer que ce point est le symétrique du point de rencontre des hauteurs par rapport au côté sur lequel tombe la première ; en déduire que les trois hauteurs d'un triangle concourent.

126. Problèmes à résoudre.

I. — Étant donnés deux points et une droite, trouver sur la droite un point tel, que la somme de ses distances aux deux points soit minimum.

II. — Trouver sur un côté d'un angle un point également éloigné d'un point donné de ce côté et de l'autre côté de l'angle.

III. — Décrire une circonférence passant par un point donné et tangente en un point donné : 1° à une circonférence donnée, 2° à une droite donnée.

IV. — Décrire, avec un rayon donné, une circonférence

1° Passant par deux points,
2° Passant par un point et tangente à une droite,
3° Passant par un point et tangente à une circonférence,
4° Tangente à deux droites,
5° Tangente à une droite et à une circonférence,
6° Tangente à deux circonférences.

V. — Décrire une circonférence tangente à une droite donnée et à une circonférence donnée, connaissant son point de contact avec l'une ou avec l'autre.

VI. — Construire un triangle, connaissant :

    1° Un côté, un angle adjacent et la somme ou la différence des deux autres côtés ;

    2° Un côté, l'angle opposé et la somme ou la différence des deux autres côtés ;

    3° Un côté et deux hauteurs ;

    4° Les angles et une hauteur ;

    5° Les trois médianes ;

    6° Les pieds des trois hauteurs ;

    7° Les angles et le périmètre.

127. Lieux géométriques.

I. — Lieu des centres des circonférences qui, ayant un rayon donné, coupent une circonférence donnée sous un angle donné, c'est-à-dire de telle sorte que les tangentes, au point d'intersection, fassent un angle donné.

II. — Lieu des milieux des cordes inscrites dans une circonférence et passant par un point donné.

III. — Lieu des centres des cercles inscrits dans des triangles ayant même base et même angle au sommet.

IV. — Lieu des points de concours des hauteurs des triangles ayant même base et même angle au sommet.

V. — On donne un cercle et l'un de ses diamètres AB. Par le point A on mène une sécante quelconque AC que l'on prolonge d'une longueur CD = CB ; quel est le lieu des points O.

VI. — Une circonférence roule sans glisser dans l'intérieur d'une autre circonférence de rayon double, quel est le lieu décrit par un point Y quelconque de la petite circonférence ?

REMARQUE. — Les lieux demandés sont ou une ligne droite, ou une circonférence ; pour les trouver, voici la marche à suivre :

    1° On construit un point du lieu ;

    2° On cherche à démontrer que ce point est sur une ligne droite ou une circonférence invariable, quand le point du lieu change ; la droite ou la circonférence trouvée est le lieu demandé.

LIVRE III

MESURE DES SURFACES POLYGONALES
LIGNES PROPORTIONNELLES

---

§ I. — MESURE DES SURFACES.

DÉFINITIONS.

128. Nous prendrons pour *unité* de surface le carré construit sur l'unité de longueur, que nous laissons d'ailleurs arbitraire.

129. Deux polygones peuvent avoir la *même surface*, la même *aire* sans être superposables, sans être *égaux*. On dit alors qu'ils sont *équivalents*.

PROPOSITION I.

130. Théorème. — *Deux rectangles de même hauteur sont entre eux comme leurs bases* (fig. 104).

Par hypothèse, les deux rectangles ABCD, EFCD ont même hauteur CD.

1° Supposons les deux bases BC et FC commensurables et admettons que la commune mesure Fb soit contenue 8 fois dans BC et 5 fois dans FC, de telle sorte que

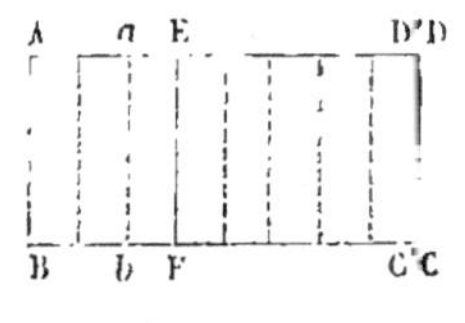

Fig. 104.

$\dfrac{BC}{FC} = \dfrac{8}{5}$. Par les points de division, tels que b, menons des parallèles à BA, telles que ba, les deux rectangles seront partagés en rectangles partiels, tels que abFE, tous égaux entre eux comme superposables et le rectangle ABCD en contiendra 8, tandis que le rectangle EFCD en contiendra 5; donc $\dfrac{ABCD}{EFCD} = \dfrac{8}{5}$; par suite les deux rectangles sont entre eux comme leurs bases.

2° Supposons les deux bases AC et FC incommensurables.

Nous divisons alors FC en un nombre quelconque variable et croissant de parties égales; nous portons la partie aliquote formée sur BC autant de fois que possible, nous formons ainsi une ligne BC′ commensurable avec FC et un rectangle correspondant ABC′D′. Nous avons

$$\frac{ABC'D'}{EFCE} = \frac{BC'}{FC}.$$

Si le nombre des parties égales qui composent FC croît indéfiniment, les deux rapports précédents varient et tendent vers des limites égales, puisqu'ils sont toujours égaux; donc

$$\lim. \frac{ABC'D'}{EFCD} = \lim. \frac{BC'}{FC}.$$

Mais, par définition (**91**),

$$\lim. \frac{ABC'D'}{EFCD} = \frac{ABCD}{EFCD},$$

et

$$\lim. \frac{BC'}{FC} = \frac{BC}{FC},$$

donc

$$\frac{ABCD}{EFCD} = \frac{BC}{FC}$$

C. q. f. d.

Corollaire. — Deux rectangles de même base sont entre eux comme leurs hauteurs. En effet, dans un rectangle on peut appeler base ce qu'on avait appelé hauteur, et réciproquement.

PROPOSITION II.

131. Théorème. — *Le rapport de deux rectangles quelconques est égal au produit du rapport des bases par le rapport des hauteurs.*

Soient deux rectangles R et R' ayant respectivement pour dimensions B, H; B', H'.

Comparons-les à un troisième rectangle R'' ayant pour dimensions B et H'.

D'après le théorème précédent et son corollaire, nous avons les deux proportions :

R	B	H
R'	B'	H'
R''	B	H'

$$\frac{R}{R''} = \frac{H}{H'}, \qquad \frac{R''}{R'} = \frac{B}{B'},$$

donc (**89**)

$$\frac{R}{R'} = \frac{B}{B'} \times \frac{H}{H'}.$$

C. q. f. d.

PROPOSITION III.

132. Théorème. — *Un rectangle a pour mesure le produit de sa base par sa hauteur.*

En effet, supposons que dans le théorème précédent R' soit le carré pris pour unité de surface (**128**). Les deux dimensions B' et H' seront égales à l'unité de longueur et la proportion

$$\frac{R}{R'} = \frac{B}{B'} \times \frac{H}{H'}$$

exprimera que *la mesure du rectangle* R *est égale à la mesure de la base, multipliée par la mesure de la hauteur.*

C. q. f. d.

SCHOLIE. — Le théorème n'est vrai que si l'unité de surface est le carré construit sur l'unité de longueur.

Nous écrirons dorénavant

$$R = B.H,$$

en entendant que R est rapporté à l'unité de surface et que B et H expriment les nombres qui mesurent ces dimensions rapportées à l'unité de longueur.

COROLLAIRE. — Un carré dont le côté est a est un rectangle dont les dimensions sont égales, il a donc pour mesure $a.a = a^2$. La lettre a désigne le nombre qui mesure le côté.

6

133. Théorème. — *Deux parallélogrammes de même base et de même hauteur sont équivalents* (fig. 105).

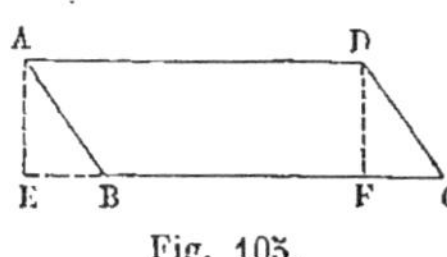

Fig. 105.

Par hypothèse, les deux parallélogrammes ABCD, AEFD ont même base AD et même hauteur, de telle sorte que, les bases égales étant superposées, les côtés BC et EF sont sur une même ligne droite.

Les deux triangles AEB, DFC sont égaux, comme ayant les trois côtés égaux, chacun à chacun, savoir : AB = DC (**57**), AE = DF (**57**), EB = FC ; car si des deux longueurs égales BC = AD, EF = AD (**57**), nous retranchons BF, les restes EB, FC sont égaux.

Si maintenant de la figure totale nous retranchons successivement les deux triangles, nous obtenons successivement les deux parallélogrammes ; donc ils sont *équivalents*.

C. q. f. d.

Corollaire. — Un parallélogramme est équivalent à un rectangle de même base et de même hauteur ; donc il a pour mesure le produit de sa base par sa hauteur.

134. Théorème. — *La surface d'un triangle a pour mesure la moitié du produit de sa base par sa hauteur* (fig. 106).

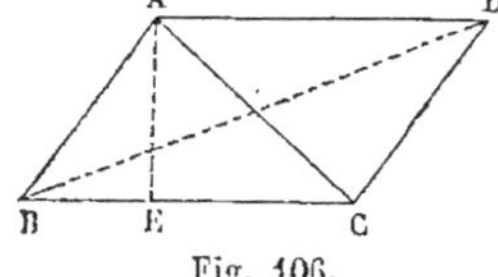

Fig. 106.

Des sommets A et C menons des parallèles aux côtés opposés, nous formons un parallélogramme ABCD, de même base BC et de même hauteur AE, dont le triangle ABC est la moitié (**24**).

Donc, d'après la proposition (**133**),

$$\text{surf. ABC} = \tfrac{1}{2}\,\text{BC} \times \text{AE} = \tfrac{1}{2}\,\text{B.H.}$$

C. q. f. d.

Corollaire 1. — Tout polygone peut se décomposer en triangles par des diagonales issues d'un même sommet, ou de sommets différents ; on peut donc mesurer la surface d'un polygone quelconque, quand on sait mesurer la surface d'un triangle.

CorollAIRE 2. — Dans un triangle (fig. 107), menons deux hauteurs AD, CF, nous aurons

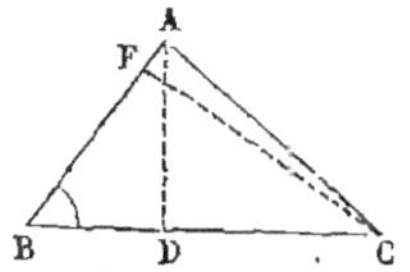

$$\text{surf. } ABC = \tfrac{1}{2} AD \times BC = \tfrac{1}{2} AB \times CF$$

donc

$$BC \times AD = AB \times CF,$$

donc on peut écrire la proportion

$$\frac{BC}{AB} = \frac{CF}{AD},$$

c'est-à-dire que, *dans un triangle, deux côtés sont en raison inverse des hauteurs correspondantes.*

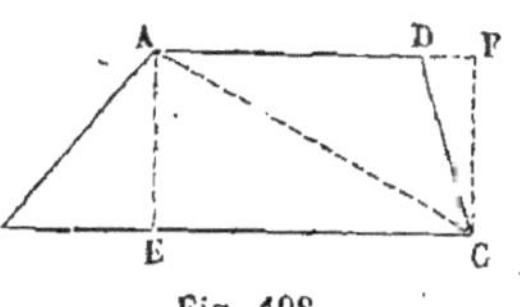
Fig. 107.

PROPOSITION VI.

135. Théorème. — *L'aire d'un trapèze a pour mesure la demi-somme des bases parallèles, multipliée par la hauteur.*

Première démonstration (fig. 108).

Décomposons le trapèze en deux triangles, par la diagonale AC. Ces deux triangles auront des hauteurs égales AE, CF, car deux parallèles sont partout à égale distance. Or

Fig. 108.

$$\text{surf. } ABC = \tfrac{1}{2} BC \times AE = \tfrac{1}{2} B \times H,$$
$$\text{surf. } ACD = \tfrac{1}{2} AD \times CF = \tfrac{1}{2} b \times H,$$

donc

$$\text{surf. } ABCD = \tfrac{1}{2} B \times H + \tfrac{1}{2} b \times H = \tfrac{1}{2} (B + b) \times H.$$

C. q. f. d.

Deuxième démonstration (fig. 109).

On peut transformer le trapèze en un triangle équivalent. Joignons le point A au milieu G de DC et prolongeons la ligne AG jusqu'à sa rencontre en E avec BC prolongé. Les deux triangles AGD,

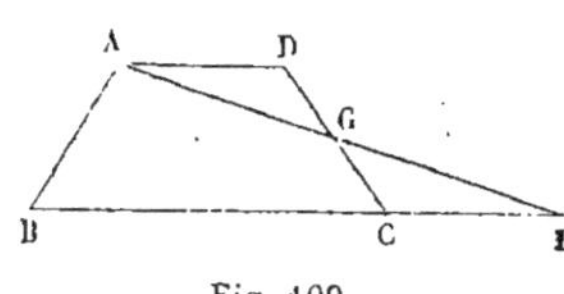

GCE sont égaux, comme ayant un côté égal, adjacent à deux angles égaux, chacun à chacun, savoir : GC = GD, par construction ; CGE = AGD (**16**) ; GCE = GDA (**49**). Donc CE = AD et surf. ABE = surf.

Fig. 109.

ABCD. Donc le trapèze a pour mesure celle du triangle de même hauteur, ou

$$\tfrac{1}{2}\, BE \times H = \tfrac{1}{2}\,(B + b) \times H.$$

C. q. f. d.

Troisième démonstration (fig. 110).

On peut transformer le trapèze en un parallélogramme équivalent.

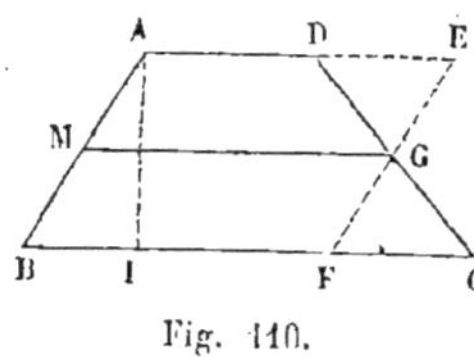

Du milieu G de DC, on mène une parallèle EF à AB, entre les deux bases parallèles. Les deux triangles formés sont égaux, comme ayant un côté égal adjacent à deux angles égaux, chacun à chacun. Donc le trapèze ABCD est équivalent au parallélogramme ABFE de

Fig. 110.

même hauteur, donc il a pour mesure BF × H ; mais

$$BF = BC - FC = B - FC,$$
$$AE \quad \text{ou} \quad BF = AD + DE = b + FC,$$

donc, en ajoutant,

$$2BF = B + b, \quad \text{d'où} \quad BF = \tfrac{1}{2}\,(B + b).$$

Donc le trapèze a pour mesure $\tfrac{1}{2}\,(B + b) \times H$.

Scholie. — Par le milieu G de DC menons une parallèle à BC, soit GM. Le point M est le milieu de AB ; les deux lignes GM, BF sont égales comme parallèles comprises entre parallèles, donc

$$GM = \tfrac{1}{2}\,(B + b).$$

On nomme GM la *médiane* du trapèze ; on peut donc dire que *l'aire du trapèze est égale au produit de la médiane par la hauteur.*

PROPOSITION VII.

136. Théorème. — *Le carré construit sur la somme de deux lignes peut être regardé comme composé de trois parties :*

1° Du carré fait sur la première ligne ;

2° Du carré fait sur la seconde ;

3° De deux rectangles égaux ayant pour dimensions les deux lignes (fig. 111).

Par hypothèse, AB est la somme des deux lignes AI $= a$ et IB $= b$; ABCD est le carré construit sur la ligne AB.

Par le point I menons IG parallèle à BC; prenons AF $=$ AI et par le point F menons FEH parallèle à AB. Nous aurons

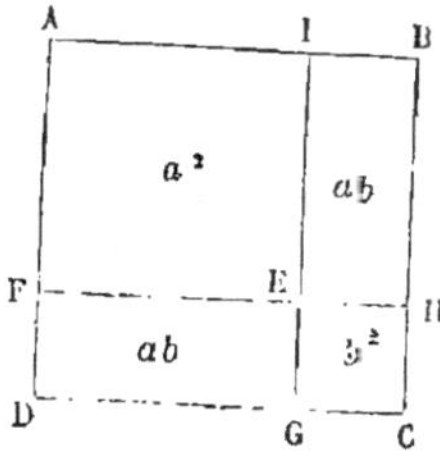

Fig. 112.

$$FE = DG = AI = AF = IE = BH = a$$
$$EH = GC = BI = FD = EG = HC = b;$$

donc AIEF est le carré construit sur a; EHCG est le carré construit sur b; IBHE et EGDF sont deux rectangles égaux, ayant pour dimensions a et b. Donc le théorème est démontré.

Scholie. — Si a et b sont les nombres qui mesurent les lignes AI et IB, $a + b$ sera le nombre qui mesurera AB, et comme un carré a pour mesure la seconde puissance de son côté, nous déduirons du théorème l'identité

$$(a + b)^2 = a^2 + b^2 + 2ab,$$

que l'on peut démontrer directement par les règles de l'arithmétique.

PROPOSITION VIII.

137. Théorème. — *Le carré construit sur la somme de deux lignes peut être regardé comme composé de deux parties :*

1° Du carré fait sur la différence des deux lignes ;

2° De quatre rectangles égaux ayant pour dimensions les deux lignes (fig. 112).

Par hypothèse, AB est la somme des deux lignes AI $= a$ et IB $= b$. ABCD est le carré construit sur AB.

Prenons sur BC, CD, DA des longueurs égales à a et menons des parallèles aux côtés, nous formerons la figure 112. Par construction

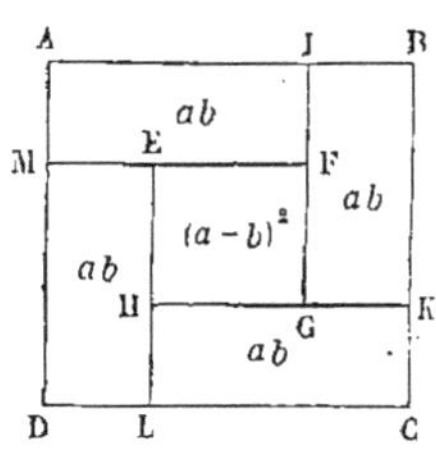

Fig. 112.

$$IG = KH = LE = MF = a,$$
$$IF = GK = HL = ME = b,$$
$$EF = FG = GH = HE = a - b.$$

Donc la figure EFGH est le carré construit sur $a - b$ et les rectangles IBKG, GCLH, LDME, MAIF ont tous pour dimensions les lignes a et b. Donc le théorème est démontré.

Scholie. — Si a et b désignent les nombres qui mesurent AI et IB, le théorème précédent démontre l'identité suivante :

$$(a + b)^2 = (a - b)^2 + 4ab,$$

que l'on peut démontrer directement par les règles de l'arithmétique.

Corollaire 1. — De l'identité précédente nous tirons cette autre

$$(a - b)^2 = (a + b)^2 - 4ab,$$

et en nous reportant au théorème précédent, nous trouvons

$$(a - b)^2 = a^2 + b^2 - 2ab,$$

que l'on pourrait démontrer directement aussi par une figure de géométrie. On peut l'énoncer de la manière suivante : *Le carré construit sur la différence de deux lignes peut être regardé comme équivalent à la somme de deux carrés construits sur chacune des deux lignes, diminuée de deux rectangles égaux ayant pour dimensions les deux lignes.*

Corollaire 2. — Nous tirons aussi du théorème **146** l'identité

$$(a + b)^2 - (a - b)^2 = 4ab = 2a \cdot 2b.$$

Or si nous posons

$$a + b = m, \qquad a - b = p,$$

nous en déduisons, en ajoutant et retranchant successivement membre à membre,

$$2a = m + p, \qquad 2b = m - p;$$

par suite l'identité devient

$$m^2 - p^2 = (m + p)\,(m - p).$$

Donc *le rectangle ayant pour dimensions la somme et la diffé-rence de deux lignes est équivalent au carré fait sur la première, diminué du carré fait sur la seconde.*

On pourrait aussi démontrer directement cette équivalence par une figure.

PROPOSITION IX.

138. Théorème. — *Le carré construit sur l'hypoténuse d'un triangle rectangle est équivalent à la somme des carrés construits sur les deux autres côtés.* (Théorème de Pythagore.)

Première démonstration (fig. 113).

Soit ABC le triangle rectangle donné. Construisons un carré sur chacun de ses côtés.

Du sommet de l'angle droit **A** abaissons sur l'hypoténuse une perpendiculaire qui divise le carré de l'hypoténuse en deux rectangles BE, DG. Nous allons démontrer que ces deux rectangles sont respectivement équivalents aux carrés adjacents.

Menons les lignes AF et IC. Si l'on fait tourner le triangle ABF d'un angle droit autour du point B, la ligne BA s'appliquera sur BI, et BF sur BC; donc les deux triangles ABF

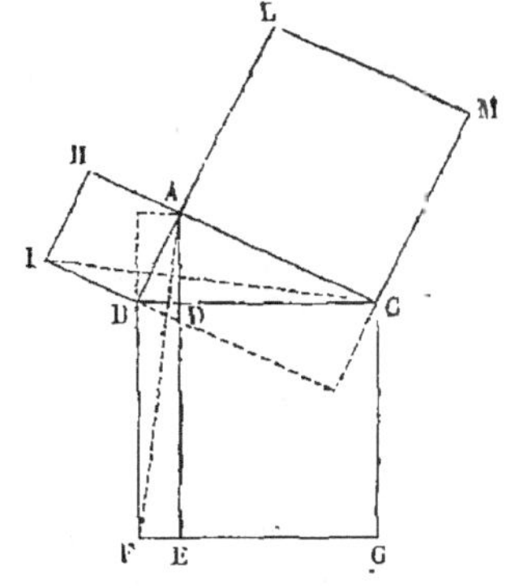

Fig. 113.

et IBC sont égaux. Mais ABF est la moitié du rectangle BDEF de même base BF et de même hauteur BD; le triangle IBC est la moitié du rectangle ABHI de même base IB et de même hauteur AB. Donc le rectangle BDEF est équivalent au carré ABHI. — Pour une raison semblable le rectangle BCGE est équivalent au carré ACML. Donc le carré de l'hypoténuse est équivalent à la somme des carrés construits sur les deux autres côtés.

Deuxième démonstration (fig. 114).

Soit un triangle rectangle ABF. Faisons sur l'hypoténuse un carré ABCD, qui contienne le triangle donné. L'angle CBF est égal à BAF, car ils ont chacun le même complément ABF. Donc, si du point C nous abaissons sur BF prolongé une perpendiculaire, nous formerons un triangle rectangle BCG égal au triangle ABF (**37**). Nous formerons ensuite successivement deux autres triangles égaux CHD, DEA, par une construction semblable, et la figure 114 sera achevée.

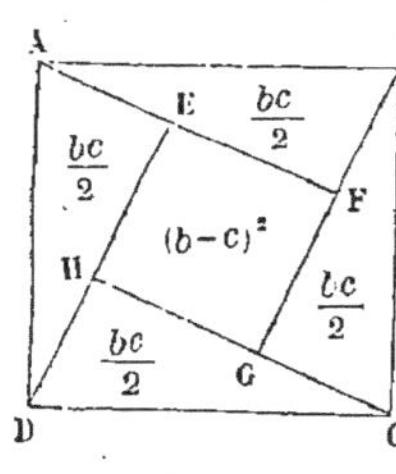

Fig. 114.

D'après notre construction on a

$$EF = FG = GH = HE = b - c,$$

en appelant a l'hypoténuse AB, b le côté AF et c le côté BF. Donc EFGH est le carré construit sur $(b - c)$. D'ailleurs deux des quatre triangles rectangles juxtaposés formeraient le rectangle ayant b et c pour dimensions; donc nous pouvons poser l'équivalence

$$a^2 = (b - c)^2 + 2.bc;$$

mais en développant $(b - c)^2$ (**137**, cor. 1), il vient

$$a^2 = b^2 + c^2.$$

C. q. f. d.

Scholie. — Il existe plusieurs autres démonstrations de ce théorème important; nous le retrouverons plus loin comme corollaire de la théorie des triangles semblables.

Corollaire 1. — La relation $a^2 = b^2 + c^2$ permet de trouver l'un quelconque des trois côtés d'un triangle rectangle quand on connaît les deux autres.

Corollaire 2. — Les deux rectangles BE et DG (fig. 114) équivalents aux carrés des côtés de l'angle droit et le carré de l'hypoténuse, sont trois rectangles ayant même hauteur DE, donc ils sont entre eux comme leurs bases; donc

$$\frac{\overline{AB}^2}{BD} = \frac{\overline{AC}^2}{DC} = \frac{\overline{BC}^2}{BC}.$$

CorOLLAIRE 3. — La démonstration de la proposition conduit à l'équivalence

$$\overline{AB}^2 = BC.BD,$$

qui exprime que la surface du carré ABHI a même mesure que la surface équivalente du rectangle BDEF. On peut donc écrire la proportion

$$\frac{BC}{AB} = \frac{AB}{BD};$$

donc *chaque côté de l'angle droit est moyen proportionnel entre l'hypoténuse entière et sa projection sur l'hypoténuse.*

CorOLLAIRE 4. — (Fig. 115.) Soit un carré ABCD, menons la diagonale AC. Le triangle rectangle isoscèle ADC nous montre que le carré fait sur la diagonale AC vaut deux fois le carré construit sur le côté AD, ou deux fois le carré donné. On met cette propriété en évidence en construisant le carré EFGH sur la diagonale.

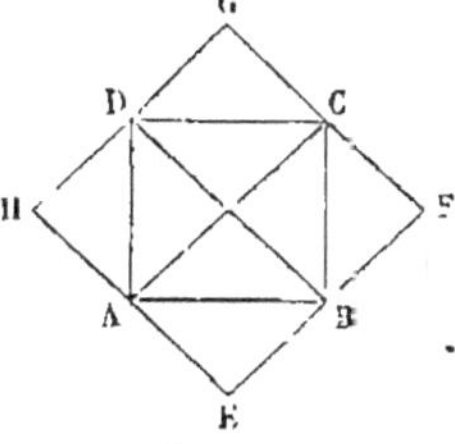

Fig. 115.

Appelons a le côté d'un carré et d sa diagonale, évalués relativement à une même unité, nous aurons

$$d^2 = 2a^2$$

ou

$$\frac{d^2}{a^2} = 2 \quad \text{ou} \quad \left(\frac{d}{a}\right)^2 = 2;$$

aussi le rapport de la diagonale au côté est tel, qu'élevé au carré il donne 2; donc il est incommensurable et exprimable par le symbole $\sqrt{2}$; nous poserons donc

$$\frac{d}{a} = \sqrt{2} = 1,4142\ldots$$

CorOLLAIRE 5. — La réciproque du théorème de Pythagore est vraie. En effet, supposons $a^2 = b^2 + c^2$ et construisons un triangle rectangle ayant b et c pour côtés de l'angle droit; l'hypoténuse de ce triangle sera nécessairement égale à a; donc le triangle dont les trois côtés sont liés par la relation $a^2 = b^2 + c^2$ est rectangle.

PROPOSITION X.

139. Théorème. — *Dans un triangle, le carré d'un côté opposé à un angle aigu est égal à la somme des carrés des deux autres côtés, moins deux fois le rectangle ayant pour base l'un de ces côtés et pour hauteur la projection de l'autre sur celui-là.*

Il y a deux cas à considérer, suivant que la perpendiculaire qui projette un côté sur un autre tombe sur cet autre ou sur son prolongement.

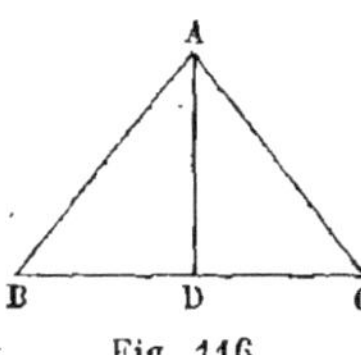

Fig. 116.

1er cas (fig. 116). — *Supposons l'angle C aigu, et le pied de la perpendiculaire AD, sur BC.*

Le triangle rectangle ABD donne

$$\overline{AB}^2 = \overline{AD}^2 + \overline{BD}^2.$$

Mais

$$\overline{AD}^2 = \overline{AC}^2 - \overline{DC}^2$$

et

$$\overline{BD}^2 = (BC - DC)^2 = \overline{BC}^2 + \overline{DC}^2 - 2\,\overline{BC}\cdot\overline{DC} \quad (\mathbf{137},\text{ cor. I}).$$

Donc

$$\overline{AB}^2 = \overline{AC}^2 - \overline{DC}^2 + \overline{BC}^2 + \overline{DC}^2 - 2\overline{BC}\cdot\overline{DC},$$

ou bien

$$\overline{AB}^2 = \overline{AC}^2 + \overline{BC}^2 - 2\overline{BC}\cdot\overline{DC}.$$

C. q. f. d.

2^{e} cas (fig. 117). — *Supposons l'angle C aigu et le pied de la perpendiculaire AD sur le prolongement de CB.*

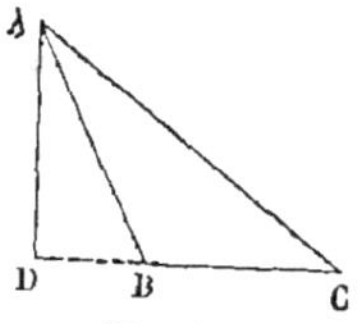

Le triangle rectangle ABD donne

$$\overline{AB}^2 = \overline{AD}^2 + \overline{BD}^2.$$

Mais

$$\overline{AD}^2 = \overline{AC}^2 - \overline{DC}^2$$

et

$$\overline{BD}^2 = (DC - BC)^2 = \overline{DC}^2 + \overline{BC}^2 - 2\overline{BC}\cdot\overline{DC}.$$

Fig. 117.

Donc

$$\overline{AB}^2 = \overline{AC}^2 - \overline{DC}^2 + \overline{DC}^2 + \overline{BC}^2 - 2\overline{BC}\cdot\overline{DC},$$

ou bien

$$\overline{AB}^2 = \overline{AC}^2 + \overline{BC}^2 - 2\overline{BC}\cdot\overline{DC}.$$

C. q. f. d.

Scholie. — On peut démontrer facilement l'équivalence indiquée dans l'énoncé du théorème au moyen d'une figure. On construit les trois carrés des côtés, puis des sommets on abaisse les trois hauteurs qui divisent par leurs prolongements chaque carré en deux rectangles. On démontre sans peine que deux rectangles adjacents sont équivalents, ce qui met en évidence la vérité du théorème. Cette démonstration est indépendante du théorème **138**, qui devient par suite un corollaire du théorème **139**. Nous croyons préférable de suivre la marche inverse et de déduire les divers théorèmes relatifs aux équivalences de surfaces de celui de Pythagore.

PROPOSITION XI.

140. Théorème. — *Dans un triangle, le carré d'un côté opposé à un angle obtus est égal à la somme des carrés des deux autres côtés, plus deux fois le rectangle ayant pour base l'un de ces côtés et pour hauteur la projection de l'autre sur celui-là* (fig. 118).

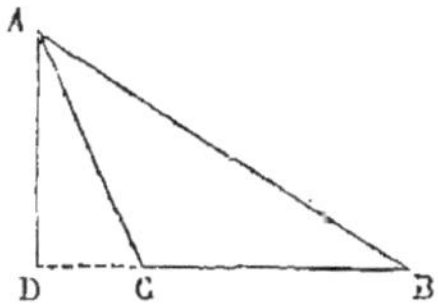

Supposons l'angle C obtus. Soit CD la projection de AC sur BC.

Le triangle rectangle ABD donne

$$\overline{AB}^2 = \overline{AD}^2 + \overline{BD}^2.$$

Mais

$$\overline{AD}^2 = \overline{AC}^2 - \overline{CD}^2$$

et

$$\overline{BD}^2 = (BC + CD)^2 = \overline{BC}^2 + \overline{CD}^2 + 2\overline{BC}\cdot\overline{CD}. \qquad (136)$$

Donc

$$\overline{AC}^2 = \overline{AC}^2 - \overline{CD}^2 + \overline{BC}^2 + \overline{CD}^2 + 2\overline{BC}\cdot\overline{CD},$$

Fig. 118.

ou bien

$$\overline{AB}^2 = \overline{AC}^2 + \overline{BC}^2 + 2\overline{BC}.\overline{CD}.$$

C. q. f. d.

Corollaire. — Ce théorème et le précédent démontrent que la réciproque du théorème de Pythagore est vraie. Si $a^2 = b^2 + c^2$, l'angle A ne peut être ni aigu, ni obtus ; donc il est droit. — En particulier, le triangle dont les côtés sont 3, 4, 5 est rectangle, car $5^2 = 3^2 + 4^2$.

PROPOSITION XII.

141. Théorème. — *Dans tout triangle, la somme des carrés de deux côtés est égale à deux fois le carré de la médiane comprise, plus deux fois le carré de la moitié du troisième côté* (fig. 119).

Par hypothèse, AO est la médiane du côté BC, et AD est perpendiculaire sur BC.

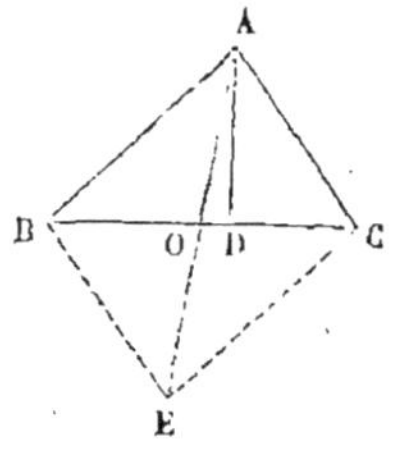

Fig. 119.

L'angle AOB étant obtus, nous avons (**140**)

$$\overline{AB}^2 = \overline{AO}^2 + \overline{BO}^2 + 2\overline{BO}.\overline{OD}.$$

L'angle AOC étant aigu, nous avons (**139**)

$$\overline{AC}^2 = \overline{AO}^2 + \overline{OC}^2 - 2.\overline{OC}.\overline{OD}.$$

Ajoutons et remarquons que $OB = OC$, nous aurons

$$\overline{AB}^2 + \overline{AC}^2 = 2.\overline{AO}^2 + 2.\overline{BO}^2.$$

Scholie. — Désignons par a, b, c les côtés et l, m, n les médianes correspondantes, nous pourrons écrire

$$b^2 + c^2 = 2l^2 + \frac{a^2}{2},$$

et de même

$$c^2 + a^2 = 2m^2 + \frac{b^2}{2},$$

$$a^2 + b^2 = 2n^2 + \frac{c^2}{2}.$$

Ces trois équations permettent de trouver les trois médianes quand on connaît les trois côtés, et réciproquement.

Corollaire 1. — *Dans un parallélogramme la somme des carrés des côtés est égale à la somme des carrés des diagonales* (fig. 119).

Corollaire 2. — *Dans tout triangle, la différence des carrés de deux côtés est égale au double rectangle ayant pour base le troisième côté et pour hauteur la projection de la médiane sur ce troisième côté.*

En effet, des deux égalités

$$\overline{AB}^2 = \overline{AO}^2 + \overline{BO}^2 + 2\overline{BO}.\overline{OD},$$
$$\overline{AC}^2 = \overline{AO}^3 + \overline{BO}^2 - 2\overline{BO}.\overline{OD},$$

nous déduisons, par soustraction,

$$\overline{AB}^2 - \overline{AC}^2 = 4\overline{BO}.\overline{OD} = 2.\overline{BC}.\overline{OD}.$$

PROPOSITION XIII.

142. Théorème. — *Dans un quadrilatère quelconque la somme des carrés des côtés est égale à la somme des carrés des diagonales plus quatre fois le carré de la ligne qui joint les milieux des diagonales* (fig. 120).

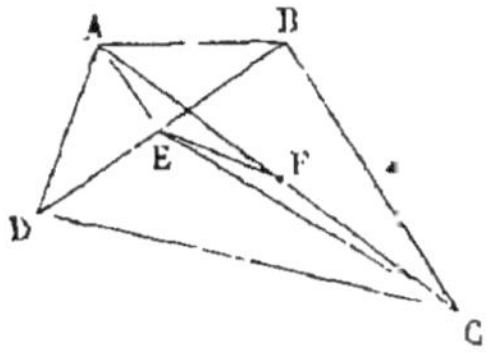

Par hypothèse, E est le milieu de BD et F le milieu de AC; menons AE, EF, EC.

Dans le triangle ABD, nous avons (**141**)

$$\overline{AB}^2 + \overline{AD}^2 = 2\overline{AE}^2 + 2\overline{DE}^2.$$

Fig. 120.

Dans le triangle BCD, nous avons de même (**141**)

$$\overline{BC}^2 + \overline{DC}^2 = 2\overline{CE}^2 + 2\overline{DE}^2.$$

Donc, en ajoutant membre à membre,

$$\overline{AB}^2 + \overline{BC}^2 + \overline{CD}^2 + \overline{DA}^2 = 2(\overline{AE}^2 + \overline{CE}^2) + \overline{BD}^2.$$

Mais le triangle AEC donne aussi

$$\overline{AE}^2 + \overline{CE}^2 = 2\overline{EF}^2 + 2\overline{AF}^2;$$

donc, enfin,

$$\overline{AB}^2 + \overline{BC}^2 + \overline{CD}^2 + \overline{DA}^2 = 4\overline{EF}^2 + \overline{BD}^2 + \overline{AC}^2.$$

C. q. f. d.

Corollaire. — Si EF est nul, la figure est un parallélogramme et l'on retombe sur le corollaire I du th. **141**. — Réciproquement, si dans un quadrilatère la somme des carrés des côtés est égale à la somme des carrés des diagonales, ce quadrilatère est un parallélogramme.

§ 2. — LIGNES PROPORTIONNELLES.

PROPOSITION XIV.

143. Théorème. — *Dans un triangle une parallèle à la base divise les côtés proportionnellement* (Théorème de Thalès).

Première démonstration (fig. 121).

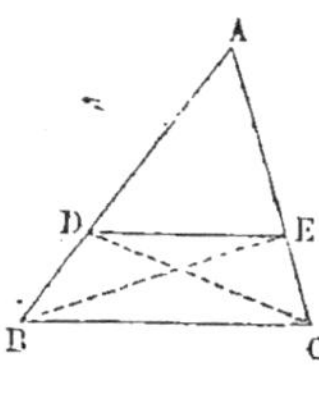

Fig. 121.

Menons les diagonales DC et BE du trapèze DECB. Les deux triangles ADE, EDC ont même sommet D et leurs bases sont sur la même ligne droite; donc ils ont même hauteur; donc ils sont entre eux comme leurs bases et nous pouvons poser

$$\frac{ADE}{EDC} = \frac{AE}{EC}.$$

Les deux triangles ADE et DEB ont aussi même hauteur, et nous pouvons poser

$$\frac{ADE}{DEB} = \frac{AD}{DB}.$$

Mais les deux triangles EDC, DEB sont équivalents, car ils ont même base DE et même hauteur, puisque DE et BC sont parallèles; donc

$$\frac{AD}{DB} = \frac{AE}{EC}.$$

C. q. f. d.

Cette démonstration a l'inconvénient de faire dépendre la théorie des lignes proportionnelles de la mesure des surfaces; la démonstration suivante, qui ne repose que sur les théorèmes du premier livre, est préférable.

Deuxième démonstration (fig. 123).

1° Supposons d'abord que AE et EC soient commensurables et que l'on ait

$$\frac{AE}{EC} = \frac{8}{5}.$$

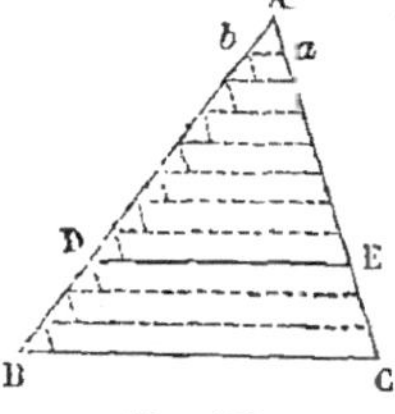

Par tous les points de division de AC menons des parallèles à BC, il s'agit de démontrer que AB est divisé en parties égales par ces lignes et DE. Or, si par les points de division de AB nous menons des parallèles à AC, nous formerons une série de triangles tous égaux à Aba, car les angles sont égaux par les propriétés des parallèles, et les côtés parallèles à AC sont égaux aux divisions correspondantes de cette ligne comme parallèles comprises entre parallèles et par suite égaux à Aa. Donc les diverses divisions de AB sont égales entre elles et l'on a

Fig. 122.

$$\frac{AD}{DB} = \frac{AE}{EC}.$$

2° Supposons maintenant que AE et EC soient incommensurables. Partageons AE en un certain nombre de parties égales, portons l'une des divisions autant de fois que possible sur EC, nous formerons une ligne $EC' < EC$ commensurable avec AE. Par le point C' menons une parallèle $C'B'$ à DE, nous aurons, d'après ce qui précède,

$$\frac{AD}{DB'} = \frac{AE}{EC'}.$$

Si le nombre des divisions de AE augmente indéfiniment, les deux rapports précédents varieront en restant égaux et tendront vers des limites égales ; donc

$$\lim. \frac{AD}{DB'} = \lim. \frac{AE}{EC'}.$$

Mais, par définition (**91**),

$$\lim. \frac{AE}{EC'} = \frac{AD}{DB}$$

et

$$\lim. \frac{AE}{EC'} = \frac{AE}{EC},$$

donc

$$\frac{AD}{DB} = \frac{AE}{EC}.$$

C. q. f. d.

CorollAIRE 1. — La proportion précédente peut prendre diverses formes équivalentes à la suite de transformations que nous avons indiquées au second livre. On peut changer l'ordre des moyens et comparer deux lignes appartenant à deux côtés différents, en écrivant

$$\frac{AD}{AE} = \frac{DB}{EC}.$$

On peut ensuite ajouter les numérateurs et les dénominateurs et écrire

$$\frac{AD}{AE} = \frac{DB}{EC} = \frac{AB}{AC},$$

etc...

CorollAIRE 2. — Généralement, *deux droites quelconques sont coupées en parties proportionnelles par des lignes parallèles en nombre quelconque* (fig. 123).

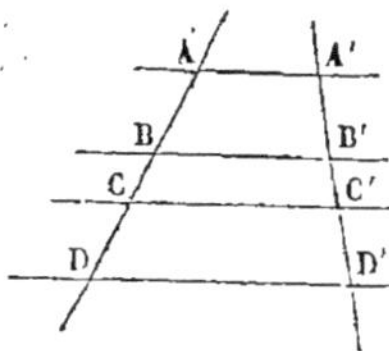

Fig. 1.5.

En effet, soient deux droites quelconques coupées par des parallèles AA′ BB′ CC′ DD′. En imaginant par le point A une parallèle à A′D′ on transporte les lignes A′B′, B′C′, C′D′ sur le second côté d'un triangle dont AD est le premier côté et l'on a, d'après le corollaire précédent,

$$\frac{AB}{A'B'} = \frac{BC}{B'C'} = \frac{AC}{A'C'} = \frac{CD}{C'D'} = \frac{BD}{B'D'} = \frac{AD}{A'D'}.$$

CorollAIRE 3. — Si l'une des lignes est divisée en parties égales, l'autre sera aussi divisée en parties égales.

PROPOSITION XV.

144. Théorème. — *Réciproquement, si une ligne divise les côtés d'un triangle proportionnellement, elle est parallèle à la base* (fig. 124).

Par hypothèse, on a .

$$\frac{AB}{AD} = \frac{AC}{AE}.$$

Du point D menons la parallèle DF à BC, nous aurons, d'après le théorème précédent,

$$\frac{AB}{AD} = \frac{AC}{AF}.$$

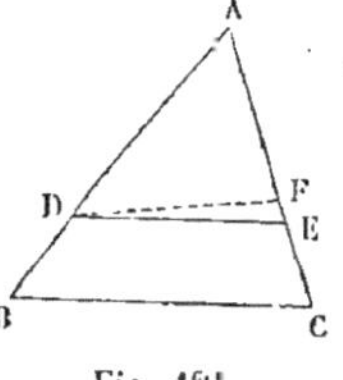

Fig. 121.

Donc AE = AF et par suite DF se confond avec DE.

C. q. f. d.

Scholie. — On pourrait prendre pour hypothèse toute autre proportion équivalente, la démonstration peu modifiée conduirait à la même conclusion.

§ 3. — FIGURES SEMBLABLES.

145. Définition. — On dit que *deux polygones sont semblables lorsqu'ils ont les angles égaux chacun à chacun et les côtés homologues proportionnels.* On nomme *côtés homologues* ceux qui sont adjacents à des angles égaux.

Soit n le nombre des côtés de chacun des polygones comparés. La condition que les angles soient égaux chacun à chacun conduit à $n-1$ égalités, à $n-1$ *conditions* (**53**) ; la condition que les côtés soient proportionnels conduit à $n-1$ proportions. Donc la définition de la similitude implique $2n-2$ conditions que les polygones doivent remplir ; nous verrons plus loin que la similitude a lieu quand $2n-4$ conditions seulement sont remplies.

Deux triangles sont semblables quand ils ont les angles égaux chacun à chacun et les côtés homologues proportionnels. On peut appeler côtés homologues ceux qui sont opposés à des angles égaux. La définition de la similitude des triangles équivaut à 4 conditions

$$A = A', \qquad B = B'; \qquad \frac{AB}{A'B'} = \frac{BC}{B'C'} = \frac{CA}{C'A'},$$

en désignant les triangles par ABC et A'B'C'. Le but des théorèmes qui suivent est de prouver que deux des conditions précédentes entraînent les deux autres et par conséquent suffisent pour la similitude.

R. F.

7

PROPOSITION XVI.

146. Lemme. — *Une droite parallèle à la base d'un triangle détermine un second triangle semblable au premier* (fig. 125).

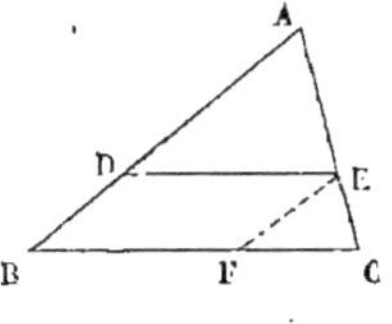

Fig. 125.

Par hypothèse, DE est parallèle à la base BC du triangle ABC.

1° Les deux triangles ADE et ABC ont leurs angles égaux chacun à chacun.

2° Menons EF parallèle à AB, nous avons d'après le théorème de Thalès (**143**) la série des égalités suivantes :

$$\frac{AD}{AB} = \frac{AE}{AC} = \frac{BF}{BC};$$

mais BF = DE comme parallèles comprises entre parallèles, donc

$$\frac{AD}{AB} = \frac{AE}{AC} = \frac{DE}{BC}.$$

Donc les deux triangles ADE, ABC sont semblables (**145**).
C. q. f. d.

PROPOSITION XVII.

147. Théorème. — *Deux triangles qui ont les angles égaux chacun à chacun sont semblables* (fig. 126):

Par hypothèse,

$$A = A', \qquad B = B',$$

et par suite C = C' (**52**).

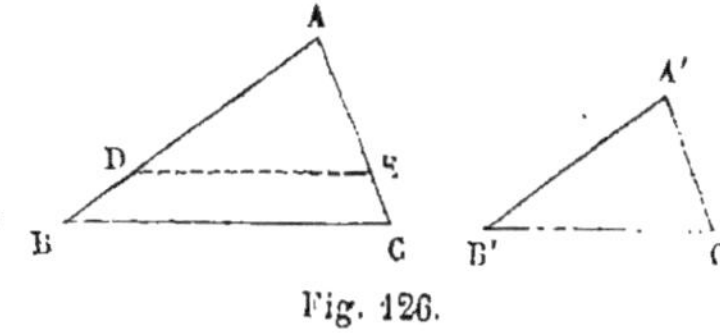

Fig. 126.

Prenons sur AB une longueur AD = A'B' et menons une parallèle DE à la base BC.

Le triangle formé ADE sera semblable à ABC, il faut donc prouver que ADE et A'B'C' sont des triangles égaux.

Or AD = A'B' par construction, A = A' par hypothèse et l'angle ADE est égal à son correspondant B, par suite à B'; donc les deux triangles ADE et A'B'C' ont un côté égal adjacent à deux angles égaux chacun à chacun.

PROPOSITION XVIII.

148. Théorème. — *Deux triangles qui ont un angle égal compris entre côtés proportionnels sont semblables* (fig. 126).

Par hypothèse,

$$A = A', \qquad \frac{AB}{A'B'} = \frac{AC}{A'C'}.$$

Prenons $AD = A'B'$ et menons par le point D une parallèle à BC. Nous formons un triangle ADE semblable à ABC ; il reste à prouver qu'il est égal à A'B'C'.

Or, de la similitude des triangles ADE, ABC, nous tirons

$$\frac{AB}{AD} = \frac{AC}{AE},$$

mais $AD = A'B'$; donc, en comparant cette proportion avec celle qui est donnée, nous concluons que $AE = A'C'$. Donc les deux triangles ADE, A'B'C' ont un angle égal compris entre deux côtés égaux chacun à chacun.

PROPOSITION XIX.

149. Théorème. — *Deux triangles qui ont les côtés proportionnels sont semblables* (fig. 126).

Par hypothèse,

$$\frac{AB}{A'B'} = \frac{AC}{A'C'} = \frac{BC}{B'C'}.$$

Prenons $AD = A'B'$ et menons par le point D une parallèle à BC. Nous formons un triangle ADE semblable à ABC ; il reste à prouver qu'il est égal à A'B'C'.

Or, de la similitude des deux triangles ADE, ABC, nous tirons

$$\frac{AB}{AD} = \frac{AC}{AE} = \frac{BC}{DE};$$

mais $AD = A'B'$; donc, en comparant ces proportions avec celles qui sont données, nous en concluons : $AE = A'C'$, $DE = B'C'$. Donc les deux triangles ADE, A'B'C' ont les trois côtés égaux chacun à chacun.

CorollaiRE. — Nous avons démontré dans le premier livre (**55**) que deux triangles qui ont les côtés parallèles ou perpendiculaires chacun à chacun sont équiangles; donc ils sont semblables (**147**).

PROPOSITION XX.

150. Théorème. — *Des droites concourantes divisent deux parallèles en parties proportionnelles* (fig. 127).

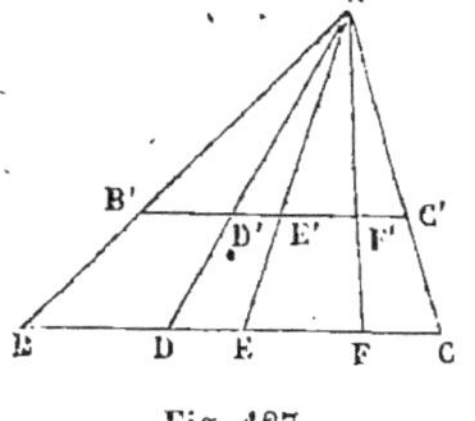

Fig. 127.

Par hypothèse, AB, AD, AE, AF, AC sont des droites concourantes en A; BC et B′C′ sont deux droites parallèles.

Les triangles semblables de la figure nous donnent la série suivante de rapports égaux :

$$\frac{BD}{B'D'} = \frac{AD}{AD'} = \frac{DE}{D'E'} = \frac{AE}{AE'} = \frac{EF}{E'F'} = \frac{AF}{AF'} = \frac{FC}{F'C'},$$

et le théorème est démontré.

Scholie. — On voit en même temps que le rapport constant de deux parties homologues de BC et B′C′ est égal au rapport d'une sécante entière à sa première partie.

Corollaire. — La réciproque est vraie.

PROPOSITION XXI.

151. Théorème. — *Si du sommet de l'angle droit d'un triangle rectangle on abaisse une perpendiculaire sur l'hypoténuse :*

1° *Les deux triangles partiels sont semblables entre eux et au grand ;*

2° *Chaque côté de l'angle droit est moyen proportionnel entre l'hypoténuse entière et sa projection sur l'hypoténuse ;*

3° *La perpendiculaire est moyenne proportionnelle entre les deux segments de l'hypoténuse* (fig. 128).

Par hypothèse, AD est perpendiculaire sur l'hypoténuse BC; BD est la projection de AB; DC est la projection de AC.

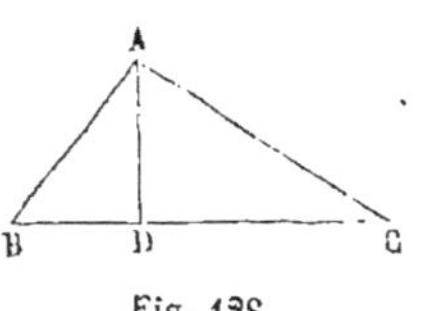

Fig. 128.

1° Les deux triangles ABD, ABC sont rectangles et ils ont un angle commun B; donc ils sont semblables et l'angle C est égal à l'angle BAD. — De même, les deux triangles ADC, ABC sont semblables et l'angle B est égal à l'angle DAC. — Donc les deux triangles ABD, ADC sont équiangles et par suite semblables.

2° Les deux triangles ABD, ABC étant semblables, nous avons la proportion suivante entre les côtés homologues :

$$\frac{BC}{AB} = \frac{AB}{BD}.$$

De même, les deux triangles ADC, ABC étant semblables, nous avons la proportion

$$\frac{BC}{AC} = \frac{AC}{DC}.$$

3° Les deux petits triangles ABD, ADC étant semblables, nous avons la proportion

$$\frac{BD}{AD} = \frac{AD}{DC}.$$

CorollaiRE 1. — Si nous imaginons que toutes les lignes soient évaluées en nombres, nous déduirons de la seconde partie du théorème les égalités suivantes :

$$\overline{AB}^2 = \overline{BC}.\overline{BD}, \qquad \overline{AC}^2 = \overline{BC}.\overline{DC},$$

qui expriment des équivalences de surfaces. Nous retrouvons de cette manière le théorème déjà connu que le carré de chaque côté de l'angle droit est équivalent à la portion du carré de l'hypoténuse adjacente, déterminée par le prolongement de AD (**138**). Par suite, en ajoutant, nous aurons

$$\overline{AB}^2 + \overline{AC}^2 = \overline{BC}\,(\overline{BD} + \overline{DC}) = \overline{BC}^2.$$

Nous démontrons donc indirectement, par la théorie de la similitude des triangles, le théorème de Pythagore.

CorollaiRE 2. — Désignons par a l'hypoténuse, par b et c les côtés de l'angle droit, par h la perpendiculaire AD, la similitude des triangles ABD, ABC nous donne encore

$$\frac{a}{c} = \frac{b}{h}, \qquad \text{d'où} \qquad ah = bc,$$

que l'on retrouverait immédiatement en évaluant de deux manières la surface du triangle rectangle ABC.

PROPOSITION XXII.

152. Théorème. — *Deux triangles qui ont un angle égal ou supplémentaire, sont entre eux comme les rectangles des côtés qui comprennent cet angle* (fig. 129).

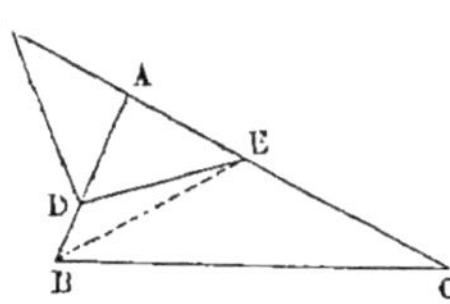

Fig. 129.

1° Par hypothèse, les triangles ABC, ADE ont un angle commun A.

Menons la diagonale BE, les deux triangles ABC, ABE ont même sommet B et par suite même hauteur ; donc ils sont entre eux comme leurs bases et l'on a

$$\frac{ABC}{ABE} = \frac{AC}{AE}.$$

Les deux triangles ABE, ADE ont aussi même sommet F et par suite même hauteur; donc ils sont entre eux comme leurs bases et l'on a

$$\frac{ABE}{ADE} = \frac{AB}{AD}.$$

Donc, en supposant que les surfaces et les lignes soient évaluées en nombres, on peut multiplier ces proportions membre à membre et l'on obtient

$$\frac{ABC}{ADE} = \frac{AB \times AC}{AD \times AE}.$$

2° Par hypothèse les triangles BAC, DAF ont les angles en A supplémentaires. — Prenons $AE = AF$, le triangle DAE ayant même base et même hauteur que le triangle DAF, aura même surface ; donc on a bien

$$\frac{ABC}{ADF} = \frac{AB \times AC}{AD \times AF}.$$

PROPOSITION XXIII.

153. Théorème. — *Les aires de deux triangles semblables sont entre elles comme les carrés des côtés homologues* (fig. 130).

Première démonstration.

Par hypothèse, les deux triangles ABC, A'B'C' sont semblables et par suite ils ont les angles A et A' égaux et en outre on a

$$\frac{AB}{A'B'} = \frac{AC}{A'C'}.$$

Ces triangles ayant un angle égal, nous pouvons écrire (**152**)

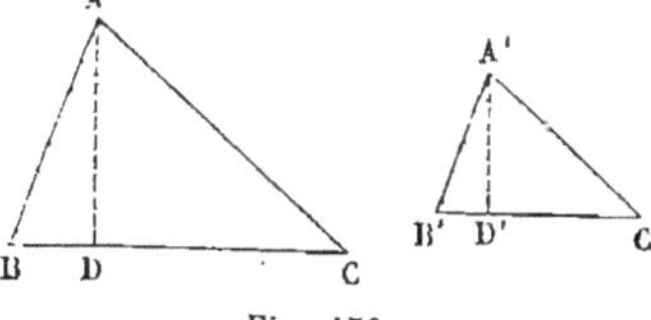

Fig. 130.

$$\frac{ABC}{A'B'C'} = \frac{AB \times AC}{A'B' \times A'C'} = \frac{AB}{A'B'} \times \frac{AC}{A'C'};$$

mais, d'après la seconde partie de l'hypothèse, on peut écrire

$$\frac{A'B'C'}{ABC} = \frac{\overline{AB}^2}{\overline{A'B'}^2}.$$

C. q. f. d.

Deuxième démonstration.

Les deux triangles sont entre eux comme les nombres qui les mesurent, donc

$$\frac{ABC}{A'B'C'} = \frac{\frac{1}{2}\overline{BC} \times \overline{AD}}{\frac{1}{2}\overline{B'C'} \times A'D'} = \frac{BC}{B'C'} \times \frac{AD}{A'D'}.$$

Mais les deux triangles ABD, A'B'D' sont équiangles, par suite semblables; donc

$$\frac{AD}{A'D'} = \frac{AB}{A'B'} = \frac{BC}{B'C'},$$

donc enfin

$$\frac{ABC}{A'B'C'} = \frac{\overline{BC}^2}{\overline{B'C'}^2}.$$

C. q. f. d.

Scholie. — On peut mettre en évidence la vérité de cette proposition par une construction géométrique (fig. 131).

Divisons en un même nombre de parties égales, 5 par exemple, les trois côtés d'un triangle ABC, joignons les points de division de deux côtés adjacents, nous décomposerons le triangle total en un

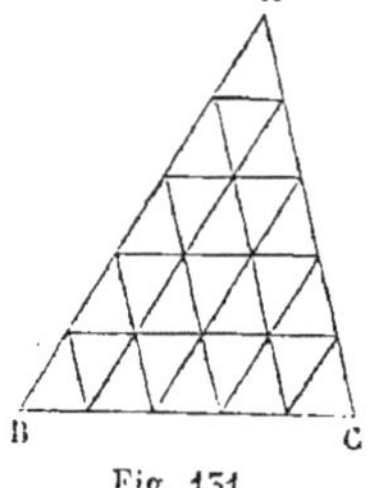

Fig. 151.

certain nombre de triangles égaux entre eux et semblables au grand triangle ; d'un autre côté, les parallèles à BC détermineront une série de triangles semblables aussi à ABC.

Or, si nous considérons ces parallèles à partir du sommet A, nous avons des triangles dont les côtés sont entre eux comme les nombres

$$1 \quad 2 \quad 3 \quad 4 \quad 5$$

et leurs surfaces sont évidemment entre elles comme les nombres

$$1 \quad 4 \quad 9 \quad 16 \quad 25$$

PROPOSITION XXIV.

154. Théorème. — *Deux polygones composés d'un même nombre de triangles semblables et semblablement placés sont semblables* (fig. 132).

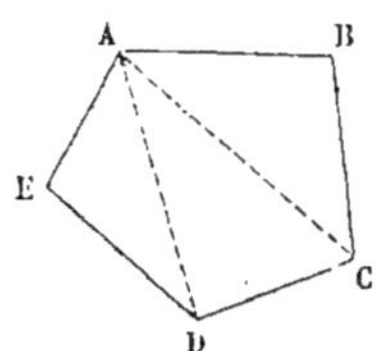

Fig. 132.

Par hypothèse, les triangles

ABC,   ACD,   ADE

sont respectivement semblables aux triangles

A'B'C',   A'C'D',   A'D'E'

et la disposition des triangles est la même dans les deux figures.

De là nous concluons :

1° Que les angles des deux polygones sont égaux, chacun à chacun, soit parce qu'ils sont des angles de triangles semblables, comme B et B' ; soit parce qu'ils sont des sommes d'angles égaux chacun à chacun, comme A et A' ;

2° Que les côtés homologues sont proportionnels, car on a la série suivante de rapports égaux :

$$\frac{AB}{A'B'} = \frac{BC}{B'C'} = \frac{AC}{A'C'} = \frac{CD}{C'D'} = \frac{AD}{A'D'} = \frac{DE}{D'E'} = \frac{AE}{A'E'}$$

SCHOLIE. — On voit en même temps que le rapport de deux diagonales homologues $\dfrac{AC}{A'C'}$; est égal au *rapport de similitude* $\dfrac{AB}{A'B'}$ des deux polygones. Nous pouvons appeler *rapport de similitude* de deux polygones semblables, le rapport *constant* de deux côtés homologues quelconques.

COROLLAIRE. — Soit n le nombre des côtés de chacun des deux polygones, le nombre des triangles qui composent chacun d'eux sera $(n - 2)$, la similitude de deux triangles correspondants exige seulement 2 conditions; donc la similitude des polygones exige seulement

$$2(n - 2) = 2n - 4$$

conditions. — Si à ces conditions nous ajoutons celle-ci que le rapport de similitude soit égal à *un*, nous avons les $2n - 3$ conditions d'égalité de deux polygones.

PROPOSITION XXV.

155. Théorème. — *Réciproquement, deux polygones semblables sont décomposables, d'une infinité de manières, en un même nombre de triangles semblables et semblablement placés* (fig. 152).

Par hypothèse, les deux polygones donnés sont semblables et nous avons

$$A = A', \quad B = B', \quad C = C', \quad D = D', \quad E = E'$$

et

$$\frac{AB}{A'B'} = \frac{BC}{B'C'} = \frac{CD}{C'D'} = \frac{DE}{D'E'}.$$

Par deux sommets homologues A et A' menons des diagonales qui partagent chacun des deux polygones en un même nombre de triangles. Les deux triangles ABC, A'B'C' ont un angle égal B = B', compris entre côtés proportionnels, donc ils sont semblables, et par suite

$$ACB = A'C'B' \quad \text{et} \quad \frac{AC}{A'C'} = \frac{AB}{A'B'} = \frac{CD}{C'D'}.$$

Donc les deux triangles ACD, A'C'D' sont semblables, car les angles ACD, A'C'D', égaux comme différences d'angles égaux, sont compris entre côtés proportionnels.

Donc

$$ADC = A'D'C' \quad \text{et} \quad \frac{A'D'}{AD} = \frac{C'D'}{CD} = \frac{D'E'}{DE}.$$

Donc ADE, A'D'E' sont semblables, car les angles ADE, A'D'E' égaux, comme différences d'angles égaux, sont compris entre côtés proportionnels.

Ce raisonnement se continue jusqu'à ce que l'on soit arrivé au dernier triangle.

Scholie. — On pourrait joindre un point O quelconque du plan aux sommets du polygone ABCDE; si on prenait un point O' tel que le triangle O'A'B' fût semblable à OAB, en le joignant aux divers sommets du second polygone, les triangles formés seraient respectivement semblables à ceux de la première figure. La démonstration de cette proposition est identique à celle qui précède. Les deux points O et O' s'appellent les centres de similitude des deux polygones.

PROPOSITION XXVI.

156. Théorème. — *Si l'on joint un point quelconque O du plan d'un polygone aux divers sommets et qu'on partage toutes les lignes formées dans un rapport constant, on obtiendra un polygone semblable au polygone donné, en joignant les divers points de division (fig. 133).*

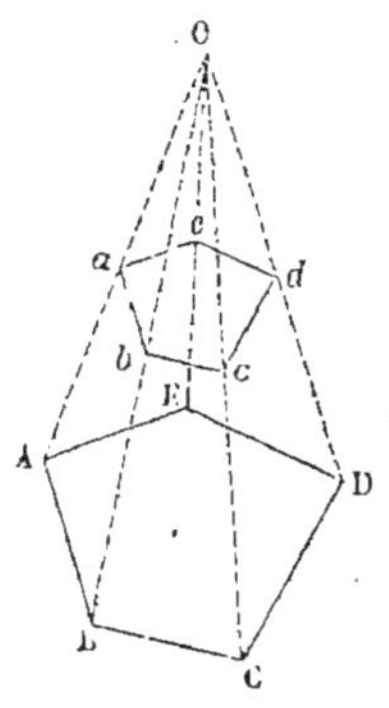

Fig. 133.

Par hypothèse, les lignes OA, OB, OC, OD, OE sont divisées dans un même rapport par les points a, b, c, d, e.

Il résulte de là que les lignes homologues telles que ab et AB sont parallèles (**144**). Donc les angles de même nom sont égaux. De plus, deux triangles correspondants tels que Oab, OAB étant semblables, on a la série suivante de rapports égaux :

$$\frac{AB}{ab} = \frac{O}{Ob} = \frac{BC}{bc} = \frac{OC}{Oc} = \frac{CD}{cd} = \frac{OD}{Od} = \frac{DE}{de}.$$

Donc les deux polygones ont les angles égaux chacun à chacun et les côtés homologues proportionnels, donc ils sont semblables.

On voit en même temps que le rapport de similitude est précisément le rapport dans lequel on a divisé les divers rayons OA, OB, etc...

SCHOLIE 1. — Les deux polygones ABCDE, *abcde*, sont semblables et leurs côtés homologues sont parallèles ; on dit qu'ils sont *homothétiques* pour exprimer cette double propriété.

Les divers rayons O*a*, O*b*... ont été pris sur la direction même des rayons OA, OB... ; il en est résulté que les côtés homologues des deux polygones sont dirigés dans le même sens ; mais on pourrait prendre les rayons OA, OB... en sens contraire de AO, OB et sur les prolongements de ces lignes. On démontrerait encore que le polygone *abcde* est semblable à ABCDE et l'on verrait facilement que les côtés homologues sont alors dirigés en sens inverse. On peut donc distinguer deux sortes d'homothétie, l'*homothétie directe* et l'*homothétie inverse*.

Le point O est appelé *centre d'homothétie*.

SCHOLIE 2. — Généralement, si l'on joint un point quelconque O aux divers points d'une courbe et si l'on divise les rayons formés dans un rapport constant, le lieu des points de division forme une courbe. On dit que cette courbe est *homothétique* à la première.

PROPOSITION XXVII.

157. Théorème. — *Réciproquement, si deux polygones sont homothétiques, les lignes qui joignent les sommets homologues concourent en un même point qui est le centre d'homothétie* (fig. 153).

Par hypothèse, les deux polygones ABCDE, *abcde* sont semblables et les côtés homologues sont parallèles et dirigés dans le même sens.

Menons A*a*, puis B*b* qui rencontre en O la ligne A*a*. Nous aurons

$$\frac{OA}{Oa} = \frac{AB}{ab}.$$

Soit O' le point où C*c* rencontre A*a*, nous aurons de même

$$\frac{O'A}{O'a} = \frac{AB}{ab}.$$

Donc le point O' coïncide avec le point O ; donc toutes les lignes qui joignent les sommets homologues coupent Aa au même point.

On démontrerait de la même manière que ces lignes concourent si l'homothétie des deux polygones est inverse.

COROLLAIRE. — Deux polygones semblables ne sont pas toujours homothétiques, mais il suffit de faire tourner l'un des deux sur son plan de façon à rendre deux côtés homologues parallèles : les autres côtés seront nécessairement parallèles à cause de l'égalité des angles, et si les deux premiers côtés parallèles sont de même sens ou de sens contraire, tous les autres côtés homologues seront de même sens ou de sens contraire. Donc les deux polygones seront homothétiques soit directement, soit inversement.

PROPOSITION XXVIII.

158. Théorème. — *Deux circonférences quelconques sont deux courbes homothétiques, soit directement, soit inversement. Le centre d'homothétie directe est le point de concours des tangentes extérieures ; le centre d'homothétie inverse est le point de concours des tangentes intérieures (fig. 134).*

Par hypothèse, C et C' sont deux circonférences quelconques. S est le point de rencontre des tangentes extérieures, S_1 le point de rencontre des tangentes intérieures.

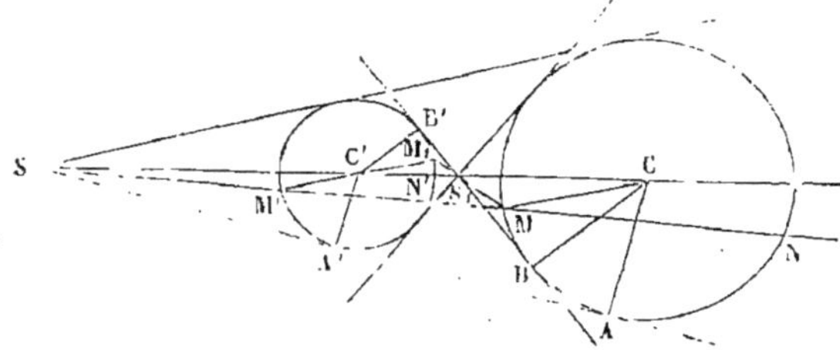

Fig. 134.

Il résulte de cette hypothèse, en menant les rayons des points de contact, que l'on a les proportions

$$\frac{SC}{SC'} = \frac{R}{R'} \qquad \text{et} \qquad \frac{S_1C}{S_1C'} = \frac{R}{R'}$$

Menons maintenant deux rayons quelconques CM, C'M' parallèles et de même sens; en joignant leurs extrémités, nous rencontrerons la ligne des centres en un point S' tel que

$$\frac{S'C}{S'C'} = \frac{R}{R'}.$$

Donc S' se confond avec S, et l'on voit qu'un rayon vecteur quelconque partant de S rencontre les deux courbes en deux points correspondants M et M' tels que

$$\frac{SM}{SM'} = \frac{R}{R'}.$$

Donc les deux cercles sont deux courbes directement homothétiques et le point S est le centre d'homothétie directe.

Menons deux rayons quelconques CM, $C'M_1$ parallèles et de sens contraire et joignons leurs extrémités; cette ligne rencontrera la ligne des centres en un point S'_1 tel que

$$\frac{S'_1 C}{S'_1 C'} = \frac{R}{R'};$$

donc S'_1 se confond avec S_1. Donc, si l'on mène par S_1 une sécante quelconque MM'_1, les deux points correspondants sont tels que

$$\frac{S_1 M}{S_1 M'_1} = \frac{R}{R'};$$

donc les deux cercles sont deux courbes inversement homothétiques et S_1 est le centre d'homothétie inverse.

Corollaire. — De ce théorème résulte un nouveau moyen de mener une tangente commune à deux circonférences données. En joignant les extrémités de deux rayons parallèles et de même sens, on déterminera le point de concours des tangentes extérieures. En joignant les extrémités de deux rayons parallèles et de sens contraire, on déterminera le point de concours des tangentes intérieures. On sera ramené au problème de la tangente à un cercle par un point extérieur.

§ 4. — SÉCANTES DANS LE CERCLE.

PROPOSITION XXIX.

159. Théorème. — *Si deux sécantes se coupent dans l'inté-rieur d'un cercle, le produit des deux parties de l'une est égal au produit des deux parties de l'autre* (fig. 135).

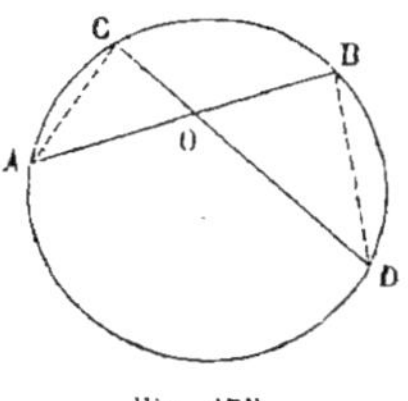

Fig. 135.

Par hypothèse, les deux sécantes AB et CD se coupent au point O, situé dans l'intérieur du cercle.

Si nous menons CA et BD, nous formons deux triangles OBD, OAC, équiangles d'après les propriétés des angles inscrits, par suite semblables. Donc nous avons la proportion suivante entre les côtés homologues,

$$\frac{AO}{OD} = \frac{OC}{OB},$$

et si nous supposons les lignes évaluées en nombres, nous aurons

$$AO \times OB = OD \times OC.$$

C. q. f. d.

COROLLAIRE. — Le produit $\overline{AO}.\overline{OB}$, constant malgré le change-ment de direction de la sécante AB, dépend de la position du point O. Désignons par d sa distance au centre, par r le rayon du cercle et imaginons le diamètre OC du point O, nous aurons

$$\overline{AO} \times \overline{OB} = (r + d)(r - d) = r^2 - d^2.$$

On nomme cette quantité $r^2 - d^2$ la *puissance du point* O.

PROPOSITION XXX.

160. Théorème. — *Si deux sécantes se coupent en dehors d'un cercle, le produit d'une sécante entière par sa partie exté-rieure est égal au produit de l'autre sécante entière par sa partie extérieure* (fig. 136).

Par hypothèse, les deux sécantes AB et CD se coupent au point O extérieur au cercle.

Si nous menons BC et AD, nous formons deux triangles OBC, OAD équiangles, d'après les propriétés des angles inscrits et par suite semblables. Donc nous avons la proportion suivante entre les côtés homologues :

$$\frac{OB}{OD} = \frac{OC}{OA}.$$

Donc, si les lignes sont évaluées en nombres, nous pouvons écrire

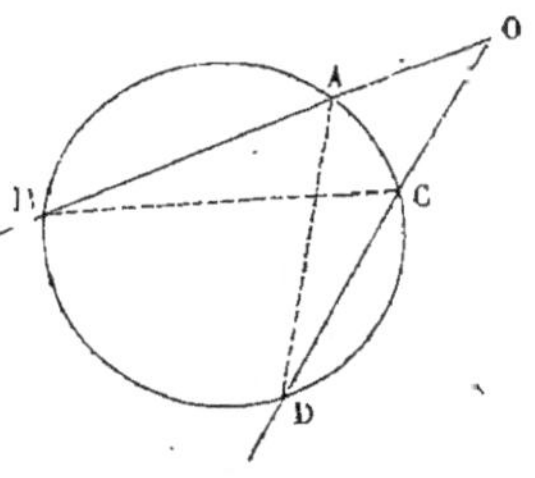
Fig. 156.

$$OB \times OA = OD \times OC.$$

C. q. f. d.

Corollaire. — Si nous appelons d la distance du point O au centre et r le rayon du cercle, en menant le diamètre qui passe par le point O, nous voyons que le produit constant $OA \times OB$ est égal à $(d + r)(d - r)$ ou à $d^2 - r^2$. On nomme encore cette expression la *puissance du point O*.

Si la sécante OCD tourne autour du point O de telle façon que les deux points C et D tendent à se confondre, la ligne OCD tendra vers une tangente menée du point O au cercle ; donc on voit que, OE désignant cette tangente,

$$\overline{OE}^2 = OA \times OB,$$

ou bien que

$$\frac{OA}{OE} = \frac{OE}{OB}.$$

Donc *la tangente est moyenne proportionnelle entre la sécante et sa partie extérieure.*

On démontre ce théorème directement comme il suit :

PROPOSITION XXXI.

161. Théorème. — *Si d'un point extérieur à un cercle on mène une sécante et une tangente, la tangente est moyenne proportionnelle entre la sécante entière et sa partie extérieure* (fig. 157).

Par hypothèse, OAB est une sécante et OC une tangente au cercle CAB.

Menons CA et CB ; les deux triangles OCA, OCB sont équiangles, car ils ont l'angle O commun, et les deux angles OCA et CBO ont même mesure, la moitié de l'arc CA. Donc ils sont semblables et nous pouvons poser la proportion suivante entre les côtés homologues :

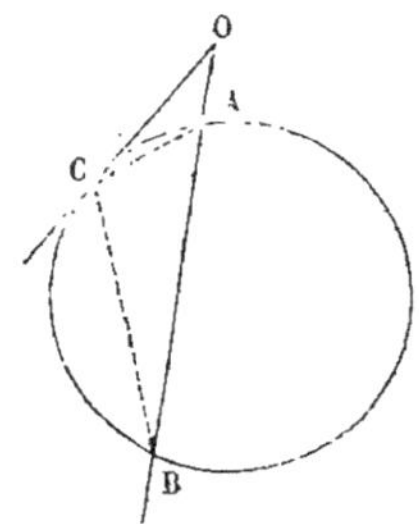

Fig. 157.

$$\frac{OB}{OC} = \frac{OC}{OA}.$$

Donc, si les lignes sont évaluées en nombres,

$$\overline{OC}^2 = \overline{OA} \times \overline{OB}.$$

C. q. f. d.

Corollaire. — Le carré de la tangente représente donc la puissance $(d^2 - r^2)$ du point O : c'est d'ailleurs ce que l'on voit directement en remarquant que d, r et OC sont les trois côtés d'un triangle rectangle en C.

En résumant ce que nous avons dit de la *puissance* d'un point relativement à un cercle, nous dirons qu'elle est toujours exprimée par la formule $d^2 - r^2$, et en la désignant par P nous poserons

$$P = d^2 - r^2.$$

Pour un point extérieur $d > r$, donc $P > 0$.
Pour un point du cercle $d = r$, donc $P = 0$.
Pour un point intérieur $d < r$, donc $P < 0$.

§ V. — BISSECTRICES.

PROPOSITION XXXII.

162. Théorème. — *La bissectrice de l'angle d'un triangle ou de son supplément détermine sur la base ou sur son prolongement un point dont les distances aux extrémités de la base sont entre elles comme les distances du sommet aux mêmes extrémités (fig. 138).*

Par hypothèse AD est bissectrice de l'angle OAC et AD′ est bissectrice du supplément CAE.

1° Du point C menons CE parallèle à AD, nous aurons, en vertu
du théorème de Thalès,
(143)

$$\frac{DB}{DC} = \frac{AB}{AE}.$$

Mais les angles ACE, AEC
sont respectivement égaux,
en vertu de la théorie
des parallèles, aux angles
égaux entre eux DAC,
BAD; donc le triangle ACE est isoscèle et AE = AC; donc

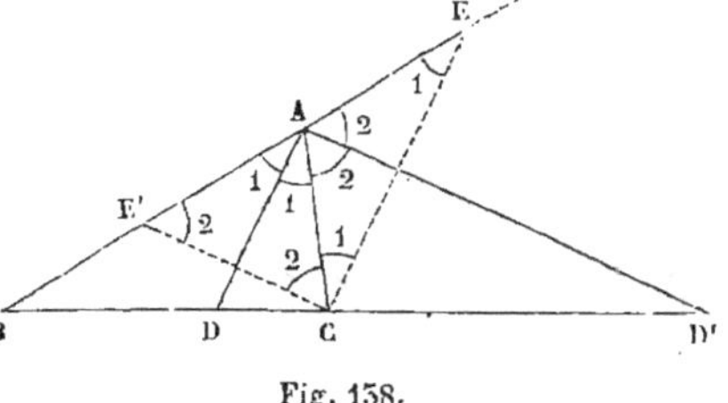

Fig. 158.

$$\frac{DB}{DC} = \frac{AB}{AC}$$

2° Du point C menons CE′ parallèle à AD′, nous aurons, en vertu
du théorème de Thalès,

$$\frac{D'B}{D'C} = \frac{AB}{AE'}.$$

Mais les angles ACE′, AE′C sont respectivement égaux, en vertu de
la théorie des parallèles, aux angles CAD′, EAD′ égaux entre eux
par hypothèse; donc le triangle ACE′ est isoscèle et AE′ = AC;
donc

$$\frac{D'B}{D'C} = \frac{AB}{AC}.$$

C. q. f. d.

COROLLAIRE. — La réciproque est vraie et se démontre facilement par la méthode de *réduction à l'absurde*. Elle résulte immédiatement de ce que le rapport $\frac{DB}{DC}$ varie d'une manière continue de 0 à ∞ lorsque D passe du point B au point C; de ∞ à
1, lorsque le point D marche indéfiniment de C dans la direction de
BC prolongé; et de 0 à 1 quand D marche indéfiniment de B sur le
prolongement de la direction CB; de telle sorte qu'il existe sur
la droite BC indéfiniment prolongée deux points pour lesquels le
rapport $\frac{DB}{DC}$ prend une valeur donnée et qu'il n'en existe que deux.

8

PROPOSITION XXXIII.

163. Théorème. — *Si dans un triangle on mène la bissec-trice de l'angle du sommet ou de son supplément, le produit des deux côtés issus du même point est égal au produit des segments de la base plus ou moins le carré de la bissectrice (fig. 139).*

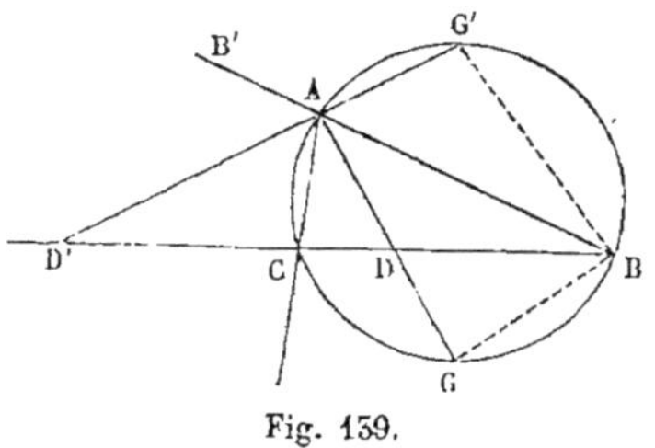

Fig. 139.

Par hypothèse, AD est bissectrice de l'angle CAB et AD' bissectrice du supplément.

Circonscrivons un cercle au triangle. La bissectrice AD prolongée passera par le milieu G de l'arc CB, et la bissectrice D'A prolongée passera par le milieu G' de l'arc CAB. Menons GB et G'B.

1° Les deux triangles ADC et ABG sont semblables, car ils ont deux angles égaux chacun à chacun; donc nous pouvons poser, entre les côtés homologues, la proportion

$$\frac{AC}{AG} = \frac{AD}{AB}.$$

Donc, en supposant les lignes évaluées en nombres,

$$AC \times AB = AG \times AD$$
$$= (DG + AD) \times AD$$
$$= DG \times AD + \overline{AD}^2.$$

Mais $DG \times AD = DC \times DB$ (**159**); donc

$$AC \times AB = DC \times DB + \overline{AD}^2.$$

2° Les deux triangles AD'C et ABG' sont semblables, car ils ont aussi deux angles égaux chacun à chacun, savoir CAD' et BAG' comme compléments de deux angles égaux, puis les angles D'CA et AG'B comme suppléments du même angle ACB. Donc nous pouvons poser entre les côtés homologues la proportion

$$\frac{AC}{AG'} = \frac{AD'}{AB}.$$

Donc, en supposant les lignes évaluées en nombres,

$$AC \times AB = AG' \times AD'$$
$$= (D'G' - AD')AD'$$
$$= D'G' \times AD' - \overline{AD'}^2.$$

Mais $D'G' \times AD' = D'C \times D'B$ (**160**); donc

$$AC \times AB = D'C \times D'B - \overline{AD'}^2.$$

C. q. f. d.

Scholie. — Ce théorème permet d'évaluer les bissectrices des angles d'un triangle en fonction des côtés, car les segments DB, DC ou D'B, D'C sont faciles à calculer, quand on connaît les trois côtés.

PROPOSITION XXXIV.

164. Théorème. — *Dans un triangle le produit de deux côtés est égal au produit de la hauteur relative au troisième côté par le diamètre du cercle circonscrit* (fig. 140).

Par hypothèse, ABC est un triangle, AD la hauteur correspondante à BC, BG le diamètre du cercle circonscrit.

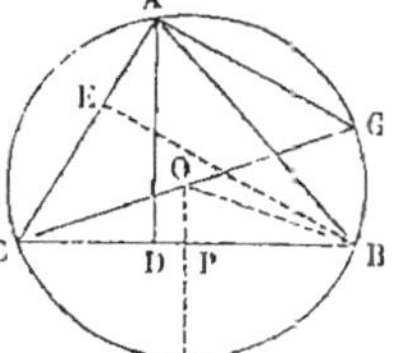

Fig. 140.

Menons AG. Les deux triangles ABG, ADC sont semblables, comme ayant deux angles égaux chacun à chacun. Donc nous avons la proportion suivante entre les côtés homologues :

$$\frac{AC}{BG} = \frac{AD}{AB}.$$

Donc, si les lignes sont évaluées en nombres, nous avons aussi

$$AB \times AC = AD \times BG.$$

C. q. f. d.

Corollaire. — Multiplions les deux membres de cette égalité par le troisième côté, nous aurons

$$AB \times AC \times BC = AD \times BC \times BG.$$

Mais $AD \times BC = 2S$, en nommant S la surface du triangle; donc, en désignant par R le rayon du cercle circonscrit et par a, b, c les trois côtés du triangles, nous pouvons écrire

$$abc = 4RS.$$

165. Théorème. — *La surface d'un triangle est égale au demi-périmètre multiplié par le rayon du cercle inscrit* (fig. 141).

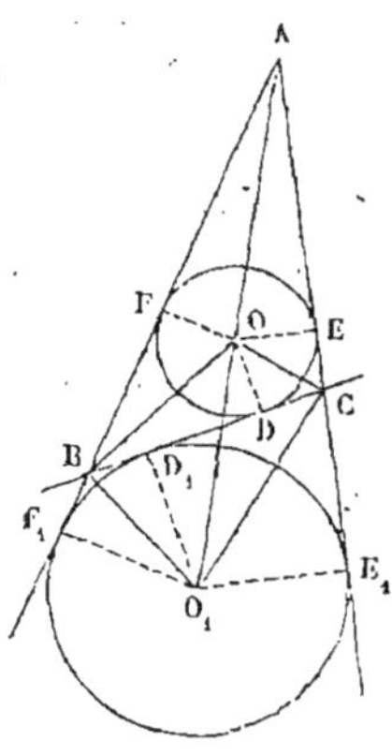

Fig. 141.

Par hypothèse, O est le centre du cercle inscrit dans le triangle ABC.

Désignons par a, b, c les côtés de ce triangle et par r le rayon du cercle inscrit. En joignant le centre O aux sommets A, B, C, nous formons trois triangles de même hauteur, composant la surface totale S du triangle donné ; donc

$$S = \frac{ar}{2} + \frac{br}{2} + \frac{cr}{2} = \frac{a+b+c}{2}\,r.$$

On appelle généralement $2p$ le périmètre du triangle ; donc

$$S = pr.$$

C. q. f. d.

Corollaire 1. — Si nous considérons un cercle ex-inscrit O_1 ; en joignant son centre aux trois sommets A, B, C, nous voyons que la surface S est égale à la somme des triangles O_1AB, O_1AC, diminuée du triangle O_1BC ; donc, en appelant r le rayon du cercle ex-inscrit,

$$S = \frac{br_1}{2} + \frac{cr_1}{2} - \frac{ar_1}{2} = \frac{b+c-a}{2}\,r_1,$$

ou bien encore

$$S = (p - a)r_1.$$

On trouverait de même

$$S = (p - b)r_2 = (p - c)r_3$$

en désignant par r_2, r_3 les rayons des deux autres cercles ex-inscrits.

COROLLAIRE 2. — De ces formules on déduit :

$$p - a = \frac{S}{r_1}, \quad p - b = \frac{S}{r_2}, \quad p - c = \frac{S}{r_3};$$

donc, en ajoutant membre à membre,

$$p = \frac{S}{r_1} + \frac{S}{r_2} + \frac{S}{r_3};$$

mais $p = \dfrac{S}{r}$, donc

$$\frac{1}{r} = \frac{1}{r_1} + \frac{1}{r_2} + \frac{1}{r_3}.$$

COROLLAIRE 3. — Comme deux tangentes issues d'un même point sont égales, nous pouvons écrire

$$AE + BD + CD = p;$$

mais $BD + CD$ est égal à a ; donc

$$AF = AE = p - a;$$

de même .

$$BF = BD = p - b,$$
$$CE = CD = p - c.$$

On voit aussi que $AF_1 + AE_1 = 2p$, par suite que $AF_1 = p$; donc, en retranchant $AB = c$, on obtient

$$BF_1 = BD_1 = p - c = CE = CD,$$

et de même

$$CD_1 = CE_1 = p - b = BF = BD.$$

Cela posé, les triangles semblables O_1BD_1, OBD donnent

$$\frac{r_1}{p - b} = \frac{p - c}{r}, \qquad \text{d'où} \qquad r_1 = \frac{(p - b)(p - c)}{r}.$$

Les triangles semblables AFO, AF_1O_1 donnent aussi

$$\frac{r_1}{p} = \frac{r}{p - a}, \qquad \text{d'où} \qquad r_1 = \frac{pr}{p - a}.$$

De là nous concluons

$$w^2 = (p - a)(p - b)(p - c),$$

par suite

$$p^2r^2 = S^2 = p(p-a)(p-b)(p-c).$$

Donc enfin

$$S = \sqrt{p(p-a)(p-b)(p-c)}.$$

Corollaire 4. — On tire encore de là, en remplaçant p, $p-a$, $p-b$, $p-c$ par leurs valeurs trouvées précédemment,

$$S^2 = \frac{S^4}{rr_1r_2r_3};$$

donc

$$S = \sqrt{rr_1r_2r_3}.$$

§ 6. — QUADRILATÈRE INSCRIPTIBLE.

PROPOSITION XXXVI.

166. Théorème — *Dans un quadrilatère inscriptible le rectangle des diagonales est égal à la somme des rectangles des côtés opposés (théorème de Ptolémée) (fig. 142).*

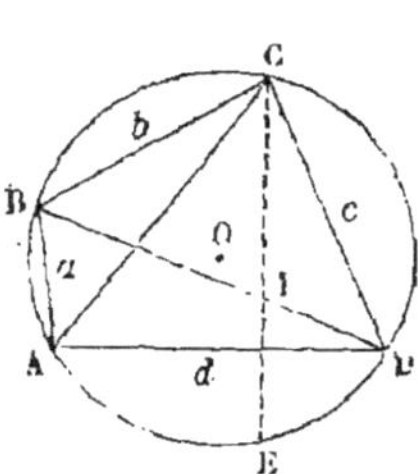

Fig. 142.

Par hypothèse, le quadrilatère ABCD est inscriptible ; nous désignerons ses côtés AB, BC, CD, DA par les lettres a, b, c, d, et les diagonales AC et BD par les lettres x et y.

Faisons l'angle DCI égal à l'angle BCA. Les deux triangles DCI et BCA sont semblables, car les deux angles BAC, IDC sont aussi égaux, comme ayant même mesure. Nous avons donc les proportions

$$\frac{CA}{CD} = \frac{AB}{ID} = \frac{BC}{IC} \qquad \text{ou} \qquad \frac{x}{c} = \frac{a}{ID} = \frac{b}{IC};$$

donc

$$ac = x \cdot ID.$$

Les deux triangles ACD et BCI sont semblables, car ils ont un angle égal en C, compris entre côtés proportionnels, d'après les égalités précédentes ; donc

$$\frac{CA}{BC} = \frac{AD}{IB} \qquad \text{ou} \qquad \frac{x}{b} = \frac{d}{IB};$$

donc

$$bd = x.\overline{IB}.$$

Donc enfin

$$ac + bd = x\,(ID + IB) = xy.$$

C. q. f. d.

Corollaire 1. — *Dans un quadrilatère non inscriptible le rectangle des diagonales est moindre que la somme des rectangles des côtés opposés.*

Dans un quadrilatère quelconque faisons encore l'angle DCE égal à l'angle BCA, et faisons en outre l'angle CDI' égal à l'angle BAC; la ligne BI' rencontrera CE en un point I' qui ne sera plus sur BD.

Les deux triangles DCI' et BAC seront encore semblables et donneront les proportions

$$\frac{CA}{CD} = \frac{AB}{I'D} = \frac{BC}{I'C} \qquad \text{ou} \qquad \frac{x}{c} = \frac{a}{I'D} = \frac{b}{I'C};$$

donc

$$x.\overline{I'D} = ac.$$

Les deux triangles ACD et BCI' ont encore un angle égal compris entre côtés proportionnels ; donc

$$\frac{CA}{BC} = \frac{DA}{I'B} \qquad \text{ou} \qquad \frac{x}{b} = \frac{d}{I'B};$$

donc

$$x \times I'B = bd.$$

Donc enfin

$$x(I'D + I'B) = ac + bd.$$

Mais la parenthèse est supérieure à y, puisque le point I' n'est pas sur cette ligne ; nous avons donc

$$xy < ac + bd.$$

COROLLAIRE 2. — Du corollaire précédent on conclut que la réciproque du théorème de Ptolémée est vraie.

PROPOSITION XXXVII.

167. Théorème. — *Dans un quadrilatère inscriptible le rapport des diagonales est égal au rapport des sommes des rectangles des côtés qui aboutissent à leurs extrémités* (fig. 142).

Appliquons la formule du n° **164** aux triangles qui composent le quadrilatère inscrit ABCD, nous aurons

$$bcy = 4R \times \text{surf. BCD} \quad \text{et} \quad ady = 4R \times \text{surf. BAD}.$$

Donc, en ajoutant membre à membre,

$$(bc + ad)\, y = 4R \times \text{surf. ABCD}.$$

On trouve de même

$$(ab + cd)\, x = 4R \times \text{surf. ABCD}.$$

Donc nous pouvons écrire

$$(ab + cd)\, x = (bc + ad)\, y,$$

ou bien

$$\frac{x}{y} = \frac{bc + ad}{ab + cd}.$$

C. q. f. d.

COROLLAIRE. — Le théorème de Ptolémée et le théorème **167** donnent deux équations entre les côtés et les diagonales d'un quadrilatère inscriptible, on peut donc exprimer les diagonales en fonction des côtés ; on trouve

$$x = \sqrt{\frac{(ac + bd)\,(bc + ad)}{ab + cd}}, \qquad y = \sqrt{\frac{(ac + bd)\,(ab + cd)}{bc + ad}}.$$

PROPOSITION XXXVIII.

168. Problème. — *Trouver l'aire d'un quadrilatère inscrit en fonction des côtés* (fig. 143).

Prolongeons deux côtés opposés BC, AD du quadrilatère inscrit, jusqu'à leur rencontre en M; appelons S la surface demandée et T celle du triangle CDM. Désignons les lignes CM et DM par u et v.

Les deux triangles ABM et CDM étant semblables, nous avons

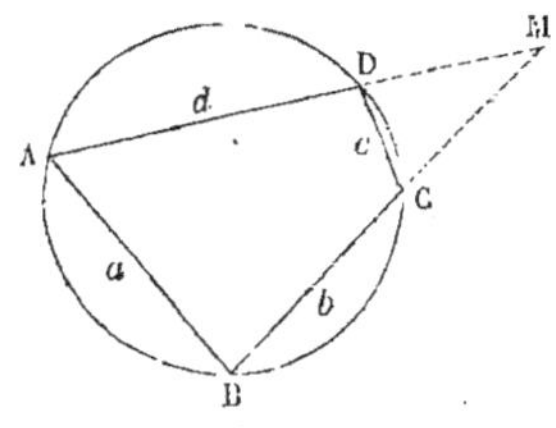

Fig. 145.

$$\frac{S+T}{a^2} = \frac{T}{c^2} = \frac{S}{a^2 - c^2};$$

donc

$$S = T \frac{a^2 - c^2}{c^2}.$$

Or nous avons trouvé (**165**, cor. 3)

$$T = \frac{1}{4} \sqrt{(c + u + v)(v - u + c)(u - v + c)(u + v - c)},$$

il reste donc à évaluer u et v en fonction des côtés a, b, c, d.

La similitude des triangles MAB, MCD nous donne

$$\frac{b + u}{v} = \frac{d + v}{u} = \frac{a}{c},$$

ou, en ajoutant l'unité à ces rapports égaux,

$$\frac{b + u + v}{v} = \frac{d + u + v}{u} = \frac{a + c}{c}.$$

De ces divers rapports égaux nous tirons

$$v - u + c = \frac{c}{a+c}(b - d + a + c), \quad u - v + c = \frac{c}{a+c}(d - b + a + c),$$

puis

$$\frac{u + v}{b + d} = \frac{c}{a - c} = \frac{u + v + c}{b + d + a - c} = \frac{u + v - c}{b + d + c - a},$$

d'où nous tirons

$$u + v + c = \frac{c}{a - c}(b + d + a - c), \quad u + v - c = \frac{c}{a - c}(b + d + c - a).$$

Si nous substituons dans la formule de T les valeurs que nous venons de trouver pour les parenthèses du radical, nous aurons

$$T = \frac{1}{4} \frac{c^2}{a^2 - c^2} \sqrt{(b + c + d - a)(c + d + a - b)(d + a + b - c)(a + b + c - d)};$$

donc

$$S = \frac{1}{4}\sqrt{(b+c+d-a)(c+d+a-b)(d+a+b-c)(a+b+c-d)}.$$

Appelons $2p$ le périmètre, nous aurons :

$$
\begin{aligned}
b+c+d-a &= 2(p-a),\\
c+d+a-b &= 2(p-b),\\
d+a+b-c &= 2(p-c),\\
a+b+c-d &= 2(p-d);
\end{aligned}
$$

donc enfin

$$S = \sqrt{(p-a)(p-b)(p-c)(p-d)}.$$

C. q. f. t.

§ 7. — PROBLÈMES FONDAMENTAUX DU LIVRE III.

PROBLÈME I.

169. *Diviser une droite en un nombre donné de parties égales* (fig. 144).

Il s'agit de diviser la droite AB en 5 parties égales.

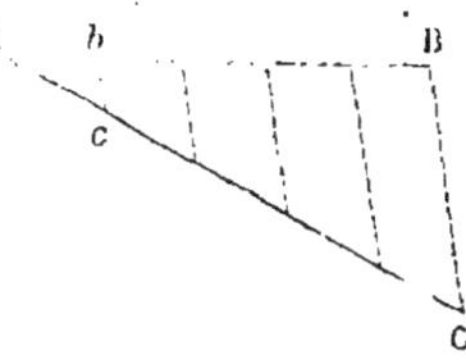

Fig. 144.

La figure 122 du théorème **143** nous indique immédiatement la construction à faire. Sur une droite quelconque issue du point A portons 5 fois une longueur arbitraire Ac; soit AC la ligne ainsi obtenue. Menons CB, et par tous les points de division de AC menons des parallèles à CB; toutes les divisions de AB seront égales et le problème sera résolu.

Scholie. — On pourrait aussi tirer la solution de ce problème du théorème **150**.

PROBLÈME II.

170. *Diviser une droite en parties proportionnelles à des lignes données* (fig. 145).

Il s'agit de diviser AB en trois parties qui soient entre elles comme les trois lignes AM, MN, NC.

Sur une droite quelconque issue du point A, nous portons les trois lignes données les unes à la suite des autres. Nous joignons l'extrémité C de la ligne totale au point B, et par les points M et N nous menons des parallèles à CB; le problème est résolu (**143**).

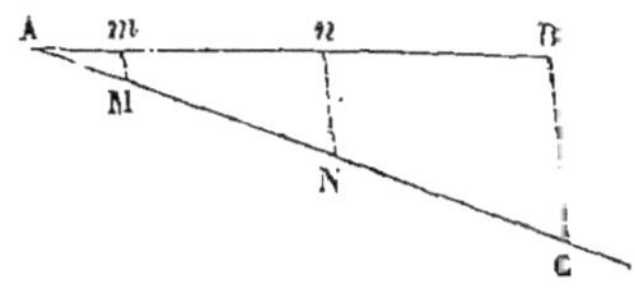

Fig. 145.

SCHOLIE. — On pourrait aussi tirer la solution de ce problème du théorème **150**.

PROBLÈME III.

171. *Trouver une quatrième proportionnelle à trois lignes données* (fig. 146).

Désignons les lignes données par a, b, c.

La fig. 122 du théorème **143** nous indique immédiatement la construction à faire.

Nous traçons un angle quelconque xoy.

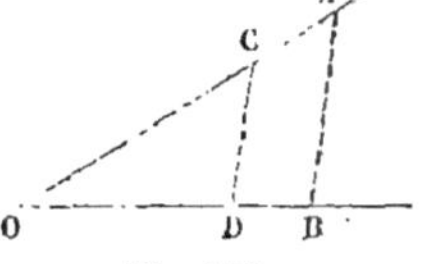

Fig. 146.

Nous portons de part et d'autre les termes du premier rapport

$$a = OA, \qquad b = OB,$$

Nous menons AB, puis sur ox nous portons la troisième ligne $c = OC$. En menant CD parallèle à AB, nous obtenons OD pour la quatrième proportionnelle demandée, car

$$\frac{a}{b} = \frac{c}{OD}.$$

Le théorème **150** permettrait aussi de résoudre le problème. Plus généralement tous les théorèmes où quatre lignes sont en proportion, et ceux où le rectangle de deux lignes est égal au rectangle de deux autres lignes peuvent servir à résoudre le problème de la quatrième proportionnelle.

COROLLAIRE. — Soit à construire une ligne x telle, que

$$x = \frac{bc}{a},$$

ou bien, ce qui est la même chose, à trouver la hauteur d'un rectangle de base a équivalent à un autre rectangle de dimensions données b, c. Le problème revient à chercher une quatrième proportionnelle aux trois lignes a, b, c [il faut remarquer l'ordre des lignes], car on a la proportion

$$\frac{a}{b} = \frac{c}{x}$$

en vertu de l'égalité ci-dessus.

PROBLÈME IV.

172. *Trouver une moyenne proportionnelle à deux lignes données* (fig. 147).

Désignons les lignes données par a et b, et la moyenne proportionnelle par x; il faut que

$$\frac{a}{x} = \frac{x}{b},$$

ou que

$$x^2 = a.b.$$

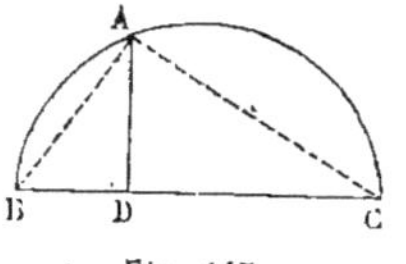

Fig. 147.

1° La propriété de la perpendiculaire abaissée du sommet de l'angle droit sur l'hypoténuse d'un triangle rectangle fournit une première solution du problème. Sur la somme $a + b$ des deux lignes données, on décrit une demi-circonférence; au point de séparation des deux lignes a et b, on élève une perpendiculaire DA jusqu'à la circonférence; cette ligne représente x.

2° On sait aussi que chaque côté de l'angle droit est moyen proportionnel entre l'hypoténuse et sa projection sur l'hypoténuse. On peut tirer de là une solution du problème proposé, plus commode que la précédente si les lignes a et b sont grandes.

3° On sait que la tangente est moyenne proportionnelle entre la sécante entière et la partie extérieure; on peut donc se servir de ce théorème pour résoudre le problème de la moyenne proportionnelle.

4° Soit $AB = b$ et $AC = BD = a$. Des points D et C comme centres décrivons des circonférences avec a comme rayon; elles se coupent en O. La ligne OB ou OA est la moyenne de

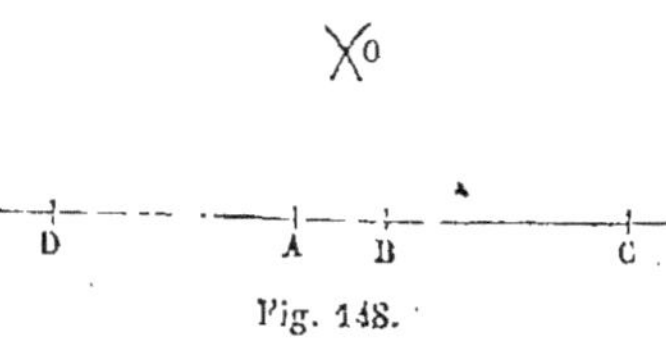

Fig. 148.

mandée, car

$$\overline{OB}^2 = 2a^2 - 2a\left(a - \frac{b}{2}\right) = ab.$$

Cette construction est due à M. Gouzy de Lausanne. Elle n'exige que l'emploi du compas, une fois la ligne AB tracée.

COROLLAIRE 1. — L'équation $x^2 = ab$ nous montre que le problème de la moyenne proportionnelle résout celui-ci : *faire un carré équivalent à un rectangle, ou à un parallélogramme, ou à un triangle, ou à un trapèze donnés.*

COROLLAIRE 2. — La construction de la moyenne proportionnelle montre immédiatement que *la moyenne géométrique de deux nombres* $\sqrt{ab}$ *est moindre que la moyenne arithmétique* $\dfrac{a+b}{2}$.

PROBLÈME V.

123. *Faire un rectangle équivalent à un carré donné et dont la somme des dimensions soit donnée* (fig. 149).

Si du sommet de l'angle droit d'un triangle rectangle nous abaissons une perpendiculaire sur l'hypoténuse, nous formons deux lignes dont la somme vaut l'hypoténuse et dont le rectangle est égal au carré de la perpendiculaire. Cette figure nous indique la solution du problème demandé.

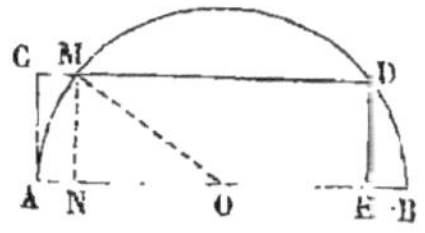

Fig. 149.

Sur la somme des deux dimensions comme diamètre nous décrivons une demi-circonférence. Au point A nous élevons une perpendiculaire au diamètre AB et nous portons sur elle le côté du carré donné. Par l'extrémité C nous menons une parallèle CMD à AB. Si du point M nous abaissons une perpendiculaire MN à AB, les deux lignes AN, NB seront les dimensions du rectangle inconnu.

COROLLAIRE. — Si l'on avait à *construire les racines de l'équation*

$$x^2 - ax + b^2 = 0,$$

il s'agirait de trouver deux lignes x', x'' telles, que

$$x' + x'' = a, \qquad x'x'' = b^2;$$

donc on se trouverait ramené au problème précédent.

Les racines de l'équation $x^2 + ax + b^2 = 0$ sont, en valeur absolue, égales à celles de l'équation précédente ; donc on les construirait de la même manière.

PROBLÈME VI.

174. *Faire un rectangle équivalent à un carré donné et dont la différence des dimensions soit égale à une ligne donnée* (fig. 150).

Si par un point extérieur à un cercle on mène une tangente et

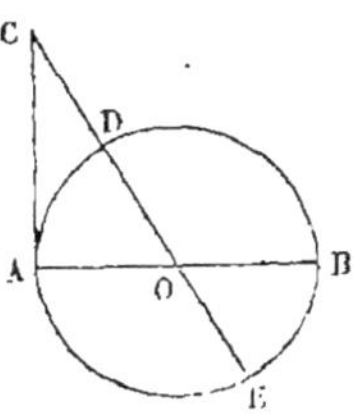

Fig. 150.

une sécante, on obtient deux lignes, la sécante entière et la partie extérieure, dont la différence est mise en évidence et dont le rectangle est égal au carré de la tangente. Cette figure nous indique la solution du problème proposé.

Sur la différence donnée AB comme diamètre nous décrivons une circonférence. Au point A nous menons une tangente égale au côté du carré donné. Nous joignons l'extrémité C de cette tangente au centre, nous obtenons CD pour la partie extérieure, CE pour la sécante entière. Ce sont les dimensions du rectangle cherché.

COROLLAIRE. — Si l'on avait à *construire les racines de l'une des équations suivantes :*

$$x^2 - ax - b^2 = 0,$$
$$x^2 + ax - b^2 = 0,$$

en désignant par x' et x'' leurs valeurs absolues et par x' la plus grande, il s'agirait de trouver deux lignes telles, que

$$x' - x'' = a, \qquad x'x'' = b^2.$$

Donc on se trouverait ramené au problème précédent.

PROBLÈME VII.

175. *Diviser une ligne en moyenne et extrême raison* (fig. 151).
Il faut expliquer cette locution.

Il s'agit de trouver sur AB un point M tel, que sa distance au point B soit moyenne proportionnelle entre AB et sa distance au point A.

Supposons le problème résolu, nous aurons

$$\frac{AB}{BM} = \frac{BM}{AM}.$$

En ajoutant les numérateurs et les dénominateurs, nous tirons
de là

$$\frac{AB}{BM} = \frac{AB + BM}{AB},$$

ou bien, en imaginant les droites
évaluées en nombres,

$$BM\,(AB + BM) = \overline{AB}^2.$$

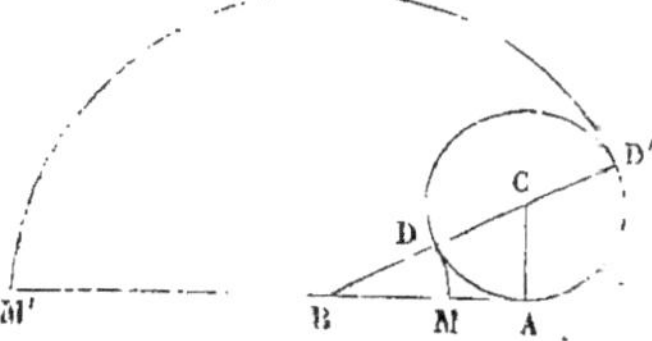

Fig. 151.

Donc nous trouverons BM *en construisant un rectangle équivalent
au carré* $\overline{AB}^2$ *et dont la différence des côtés sera* AB; *le plus petit
des côtés représentera* BM.

En nous reportant au problème précédent, nous arrivons à la
construction suivante : à l'extrémité de BA nous élevons une perpendiculaire égale à la moitié de BA; de l'extrémité C comme
centre, nous décrivons une circonférence avec CA comme rayon;
nous joignons le point B au centre; la partie extérieure BD représente la plus grande partie de BA divisée en moyenne et extrême
raison.

CorollaIre 1. — L'énoncé que nous avons donné nous conduit immédiatement à une généralisation du problème que nous
venons de résoudre. Nous pouvons nous proposer de *trouver sur la
ligne indéfinie* BA *tous les points jouissant de cette propriété que
leur distance au point* B *soit moyenne proportionnelle entre* BA *et
leur distance au point* A. — On peut voir facilement qu'il y en a
toujours deux et seulement deux :

1° Si M part de B pour aller vers A, le rapport $\dfrac{AB}{MB}$ part de l'*infini*

et tend vers *un*, en même temps que le rapport $\dfrac{MB}{MA}$ va de *zéro* à ∞ ;

le premier, d'abord supérieur au second, lui est ensuite inférieur; il
y a donc un point M entre A et B où ces deux rapports sont égaux,
ce que nous savions.

2° Si M part de B et se meut sur le prolongement de AB, le

rapport $\dfrac{AB}{MB}$ va de l'*infini* à *zéro*, tandis que le rapport $\dfrac{MB}{MA}$ va de

zéro à *un* ; donc le premier rapport, d'abord supérieur au second,
lui est ensuite inférieur ; donc il y a un point M' à gauche de B,

sur le prolongement de AB, pour lequel ces deux rapports sont égaux de telle sorte que l'on a

$$\frac{M'B}{AB} = \frac{AB}{M'A} = \frac{M'B - AB}{AB},$$

et par suite

$$M'B\,(M'B - AB) = \overline{AB}^2.$$

On voit que ce point se détermine encore *en construisant un rectangle équivalent au carré de AB et dont la différence des dimensions soit AB*. Mais c'est le plus grand des deux côtés qui donne M'B; donc il suffit pour avoir cette seconde solution de porter la sécante entière BD' sur le prolongement de AB.

3° Si le point M part du point A et se meut sur le prolongement de BA, le rapport $\frac{AB}{MB}$ part de *l'unité* et tend vers *zéro*, tandis que le rapport $\frac{MB}{MA}$ part de *l'infini* et tend vers *l'unité*. Donc le premier rapport est toujours inférieur au second, donc il n'y a aucun point du prolongement de BA pour lequel les deux rapports soient égaux.

Corollaire 2. — Il est facile de trouver les valeurs de MB et M'B en fonction de la longueur a de la ligne AB.

Nous avons (fig. 151)

$$MB = DB = CB - CD,$$

d'où

$$MB = \sqrt{a^2 + \frac{a^2}{4}} - \frac{a}{2} = \frac{a}{2}\left(\sqrt{5} - 1\right).$$

Nous avons aussi

$$M'B = D'B = CB + CD,$$

d'où

$$M'B = \sqrt{a^2 + \frac{a^2}{4}} + \frac{a}{2} = \frac{a}{2}\left(\sqrt{5} + 1\right).$$

PROBLÈME VIII.

176. *Construire un triangle équivalent à un polygone donné* (fig. 152).

Il suffit de faire voir comment un polygone peut se transformer en un polygone équivalent ayant un sommet de moins que le premier.

Soit le polygone... DABCE... Prolongeons le côté EC, menons la diagonale AC et par le sommet B menons à cette diagonale la parallèle BF, arrêtée sur le prolongement de CE. Si nous faisons glisser le sommet B du triangle ABC sur BF, ce triangle gardera la même surface et si

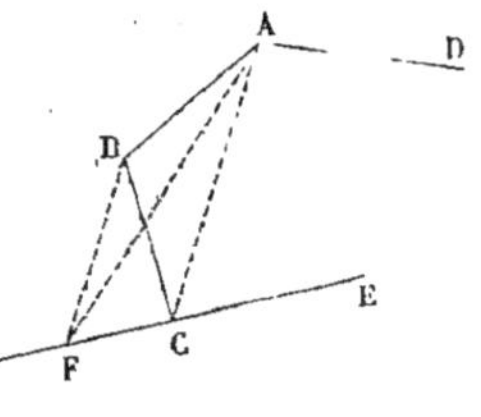

Fig. 152.

nous l'arrêtons en F, le triangle ABC du polygone sera remplacé par le triangle équivalent AFC ; le polygone... DAFE... sera équivalent au polygone primitif, et le sommet C aura disparu.

CorolLaire 1. — On peut transformer un polygone quelconque en carré, car, après l'avoir transformé en triangle équivalent, une moyenne proportionnelle entre la base et la moitié de la hauteur sera le côté du carré équivalent.

CorolLaire 2. — On peut aussi transformer un polygone en un rectangle de base donnée l, car, après l'avoir transformé en un triangle équivalent $\dfrac{bh}{2}$, on posera

$$l.x = \frac{bh}{2},$$

et x sera une quatrième proportionnelle aux lignes l, b, $\dfrac{h}{2}$.

PROBLÈME IX.

177. *Construire un carré égal à la somme de deux ou plusieurs autres* (fig. 153).

Désignons par a, b, c... les côtés des carrés donnés et par x le côté du carré cherché, il faut construire la ligne

$$x = \sqrt{a^2 + b^2 + c^2 \ldots}$$

A l'extrémité de $a = CA$ élevons la perpendiculaire $AB = b$, nous aurons

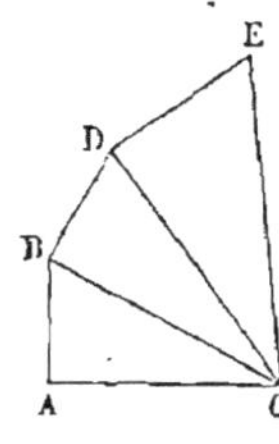

Fig. 153.

$$\overline{CB}^2 = a^2 + b^2, \qquad CB = \sqrt{a^2 + b^2}.$$

Au point B, élevons à CB la perpendiculaire $BD = c$, nous aurons

$$\overline{CD}^2 = \overline{CB}^2 + c^2 = a^2 + b^2 + c^2, \qquad CD = \sqrt{a^2 + b^2 + c^2}.$$

Au point D, élevons à CD la perpendiculaire $ED = d$, nous aurons

$$\overline{CE}^2 = \overline{DC}^2 + d^2 = a^2 + b^2 + c^2 + d^2, \qquad CE = \sqrt{a^2 + b^2 + c^2 + d^2},$$

et ainsi de suite.

Corollaire. — Cette construction nous montre comment on peut construire

$$a\sqrt{2}, \qquad a\sqrt{3}, \qquad a\sqrt{5}\ldots$$

Il suffit de faire la figure 153 en prenant

$$a = b = c = d\ldots$$

Scholie. — Le théorème de Pythagore nous indique encore immédiatement le moyen de *trouver un carré équivalent à la différence de deux autres*.

PROBLÈME X.

178. *Construire un carré qui soit à un carré donné dans le rapport de deux lignes données* (fig. 154).

Les deux lignes données sont

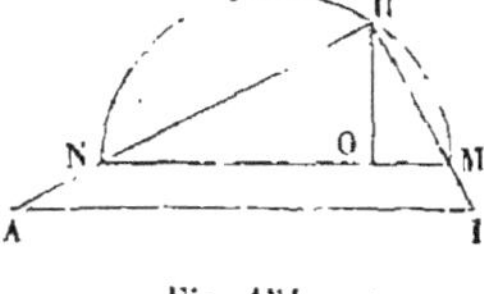

Fig. 154.

$$ON = m, \qquad OM = n,$$

et le carré donné a pour côté a.

Dans la figure du théorème de Pythagore, les deux carrés construits sur les côtés de l'angle droit sont entre eux comme les projections de ces côtés sur l'hypoténuse. Cette remarque nous indique immédiatement la construction à faire pour résoudre le problème.

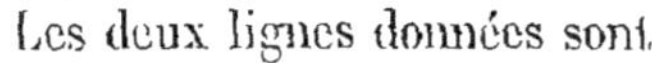

Sur une ligne indéfinie nous portons $OM = m$, $ON = n$ et sur leur somme MN nous décrivons une demi-circonférence. Par le point O nous élevons une perpendiculaire OH. En joignant H aux points M et N nous formons un triangle rectangle, dans lequel

$$\frac{\overline{HM}^2}{\overline{HN}^2} = \frac{m}{n}.$$

Si donc HN était égal à a, HM représenterait le côté du carré inconnu.

Sur HN prenons HA $= a$ et par A menons à NM une parallèle AI, nous aurons

$$\frac{\overline{HI}^2}{\overline{HA}^2} = \frac{\overline{HM}^2}{\overline{HN}^2} = \frac{m}{n};$$

donc HI est le côté du carré inconnu.

PROBLÈME XI.

179. *Trouver une ligne qui soit à une ligne donnée dans le rapport de deux carrés donnés* (fig. 155).

Les deux carrés donnés ont pour côtés b et c, et la ligne donnée est m.

Traçons un angle droit indéfini. Sur les deux côtés portons alternativement AB $= b$, AC $= c$, menons BC, du point A menons la perpendiculaire AH sur BC, nous aurons

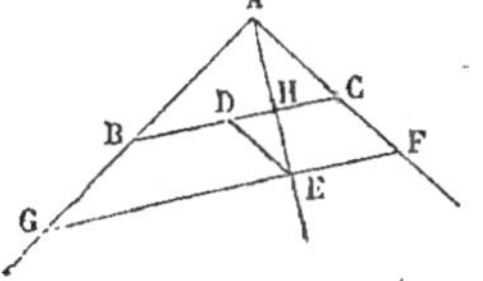

Fig. 155.

$$\frac{BH}{HC} = \frac{\overline{AB}^2}{\overline{AC}^2} = \frac{b^2}{c^2}.$$

Si donc HC était la ligne m donnée, BH serait la ligne cherchée.

Prenons CD $= m$, et par D menons une parallèle à AC qui coupe en E ligne AH ou son prolongement. Par E menons une parallèle à BC, nous aurons

$$\frac{GE}{m} = \frac{BH}{HC} = \frac{b^2}{c^2},$$

donc GE est la ligne demandée.

CorollAIRE. — On peut toujours trouver deux lignes dont le

rapport soit égal à celui de deux surfaces. — On transformera d'a-
bord chacune des surfaces données en un carré équivalent. On sera
ramené alors à trouver deux lignes qui soient entre elles comme
ces deux carrés.

PROBLÈME XI'.

180. *Faire une figure semblable à un polygone P donné et
équivalente à un autre polygone Q donné.*

Désignons par x le côté de la figure inconnue R homologue du
côté a de la figure P. Désignons aussi par p et q les côtés des carrés
respectivement équivalents aux polygones P et Q.

Nous avons

$$\frac{x^2}{a^2} = \frac{Q}{P},$$

ou bien encore

$$\frac{x^2}{a^2} = \frac{q^2}{p^2};$$

ou bien en extrayant les racines des lignes supposées évaluées en
nombres

$$\frac{x}{a} = \frac{q}{p}.$$

Donc x est une quatrième proportionnelle aux lignes p, q, a.

PROBLÈME XIII.

181. *Mener un cercle tangent à une droite donnée et passant
par deux points donnés* (fig. 156).

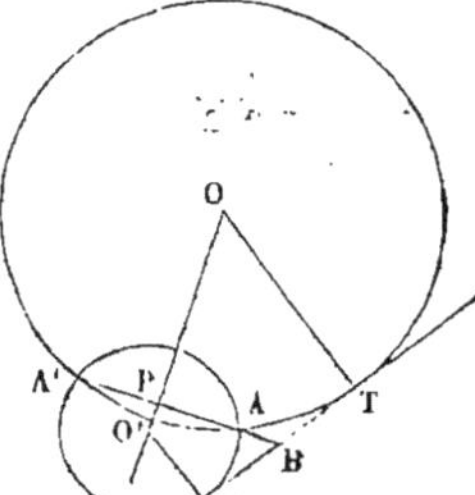

Les données sont la droite BT et les
deux points A et A'.

Supposons le problème résolu et soit
O le centre de la circonférence A'AT qui
répond à la question.

Le point de contact T peut être pris
pour l'inconnu du problème, et l'on voit
que ce point sera déterminé si l'on connaît BT; B est le point où AA' rencontre
la droite donnée.

Fig. 156.

Or $\overline{BT}^2 = BA.BA'$; donc BT est une moyenne proportionnelle entre BA et BA'.

On portera la moyenne proportionnelle trouvée de part et d'autre de B, on obtiendra donc deux solutions.

Le problème est impossible si A et A' sont de part et d'autre de la ligne donnée.

SCHOLIE. — Dans le cas particulier où AA' est parallèle à la ligne donnée, la solution précédente est en défaut, mais on trouve alors immédiatement le point de contact. -

PROBLÈME XIV.

182. *Mener un cercle tangent à deux droites données et passant par un point donné* (fig. 157).

On ramène facilement ce problème au précédent.

Le centre de la circonférence inconnue doit se trouver sur la bissectrice. Du point A donné abaissons une perpendiculaire sur cette ligne, et prolongeons-la d'une quantité PA' = PA,

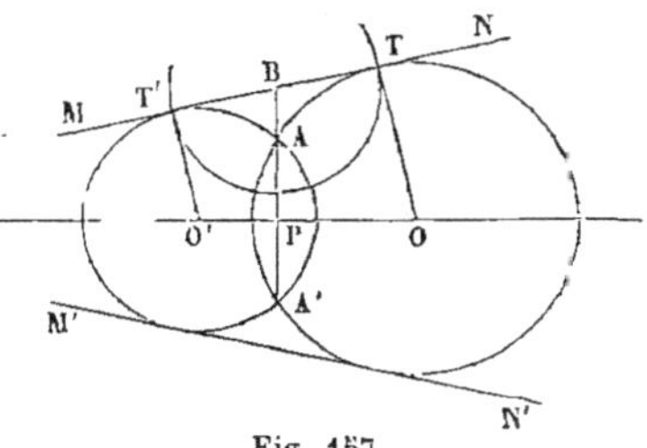

Fig. 157.

le point A' appartiendra aussi à la circonférence inconnue. Donc cette circonférence doit passer par deux points et être tangente à une droite.

PROBLÈME XV.

183. *Mener un cercle tangent à un cercle donné et passant par deux points donnés* (fig. 158).

Les données sont les deux points A et B et la circonférence O.

Supposons le problème résolu et soit C le cercle qui répond à la question. Menons la tangente commune et soit G le point de rencontre de cette ligne avec AB. Si le point G était donné, on trouverait facilement le point de contact T et par suite le centre C, donc on peut prendre le point G comme inconnu.

Par le point G menons une sécante GEF quelconque du cercle donné, nous aurons

$$GE.GF = \overline{GT}^2 = GA.GB.$$

Donъ le quadrilatère ABEF est inscriptible et une circonférence passant par A, B et un point quelconque E de la circonférence donnée, la coupera en un autre point F tel que FE ira passer par le point G. Ce point est donc déterminé par l'intersection de deux droites.

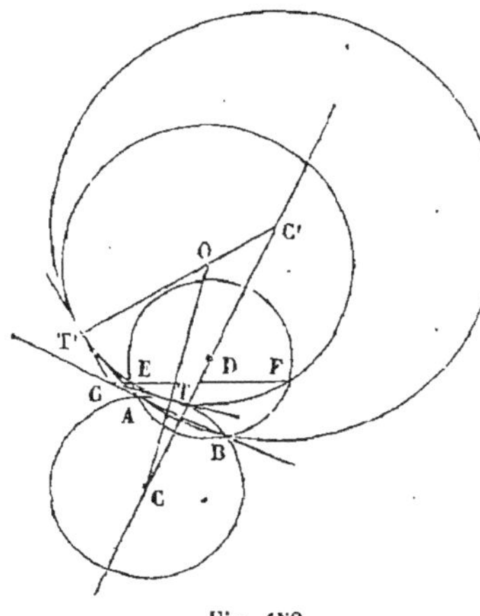

Fig. 158.

Le point G étant trouvé, on mènera les tangentes GT et GT' au cercle O, et l'on trouvera ensuite facilement les centres C et C' des deux circonférences qui répondent à la question.

Scholie. — Si AB ne rencontre pas la tangente commune, le problème est encore plus facile à résoudre.

PROBLÈME XVI.

184. *Mener un cercle tangent à un cercle donné, à une droite donnée et passant par un point donné* (fig. 159).

Les données sont la circonférence O, la droite GH et le point O'.

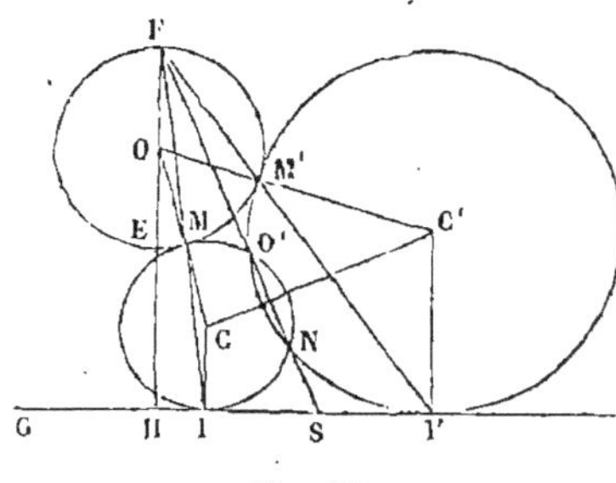

Fig. 159.

Supposons le problème résolu et soit C la circonférence qui répond à la question. Du point O abaissons la perpendiculaire FOEH. Sur la droite donnée, les points E, F, H sont connus. Menons FO' qui rencontre la circonférence inconnue au point N. Si ce point était donné, la circonférence inconnue passerait par deux points et serait tangente à une droite ; on se trouverait ainsi ramené, pour déterminer son centre, à résoudre l'un des problèmes précédents.

Or si nous menons la ligne des centres OC, puis les lignes FM et MI, nous formons deux triangles semblables, d'où nous concluons que FMI est une ligne droite. D'ailleurs en menant EM nous formons un quadrilatère inscriptible EMIH, donc

$$FN \times FO' = FI \times FM = FH \times FE,$$

d'où

$$FN = \frac{FH \times FE}{FO'}.$$

Donc FN est une quatrième proportionnelle à trois lignes connues FO', FH, FE.

Le problème a deux solutions et, en prenant ensuite E au lieu de F, on trouve un second couple de solutions.

PROBLÈME XVII.

185. *Mener un cercle tangent à deux cercles donnés et passant par un point donné* (fig. 160).

Les données du problème sont les deux cercles O, O', et le point donné O″.

Supposons le problème résolu, et soit G le centre de la circonférence qui répond à la question. Menons la ligne des deux points de contact A et B, et soit I le point où elle coupe la ligne des centres OO'. Menons de

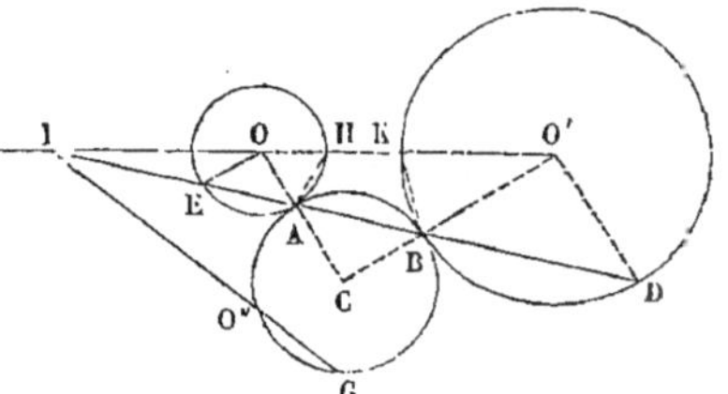

Fig. 160.

plus CO, CO', OE, O'D. Les triangles O'BD, OAE sont respectivement semblables au triangle CAB, donc ils sont semblables entre eux et les lignes OE, O'B sont parallèles, ainsi que OA, O'D; donc le point I est le centre de similitude des deux cercles donnés (**158**).

Joignons ce point connu au point O″ et prolongeons cette ligne jusqu'à sa rencontre en G avec la circonférence inconnue. La connaissance de ce point ramènerait le problème proposé au problème XV.

Menons AH et BK, nous formons un quadrilatère AHKB inscriptible; en effet l'angle OHA est moitié de l'angle IOA = KO'D, donc il est égal à KBA qui est égal aussi à la moitié de KO'D, car il a pour mesure la moitié de l'arc KBD. Cela posé,

$$IO''.IG = IA.IB = IH.IK;$$

donc IG est une quatrième proportionnelle aux lignes IO″, III, IK.
Ce problème présente quatre solutions.

Scholie.—Si l'on observe que trois conditions suffisent pour déterminer une circonférence, on voit que l'on peut se proposer les dix problèmes suivants, en combinant de toutes les manières possibles les
points par lesquels doit passer la circonference inconnue, les droites et les circonférences qu'elle doit toucher : *Tracer une circonférence déterminée par*

1° 3 *points ;*
2° 2 *points, 1 droite ;*
3° 2 *points, 1 circonférence ;*
4° 1 *point, 2 droites :*
5° 1 *point, 1 droite, 1 circonférence ;*
6° 1 *point, 2 circonférences ;*
7° 3 *droites ;*
8° 2 *droites, 1 circonférence ;*
9° 1 *droite, 2 circonférences ;*
10° 3 *circonférences.*

Nous avons résolu les problèmes les plus difficiles, auxquels on ramène facilement les autres.

PROBLÈME XVIII.

186. *Trouver le lieu des points dont les distances à deux points
fixes sont dans un rapport donné (fig. 161).*

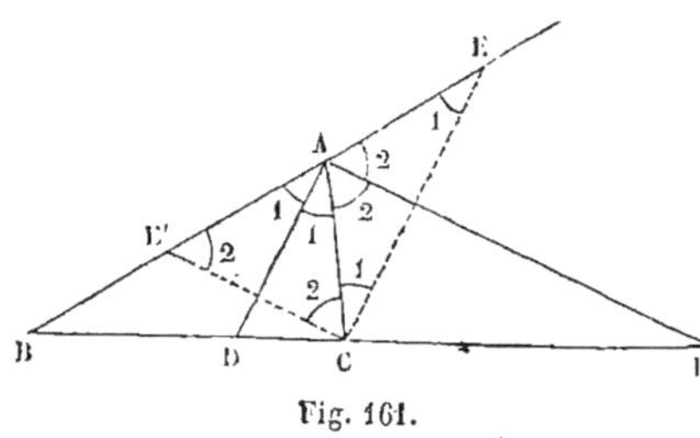

Fig. 161.

Soient B et C les deux
points donnés et A un
point du lieu, de telle
sorte que

$$\frac{AB}{AC} = \frac{m}{n}.$$

Si nous menons les bis-
sectrices de BAC et de
son supplément, nous aurons aussi

$$\frac{DB}{DC} = \frac{D'B}{D'C} = \frac{m}{n}.$$

Donc les points D et D′ appartiennent au lieu, et d'ailleurs ce sont des points de BC parfaitement déterminés par le rapport donné $\frac{m}{n}$.

Or l'angle DAB′ est droit, donc tout point du lieu est sur la circonférence décrite sur DD′ comme diamètre.

On peut démontrer que *réciproquement* tout point de cette circonférence appartient au lieu. Soit sur la même figure un point A quelconque de cette circonférence; du point C menons CE parallèle à AD et CE′ parallèle à AD′; nous aurons

$$\frac{AE}{AB} = \frac{DC}{DB} = \frac{n}{m}$$

et

$$\frac{AE'}{AB} = \frac{D'C}{D'B} = \frac{n}{m};$$

donc

$$AE = AE';$$

d'ailleurs l'angle ECE′ est droit, puisque les deux droites CE, CE′ sont respectivement parallèles aux lignes AD, AD′; donc AE = AE′ = AC, et l'on a

$$\frac{AC}{AB} = \frac{n}{m}.$$

C. q. f. d.

PROBLÈME XIX.

187. *Trouver le lieu des points tels, que la somme des carrés de leurs distances à deux points fixes soit constante* (fig. 162).

Soient B et C les deux points fixes et m^2 le carré constant donnés.

Si A est un point du lieu, on a

$$\overline{AB}^2 + \overline{AC}^2 = m^2.$$

Mais

$$\overline{AB}^2 + \overline{AC}^2 = 2\overline{AO}^2 + 2\overline{BO}^2,$$

en nommant O le milieu de BC; donc

$$2\overline{AO}^2 + 2\overline{BO}^2 = m^2,$$

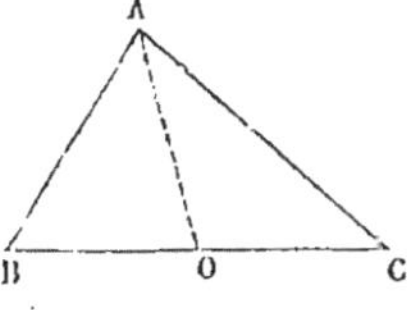
Fig. 162.

par suite

$$\overline{\mathrm{AO}}^2 = \frac{m^2 - 2\overline{\mathrm{BO}}^2}{2} = \frac{2m^2}{4} - \overline{\mathrm{BO}}^2.$$

Donc la distance du point A au point O est constante, donc *le lieu est une circonférence ayant pour rayon le troisième côté d'un triangle rectangle dont l'hypoténuse est $\frac{1}{2}\,m\sqrt{2}$ et dont l'autre côté est* BO.

PROBLÈME XX.

188. *Trouver le lieu des points tels, que la différence des carrés de leurs distances à deux points fixes soit constante* (fig. 165).

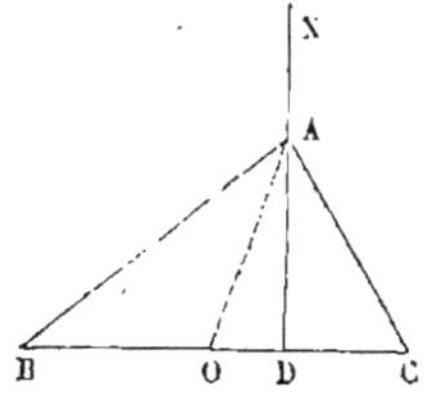

Fig. 165.

Soit A un point du lieu et soit OD la projection de la médiane du triangle ABC sur BC. Soit m^2 la constante donnée.

Par hypothèse, nous avons

$$\overline{\mathrm{AB}}^2 - \overline{\mathrm{AC}}^2 = m^2.$$

Mais en vertu du théorème (**141**), nous avons aussi

$$\overline{\mathrm{AB}}^2 - \overline{\mathrm{AC}}^2 = 2\overline{\mathrm{BC}}.\overline{\mathrm{OD}};$$

donc

$$2\overline{\mathrm{BC}}.\overline{\mathrm{OD}} = m^2,$$

par suite

$$\mathrm{OD} = \frac{m^2}{2\overline{\mathrm{BC}}}.$$

Donc OD est constant. Donc *le lieu est une droite* DA *perpendiculaire à la ligne qui joint les deux points donnés et dont la distance au milieu de cette droite est une quatrième proportionnelle aux droites* $2\overline{\mathrm{BC}}$, m, m.

CoROLLAIRE. — On peut facilement à ce problème ramener cet autre : *Trouver le lieu des points d'où l'on peut mener deux tangentes égales à deux cercles donnés (axe radical). Ou encore cet autre : Trouver le lieu des points d'égale puissance par rapport à deux cercles donnés (axe radical).*

PROBLÈME XXI.

189. *D'un point P pris sur une circonférence on mène diverses cordes telles que PB, on prend sur chacune d'elles un point B′ tel, que*

$$PB' \times PB = \text{const.} = k;$$

on demande le lieu des points B′ (transformation d'une circonférence par rayons vecteurs réciproques).

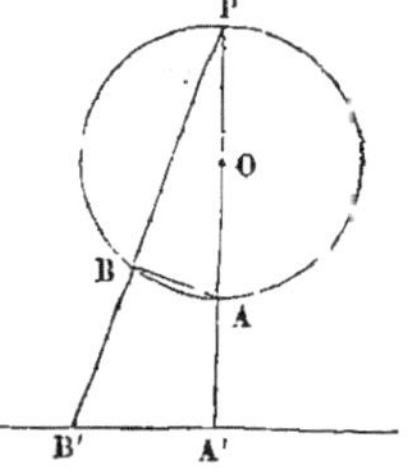

Soit O la circonférence donnée, P le *pôle* de transformation ; menons le diamètre PA′, et prenons PA′ de telle sorte que $PA' \times PA = k$. Le point A′ appartiendra au lieu.

Si maintenant B′ est un second point du lieu, nous aurons

$$PB' \times PB = PA' \times PA,$$

d'où

Fig. 124.

$$\frac{PB'}{PA'} = \frac{PA}{PB}.$$

Donc les deux triangles PA′B′ et PAB sont semblables ; or PAB est rectangle en B, donc PA′B′ est rectangle en A′. Donc le lieu des points B′ est une perpendiculaire à PAA′ menée par le point A′.

SCHOLIE. — A chaque point B de la circonférence correspond un point B′ de la droite, on peut donc dire que *la droite est la transformée du cercle O par rayons vecteurs réciproques ;* le point P se nomme le *pôle* de transformation.

EXERCICES

190. Théorèmes à démontrer.

I. — Démontrer par la similitude des triangles que les médianes d'un triangle concourent en un même point (centre de gravité).

II. — Le centre de gravité est un point tel, que si on le joint aux trois sommets du triangle, on divise le triangle en trois parties équivalentes.

III. — Le centre de gravité est un point tel, que la somme des carrés de ses distances aux sommets du triangle est minimum.

IV. — Le centre du cercle circonscrit à un triangle, le centre de gravité et le point de concours des hauteurs sont sur la même droite, et la distance des deux premiers points est moitié de celle des deux seconds. (Théor. d'Euler.)

V. — Le cercle qui passe par deux sommets d'un triangle et par le point de concours des hauteurs a le même rayon que le cercle circonscrit.

VI. — Dans tout triangle, la somme des rayons des cercles ex-inscrits est égale au rayon du cercle inscrit augmenté de 4 fois le rayon du cercle circonscrit.

VII. — La somme des rayons des cercles inscrit et circonscrit est égale :

1° A la somme des distances des côtés du triangle au centre du cercle circonscrit.

2° A la demi-somme des distances des sommets du triangle au point de concours des hauteurs.

VIII. — Dans tout triangle, le centre du cercle inscrit, le centre de gravité de la surface et le centre de gravité du périmètre sont sur une même droite, et la distance des deux premiers est double de celle des deux derniers. — Le centre de gravité du périmètre est celui du cercle inscrit au triangle A'B'C' formé par les milieux des côtés du triangle donné ABC.

IX. — *Cercle des neuf points.* — La circonférence qui passe par les milieux des côtés d'un triangle a un rayon moitié de celui du cercle circonscrit.

Cette circonférence passe par les pieds des hauteurs.

Elle passe aussi par les milieux des distances de chaque sommet au point de concours des hauteurs.

De plus, un de ces milieux et celui du côté correspondant sont aux extrémités d'un même diamètre.

Le centre de cette circonférence est au milieu de la droite qui joint le centre du cercle circonscrit au point de concours des hauteurs.

X. — Sur les trois côtés d'un triangle rectangle, pris comme côtés homologues, on construit trois figures semblables ; démontrer que la figure construite sur l'hypoténuse est équivalente à la somme des deux autres.

191. Problèmes à résoudre.

I. — Par deux points donnés mener une circonférence qui détermine dans un cercle donné une corde d'une longueur donnée.

II. — Construire un triangle semblable à un triangle donné et ayant ses sommets :

1° Sur trois droites parallèles données ;
2° Sur trois circonférences concentriques données.

III. — Construire un triangle connaissant :

1° Les trois hauteurs ;
2° Les trois médianes ;
3° Les angles et le périmètre ;
4° Les angles et la surface ;
5° Les trois rayons des cercles ex-inscrits.

IV. — Par un point pris sur l'un des côtés d'un triangle, mener une transversale qui le partage en deux parties équivalentes.

V. — Mener une parallèle aux bases d'un trapèze qui divise la surface dans un rapport donné.

VI. — Étant donnés les trois côtés d'un triangle a, b, c, calculer :

1° Les trois médianes ;
2° Les trois bissectrices ;
3° La projection d'un côté sur un autre ;
4° Les trois hauteurs ;
5° La surface ;
6° Les distances du centre du cercle circonscrit aux côtés.

VII. — Calculer les trois côtés d'un triangle connaissant :

1° Les trois médianes ;
2° Les trois hauteurs.

VIII. — Faire voir par le calcul que si dans un triangle deux bissectrices sont égales, les côtés sur lesquels elles tombent sont égaux et le triangle est isocèle.

192. Lieux géométriques.

I. — Trouver le lieu des points tels, que de chacun d'eux on voie deux circonférences données sous des angles égaux.

II. — Trouver sur une droite le point d'où la distance de deux points soit vue sous le plus grand angle possible.

III. — Lieu des points d'où l'on voit deux parties données d'une même droite sous des angles égaux.

IV. — Quelle est la transformée d'une droite par rayons vecteurs réciproques (**189**).

V. — Quelle est la transformée d'une circonférence par rayons vecteurs réciproques, le pôle de transformation étant quelconque.

LIVRE IV

POLYGONES RÉGULIERS — MESURE DU CERCLE

DÉFINITIONS.

193. On dit qu'un polygone est *régulier*, quand il a tous ses angles égaux et tous ses côtés égaux.

L'angle d'un polygone régulier dépend du nombre des côtés. Soit n ce nombre ; la somme totale des angles est égale à $2n - 4$ droits, donc un seul angle vaut

$$2 - \frac{4}{n}.$$

On voit que si le nombre des côtés croît indéfiniment, l'angle du polygone tend vers 2 droits.

Le plus simple des polygones réguliers est le triangle équilatéral ; son angle vaut $\frac{2}{3}$ d'angle droit.

Si deux polygones réguliers ont le même nombre de côtés, leur angle est le même.

§ 1. — POLYGONES RÉGULIERS INSCRITS OU CIRCONSCRITS.

PROPOSITION I.

194. Théorème. — *Une circonférence étant divisée en n parties égales : 1° les cordes qui joignent les points de division consé-*

cutifs forment *un polygone régulier inscrit ; 2° les tangentes menées en ces points forment un polygone
régulier circonscrit (fig. 165).*

Par hypothèse, les points A, B, C, D... divisent la circonférence en parties égales.

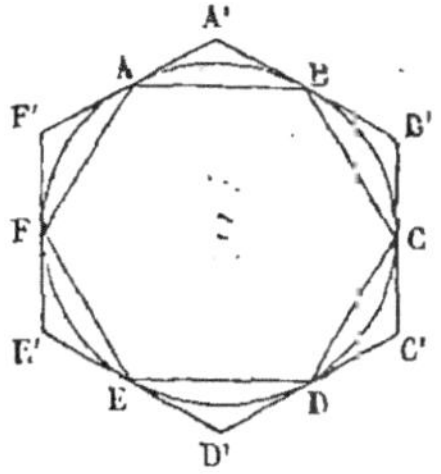
Fig. 165.

1° Le polygone ABCDEF formé par les
cordes est régulier, car les côtés sont égaux
comme cordes sous-tendant des arcs égaux,
les angles sont égaux comme angles inscrits
ayant même mesure.

2° Le polygone formé par les tangentes aux points A, B, C... est
régulier aussi. En effet, les triangles A'AB, B'BC, etc... sont isoscèles et égaux, car les angles à la base ont tous même mesure et
leurs bases AB, BC, etc... sont égales. Donc tous les angles A', B',
C'... sont égaux, et les côtés A'B', B'C', C'D'... sont aussi égaux
comme composés de parties égales.

COROLLAIRE. — On voit que, pour construire un polygone régulier d'un nombre déterminé de côtés, on est ramené à diviser une
circonférence en autant de parties égales ; nous verrons plus loin
comment on peut résoudre ce problème dans certains cas particuliers par la règle et le compas.

SCHOLIE. — Quand une circonférence est divisée en n parties
égales, on peut joindre les points de division de p en p au lieu
de joindre les points de division consécutifs ; on forme encore un
polygone régulier, car en répétant cette opération un nombre assez
grand de fois, on parcourra un nombre de divisions multiples de n,
par suite on retombera sur le point de départ. Le polygone ainsi
formé aura les côtés égaux et les angles égaux ; il sera donc régulier, mais il ne sera pas nécessairement *convexe*.

1° Si p et n sont premiers entre eux, le premier multiple de p
qui est en même temps un multiple de n est np; donc le polygone
formé en unissant par des droites les points de division de p en p
aura n côtés.

2° Si p et n ne sont pas premiers entre eux, soit δ leur plus
grand commun diviseur et soit $n = n'\delta$. Le premier multiple de p,
qui est en même temps un multiple de n, est

$$\frac{np}{\delta} = n'.p.$$

Donc le polygone formé aura seulement n' côtés, et comme n' et p sont premiers entre eux, tout se passe comme si la circonférence eût été divisée en n' parties égales.

Supposons la circonférence divisée en 10 parties égales. En réunissant les points de division de 2 en 2, on forme un pentagone convexe ; en réunissant les points de 3 en 3, on forme un décagone étoilé, car 3 et 10 sont premiers entre eux. En réunissant les points de 4 en 4, on forme un pentagone étoilé, car 4 et 10 ont 2 pour $p.g.c.d$, et le polygone formé a $\dfrac{10}{2} = 5$ côtés. En procédant de 5 en 5, on obtient un diamètre. En procédant de 6 en 6, on obtient le même résultat qu'en procédant de 4 en 4 ; de même, en procédant de 7 en 7, on obtient le même résultat qu'en procédant de 3 en 3, etc...

Si l'on suppose la circonférence divisée en 15 parties égales, il est facile de voir qu'on peut former 3 pentédécagones étoilés différents.

PROPOSITION II.

195. Théorème. — *Un polygone régulier étant donné : 1° on peut lui circonscrire une circonférence et une seule ; 2° on peut lui inscrire une circonférence et une seule* (fig. 166).

Par hypothèse, le polygone donné ABCDEF est régulier.

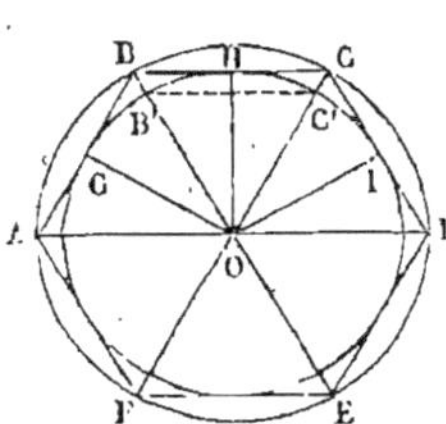
Fig. 166.

1° Par les trois points A, B, C faisons passer une circonférence ; on sait que le centre est déterminé par l'intersection des perpendiculaires GO et HO élevées sur les milieux de AB et de BC. Joignons O avec le sommet du polygone qui suit le sommet C, soit D ce sommet. Si nous faisons tourner le quadrilatère OHBA autour de OH, le point B tombe en C, le côté BA suit la direction CD, puisque C = B, et le point A tombe en D, puisque BA = CD, donc OA = OD ; donc la circonférence qui passe par les trois points A, B, C passe par le point suivant. Cette circonférence passant par les points B, C, D, passe par le point suivant E, etc. ; donc elle est circonscrite au polygone. On ne peut circonscrire qu'une circonférence, parce qu'on ne peut faire passer qu'une circonférence par trois points.

En joignant le centre O à tous les sommets, les triangles formés sont égaux, comme ayant les trois côtés égaux chacun à chacun, donc OA, OB... sont bissectrices des angles A, B...

2° Du point O, abaissons des perpendiculaires sur les lignes AB, BC...; elles seront égales entre elles, d'après les propriétés de la bissectrice (**38**); donc si nous décrivons du point O comme centre une circonférence ayant OG pour rayon, elle passera par les points H, I... et sera tangente aux côtés. On peut donc inscrire une circonférence.

D'ailleurs le centre de la circonférence inscrite devant être à égale distance des côtés, est nécessairement sur les bissectrices des angles A, B...; donc il ne peut être qu'au point O ; le rayon ne peut être que OG, donc on ne peut inscrire qu'une circonférence dans le polygone régulier.

Corollaire. — Quand un polygone ABCDEF est circonscrit à une circonférence, si l'on joint son centre à tous les sommets, les rayons OA, OB... rencontrent la circonférence inscrite aux points A', B', C'.... Ces points divisent cette circonférence en parties égales, puisque les angles AOB, BOC... sont égaux. Donc le polygone inscrit B'C'... est régulier. De plus, chacun des côtés, tel que B'C', est parallèle au côté BC correspondant du polygone circonscrit, car OB'C' est isoscèle comme OBC, par suite l'angle OB'C' est égal à son correspondant OBC. Il résulte de là que, si une circonférence est divisée en parties égales, on peut former un polygone circonscrit ayant ses côtés respectivement parallèles aux côtés du polygone inscrit, en menant des tangentes aux points milieux des arcs sous-tendus par les côtés du polygone inscrit.

PROPOSITION III.

196. Problème. — *Inscrire un carré dans un cercle donné* (fig. 167).

Il s'agit de partager une circonférence en quatre parties égales.

On résout immédiatement ce problème en menant deux diamètres AB, CD perpendiculaires l'un sur l'autre. En joignant ensuite les points de division consécutifs, on forme le carré inscrit ACBD, d'après le théorème **194**.

10

Corollaire 1. — Soit a la longueur du côté du carré inscrit et R le rayon ; nous voyons immédiatement par le triangle rectangle AOC que $a^2 = 2R^2$; donc a est incommensurable avec R, et il est représenté par le symbole $R\sqrt{2}$.

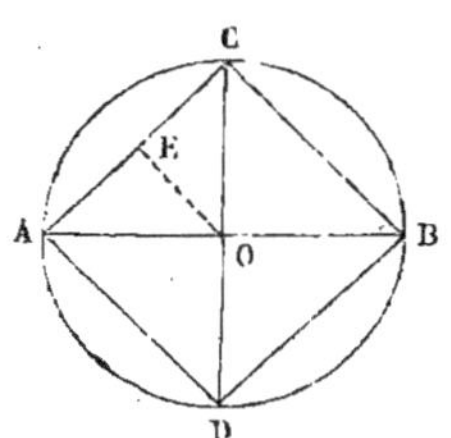

Fig. 167.

Corollaire 2. — En divisant chacune des parties de la circonférence en 2 parties égales, puis chacun des nouveaux arcs en 2 parties égales et ainsi de suite, on pourrait inscrire les polygones réguliers de 2^2, 2^3, 2^4... côtés.

197. Problème. — *Dans un cercle donné inscrire un hexagone régulier* (fig. 168).

Supposons le problème résolu et soit AB le côté de l'hexagone, de telle sorte que l'arc AB est le 6e de la circonférence.

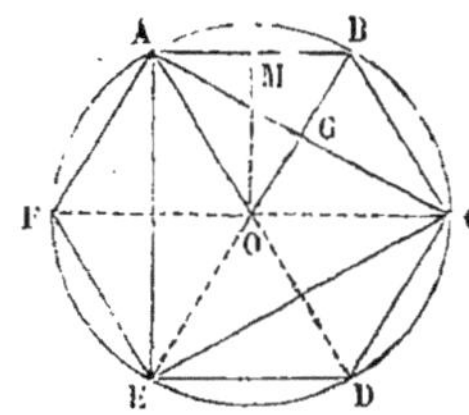

Fig. 168.

Menons les rayons OA, OB. Le triangle formé AOB est isocèle. L'angle O valant $\frac{1}{6}$ de 4 droits ou $\frac{4}{6} = \frac{2}{3}$ d'angle droit, la somme des angles à la base vaut $\frac{4}{3}$ d'angle droit, donc chacun vaut $\frac{2}{3}$ d'angle droit. Donc le triangle OAB est équilatéral et AB = R.

Donc on divise une circonférence en 6 parties égales en portant 6 fois le rayon comme corde sur la circonférence.

Corollaire 1. — En joignant les points de division de 2 en 2 on forme le *triangle équilatéral* inscrit. Pour trouver le rapport de son côté au rayon, nous remarquons que la figure OABC est un losange ; appliquons-lui le théorème (**142**), nous aurons, en désignant par a le côté du triangle équilatéral,

$$a^2 + R^2 = 4R^2 \quad \text{ou} \quad a^2 = 3R^2 ;$$

donc le côté du triangle équilatéral inscrit est incommensurable avec R et exprimé par le symbole

$$a = R\sqrt{3}.$$

Nous remarquerons aussi : 1° que l'*apothème* OG du triangle équilatéral est égal à la moitié du rayon ; 2° que l'apothème OM de l'hexagone régulier est égal à la moitié du côté du triangle équilatéral.

CorollAIRE. — Par des divisions successives d'un arc en deux parties égales, on peut inscrire tous les polygones dont le nombre des côtés est un des termes de la série suivante :

$$3 \qquad 3.2 \qquad 3.2^2 \qquad 3.2^3 \ldots$$

PROPOSITION V.

198. Problème. — *Dans un cercle donné inscrire un décagone régulier* (fig. 169).

Supposons le problème résolu et soit AB le côté du décagone régulier, de telle sorte que l'arc AB soit le 10e de la circonférence.

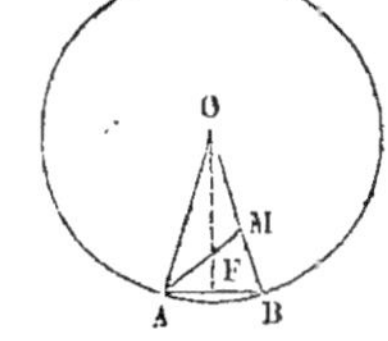

Fig. 169.

Le triangle OAB est isoscèle, et puisque l'angle au sommet vaut $\frac{4}{10} = \frac{2}{5}$ d'angle droit, la somme des angles à la base vaut $\frac{8}{5}$, par suite chacun des angles A et B vaut $\frac{4}{5}$. Menons la bissectrice AM de l'angle A. Le triangle AMO sera isoscèle, comme ayant deux angles égaux, et le triangle ABM sera semblable à AOB, par suite isoscèle ; donc AB = AM = MO.

Cela posé, le théorème de la bissectrice (**162**) donne

$$\frac{AO}{OM} = \frac{AB}{MB},$$

ou bien

$$\frac{OB}{OM} = \frac{OM}{MB}.$$

Donc *le côté du décagone régulier est la plus grande partie du rayon divisé en moyenne et extrême raison.*

Corollaire 1. — En désignant par R le rayon du cercle et par d le côté du décagone régulier convexe inscrit, nous aurons donc (**175**)

$$d = \frac{R}{2}\,(\sqrt{5}-1).$$

Corollaire 2. — En joignant les points de division de 2 en 2, on obtient le pentagone régulier inscrit. En divisant chacun des dixièmes de la circonférence en deux parties égales, puis chacun des nouveaux arcs en deux parties égales et ainsi de suite indéfiniment, on inscrira l'un quelconque des polygones réguliers dont le nombre des côtés est un terme de la série

$$5 \qquad 5.2 \qquad 5.2^2 \qquad 5.2^5 \ldots$$

PROPOSITION VI.

199. Théorème. — *Le côté du pentagone régulier est l'hypoténuse d'un triangle rectangle dont les deux autres côtés sont le rayon et le côté du décagone régulier* (fig. 170).

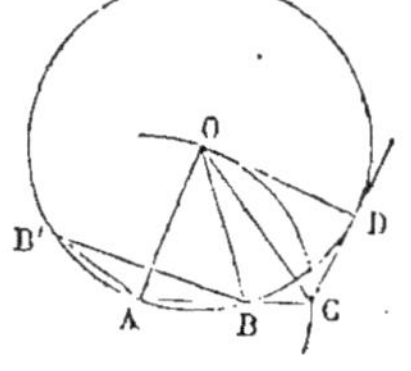

Fig. 170.

Soit AB le côté du décagone régulier, prenons sur cette ligne prolongée la longueur AC = AO, menons OC; cette ligne représentera le côté du pentagone régulier, car l'angle OAC $= \frac{4}{5}$ d'angle droit. Du point C menons CD tangente à la circonférence et joignons OD. Le théorème sera démontré, si nous prouvons que CD est égal au côté du décagone régulier.

Or $\overline{CD}^2 = CA.CB$, donc

$$\frac{CA}{CD} = \frac{CD}{CB}\cdot$$

Mais, AB étant le côté du décagone régulier et AC étant égal au rayon, nous avons aussi

$$\frac{CA}{AB} = \frac{AB}{CB}\cdot$$

par suite

$$CD = AB.$$

C. q. f. d.

CorollAIRE **1.** — Désignons par d le côté du décagone, par p celui du pentagone, nous aurons donc

$$p^2 = d^2 + \mathrm{R}^2 = \frac{\mathrm{R}^2}{4}(\sqrt{5} - 1)^2 + \mathrm{R}^2 = \frac{\mathrm{R}^2}{4}(10 - 2\sqrt{5}),$$

donc enfin

$$p = \frac{\mathrm{R}}{2}\sqrt{10 - 2\sqrt{5}}.$$

CorollAIRE **2.** — On peut construire simplement comme il suit le côté du décagone et celui du pentagone (fig. 171).

On mène deux diamètres perpendiculaires AB et CD, on prend le milieu M du rayon OD, du point M comme centre avec MA pour rayon on décrit une circonférence qui coupe OC en E, EO est le côté du *décagone* et EA celui du *pentagone*. En effet, MA = ME est l'hypoténuse d'un triangle rectangle ayant pour côtés R et $\frac{\mathrm{R}}{2}$; de cette hypoténuse, il faut retrancher $\frac{\mathrm{R}}{2} = \mathrm{OM}$ pour avoir le côté du décagone ré-

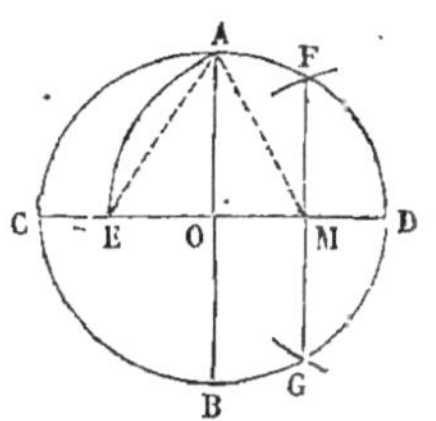

Fig. 171.

gulier, il reste OE. En vertu du théorème précédent EA est donc le côté du pentagone régulier.

PROPOSITION VII.

200. Problème. — *Dans un cercle donné, inscrire un déca-gone étoilé et un pentagone étoilé* (fig. 172, 173).

Supposons la circonférence divisée en 10 parties égales par les points AHEBI... Si nous réunissons les points de 3 en 3 par les lignes AB, BC, CD... nous formerons le décagone étoilé (**194**). En réunissant les points de 4 en 4, nous aurons le pentagone étoilé; c'est comme si nous réunissions les points de 2 en 2, la circonférence étant divisée en 5 parties égales.

Corollaire. — Cherchons la valeur d' du côté du décagone étoilé. L'angle EDA (fig. 172) a pour mesure l'arc AE, donc il est égal à l'angle AOD et moitié de l'angle ODA. Donc DE est la bissectrice de

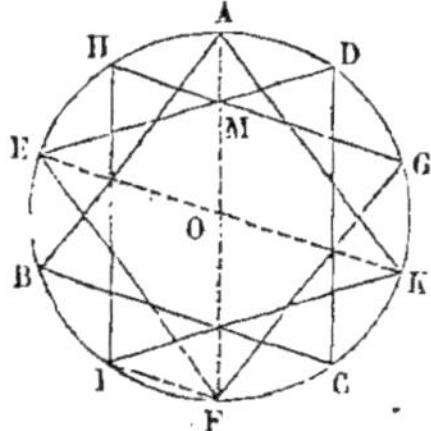

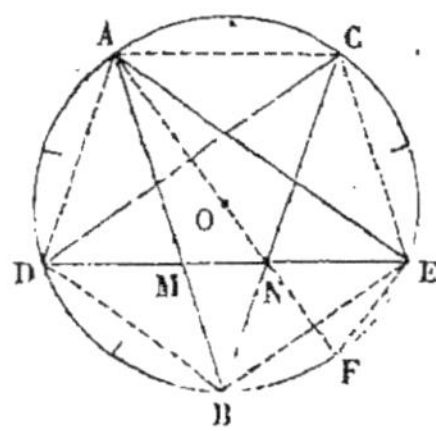

Fig. 172.   Fig. 173

l'angle ODA. L'angle AOE étant égal à l'angle OAD, la ligne OE est parallèle à AD, donc le triangle EOM semblable à ADM est isoscèle et EM $=$ EO $=$ R.

De là nous concluons

$$d' = \text{ED} = \text{DM} + \text{EM} = \text{AD} + \text{EO} = d + \text{R},$$

puis, à cause de la similitude des triangles EOD, MOD,

$$\frac{d'}{\text{R}} = \frac{\text{R}}{d} \qquad \text{ou} \qquad dd' = \text{R}^2.$$

D'où l'on voit que pour construire à la fois les deux lignes d et d' on est ramené à trouver deux lignes dont le produit soit égal à R^2 et dont la différence soit R. Les deux solutions du problème de *la moyenne et extrême raison* appliqué à R répondent à la question. On déduit de la

$$d' = \text{R} + \frac{\text{R}}{2}\,(\sqrt{5} - 1),$$

donc

$$d' = \frac{\text{R}}{2}\,(\sqrt{5} + 1).$$

PROPOSITION VIII.

201. Théorème. — *Le côté du pentagone étoilé est l'hypoténuse d'un triangle rectangle dont les deux autres côtés sont le rayon et le côté du décagone étoilé* (fig. 174).

Dans le cercle de centre O soit AB le côté du décagone étoilé ; prolongeons BA d'une quantité égale $AC = R$, OC sera le côté du pentagone étoilé, car l'angle OBA, ayant pour mesure la moitié de DA, vaut $\dfrac{4}{10} = \dfrac{2}{5}$ d'angle droit ; donc son supplément $OAC = \dfrac{8}{5}$ ou $2.\dfrac{4}{5}$ d'angle droit ; donc la corde OC s'obtiendrait dans la circonférence de rayon $AO = R$, en joignant de 2 en 2 les points de division de cette circonférence divisée en 5 parties égales.

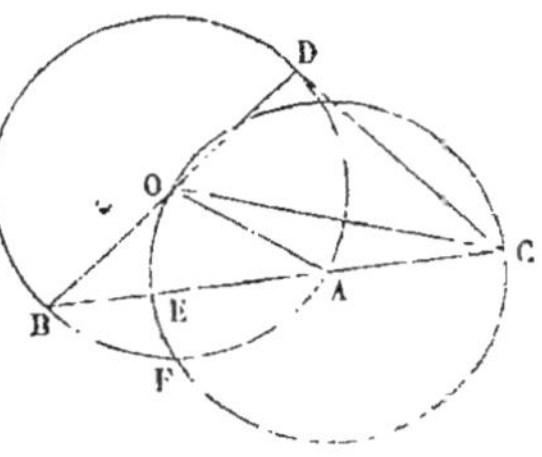

Fig. 174.

Du point C menons la tangente CD au cercle O et joignons OD ; le théorème sera démontré si nous prouvons que $CD = AB$.

Or la figure nous donne

$$\overline{CD}^2 = CA \cdot CB = (d' + R)\,R.$$

D'ailleurs, comme d' est la seconde solution du problème de la moyenne et extrême raison, nous avons aussi

$$d'^2 = (d' + R)\,R,$$

donc $CD = d'$. Donc enfin, en désignant par p' le côté du pentagone étoilé,

$$p'^2 = d'^2 + R^2.$$

On en déduit

$$p' = \frac{R}{2}\sqrt{10 + 2\sqrt{5}}.$$

PROPOSITION IX.

202. Problème. — *Dans un cercle donné inscrire un penté-décagone régulier* (fig. 175).

Soit AB une corde égale au rayon et AC une corde égale au côté du décagone.

L'arc BC est égal à la différence des arcs AB et AC, donc il vaut $\dfrac{1}{6} - \dfrac{1}{10}$ de la circonférence ou $\dfrac{5}{30} - \dfrac{5}{30} = \dfrac{2}{30} = \dfrac{1}{15}$ de la circonférence. Donc la corde BC est le côté du pentédécagone demandé.

CorollaIre 1. — Menons le diamètre AOD, joignons DB, DC et appliquons le théorème de Ptolémée au quadrilatère inscrit DBCA ; nous aurons

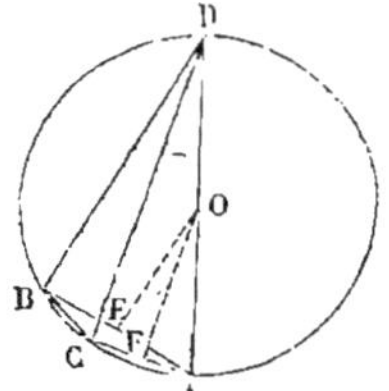
Fig. 175.

$$AD.BC = DC.BA — BD.AC;$$

donc, en appelant x le côté du pentédécagone,

$$2Rx = R\sqrt{4R^2 — d^2} — d\sqrt{5R^2},$$

d'où

$$x = \frac{R}{4}\left[\sqrt{10 + 2\sqrt{5}} — \sqrt{15} + \sqrt{3}\right].$$

CorollaIre 2. — On forme les pentédécagones réguliers étoilés en réunissant les points de division de la circonférence en 15 parties égales,

1° de 2 en 2 ;

2° de 4 en 4 ;

5° de 7 en 7.

Pour calculer régulièrement les côtés de ces divers polygones x' x'', x''', nous supposerons qu'à partir du même point A nous portions

1° 2 fois l'arc AB, puis 2 fois l'arc AC ;

2° 4 fois l'arc AB, puis 4 fois l'arc AC ;

5° 7 fois l'arc AB, puis 7 fois l'arc AC ;

les cordes telles que BC qui réuniront les extrémités des arcs formés seront successivement x', x'', x'''. Le théorème de Ptolémée, appliqué comme précédemment, fournira successivement les équations qui donneront ces lignes et l'on trouvera :

$$x' = \frac{R}{4}\left[\sqrt{15} — \sqrt{3} — \sqrt{10 — 2\sqrt{5}}\right],$$

$$x'' = \frac{R}{4}\left[\sqrt{10 + 2\sqrt{5}} + \sqrt{15} — \sqrt{3}\right],$$

$$x''' = \frac{R}{4}\sqrt{15} + \sqrt{3} + \sqrt{10 — 2\sqrt{5}}\right].$$

On pourrait, par des divisions successives d'un arc en deux parties égales, inscrire des polygones réguliers ayant un nombre de côtés égal à l'un des termes de la série suivante

$$15 \quad 15.2 \quad 15.2^2 \ldots$$

PROPOSITION X.

203. Problème. — *Dans un cercle donné inscrire un polygone régulier d'un nombre quelconque de côtés* (fig. 176).

Ce problème n'est pas toujours possible et Gauss a donné, dans le célèbre ouvrage nommé *Disquisitiones arithmeticæ*, les conditions que n doit remplir pour que les constructions exigent seulement l'emploi de la règle et du compas.

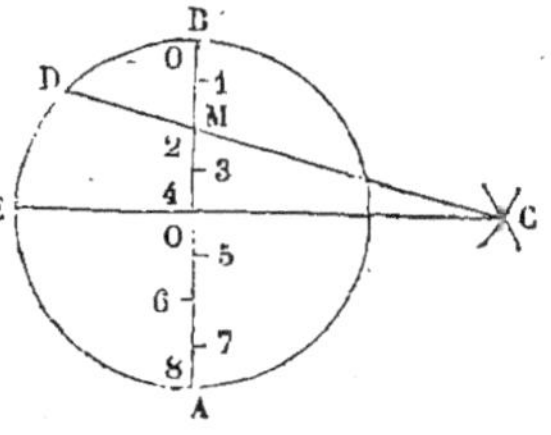

Fig. 176.

Voici une solution approximative donnée par Bion, mathématicien du dernier siècle :

On divise un diamètre AB de B en A en autant de parties n qu'on en veut avoir sur la circonférence. Des points A et B comme centres, avec AB comme rayon, on décrit des arcs qui se coupent en C; ensuite, on joint ce point C au point M qui porte la *seconde* division du diamètre : cette ligne prolongée ira couper la circonférence en D et BD sera la portion demandée de la circonférence.

On démontre facilement que la construction est rigoureuse pour $n = 4, 6, 8$. Pour les autres valeurs de n elle est seulement approximative.

Au delà de $n = 8$, cette construction a été modifiée de la manière suivante par M. Tempier.

Après avoir obtenu C, on mène le diamètre COE; ensuite on prend sur le diamètre AB, mais *à partir du centre*, une longueur égale à *deux* divisions du diamètre, on joint le point C au point M ainsi déterminé ; cette ligne CM prolongée coupe la circonférence en D et l'arc DE est à peu près égal à la n^e partie de la circonférence. La construction est alors exacte pour $n = 12$.

La figure 176 a été faite pour $n = 8$ et l'on voit que si les solutions étaient toujours exactes, il faudrait que BD = DE, ce qui n'est pas.

§ 2. — COMPARAISON DES POLYGONES RÉGULIERS.

PROPOSITION XI.

204. Théorème. — *Si deux polygones réguliers ont le même nombre de côtés :*

1° Ils sont semblables ;

2° Leurs périmètres sont entre eux comme les rayons des cercles inscrits ou circonscrits ;

3° Leurs surfaces sont entre elles comme les carrés de ces rayons (fig. 166).

Par hypothèse, les deux polygones ABCD..., A'B'C'D'... sont réguliers et ont le même nombre de côtés.

1° Les deux polygones, ayant le même nombre de côtés (**193**), ont les angles égaux ; d'ailleurs on a évidemment

$$\frac{AB}{A'B'} = \frac{BC}{B'C'} = \frac{CD}{C'D'}\cdots;$$

donc les deux polygones sont semblables.

2° Désignons par P et P' les deux périmètres, par R, R' les rayons des cercles circonscrits, par r et r' les rayons des cercles inscrits ; nous aurons, à cause de la similitude des triangles OBC, OB'C',

$$\frac{P}{P'} = \frac{BC}{B'C'} = \frac{OB}{OB'} = \frac{OH}{OH'};$$

donc

$$\frac{P}{P'} = \frac{R}{R'} = \frac{r}{r'}.$$

3° Désignons par S et S' les deux surfaces, nous aurons aussi

$$\frac{S}{S'} = \frac{\overline{BC}^2}{\overline{B'C'}^2} = \frac{R^2}{R'^2} = \frac{r^2}{r'^2}.$$

C. q. f. d.

PROPOSITION XII.

205. Théorème. — *Si l'on inscrit dans un cercle un polygone régulier et si l'on circonscrit un polygone régulier d'un même nombre de côtés :*

1° *Les périmètres de ces deux polygones ont une limite commune, lorsque le nombre des côtés croît indéfiniment,*

2° *Cette limite est indépendante des polygones primitifs et de la loi suivant laquelle le nombre des côtés augmente* (fig. 166).

Soit ABCD... le polygone circonscrit de périmètre P et A'B'C'D'... le polygone inscrit de périmètre p. Supposons que chacun des arcs A'B', B'C'... soit divisé en un nombre q de parties égales ; joignons les points de division consécutifs et menons des tangentes par les points milieux des nouvelles divisions, nous formerons un nouveau polygone circonscrit de périmètre P' et un nouveau polygone inscrit de périmètre p'.

1° Le nouveau périmètre circonscrit P' sera moindre que P et le nouveau périmètre inscrit p' sera supérieur à p. D'ailleurs l'un quelconque des périmètres inscrits est inférieur à l'un quelconque des périmètres circonscrits (**29**). Donc P et p tendent chacun vers une limite finie. D'ailleurs (**204**)

$$\frac{P}{R} = \frac{p}{r} = \frac{P - p}{R - r},$$

en désignant par R le rayon du cercle donné et par r l'apothème du polygone p. Donc

$$P - p = \frac{P(R - r)}{R}.$$

Si maintenant nous supposons que le nombre des côtés croisse indéfiniment, P diminue, $R - r$ tend vers zéro, donc $P - p$ a pour limite zéro ; donc P et p ont une limite commune λ.

2° Partons de deux autres polygones réguliers P_1 et p_1 et supposons qu'en multipliant indéfiniment le nombre des côtés suivant une autre loi nous arrivions à une limite λ_1 ; il s'agit de prouver que $\lambda = \lambda_1$.

Or λ étant la limite des P qui surpassent tous les p_1, ne peut pas être inférieur à λ_1 qui est la limite des p_1. De même, λ_1 étant la limite des P_1 qui surpassent tous les p, ne peut pas être inférieur à λ, limite des p ; donc $\lambda = \lambda_1$.

C. q. f. d.

COROLLAIRE 1. — Cette limite commune des périmètres P et p circonscrits ou inscrits est ce que nous *nommerons longueur de la circonférence.*

Corollaire 2. — La longueur de la circonférence est moindre que le périmètre de tout polygone circonscrit et supérieure au périmètre de tout polygone inscrit. Cela résulte immédiatement de la définition précédente.

Corollaire 3. — Nous pourrions appliquer le raisonnement ci-dessus à une portion quelconque de la circonférence, en lui inscrivant et en lui circonscrivant une ligne brisée régulière. Nous appelons donc *longueur d'un arc de cercle la limite commune λ de la longueur variable d'une ligne brisée régulière inscrite ou circonscrite, quand le nombre des côtés croît indéfiniment*.

Scholie. — Il est impossible de comparer la longueur d'un arc de courbe avec celle d'une ligne droite, il est même impossible de dire si l'une est plus grande que l'autre ; voilà pourquoi il est nécessaire de *définir* la longueur d'une ligne courbe, quand on veut la comparer à l'unité de longueur qui est une ligne droite.

PROPOSITION XIII.

206. Théorème. — *Si l'on inscrit dans un cercle un polygone régulier et si l'on circonscrit un polygone régulier d'un même nombre de côtés, les surfaces de ces polygones ont pour limite commune la surface du cercle* (fig. 166).

Désignons par S la surface du polygone circonscrit, par s celle du polygone inscrit.

Divisons chacun des arcs $A'B'$, $B'C'$... en q parties égales et menons des tangentes par les milieux des nouvelles divisions, nous formerons un nouveau polygone circonscrit de surface S' et un nouveau polygone inscrit de surface s'. Nous passerions de même de S' et s' à S'' et s'', puis à S''' et s'''... en divisant la circonférence en un plus grand nombre de parties égales.

Or toute surface circonscrite est supérieure au cercle, puisqu'elle le contient ; toute surface inscrite est inférieure au cercle, puisqu'elle y est contenue. D'ailleurs, à mesure que le nombre des côtés augmente, les surfaces circonscrites diminuent et les surfaces inscrites augmentent. Donc nous pouvons affirmer déjà que les surfaces S, S', S''... tendent vers une limite et qu'il en est de même des surfaces s, s', s'''.

Mais nous avons (**204**)

$$\frac{S}{R^2} = \frac{s}{r^2} = \frac{S-s}{R^2-r^2},$$

par suite

$$S - s = \frac{S(R^2-r^2)}{R^2} = \frac{S(R+r)(R-r)}{R^2};$$

donc, si le nombre des côtés croît indéfiniment, la différence entre S et s peut devenir aussi petite que l'on veut, par suite la limite de S est la même que la limite de s.

Comme le cercle est toujours compris entre ces deux surfaces, il est donc cette limite commune.

Corollaire. — Il serait impossible de comparer directement la surface du cercle à celle du carré pris pour unité, à cause de la courbure du cercle. Le théorème précédent nous permet d'effectuer indirectement cette comparaison. Nous mesurerons S ou s, puis nous chercherons la limite vers laquelle tend la valeur obtenue, quand le nombre des côtés croît indéfiniment.

PROPOSITION XIV.

207. Problème. — *Étant donnés les périmètres* P *et* p *de deux polygones réguliers de* n *côtés circonscrits et inscrits, trouver les périmètres* P′ *et* p′ *des polygones circonscrits et inscrits de* 2n *côtés* (fig. 177).

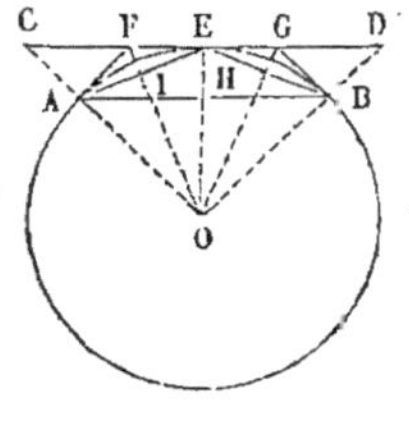

Soient CD et AB les côtés homologues des deux polygones donnés, de telle sorte que

$$P = n.CD = 2n.CE,$$
$$p = n.AB = 2n.AH.$$

Menons AE, EB et les tangentes AF, BG. Nous aurons

$$P' = 2n.FG = 4n.FE,$$
$$p' = 2n.AE = 4n.IE.$$

1° La ligne OF étant bissectrice de l'angle COE, nous avons

$$\frac{FE}{OE} = \frac{FC}{OC},$$

Fig. 177.

LIVRE IV.

mais

$$\frac{OE}{p} = \frac{OC}{P},$$

donc

$$\frac{FE}{p} = \frac{FC}{P} = \frac{CE}{P+p},$$

par suite

$$\frac{4n.FE}{p} = \frac{4n.CE}{P+p},$$

ou bien

$$\frac{P'}{p} = \frac{2P}{P+p};$$

donc nous obtenons cette première relation

$$P' = \frac{2Pp}{P+p}.$$

2° Les deux triangles semblables FEI, EAH donnent

$$\frac{IE}{AH} = \frac{FE}{AE},$$

donc

$$\frac{4n.IE}{2n.AH} = \frac{4n.FE}{2n.AE},$$

par suite

$$\frac{p'}{p} = \frac{P'}{p'};$$

donc nous obtenons pour seconde relation

$$p'^2 = pP',$$

ou

$$p' = \sqrt{pP'}.$$

C. q. f. t.

Corollaire. — Les deux relations deviennent plus simples, si l'on considère, au lieu des périmètres, leurs inverses.

On obtient

$$\frac{1}{P'} = \frac{1}{2}\left(\frac{1}{p} + \frac{1}{P}\right)$$

et

$$\frac{1}{p'} = \sqrt{\frac{1}{P'} \cdot \frac{1}{p}}.$$

Donc, si nous posons pour abréger $a = \frac{1}{P}$, $A = \frac{1}{p}$, $a' = \frac{1}{P'}$ et $A' = \frac{1}{p'}$, nous aurons les formules

$$a' = \tfrac{1}{2}(a + A), \qquad A' = \sqrt{a'A}.$$

On démontre facilement, par le calcul, que

$$A' - a' < \tfrac{1}{4}(A - a).$$

PROPOSITION XV.

208. Problème. — *Étant donnés le rayon* R *et l'apothème* r *d'un polygone régulier, trouver le rayon* R' *et l'apothème* r' *d'un polygone isopérimètre ayant un nombre de côtés double* (fig. 178).

Soit AB le côté du polygone donné, R = OA = OD son rayon et r = OP son apothème.

Prolongeons PO jusqu'à sa rencontre en C avec la circonférence, joignons AC et BC, puis abaissons sur ces cordes les perpendiculaires OA' et OB', qui les partagent en deux parties égales. La ligne A'B' vaudra la

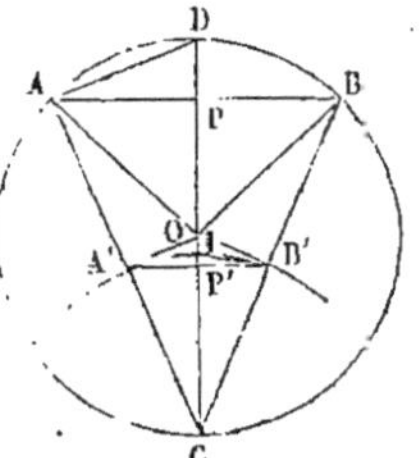
Fig. 178.

moitié de AB, donc ce sera le côté du polygone isopérimètre d'un nombre de côtés double, et comme l'angle ACB est la moitié de AOB, le point C peut être pris pour le centre de ce polygone isopérimètre ; donc

$$R' = CA' \qquad r' = CP'.$$

Cela posé, 1° le point P' étant le milieu de CP, nous aurons, CP' = $\tfrac{1}{2}$ CP ; donc

$$r' = \tfrac{1}{2}(r + R).$$

2° le triangle rectangle OA'C donne $\overline{CA'}^2 = CO \cdot CP'$; donc

$$R' = \sqrt{Rr}.$$

C. q. f. t.

COROLLAIRE. — Du point C comme centre, avec CA' comme rayon, décrivons un arc de cercle A'IB', menons A'I ; cette ligne est bissectrice de l'angle OA'B' ; donc

$$\frac{IP'}{IO} = \frac{A'P'}{A'O}.$$

Or $A'P' < A'O$, donc $IP' < IO$; ainsi le point I est plus près de P' que de O, donc $IP' < \frac{1}{2} OP'$, ou bien

$$R' - r' < \tfrac{1}{2} \overline{OP'};$$

mais les deux triangles OA'P', DAP sont semblables et par suite

$$OP' = \tfrac{1}{2} DP = \tfrac{1}{2}(R - r);$$

donc enfin

$$R' - r' < \tfrac{1}{4}(R - r).$$

On pourrait aussi donner de cette relation une démonstration algébrique. On peut l'énoncer comme il suit :

Si l'on passe d'un polygone régulier à un autre isopérimètre d'un nombre double de côtés, la différence entre les rayons des cercles inscrits et circonscrits est moindre que le quart de la différence précédente.

SCHOLIE. — On voit que les formules qui donnent R' et r' en fonction de R et r sont les mêmes que celles qui donnent A' et a' en fonction de A et a (**207**, cor.).

§ 5. — MESURE DE LA CIRCONFÉRENCE ET DU CERCLE

PROPOSITION XVI.

209. Théorème. — *Deux circonférences sont entre elles comme leurs rayons.*

Soient R et R' les rayons des deux circonférences.

Inscrivons ou circonscrivons à ces circonférences des polygones réguliers d'un même nombre n de côtés et désignons par P et P' les périmètres de ces polygones. Nous aurons (**205**)

$$\frac{P}{P'} = \frac{R}{R'}.$$

Supposons maintenant que le nombre des côtés croisse indéfiniment, nous savons que P et P' tendent chacun vers un limite déterminée et que, *par définition*, ces limites sont les circonférences ; donc

$$\frac{\text{circ. R}}{\text{circ. R'}} = \frac{R}{R'}.$$

C. q. f. d.

Corollaire 1. — *Le rapport de la circonférence au diamètre est un nombre constant, quel que soit le diamètre de la circonférence.*

En effet, de la proportion précédente nous tirons

$$\frac{\text{circ. R}}{R} = \frac{\text{circ. R'}}{R'},$$

et aussi

$$\frac{\text{circ. R}}{2R} = \frac{\text{circ. R'}}{2R'}.$$

C. q. f. d.

Corollaire 2. — On désigne par π ce rapport constant ; on a donc, *par définition de* π,

$$\frac{\text{circ. R}}{2R} = \pi,$$

et *par définition du rapport* (**88**),

$$\text{circ. R} = 2\pi R.$$

Donc *la mesure de la circonférence s'obtient en multipliant le diamètre par le nombre* π.

PROPOSITION XVII.

210. Théorème. — *La surface du cercle est égale à la circonférence, multipliée par la moitié du rayon.*

Soit R le rayon d'une circonférence ; inscrivons dans cette circonférence un polygone régulier, soit P son périmètre, S sa surface et r son apothème. En joignant les sommets au centre nous formons une série de triangles égaux, ayant tous même hauteur r; en évaluant leurs surfaces et en ajoutant, nous obtenons

$$S = P \times \frac{r}{2}.$$

Faisons croître indéfiniment le nombre des côtés du polygone, S tendra vers le cercle R (**206**), P tendra vers la circ. R, par définition de la longueur de la circonférence (**205**); r tendra vers R, car leur différence est moindre que la moitié d'une corde qui tend vers zéro ; donc l'égalité

$$\lim. S = \lim. \left(P \times \frac{r}{2} \right) = \lim. P \times \lim. \frac{r}{2}$$

donnera

$$\text{cerc. R} = \text{circ. R} \times \frac{R}{2}.$$

C. q. f. d.

On arriverait au même résultat par le polygone circonscrit.

CoROLLAIRE 1. — La mesure du cercle se trouve ramenée par ce théorème à la mesure de la circonférence; si l'on remplace la circonférence par $2\pi R$, on obtient

$$\text{cerc. R} = \pi R^2,$$

et la mesure du cercle est aussi ramenée à la détermination du nombre π.

CoROLLAIRE 2. — La formule précédente nous montre que deux cercles sont entre eux comme les carrés de leurs rayons; cette proposition résulte aussi très-simplement du théorème **206**.

PROPOSITION XVIII.

211. Théorème. — *Un secteur a pour mesure la longueur de son arc multipliée par la moitié du rayon.*

Désignons par α l'angle du secteur évalué en degrés.

Dans un même cercle, deux secteurs sont entre eux comme leurs arcs ou les nombres de degrés qui les déterminent ; donc

$$\frac{\text{secteur } \alpha}{\text{cercle R}} = \frac{\alpha}{360},$$

donc

$$\text{secteur } \alpha = \frac{\alpha}{360} \times \text{cercle R} = \frac{\alpha}{360} \pi R^2.$$

C'est là une première formule de l'aire du secteur.

Pour obtenir celle que le théorème indique, remplaçons la surface du cercle par sa mesure, nous aurons

$$\text{secteur } \alpha = \frac{\alpha}{360} \text{ circ. } R \times \frac{R}{2};$$

mais le facteur

$$\frac{\alpha}{360} \text{ circ. } R$$

mesure la longueur de l'arc du secteur ; donc

$$\text{secteur } \alpha = \text{arc } \alpha \times \frac{R}{2}.$$

C. q. f. d.

PROPOSITION XIX.

212. Théorème. — *Le segment a pour mesure la moitié du rayon multipliée par l'excès de l'arc du segment sur la moitié de la corde qui sous-tend un arc double* (fig. 179).

En effet, le segment ACB est la différence entre le secteur OACB et le triangle OADB ; on peut donc écrire

segment ACB = secteur OACB — triangle OADB.

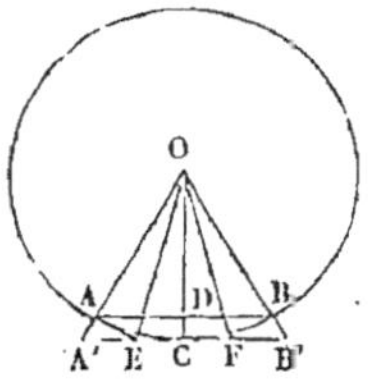

Mais le secteur a pour mesure l'arc ACB multiplié par la moitié du rayon. Le triangle OADB peut être regardé comme ayant pour base le côté OB et sa hauteur sera alors la moitié de la corde l qui sous-tend un arc double. Donc

$$\text{segment ACB} = \frac{R}{2} \left[\text{arc ACB} - \tfrac{1}{2} l \right].$$

Fig. 179.

Scholie. — La longueur de la corde l peut être déterminée dans le cas particulier où elle représente le côté d'un polygone inscriptible par la règle et le compas ; dans tout autre cas elle est fournie par les tables trigonométriques.

PROPOSITION XX.

213. Problème. — *Détermination du rapport π de la circonférence au diamètre.*

Les deux formules

$$\text{circ. R} = 2\pi\text{R}, \qquad \text{cercle R} = \pi\text{R}^2,$$

conduisent à quatre méthodes différentes pour la détermination du nombre π :

1° Étant donnée la longueur d'une circonférence, on cherche la valeur approximative du rayon ;

2° Étant donnée la longueur du rayon, on cherche la valeur approximative de la circonférence ;

3° Étant donnée la surface d'un cercle, on cherche la valeur approximative du rayon ;

4° Étant donné le rayon d'un cercle, on cherche la valeur approximative de sa surface.

Nous allons suivre successivement les deux premières méthodes.

Première méthode, dite des *Isopérimètres.*

214. *On donne la longueur d'une circonférence, on cherche la leur approximative du rayon* x.

Soit la circonférence donnée égale à 2, nous aurons

$$2 = 2\pi x ;$$

donc

$$x = \frac{1}{\pi} ;$$

ainsi le rayon inconnu sera l'inverse de π.

Or, que l'on construise un polygone régulier quelconque dont le périmètre soit égal à 2 ; soient R le rayon et r l'apothème de ce polygone. La circonférence circonscrite de rayon R aura une longueur supérieure à 2, et la circonférence inscrite de rayon r aura une longueur inférieure à 2. Donc le rayon x de la circonférence égale à 2 sera compris entre R et r.

Passons de ce polygone à un autre *isopérimètre* d'un nombre de côtés double, nous trouverons que x est compris entre R' et r', et nous pouvons continuer ainsi indéfiniment. Or nous avons vu (**208**) que la différence R — r va en diminuant à mesure que le nombre des côtés du polygone isopérimètre augmente, et qu'elle a pour limite zéro. Donc on peut trouver deux nombres comprenant x et différant d'aussi peu que l'on voudra l'un de l'autre ; donc enfin on peut évaluer $\frac{1}{\pi}$ avec autant d'approximation que l'on voudra.

On part du carré ayant $\frac{1}{2}$ pour côté ; on trouve alors

$$r = \frac{1}{4}, \quad R = \frac{\sqrt{2}}{4} ;$$

à partir de ces deux nombres, conformément aux formules du n° **208**, on prend alternativement la moyenne arithmétique et la moyenne géométrique des deux derniers nombres obtenus et l'on trouve

$$r' \quad R' \quad r'' \quad R'' \quad r''' \quad R''' \ldots$$

Lorsqu'on arrive à deux nombres $r^{(n)}$ et $R^{(n)}$ ayant, par exemple, 10 décimales communes, on peut dire que l'un ou l'autre de ces deux nombres représente $\frac{1}{\pi}$ avec 10 décimales exactes.

Remarquons maintenant que, si l'on écrit les deux nombres 0, $\frac{1}{2}$ et qu'on prenne la moyenne arithmétique, puis la moyenne géométrique des deux derniers nombres obtenus, on trouve

$$\frac{1}{4}, \quad \frac{\sqrt{2}}{4} ;$$

donc on peut formuler ce théorème :

Théorème. — *Si l'on écrit les deux nombres 0, $\frac{1}{2}$ et qu'on prenne indéfiniment et alternativement la moyenne arithmétique et la moyenne géométrique des deux derniers nombres, on forme une série de résultats qui tendent vers $\frac{1}{\pi}$, et ce nombre est toujours compris entre deux résultats consécutifs.*

Calcul de $\dfrac{1}{\pi}$ avec 6 décimales exactes.

NOMBRES DES COTÉS.	r	R
4	0,250.000.0	0,353.553.4
8	0,301.776.7	0,326.640.5
16	0,314.208.6	0,320.364.4
32	0,317.286.5	0,318.821.7
64	0,318.054.1	0,318.437.8
128	0,318.245.9	0,318.341.8
256	0,318.293.9	0,318.317.8
512	0,318.305.9	0,318.311.8
1024	0,318.308.9	0,318.310.3
2048	0,318.309.6	0,318.309.9
4096	0,318.309.8	0,318.309.8

Scholie. — Pour faire ce calcul aussi rapidement que possible il faut :

1° Faire usage de la multiplication abrégée ;

2° Se rappeler que dans l'extraction de la racine carrée d'un nombre approché, on peut compter sur autant de chiffres à la racine qu'il y en a de certains dans le nombre ;

3° Que la différence entre la moyenne arithmétique et la moyenne géométrique est moindre que la différence des deux nombres, divisée par 8 fois le plus petit ; que, par suite, on peut remplacer la moyenne géométrique par la moyenne arithmétique, aussitôt que R et r ont les trois premières décimales communes.

Deuxième méthode, dite des Périmètres.

215. *On donne le rayon d'une circonférence, on cherche la valeur approximative de sa longueur.*

Prenons $\frac{1}{2}$ pour le rayon d'une circonférence, sa longueur représentera π, et l'inverse de sa longueur sera $\dfrac{1}{\pi}$.

Dans cette circonférence inscrivons un carré et puis circonscrivons un carré semblable, nous aurons

$$P = 4, \quad p = 2\sqrt{2},$$

donc

$$\frac{1}{P} = \frac{1}{4}, \qquad \frac{1}{p} = \frac{\sqrt{2}}{4};$$

la circonférence est comprise entre P et p; par suite $\frac{1}{\pi}$ est compris entre $\frac{1}{P}$ et $\frac{1}{p}$.

Doublons successivement le nombre des côtés, nous passerons aux polygones de 8, 16, 32... cotés et nous obtiendrons successivement, au moyen des formules (**207**), les quantités

$$\frac{1}{P'} \quad \frac{1}{p'} \qquad \frac{1}{P''} \quad \frac{1}{p''} \qquad \frac{1}{P'''} \quad \frac{1}{p'''}\cdots$$

qui tendront vers $\frac{1}{\pi}$.

Nous voyons que les calculs numériques auxquels cette méthode conduit, sont identiques à ceux de la méthode des isopérimètres. Il est d'ailleurs plus facile d'établir les formules qui se rapportent à cette dernière. C'est pourquoi on se borne à l'indication de la méthode des isopérimètres dans les cours élémentaires.

Scholie. — Le nombre π est incommensurable; divers calculateurs patients en ont déterminé un très-grand nombre de décimales; on en connaît aujourd'hui 500. On a trouvé :

$$\pi = 3,14159.26535.89793.25846\ldots$$
$$\frac{1}{\pi} = 0,31830.98861\ldots$$

Archimède est l'auteur le plus ancien qui nous ait laissé un rapport de la circonférence au diamètre ; il a trouvé que ce rapport est compris entre

$$3\frac{10}{71} \qquad \text{et} \qquad 3\frac{10}{70} = 3\frac{1}{7} = \frac{22}{7}.$$

Ce dernier rapport $\frac{22}{7}$ est précieux par sa simplicité, dans les constructions graphiques où l'on veut rectifier la circonférence ; il est exact jusqu'à la seconde décimale inclusivement.

Adrien Métius a trouvé que le rapport $\frac{355}{113}$ donne 7 décimales exactes. Ce qui rend ce nombre intéressant c'est la propriété qu'il a de se graver aisément dans la mémoire; si l'on écrit deux fois de suite les trois premiers chiffres impairs, on obtient le nombre 113355, dont les trois premiers chiffres 113 donnent le diamètre et les trois derniers 355 la circonférence. Le rapport de Métius, réduit en décimales, donne 3,1415929...

Dans les applications, le rapport d'Archimède est souvent suffisant.

CorOLLAIRE. — Le problème de la *quadrature du cercle* peut être énoncé ainsi :

Construire, au moyen de la règle et du compas un carré équivalent à un cercle donné.

On voit, par les théorèmes précédents, que le côté du carré inconnu est moyen proportionnel entre la moitié du rayon et la circonférence. On aurait donc résolu le problème, si l'on pouvait construire par la règle et le compas une ligne droite ayant la même longueur que la circonférence. La connaissance du nombre π avec une approximation indéfinie, permet de rectifier la circonférence approximativement, mais on ne connaît pas de construction rigoureuse et l'on n'a pas démontré qu'il soit impossible d'en trouver une.

L'impossibilité d'évaluer *exactement* π en nombre fractionnaire n'est pas une raison d'impossibilité absolue pour le problème de la rectification de la circonférence, car on peut construire $a\sqrt{2}$, $a\sqrt{3}$, $a\sqrt{5}$... avec la règle et le compas, quoique $\sqrt{2}$, $\sqrt{3}$, $\sqrt{5}$.. soient incommensurables.

§ 4. — PROBLÈMES SUR LES POLYGONES RÉGULIERS.

PROPOSITION XXI.

216. Problème. — *Étant donné le côté a d'un polygone régulier inscrit, trouver le côté A d'un polygone régulier circonscrit semblable, et réciproquement* (fig. 180).

1° On donne $AB = a$; il faut trouver $A'B' = A$.

Les deux triangles semblables OAB, OA'B' donnent

$$\frac{A}{a} = \frac{OC}{OD} = \frac{R}{\sqrt{R^2 - \dfrac{a^2}{4}}},$$

donc

$$A = R \frac{2\left(\dfrac{a}{R}\right)}{\sqrt{4 - \left(\dfrac{a}{R}\right)^2}}.$$

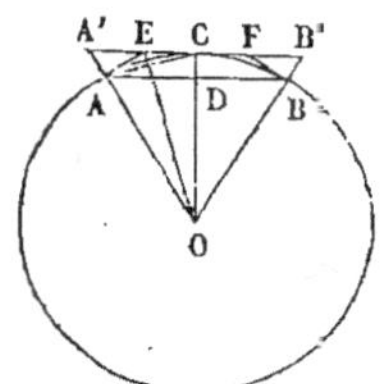

Fig. 180.

2° On donne $A'B' = A$, il faut trouver $AB = a$.

Nous tirons des mêmes triangles semblables

$$\frac{a}{A} = \frac{OA}{OA'} = \frac{R}{\sqrt{R^2 + \dfrac{A^2}{4}}},$$

donc

$$a = R \frac{2\left(\dfrac{A}{R}\right)}{\sqrt{4 + \left(\dfrac{A}{R}\right)^2}}.$$

COROLLAIRE 1. — *Trouver le côté du triangle équilatéral circonscrit.* Nous avons vu que $a = R\sqrt{3}$ (**197**) ; donc le côté cherché sera donné par la formule

$$A = R . \frac{2\sqrt{3}}{\sqrt{4-3}} = 2R\sqrt{3}.$$

Donc le côté du triangle équilatéral circonscrit est double du côté du triangle équilatéral inscrit; ce qui est évident géométriquement si l'on se rappelle que l'apothème du triangle équilatéral est la moitié du rayon.

COROLLAIRE 2. — *Trouver le côté de l'hexagone régulier circonscrit.*

Dans ce cas $a = R$, donc

$$A = \frac{2}{3} R\sqrt{3}.$$

Nous pourrions multiplier les applications des formules précédentes, en cherchant successivement tous les côtés des polygones circonscrits correspondants à ceux que nous savons inscrire.

PROPOSITION XXII.

217. Problème. — *Étant donné le côté a d'un polygone régulier inscrit, trouver le côté a′ du polygone régulier circonscrit ayant un nombre double de côtés, et réciproquement* (fig. 181).

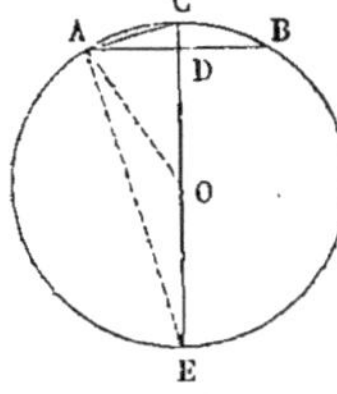

Fig. 181.

1° On donne $AB = a$ et $OA = R$; on demande $AC = a'$.

Menons le diamètre COE, joignons AE, nous formons un triangle rectangle dans lequel AC est moyen proportionnel entre le diamètre et le segment adjacent; donc

$$a'^2 = 2R.CD = 2R(R - OD) = 2R\left(R - \sqrt{R^2 - \frac{a^2}{4}}\right).$$

En réduisant nous trouvons

$$a' = R\sqrt{ 2 - \sqrt{4 - \left(\frac{a}{R}\right)^2}}.$$

2° On donne a' et R, on demande a.

Appliquons le théorème de Ptolémée au quadrilatère AEBC, nous aurons immédiatement

$$2R.a = 2.a'.AE = 2a'\sqrt{4R^2 - a'^2};$$

donc

$$a = R.\frac{a'}{R} \sqrt{4 - \left(\frac{a'}{R}\right)^2}.$$

On pourrait aussi déduire cette formule de la précédente.

Corollaire 1. — *Trouver les côtés des polygones inscrits de 8, 16, 32... côtés.*

Posons d'abord, dans la première formule, $a = R\sqrt{2}$, nous aurons

$$a' = R \sqrt{2 - \sqrt{2}} = a_8$$

pour le côté de l'octogone.

Remplaçons a par ce que nous venons de trouver, nous tirerons de la même formule

$$a_{16} = R \sqrt{2 - \sqrt{2 + \sqrt{2}}},$$

puis

$$a_{32} = R \sqrt{2 - \sqrt{2 + \sqrt{2 + \sqrt{2}}}},$$

etc...

Nous aurions généralement

$$a_{2^n} = R \sqrt{2 - \sqrt{2 + \sqrt{2 + \sqrt{2 \ldots}}}},$$

le nombre des radicaux étant égal à $n - 1$. Le périmètre de ce polygone serait donc

$$P_{2^n} = R.2^n \sqrt{2 - \sqrt{2 + \sqrt{2 + \ldots}}}$$

Divisons-le par 2R, nous aurons une valeur approchée de π qui sera

$$2^{n-1} \sqrt{2 - \sqrt{2 + \sqrt{2 \ldots}}},$$

le nombre des radicaux étant toujours $(n - 1)$; donc on peut écrire

$$\pi = \lim. 2^n \sqrt{2 - \sqrt{2 + \sqrt{2 + \ldots}}},$$

le nombre des radicaux étant n.

COROLLAIRE 2. — On trouverait de la même manière les côtés des polygones de 12, 24, 48... côtés.

PROPOSITION XXIII.

218. Problème. — *On connaît le rayon d'un cercle et le côté d'un polygone régulier circonscrit, on demande le côté d'un polygone circonscrit d'un nombre de côtés double, et réciproquement* (fig. 179).

1° On donne $A'B' = A$ et $OC = R$; on demande $EF = A'$.

La ligne OE étant bissectrice de l'angle ADC, nous pouvons écrire

$$\frac{EC}{OC} = \frac{EA'}{OA'} = \frac{EC + EA'}{OC + OA'},$$

ou bien

$$\frac{\frac{1}{2}A'}{R} = \frac{\frac{1}{2}A}{R + \sqrt{R^2 + \frac{A^2}{4}}};$$

donc, en réduisant,

$$A' = R \cdot \frac{2\left(\frac{A}{R}\right)}{2 + \sqrt{4 + \left(\frac{A}{R}\right)^2}}.$$

On peut rendre le dénominateur rationnel, on obtient alors

$$A' = 2R \, \frac{\sqrt{4 + \left(\frac{A}{R}\right)^2} - 2}{\left(\frac{A}{R}\right)}.$$

2° On donne A' et R ; on demande A.

On trouve au moyen des formules précédentes, résolues par rapport à A,

$$A = R \, \frac{8\left(\frac{A'}{R}\right)}{4 - \left(\frac{A'}{R}\right)^2}.$$

Corollaire. — De la première formule on peut tirer, comme exercice, les côtés des polygones circonscrits de 8, 16, 32... 6, 12... côtés.

PROPOSITION XXIV.

219. Problème. — *Étant données les surfaces d'un polygone régulier inscrit et d'un polygone semblable circonscrit, trouver les surfaces des polygones réguliers inscrit et circonscrit d'un nombre de côtés double* (fig. 180).

Soient AB le côté du polygone inscrit, A'B' le côté homologue du polygone circonscrit de n côtés ; AC sera le côté du polygone inscrit de $2n$ côtés, et si AE, BF sont des tangentes au cercle, EF sera le côté du polygone circonscrit semblable. Soient a et A les aires des polygones donnés, a' et A' les aires des polygones cherchés; nous aurons :

$$A = 2n.OA'C, \qquad a = 2n.OAD,$$
$$A' = 4n.OEC, \qquad a' = 2n.OAC.$$

Cela posé, 1° les triangles ODA, OCA, OCA' donnent

$$\frac{OAD}{OAC} = \frac{OD}{OC} = \frac{OA}{OA'} = \frac{OAC}{OA'C},$$

par suite

$$\frac{2n.OAD}{2n.OAC} = \frac{2n.OAC}{2n.OA'C};$$

donc

$$\frac{a}{a'} = \frac{a'}{A},$$

ou bien

$$a'^2 = a.A; \qquad a' = \sqrt{a.A}.$$

2° Nous avons ensuite

$$\frac{OEC}{OEA'} = \frac{EC}{EA'} = \frac{OC}{OA'} = \frac{OD}{OC} = \frac{OAD}{OAC};$$

donc, en transposant les moyens,

$$\frac{OEC}{OAD} = \frac{OEA'}{OAC} = \frac{OA'C}{OAD + OAC};$$

donc aussi

$$\frac{4n.OEC}{2n.OAD} = \frac{4n.OA'C}{2n.OAD + 2n.OAC},$$

ou bien encore

$$\frac{A'}{a} = \frac{2A}{a + a'},$$

par conséquent

$$A' = \frac{2Aa}{a + a'}.$$

SCHOLIE. — En prenant les inverses des quantités A, a, A', a'

on trouve des formules voisines de celles que nous avons données dans le théorème **208**,

$$\frac{1}{A'} = \frac{1}{2}\left(\frac{1}{A} + \frac{1}{a'}\right)$$

et

$$\frac{1}{a'} = \sqrt{\frac{1}{a} \cdot \frac{1}{A}}.$$

Corollaire. — Ces formules nous permettent de déterminer approximativement π par une nouvelle méthode. Donnons-nous le rayon d'un cercle égal à 1, sa surface sera exprimée par le nombre π ; il reste à l'évaluer.

Inscrivons un carré dans le cercle, sa surface sera $a = 2$; circonscrivons un carré à ce même cercle, sa surface sera $A = 4$. Ces deux nombres comprennent π. Doublons indéfiniment le nombre des côtés, nous trouverons successivement au moyen des formules précédentes

$$a', \ A' ; \quad a'', \ A'' ; \quad a''', \ A''' ; \quad \text{etc...} \quad a^{(n)}, \ A^{(n)}...$$

le nombre π sera toujours compris entre les deux nombres

$$a^{(n)}, \quad A^{(n)} ;$$

donc, quand ces deux surfaces auront un certain nombre de décimales communes, elles appartiendront à π.

En calculant les inverses de ces diverses surfaces on tend vers $\frac{1}{\pi}$ par une série d'opérations analogues à celles que donne la méthode des périmètres.

PROPOSITION XXV.

220. Problème. — *Étant donnés le rayon R et l'apothème r d'un polygone régulier, calculer le rayon R' et l'apothème r' d'un polygone régulier équivalent, d'un nombre double de côtés* (fig. 182).

Par hypothèse, AB est le côté du polygone régulier donné, et par suite

$$OA = OB = R ; \quad OC = r,$$

1° Menons le diamètre DCOE ; AOD sera l'angle du polygone équivalent ; soit A'B' son côté, de telle sorte que

$$OA' = OB' = R' ; \quad OC' = r'.$$

Puisque $2n.OA'B' = 2n.OAC$, nous devons avoir

$$OA'.OB' = OA.OC,$$

car deux triangles ayant un angle égal sont entre eux comme les rectangles des côtés qui comprennent cet angle (**152**). On tire de là

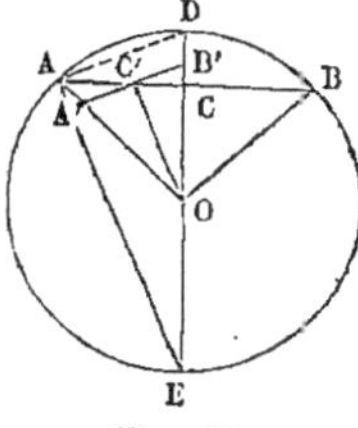

Fig. 182.

$$R'^2 = Rr ; \quad R' = \sqrt{Rr}.$$

2° Comparons maintenant les deux triangles semblables ACD, OC'B', nous aurons

$$\frac{OC'}{OB'} = \frac{AC}{AD},$$

ou bien

$$\frac{r'}{R'} = \frac{\sqrt{R^2 - r^2}}{\sqrt{2R(R - r)}} = \sqrt{\frac{R + r}{2R}} ;$$

on en conclut

$$r' = \sqrt{\frac{r(R + r)}{2}}.$$

Corollaire. — Les deux formules que nous venons de trouver permettraient de trouver approximativement π par une nouvelle méthode. Donnons-nous la surface d'un cercle égale à 1, en nommant x son rayon nous aurons

$$x^2 = \frac{1}{\pi}.$$

Pour déterminer x, faisons un carré ayant 1 pour surface et par suite 1 pour côté, nous aurons

$$R = \frac{\sqrt{2}}{2}, \qquad r = \frac{1}{2}.$$

Doublons indéfiniment le nombre des côtés sans changer la surface, nous tirerons successivement des formules précédentes

$$R', r' ; \quad R'', r'' ; \ldots \quad R^{(n)}, r^{(n)} \ldots$$

Il est clair que le cercle de même surface a un rayon x compris entre $R^{(n)}$ et $r^{(n)}$, donc $\dfrac{1}{\sqrt{\pi}}$ est compris entre $R^{(n)}$ et $r^{(n)}$ et par conséquent on peut obtenir ce nombre avec autant d'approximation que l'on veut.

PROPOSITION XXVI.

221. Problème. — *Quadrature approximative du cercle.*

Nous avons dit que l'on ne connaissait pas une construction rigoureuse, par la règle et le compas, du côté du carré équivalent à un cercle ; nous allons faire connaître deux constructions simples et approximatives de ce côté.

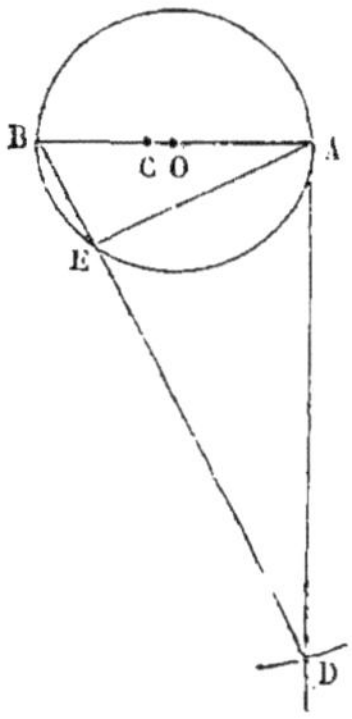

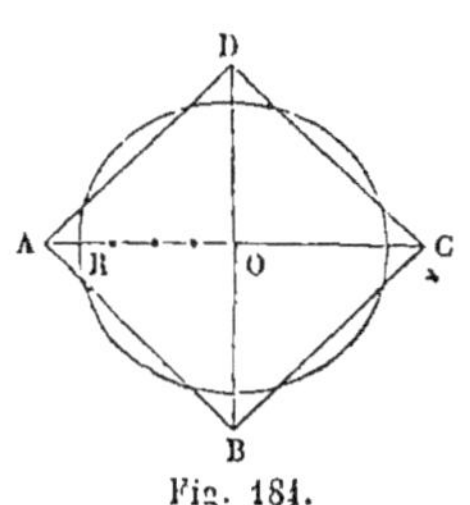

Fig. 183.

1° Soit AB un diamètre (fig. 183) et sur le rayon OB soit $OC = \dfrac{1}{6}$ du rayon OB. Au point A menons la tangente, puis du point C comme centre avec un rayon CD égal au double du diamètre, coupons la tangente en D. Menons BD, qui rencontre la circonférence en E, AE sera à peu près égal au côté du carré équivalent au cercle. Cette construction, due à M. Sonnet, est très-bonne dans la pratique : en calculant le côté du carré équivalent au cercle de rayon unité, on trouverait

1,772 455 8

et la construction de M. Sonnet donne

1,772 450 2.

2° Menons deux diamètres perpendiculaires (fig. 184) et divisons l'un des rayons OR en 4 parties égales ; puis augmentons le rayon OR de l'une des divisions ; nous obtiendrons $OA = \dfrac{5}{4}$ R. Enfin achevons le carré dont OA est la demi-diagonale ; il sera à peu près équivalent au cercle. Le côté AB du carré ainsi obtenu est égal à 1,768... au lieu de 1,772... Cette approximation est suffisante pour la pratique.

Fig. 184.

EXERCICES

222. Théorèmes à démontrer.

I. — La somme des distances d'un point intérieur aux n côtés d'un polygone régulier est égale à n fois le rayon du cercle inscrit.

II. — Le côté d'un polygone régulier de n côtés inscrit dans un cercle de rayon R étant c, l'aire d'un polygone régulier inscrit de $2n$ côtés est
$$S = \frac{2nRc}{4}.$$

III. — Deux cercles étant concentriques, la couronne circulaire équivaut au cercle qui a pour diamètre la corde de la grande circonférence tangente à la petite.

IV. — Entre tous les triangles de même périmètre, le maximum en surface est celui qui est équilatéral.

V. — Entre tous les polygones isopérimètres et d'un même nombre de côtés, celui qui est maximum a ses côtés égaux.

VI. — De tous les triangles formés avec deux côtés donnés faisant entre eux un angle à volonté, le maximum est celui dans lequel cet angle est droit.

VII. — De tous les polygones formés avec des côtés, le maximum est inscriptible à un cercle.

VIII. — De deux polygones réguliers isopérimètres, celui qui a le plus grand nombre de côtés est le plus grand.

IX. — Le cercle est plus grand que tout polygone isopérimètre.

X. — Si sur les trois côtés d'un triangle rectangle pris comme diamètres on décrit des demi-circonférences, la somme des deux lunules comprises entre la grande circonférence et les deux autres est équivalente au triangle donné. (Théorème d'Hippocrate de Chio).

223. Problèmes à résoudre.

I. — Couvrir un parquet avec une ou plusieurs espèces de polygones réguliers.

II. — Dans quel rapport se coupent les diagonales de l'hexagone régulier.

III. — Étant donné un angle, par un point donné du plan mener une ligne qui détermine un triangle maximum.

IV. — Calculer l'aire d'un cercle dans lequel une corde de longueur a soustend un arc de 120°.

V. — Décrire un cercle qui touche intérieurement un cercle donné et divise sa surface dans un rapport donné.

VI. — Décrire une circonférence concentrique à une circonférence donnée et dont la surface soit le tiers de la surface du grand cercle.

LIVRE V

PLANS ET ANGLES SOLIDES

---

§ 1. — DÉFINITIONS PRÉLIMINAIRES.

224. Plan. — Nous avons défini le plan au début de la géométrie (**4**) :

Le plan est une surface telle, qu'une droite ayant avec elle deux points communs y est contenue tout entière ; cette surface est indéfinie.

Nous admettons, comme un axiome, *l'existence d'une pareille surface* et la propriété suivante :

Par une droite on peut faire passer une infinité de plans.

PROPOSITION I.

225. Théorème. — *Par trois points non en ligne droite on peut faire passer un plan, et on n'en peut faire passer qu'un.*

Voir (**6**).

Corollaire 1. — *Un angle détermine un plan.*

Corollaire 2. — *Une droite et un point situé au dehors déterminent un plan.*

Corollaire 3. — *Une portion de plan peut s'appliquer sur une autre partie du même plan, ou sur un autre plan.*

Corollaire 4. — *Un plan peut s'appliquer sur lui-même, après avoir été retourné.*

PROPOSITION II.

226. Théorème. — *Deux parallèles déterminent un plan.*

En effet, 1° les deux parallèles données sont, par définition (**43**), dans un même plan ; donc par deux parallèles on peut faire passer un plan.

2° Ce plan doit contenir l'une d'elles et un point de l'autre ; or par une droite et un point situé en dehors on n'en peut faire passer qu'un (**225**, cor. 2) ; donc par deux parallèles on ne peut faire passer qu'un plan, et l'on voit de plus que ce plan est celui qui contient deux points de l'une et un point de l'autre, ou qui contient l'une et un point de l'autre.

227. Corollaire. — *Par un point de l'espace en peut mener une parallèle à une droite et une seule.*

En effet : 1° par le point M et la droite AB on peut faire passer un plan ; dans ce plan on peut mener une parallèle à AB (**44**).

2° Toute parallèle menée de M à AB devra être contenue dans le plan MAB ; or dans ce plan on n'en peut mener qu'une (**46**). C. q. f. d.

PROPOSITION III.

228. Théorème. — *L'intersection de deux plans est une ligne droite.*

En effet, s'il y avait sur l'intersection de deux plans trois points qui ne fussent pas en ligne droite, on pourrait faire passer par ces trois points deux plans différents (**225**).

PROPOSITION IV.

229. Théorème. — *Deux droites étant données dans l'espace, si le plan contenant l'une des droites coupe l'autre, ces deux droites ne sont pas dans un même plan.*

On dit qu'un plan coupe une droite, ou qu'une droite coupe un plan, lorsque le plan et la droite n'ont qu'un point commun. Nous regardons comme évident qu'alors la droite est en partie d'un côté et en partie de l'autre côté de ce plan.

Si le plan P contient la droite A et coupe la droite B en un point M, il est impossible qu'un plan Q contienne les deux droites, car il contiendrait, comme le plan P, la droite A et le point M; donc il se confondrait avec lui; par suite le plan P ne couperait pas B, ce qui est contraire à l'hypothèse.

CorollAire 1. — Deux droites pareilles ne peuvent ni se rencontrer, ni être parallèles.

CorollAire 2. — Il ne suffit pas, dans l'espace, de démontrer que deux droites ne se rencontrent pas pour affirmer qu'elles sont parallèles; il faut faire voir de plus qu'elles sont dans un même plan.

230. Scholie. — Nous dirons qu'une droite est *parallèle à un plan*, lorsqu'elle ne le coupe pas. Le cas où la droite est contenue tout entière dans le plan est, d'après cette définition, un cas particulier du parallélisme.

§ 2. — DROITES ET PLANS PARALLÈLES.

PROPOSITION V.

231. Théorème. — *Quand deux droites sont parallèles, 1° tout plan qui coupe l'une, coupe l'autre; 2° tout plan parallèle à l'une est parallèle à l'autre* (fig. 185).

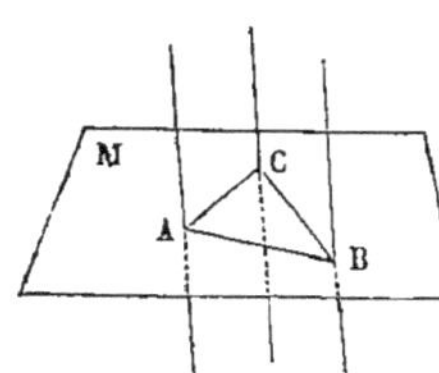
Fig. 185.

1° Par hypothèse, A et B sont deux droites parallèles et le plan M coupe A.

Le plan M ne peut pas contenir B, car le plan contenant B et l'un des points de A est le plan des deux parallèles et par suite contient A et ne la coupe pas. D'ailleurs le plan des deux parallèles coupe M suivant une droite AB qui, rencontrant A, rencontre nécessairement B (**47**); donc, comme elle est tout entière dans le plan M, ce plan coupe B.

2° Par hypothèse, A et B sont deux droites parallèles et un plan P est parallèle à A.

Si ce plan coupait B, il couperait aussi A (1°), ce qui est contraire à l'hypothèse.

CorollAire 1. — *Si par un point C d'un plan M parallèle à une droite AB on mène une parallèle à la droite, elle est contenue dans ce plan* (fig. 186).

En effet, le plan ne peut pas couper la parallèle menée CD, sans quoi il couperait AB; de plus il a un point commun C avec cette parallèle, donc il la contient tout entière.

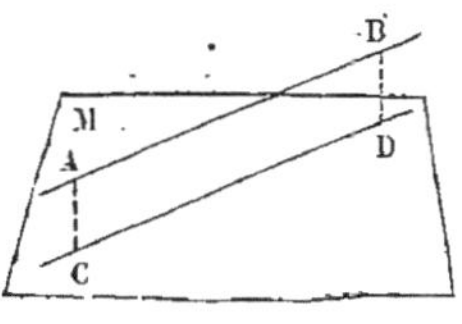

Fig. 186.

CoroLLaire 2. — *Si deux plans sont parallèles à une droite, leur intersection est parallèle à cette droite* (fig. 187).

En effet, si par un point E de l'intersection on mène une parallèle à la droite donnée, elle sera contenue dans chacun des deux plans, d'après le corollaire précédent; donc elle est leur intersection EF.

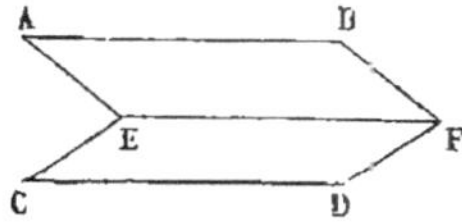

Fig. 187.

CoroLLaire 3. — *Deux plans passant par deux droites AB, CD parallèles entre elles se coupent suivant une droite EF parallèle aux deux premières* (fig. 187).

CoroLLaire 4. — *Si une droite AB est parallèle à un plan, tout plan P qui la contient coupe le premier suivant une parallèle à la droite* (fig. 187).

En effet, par hypothèse, les deux plans ED et AF sont parallèles à AB (**230**); donc leur intersection EF est parallèle à AB.

CoroLLaire 5. — *Si une droite AB est parallèle à une droite CD d'un plan, elle est parallèle au plan* (fig. 186).

En effet, si le plan M coupait AB, il couperait CD et ne la contiendrait pas.

PROPOSITION VI.

232. Théorème. — *Deux droites parallèles à une troisième sont parallèles entre elles* (fig. 185).

Par hypothèse, A et B sont respectivement parallèles à C.

1° A et B ne se rencontrent pas, sans quoi d'un point on pourrait mener deux parallèles à une droite (**227**).

2° A et B sont dans un même plan, car, si le plan P mené par A et un point de B coupait B, il couperait aussi C parallèle à B (**231**); il couperait donc aussi A, parallèle à C (**231**) et par suite il ne contiendrait pas A, ce qui est contraire à l'hypothèse.

PROPOSITION VII.

233. Théorème. — *Deux angles dont les côtés sont parallèles et dirigés dans le même sens sont égaux* (fig. 188).

Par hypothèse, A'B' est parallèle à AB et dirigé dans le même sens ; A'C' est parallèle à AC et dirigé dans le même sens.

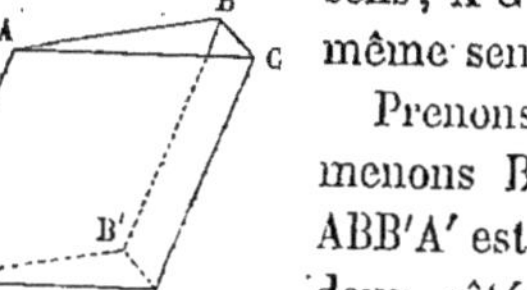

Fig. 188.

Prenons A'B' = AB et A'C' = AC ; puis menons BC, B'C', AA', BB', CC'. La figure ABB'A' est un parallélogramme, parce que les deux côtés opposés A'B', AB sont égaux et parallèles ; donc BB' et AA' sont égaux et parallèles. — Par une raison semblable, CC' et AA' sont égaux et parallèles. Donc BB' et CC' sont égaux et paral- (2, 48). Donc la figure BCC'B' est un parallélogramme (58, 2°). Donc BC = BC'. Les deux triangles ABC, A'B'C' ayant leurs trois côtés égaux chacun à chacun, sont égaux, par suite les angles BAC, B'A'C' sont égaux.

C. q. f. d.

SCHOLIE. — Si les deux côtés de l'angle A' étaient dirigés en sens contraire de la direction des côtés parallèles de l'angle A, les angles A' seraient encore égaux. Si deux côtés parallèles étaient de même sens et les deux autres de sens contraires, les angles A et A' seraient supplémentaires.

COROLLAIRE — Quand deux droites A et B sont situées d'une manière quelconque dans l'espace, on appelle *angle* de ces droites *l'angle de deux parallèles menées par un point quelconque.*

Pour que cette définition soit acceptable, il faut démontrer que cet angle est indépendant du point par où l'on mène les deux parallèles ; or c'est ce qui résulte du théorème précédent.

PROPOSITION VIII.

234. Théorème. — *Les intersections de deux plans parallèles par un troisième sont parallèles* (fig. 189).

Par hypothèse M et P sont deux plans parallèles, R les coupe suivant AB et CD.

Les deux droites AB et CD sont dans un même plan R et elles ne peuvent pas se rencontrer, puisqu'elles sont respectivement dans deux plans parallèles M et P; donc elles sont parallèles.

CoroLLAIRE. — *Les parallèles comprises entre plans parallèles sont égales* (fig. 189).

Par hypothèse, AC, BD sont deux parallèles comprises entre les plans parallèles M et P.

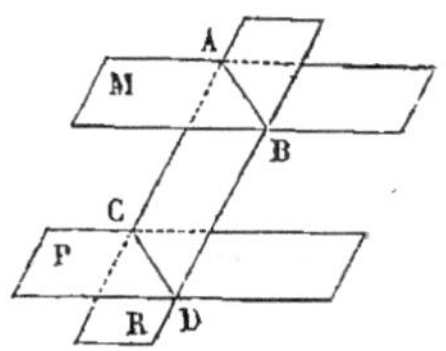
Fig. 189.

Menons le plan R de ces deux parallèles; il coupera les plans donnés suivant deux droites parallèles AB et CD; la figure ABDC sera donc un parallélogramme, donc AC = BD.

PROPOSITION IX.

235. Théorème. — *Par un point on peut mener un plan parallèle à un autre et on n'en peut mener qu'un* (fig. 188).

Par hypothèse, A est un point en dehors du plan A′B′C′.

1° Menons par A deux parallèles AB et AC au plan, ce qui se fait en menant des parallèles à des droites A′B′, A′C′ situées dans le plan (**231**, cor. 5). Le plan BAC sera parallèle au plan B′A′C′, car s'il le coupait, l'intersection serait parallèle aux deux droites AB et AC, ce qui est absurde (**231**, coroll. 4, **46**) ;

2° Si par A on pouvait mener deux plans parallèles à A′B′C′, on mènerait un plan, passant par A et coupant A′B′C′. Les deux intersections, avec les plans donnés passant par A, seraient parallèles à la ligne suivant laquelle il couperait A′B′C′ (**234**), ce qui est absurde (**46**).

CoroLLAIRE 1. — *Le lieu des parallèles menées par un point à un plan est le plan parallèle mené par ce point au plan.*

En effet, deux quelconques de ces parallèles déterminent un plan parallèle au plan donné ; or on ne peut mener par le plan donné qu'un seul plan parallèle au point donné ; donc toutes ces parallèles sont, dans un même plan, parallèles au plan donné.

CoroLLAIRE 2. — *Deux angles dont les côtés sont parallèles chacun à chacun, ont leurs plans parallèles* (fig. 188).

CoroLLAIRE 3. — *Si deux plans sont parallèles, tout plan qui coupe l'un coupe l'autre.*

CoroLLAIRE 4. — *Si deux plans sont parallèles, toute droite qui coupe l'un coupe l'autre.*

En effet, par la droite faisons passer un plan, ce plan coupera les deux plans donnés suivant deux droites parallèles, la droite donnée coupant l'une des deux coupera l'autre (**47**), par suite le plan dans lequel cette autre est contenue.

COROLLAIRE 5. — *Si deux plans sont parallèles, toute droite parallèle à l'un d'eux est parallèle à l'autre.*

Car si elle coupait l'un, elle couperait l'autre.

PROPOSITION X.

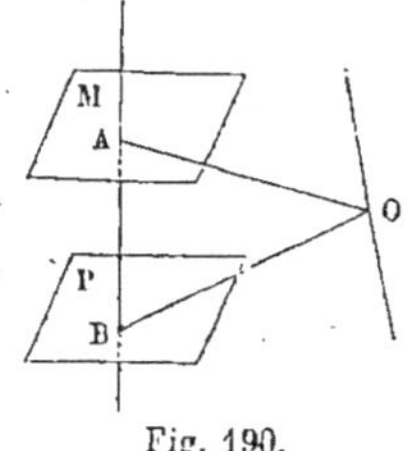

Fig. 190.

236. Théorème. — *Deux plans parallèles à un troisième sont parallèles entre eux* (fig. 190).

En effet, s'ils se rencontraient, par un point de leur intersection on pourrait mener deux plans parallèles à un plan, ce qui est absurde (**235**).

§ 3. — DROITES ET PLANS PERPENDICULAIRES.

PROPOSITION XI.

237. Théorème. — *Si une droite est perpendiculaire à deux droites d'un plan, elle est perpendiculaire à toute autre droite du même plan* (fig. 191).

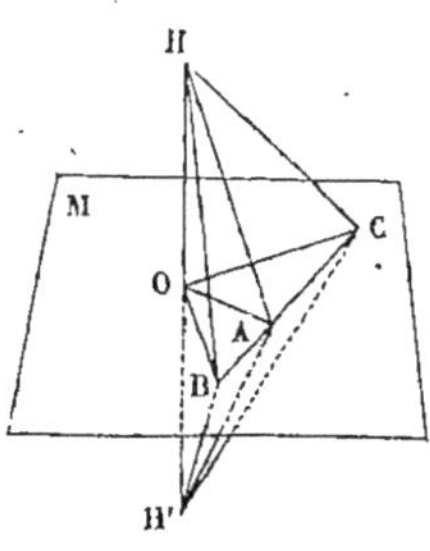

Fig. 191.

1° *Si une droite OH est perpendiculaire à deux droites OA, OB passant par son pied dans un plan, elle est perpendiculaire à toute autre droite OC passant par son pied.*

En effet, prolongeons HO au-dessous du plan, d'une longueur OH' = HO, coupons les trois lignes OA, OB, OC par une droite BAC et joignons H et H' aux points A, B, C. Les deux lignes AH, AH' sont égales, comme obliques s'écartant également du pied de la perpendiculaire (**34**) ; les deux lignes BH, BH' sont égales pour la même raison ; donc les deux triangles ABH, ABH' sont égaux (**25**).

Donc, en faisant tourner H'AB autour de AB comme charnière, on pourra amener le point H' en H. Le point C restant immobile sur la charnière pendant ce mouvement, la ligne CH' viendra s'appliquer sur CH ; donc CH' = CH. Donc le triangle HCH' est isocèle, par conséquent la médiane CO est perpendiculaire sur la base (**20**).

2° *Si une droite HO est perpendiculaire à deux droites OA, OB passant par son pied, elle est perpendiculaire à toute autre droite BC du plan* (fig. 191).

En effet, si par le point O nous menons une parallèle à BC, elle sera contenue dans le plan M (**231**, cor. I) ; elle sera perpendiculaire à HO (1°) ; donc HO est bien perpendiculaire à BC (**233**, cor.).

3° *Si une droite HO est perpendiculaire à deux droites quelconques d'un plan, elle est perpendiculaire à toute droite du plan* (fig. 191).

En effet, par le pied O de HO, menons deux droites AB, AC respectivement parallèles à celles que nous supposons perpendiculaires à HO, les angles HOA, HOB seront droits (**233**); donc HO sera bien (1°, 2°) perpendiculaire à toute droite du plan.

SCHOLIE. — On appelle *perpendiculaire à un plan* une droite perpendiculaire à toute droite d'un plan. On voit par le théorème précédent qu'une droite est perpendiculaire à un plan, quand elle est perpendiculaire à deux droites de ce plan.

COROLLAIRE. — *Si une droite est perpendiculaire à deux droites quelconques A et B parallèles à un plan, elle est perpendiculaire au plan.*

En effet, par un point quelconque du plan menons des parallèles à A et B, elles seront contenues dans le plan (**231**, cor. 1) et perpendiculaires à la première droite (**233**); donc cette droite est perpendiculaire à toute droite du plan et par suite au plan.

PROPOSITION XII.

238. Théorème. — *Par un point donné on peut mener une perpendiculaire à un plan et on n'en peut mener qu'une* (fig. 192).

1° Le point est en dehors du plan.

H est le point donné, M est le plan donné.

Nous pouvons tracer une droite quelconque AB dans le plan.

Par H et AB, nous pouvons faire passer un plan (**225**, cor. 2). Dans ce plan, du point H nous pouvons abaisser une perpendiculaire HA

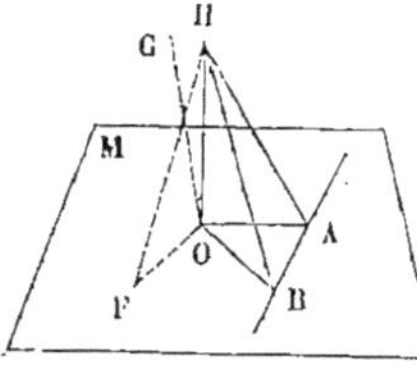

Fig. 192.

sur AB (**33**). Du point A dans le plan M, nous pouvons élever une perpendiculaire AO à AB (**10**). Dans le plan HAO (**225**, cor. 1) nous pouvons du point H abaisser HO perpendiculaire sur AO (**33**). Cette dernière droite HO sera perpendiculaire au plan M. En effet, AB est perpendiculaire aux deux droites AO, AH du plan HAO ; donc elle est perpendiculaire à HO ; donc HO est perpendiculaire à deux droites OA, AB du plan M, par suite au plan M (**237**, sch.).

Si l'on pouvait mener une seconde perpendiculaire HB au plan, le triangle HOB aurait deux angles droits ; ou bien, du point H, dans un plan, on pourrait abaisser deux perpendiculaires HO, HB, à une même droite OB, ce qui est absurde (**33**).

2° Le point est sur le plan.

O est le point donné sur le plan donné M.

Nous pouvons tracer une droite quelconque AB dans le plan. Du point O nous pouvons abaisser sur cette droite une perpendiculaire. Dans un plan quelconque, différent de M, passant par AB, nous pouvons élever par le point A une perpendiculaire AH à AB. Dans le plan HAO, nous pouvons du point O élever une perpendiculaire OH à OA. La droite OH sera perpendiculaire au plan M. (Même démonstration que ci-dessus.)

Si l'on pouvait mener une seconde perpendiculaire OG au plan M, le plan HOG couperait M suivant une droite OF, sur laquelle OG et OH seraient perpendiculaires, ce qui est absurde (**10**).

PROPOSITION XIII.

239. Théorème. — *Par un point donné on peut mener un plan perpendiculaire à une droite et on n'en peut mener qu'un.*

1° Le point donné est en dehors de la droite (fig. 195).

C est le point donné ; HH′ est la droite donnée.

Par le point C et la droite nous pouvons faire passer un plan.

Dans ce plan, du point C nous pouvons abaisser CO perpendiculaire sur la droite HH'. Dans un autre plan quelconque, passant par HH', nous pouvons élever du point O une perpendiculaire OA à cette droite. Le plan COA sera perpendiculaire à HH' (**237**).

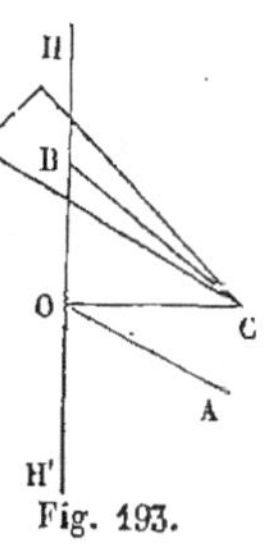
Fig. 193.

Si par C on pouvait mener un second plan perpendiculaire à HH' rencontrant cette droite en B, le triangle COB aurait deux angles droits. Si par CO on pouvait mener un second plan perpendiculaire à HH', le plan HH'A couperait ces plans suivant deux droites perpendiculaires à HH', ce qui est absurde (**10**).

2° Le point donné est sur la droite (fig. 194).

O est le point donné; HH' est la droite donnée.

Dans deux plans passant par HH', nous pouvons élever à cette droite deux perpendiculaires OA, OB. Le plan de ces deux droites sera perpendiculaire à HH' (**237**).

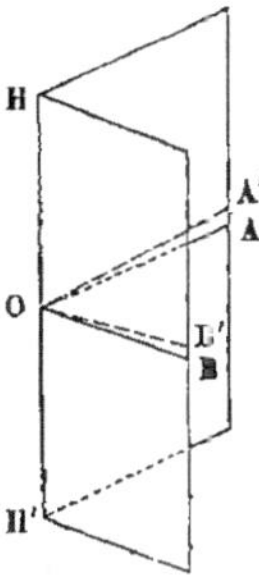
Fig. 194.

Si par le point O l'on pouvait mener un second plan perpendiculaire à HH', l'un des deux plans HH'A, HH'B au moins couperait les deux plans perpendiculaires suivant deux droites OB, OB', toutes deux perpendiculaires à HH', ce qui est absurde (**10**).

COROLLAIRE. — *Le lieu géométrique des perpendiculaires menées dans l'espace par un même point O d'une droite HH' est le plan perpendiculaire mené par ce point à cette droite* (fig. 195).

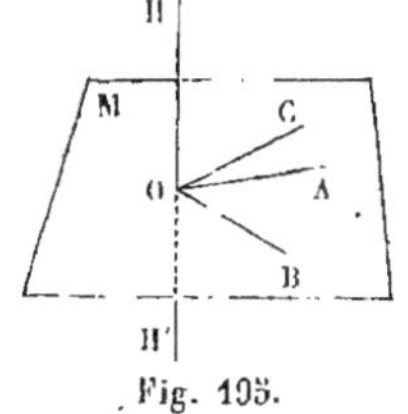
Fig. 195.

En effet, deux quelconques de ces perpendiculaires déterminent un plan perpendiculaire à la droite HH' menée par le point O, et nous savons qu'il n'y en a qu'un.

PROPOSITION XIV.

240. Théorème. — *Si du pied d'une perpendiculaire à un plan on abaisse une perpendiculaire à une droite du plan, en joignant le pied de cette dernière à un point quelconque de la première, on obtient une droite perpendiculaire à la* *droite du plan.* (Théorème des trois perpendiculaires.) (Fig. 192.)

Par hypothèse, HO est perpendiculaire au plan M ; OA perpendiculaire sur AB.

Il résulte de ces hypothèses que BA est perpendiculaire à deux droites OA et HO du plan HOA (**237**, sch.) ; donc BA est perpendiculaire au plan HOA et par suite à AH.

PROPOSITION XV.

241. Théorème. — *Si d'un point extérieur à un plan on mène une perpendiculaire et diverses obliques :*

1° *La perpendiculaire est plus courte que toute oblique ;*

2° *Deux obliques s'écartant également du pied de la perpendiculaire sont égales ;*

3° *De deux obliques, celle qui s'écarte le plus est la plus longue ;*

4° *Les réciproques sont vraies* (fig. 196).

Par hypothèse, HO est une perpendiculaire au plan M ; HA, HB, HC sont diverses obliques ; OA = OB ; OA < OC.

1° Dans le plan HOA, HO est une perpendiculaire à OA, et HA est une oblique ; donc HO < HA (**34**).

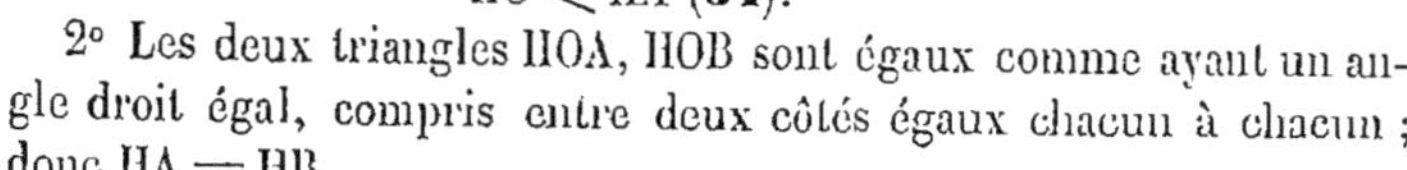

Fig. 196.

2° Les deux triangles HOA, HOB sont égaux comme ayant un angle droit égal, compris entre deux côtés égaux chacun à chacun ; donc HA = HB.

3° Sur OC portons OD = OA. Dans le plan HOC, nous aurons HC > HD (**34**). Mais HD = HA (2°), donc HC > HA.

4° Les réciproques se démontrent par la réduction à l'absurde. — Si une ligne HO est plus courte que toute autre HA menée d'un point H à un plan, elle est perpendiculaire à ce plan, car si elle était oblique, elle ne serait pas la plus courte ligne joignant le point H au plan ; etc.

SCHOLIE. — La perpendiculaire abaissée d'un point à un plan se nomme la *distance du point au plan.*

COROLLAIRE. — *Le lieu géométrique des pieds A, B, C... d'obliques égales partant d'un même point H de l'espace est une cir-*

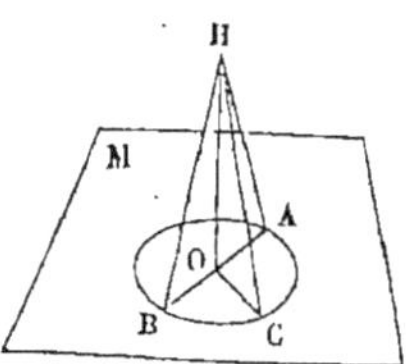

Fig. 197.

conférence de cercle ayant pour centre le pied de la perpendiculaire abaissée du point H sur le plan (fig. 197).

En effet toutes ces obliques étant égales s'écartent également du pied de la perpendiculaire (**241**, 4°).

PROPOSITION XVI.

242. Théorème. — *Si deux droites sont parallèles, tout plan perpendiculaire à l'une est perpendiculaire à l'autre.*

En effet, deux droites parallèles font le même angle avec une droite quelconque (**233**, cor.). Si donc l'une des deux parallèles est perpendiculaire à toutes les droites d'un plan, l'autre est perpendiculaire aux mêmes droites, par suite au plan (**237**, sch.).

Corollaire. — Réciproquement, *deux perpendiculaires* A *et* B *à un même plan* P *sont parallèles.*

En effet, par un point de B menons une parallèle à A, elle sera perpendiculaire au plan P (**242**); donc elle se confond avec B, puisque par un point on ne peut mener qu'une perpendiculaire à un plan (**238**).

PROPOSITION XVII.

243. Théorème. — *Si deux plans sont parallèles, toute perpendiculaire à l'un est perpendiculaire à l'autre* (fig. 198).

Par hypothèse, les plans M et P sont parallèles, et AB est perpendiculaire à M.

1° AB rencontre P (**235**, cor. 4).

2° Par AB menons un plan quelconque, coupant M et P suivant les deux droites parallèles AC et BD (**234**). Par hypothèse, AB est perpendiculaire à AC (**237**, sch.); donc elle est perpendiculaire à BD (**47**). On peut répéter

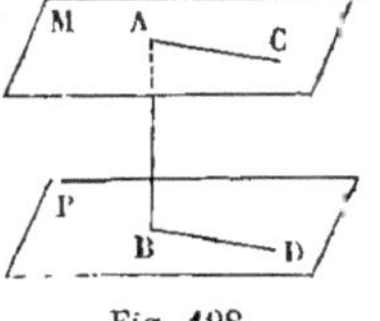

Fig. 198.

le même raisonnement pour un second plan passant par AB; donc AB est perpendiculaire au plan P (**237**, sch.).

Corollaire. — Réciproquement, *deux plans perpendiculaires à une même droite sont parallèles* (fig. 198).

En effet, s'ils se rencontraient, par un point O de leur intersection, on pourrait mener deux plans perpendiculaires à une même droite, ce qui est absurde (**238**).

§ 4. — PROJECTIONS D'UN POINT ET D'UNE DROITE.

DÉFINITIONS.

244. *Projection d'un point.* — On appelle *projection* d'un point sur un plan le pied de la perpendiculaire abaissée de ce point sur le plan.

245. *Projection d'une ligne.* — On appelle projection d'une ligne le lieu des projections de ses divers points.

PROPOSITION XVIII.

246. Théorème. — *La projection d'une ligne droite est une ligne droite* (fig. 199).

Soit C la projection du point A de AB sur M. Menons le plan BAC,

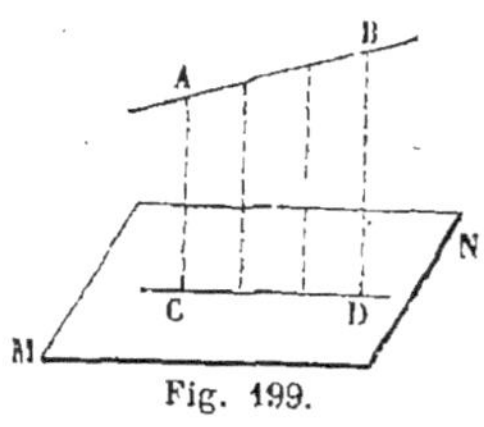

Fig. 199.

il coupera le plan M suivant CD. Si maintenant, pour projeter un point quelconque B, nous abaissons sur M une perpendiculaire, elle sera parallèle à AC (**242**, cor.), par suite contenue dans le plan BAC (**226**); donc son pied est sur CD. Donc le lieu des projections de tous les points d'une droite AB est une autre droite CD.

Corollaire 1. — Pour avoir la projection d'une droite, il suffit de réunir les projections de deux points.

Corollaire 2. — *Les projections de deux droites parallèles sont parallèles* (fig. 199).

En effet, soient deux droites parallèles AB, A'B'; les lignes projetantes AC, A'C' seront aussi parallèles comme perpendiculaires à un même plan (**242**, cor.); donc les deux plans BAC, B'A'C' seront parallèles (**235**, cor. 2); donc les projections CD, C'D' seront parallèles, comme intersections de deux plans parallèles par un troisième (**234**).

Corollaire 3. — *Une figure plane a pour projection une figure égale sur un plan parallèle à celui de la figure.*

En effet, pour projeter une longueur *a* on abaisse des perpendiculaires de ses extrémités, et l'on joint leurs pieds : la figure formée est un parallélogramme; donc la projection de *a* est égale à cette ligne.

Un angle a pour projection un autre angle dont les côtés sont parallèles et dirigés dans le même sens, et qui, par suite, lui est égal.

Corollaire 4. — *Un angle droit se projette suivant un angle droit sur un plan parallèle à l'un de ses côtés* (fig. 192).

Par hypothèse HAB est droit, nous le projetons sur le plan M passant par AB ; nous obtenons OAB pour projection.

BA est perpendiculaire à HA par hypothèse, et à HO par construction (**237**, sch.), donc au plan HAO, donc à AO.

Corollaire 5. — *Réciproquement, un angle est droit quand il se projette suivant un angle droit sur un plan parallèle à l'un de ses côtés* (fig. 192).

Par hypothèse OAB est droit, et il est la projection de HAB.

On voit facilement que ce corollaire est le théorème des trois perpendiculaires (**240**) énoncé d'une autre manière.

PROPOSITION XIX.

247. Théorème. — *L'angle aigu d'une droite avec sa projection sur un plan est plus petit que l'angle que la droite fait avec toute autre ligne passant par son pied* (fig. 200).

Par hypothèse PO est la projection de PH, PO′ est une droite passant par le pied de PH.

Prenons PO′ = PO, menons HO′. Les deux triangles HPO, HPO′ ont deux côtés égaux chacun à chacun, savoir, HP commun, PO′ = PO ; le troisième côté HO du premier

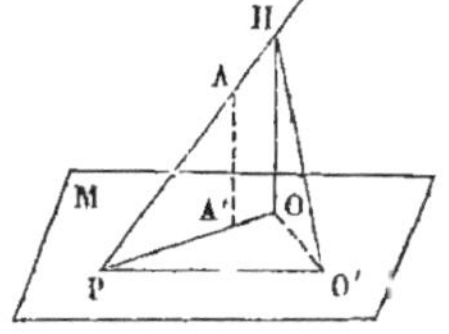
Fig. 200.

est moindre que HO′ du second (**241**); donc l'angle HPO < HPO′. C. q. f. d.

Scholie. — L'angle aigu d'une droite avec sa projection se nomme l'*inclinaison* de la droite sur le plan, ou l'angle que fait la droite avec le plan.

Corollaire. — L'angle obtus que la droite fait avec sa projection est évidemment plus grand que l'angle qu'elle fait avec toute autre droite passant par son pied.

§ 5. — DIÈDRES.

DÉFINITIONS.

248. Dièdre. — On nomme *dièdre* la figure formée par deux plans qui se coupent (fig. 201). Les deux plans s'appellent les *faces* du dièdre; leur intersection s'appelle l'*arête* du dièdre.

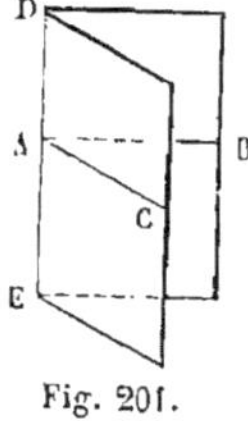

Fig. 201.

249. Rectiligne. — On nomme *rectiligne* d'un dièdre l'angle formé par deux droites AB, AC menées dans chacun des deux plans perpendiculairement à l'arête. On peut encore dire que le rectiligne est l'angle formé par les intersections avec les deux faces d'un plan perpendiculaire à l'arête.

250. Égalité. — On dit que deux dièdres sont *égaux*, quand on peut les faire coïncider par superposition. Pour superposer deux dièdres, on place d'abord leurs arêtes l'une sur l'autre, puis en faisant tourner l'un des dièdres autour de l'arête comme charnière, on amène la face B_1 en coïncidence avec B; la face C_1 coïncide alors avec C si les deux dièdres sont égaux.

251. Somme de deux dièdres. — Imaginons deux *dièdres adjacents*, c'est-à-dire ayant même arête et une face commune entre deux autres faces. Les faces extrêmes forment un dièdre ; la face commune forme un dièdre avec chacune des deux autres ; le dièdre formé par les faces extrêmes est dit la *somme* des deux autres. *Ajouter* un dièdre à un autre, c'est donc le placer à côté de cet autre, de façon que l'arête et une face soient communes.

On dit qu'un dièdre est *plus grand* qu'un autre, lorsqu'on peut le considérer comme la somme de cet autre et d'un troisième dièdre.

PROPOSITION XX.

252. Lemme. — *Le rectiligne d'un dièdre est constant, quel que soit le point de l'arête choisi pour le tracer* (fig. 202).

En effet, si on le trace par deux points différents de l'arête, a et a', les deux angles $\beta a \gamma$, $\beta' a' \gamma'$ auront les côtés parallèles et dirigés dans le même sens (**44**); donc ils seront égaux (**233**).

PROPOSITION XXI.

253. Théorème. — *A des dièdres égaux correspondent des rectilignes égaux, et réciproquement* (fig. 202).

1° Par hypothèse, les dièdres sont égaux.

Nous pouvons donc les placer l'un sur l'autre de manière à les faire coïncider. Mais alors le rectiligne $\beta\alpha\gamma$ que l'on tracera pour l'un des deux, sera le rectiligne de l'autre (**249**).

2° Par hypothèse, les deux rectilignes $\beta\alpha\gamma$, $\beta_1\alpha_1\gamma_1$ sont égaux.

Transportons le second dièdre sur le premier de manière à faire coïncider les rectilignes égaux, la ligne $\alpha_1 A_1$, perpendiculaire au plan de l'angle rec-

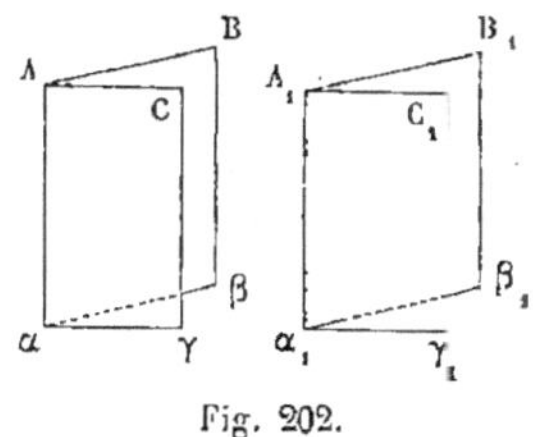
Fig. 202.

tiligne $\beta_1\alpha_1\gamma_1$ (**237**), suivra la direction αA perpendiculaire au plan $\beta\alpha\gamma$ (**238**, 2°). Donc la face $A_1\alpha_1\beta_1$ coïncide avec $A\alpha\beta$ (**225**, cor. 1) et $A_1\alpha_1\gamma_1$ coïncide avec $A\alpha\gamma$; donc les deux dièdres sont égaux.

PROPOSITION XXII.

254. Théorème — *Deux dièdres quelconques sont entre eux comme leurs rectilignes* (fig. 203).

Par hypothèse, les deux dièdres $BA\alpha D$, $DA\alpha C$ ont pour rectilignes BAD, DAC.

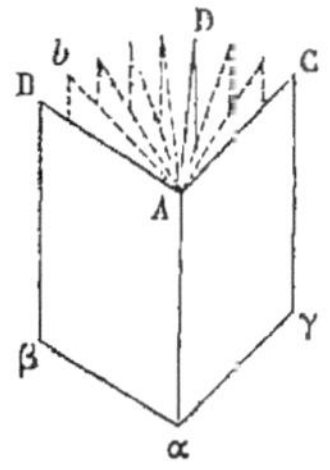

1° Supposons les dièdres commensurables et admettons qu'une commune mesure $BA\alpha b$ soit contenue 5 fois dans le premier et 3 fois dans le second, nous aurons

$$\frac{D(BA\alpha D)}{D(DA\alpha C)} = \frac{5}{3}.$$

Fig. 203.

Le plan BAC perpendiculaire à l'arête $A\alpha$ coupéra toutes les faces des dièdres qui composent les dièdres donnés suivant les côtés de leurs rectilignes (**249**), et comme tous ces dièdres sont égaux, tous les rectilignes correspondants sont aussi égaux (**253**); le rectiligne BAD en contient 5, le rectiligne DAC en contient 3, donc

$$\frac{BAD}{DAC} = \frac{5}{3},$$

et par suite

$$\frac{D(BA\alpha D)}{D(DA\alpha C)} = \frac{BAD}{DAC}.$$

C. q. f. d.

2° Supposons maintenant les dièdres incommensurables.

Nous divisons le second en un nombre quelconque variable et croissant de parties égales ; nous portons la partie aliquote formée, dans le premier autant de fois que possible, nous avons ainsi un dièdre D (BAαD') commensurable avec D (DAαC) et un rectiligne correspondant BAD'. Nous avons, d'après le premier cas,

$$\frac{D(BA\alpha D')}{D(DA\alpha C)} = \frac{BAD'}{DAC}.$$

Si le nombre des parties égales qui composent le second dièdre croît indéfiniment, les deux rapports précédents varient et tendent vers des limites égales, puisqu'ils sont toujours égaux ; donc

$$\lim. \frac{D(BA\alpha D')}{D(DA\alpha C)} = \lim. \frac{BAD'}{DAC} ;$$

mais, par définition (**91**),

$$\lim. \frac{D(BA\alpha D')}{D(DA\alpha C)} = \frac{D(BA\alpha D)}{D(DA\alpha C)}$$

et

$$\lim. \frac{BAD'}{DAC} = \frac{BAD}{DAC} ;$$

donc

$$\frac{D(BA\alpha D)}{D(DA\alpha C)} = \frac{BAD}{DAC}.$$

C. q. f. d.

Corollaire. — *Un dièdre a pour mesure son angle rectiligne.* Il faut entendre par là que la mesure d'un dièdre donne le même nombre que la mesure de son angle rectiligne, pourvu que l'unité d'angle corresponde à l'unité de dièdre. Ce corollaire est l'énoncé du théorème précédent sous une autre forme (**88**).

Scholie — On ne pourrait pas remplacer le rectiligne que nous avons choisi par un autre formé de deux lignes également inclinées sur l'arête. En effet, imaginons deux dièdres égaux et adjacents. Le dièdre formé par les faces extrêmes est égal à la somme des deux premiers ou égal au double de l'un d'eux, par définition (**251**). Menons un plan perpendiculaire à l'arête commune HO (fig. 197) et, par un point quelconque H de l'arête, menons dans les faces des lignes également inclinées sur cette arête ; ces lignes rencontrent le plan précédent en trois points ABC situés sur une circonférence (**241, cor.**).

Donc les trois lignes HA, HB, HC ne sont pas dans un même plan, et l'angle AHB n'est pas la somme des deux angles AHC, CHB.

255. Théorème. — *Tout point du plan bissecteur d'un dièdre est à égale distance des deux faces, et réciproquement tout point à égale distance des deux faces est sur le plan bissecteur* (fig. 204).

On nomme plan *bissecteur* d'un dièdre un plan passant par l'arête et divisant le dièdre en deux parties égales.

1° Par hypothèse, C est sur le plan P bissecteur, et ses distances aux faces M et N du dièdre sont CD et CE.

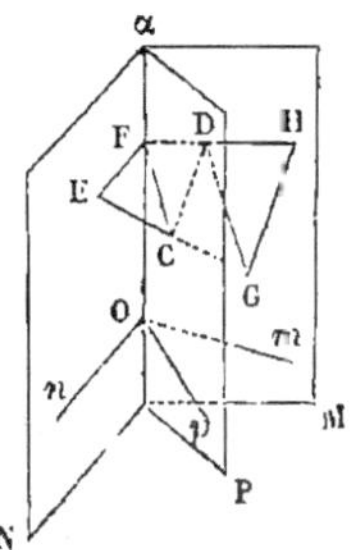
Fig. 204.

La ligne CD étant perpendiculaire au plan M, est perpendiculaire à αO (**237**) ; CE étant perpendiculaire au plan N, est perpendiculaire à αO, pour la même raison. L'arête αO étant perpendiculaire aux deux droites CD, CE est perpendiculaire à leur plan CDFE (**237**) ; donc FC, FD, FE sont les côtés des rectilignes des divers dièdres ayant αO pour arête (**249**). Par conséquent, CF est la bissectrice de EFD (**253**) ; donc les deux lignes CD, CE sont égales (**38**).

2° Par hypothèse, les distances CD et CE sont égales.

Menons le plan CαO. La ligne CF est nécessairement bissectrice de l'angle EFD (**38**). Les angles rectilignes CFD, CFE étant égaux, le plan P est bissecteur du dièdre donné (**253, 2°**).

CorollairE. — *Tout point G en dehors du plan bissecteur est à inégale distance des faces.* — Car s'il était à égale distance, il serait sur le plan bissecteur. — On peut d'ailleurs démontrer directement ce corollaire.

Le plan bissecteur est le lieu des points également distants des faces d'un dièdre.

§ 6. — PLANS PERPENDICULAIRES.

DÉFINITION.

256. On dit qu'un plan est *perpendiculaire* sur un autre, lorsque les deux dièdres adjacents qu'il forme avec cet autre indéfiniment prolongé sont égaux entre eux. — Chacun de ces dièdres est alors appelé *dièdre droit.*

PROPOSITION XXIV.

257. Théorème. — *Par une droite située dans un plan, on peut mener un plan perpendiculaire au premier et on n'en peut mener qu'un.*

Pour démontrer ce théorème on raisonne absolument comme au § 10.

Corollaire. — Tous les angles dièdres droits sont égaux.

Scholie. — Il est facile de déduire de ce théorème les suivants, que nous nous bornons à énoncer :

1° *Tout plan qui en rencontre un autre fait avec celui-ci deux dièdres adjacents, dont la somme est égale à deux dièdres droits.*

2° *Si deux dièdres adjacents sont supplémentaires, les faces extérieures sont sur un même plan.*

3° *Quand deux plans indéfinis se coupent, les dièdres opposés par l'arête sont égaux.*

4° *Les plans bissecteurs de deux dièdres adjacents sont perpendiculaires l'un sur l'autre.*

PROPOSITION XXV.

258. Théorème. — *A un dièdre droit correspond un angle rectiligne droit, et réciproquement.*

1° Par hypothèse, un plan P est perpendiculaire sur un autre Q. Menons un plan R perpendiculaire à l'intersection des deux plans

P et Q, il déterminera les rectilignes des dièdres adjacents (**249**). Les dièdres étant égaux (hypoth.), les rectilignes seront égaux (**253**), et par suite droits (**7**).

2° Par hypothèse, le plan P coupe le plan Q et le plan R perpendiculaire à leur intersection détermine des rectilignes égaux.

Il résulte de là que les dièdres sont égaux (**253**, 2°); par suite les dièdres sont droits (**256**).

Corollaire. — Pour démontrer qu'un plan P est perpendiculaire sur un autre, il suffit de faire voir que le rectiligne de leur dièdre est droit.

PROPOSITION XXVI

259. Théorème. — *Si une droite est perpendiculaire à un plan, tout plan qui la contient est perpendiculaire au même plan* (fig. 205).

Par hypothèse, BO est perpendiculaire au plan Cα et le plan Mα passe par BO.

Soit OC perpendiculaire à l'intersection Aα des deux plans, l'angle BOC est droit (**237**). Or cet angle est le rectiligne du dièdre des plans Mα et Cα, donc ces deux plans sont perpendiculaires (**258**, cor.).

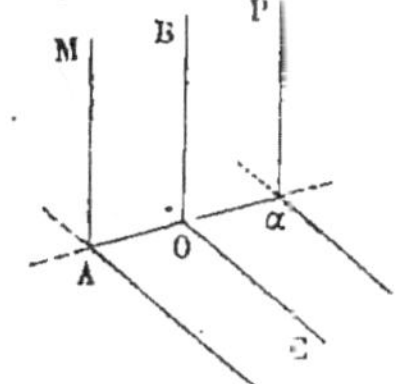

Fig. 205.

Corollaire. — *Tout plan parallèle à la droite est perpendiculaire au même plan.* — Car si par un point de ce plan on mène une parallèle à la droite, elle y est contenue (**231**, cor. 1), et elle est perpendiculaire aussi au plan Cα (**242**).

PROPOSITION XXVII.

260. Théorème. — *Réciproquement, si deux plans sont perpendiculaires, toute droite menée dans l'un d'eux perpendiculairement à leur intersection est perpendiculaire à l'autre* (fig. 206).

Par hypothèse, les plans M et A sont perpendiculaires et AP est menée dans A perpendiculairement à leur intersection BC.

Menons PD perpendiculaire à BC dans le

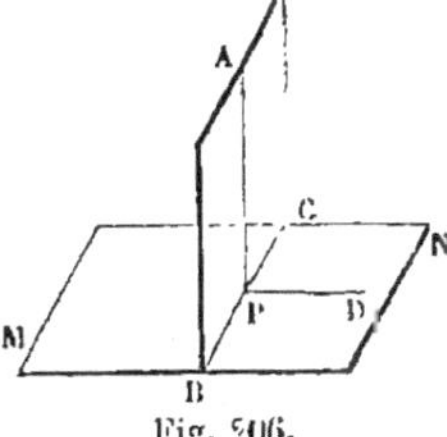

Fig. 206.

plan M, l'angle APD est le rectiligne du dièdre des plans, donc il est droit. Donc AP est perpendiculaire à deux droites BC et PD du plan M, donc il est perpendiculaire au plan M (**237**).

Corollaire 1. — *Si deux plans sont perpendiculaires et que par un point du premier on mène une perpendiculaire au second, elle est contenue dans le premier.*

En effet, par le même point du premier, menons une perpendiculaire à l'intersection des deux plans, elle sera perpendiculaire au second, d'après le théorème précédent, et d'ailleurs on ne peut mener par un point qu'une seule perpendiculaire à un plan (**238**).

Corollaire 2. — *Si deux plans P et Q sont perpendiculaires, toute droite A perpendiculaire à l'un Q est parallèle à l'autre P.*

En effet, si par un point du plan P on mène une perpendiculaire B au plan Q, elle sera dans le plan P (cor. 1), et elle sera parallèle à A (**242**, cor.). La droite A étant parallèle à une droite B du plan P est parallèle au plan P (**231**, cor. 5).

PROPOSITION XXVIII.

261. Théorème. — *Si deux plans sont perpendiculaires à un troisième, leur intersection est perpendiculaire à ce troisième* (fig. 207).

Par hypothèse, deux plans sont perpendiculaires au plan MN et AB est leur intersection.

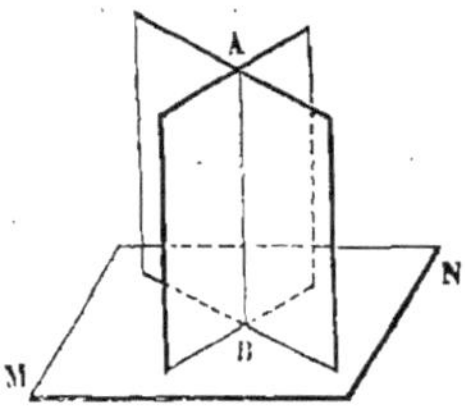

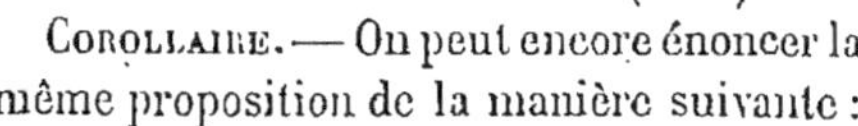

Fig. 207.

Si par un point A quelconque de cette intersection nous abaissons une perpendiculaire sur M, elle sera contenue dans chacun des deux autres plans (**260**, cor.). Donc elle est leur intersection (**238**).

Corollaire. — On peut encore énoncer la même proposition de la manière suivante :

Si un plan est perpendiculaire à deux plans qui se coupent, il est perpendiculaire à leur intersection.

PROPOSITION XXIX.

262. Théorème. — *Par une droite quelconque, on peut toujours mener un plan perpendiculaire à un autre, et on n'en peut mener qu'un*

1° Par un point de la droite menons une perpendiculaire au plan, puis faisons passer un plan par ces deux droites, il sera perpendiculaire au plan donné (**259**).

2° Un plan passant par la droite et perpendiculaire au plan donné doit contenir la perpendiculaire abaissée d'un point de la droite sur le plan donné (**260**, cor 1), or par deux droites qui se coupent on ne peut faire passer qu'un plan.

SCHOLIE. — Notre raisonnement suppose que la perpendiculaire au plan, abaissée d'un point de la droite, ne se confond pas avec la droite ; il suppose donc que la droite donnée n'est pas perpendiculaire au plan donné.

COROLLAIRE. — *Le plan projetant d'une droite est perpendiculaire sur le plan de projection* (**246**).

PROPOSITION XXX.

263. Théorème — *Si deux droites ne sont pas dans un même plan :*

1° *On peut leur mener une perpendiculaire commune ;*

2° *On n'en peut mener qu'une :*

3° *Elle est la plus courte distance entre les deux droites* (fig. 208).

Par hypothèse, AB, DE sont deux droites non situées dans le même plan (**229**).

Par un point E quelconque de l'une des droites, menons une parallèle EF à l'autre et faisons passer un plan par BE et EF ; il sera parallèle à AD (**231**, cor. 5). — Si les deux droites étaient dans un même plan, le plan BEF contiendrait AD.

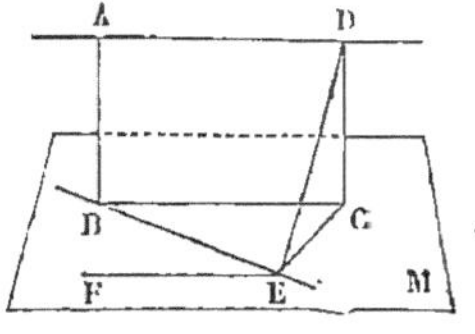
Fig. 208.

D'un point quelconque de AD abaissons une perpendiculaire DC sur ce plan. Du pied C menons une parallèle à AD ; elle sera contenue dans le plan M (**231**, cor. 1), et rencontrera BE, sans quoi BE serait parallèle à AD, ce qui est contraire à l'hypothèse.

Par le point B de rencontre menons BA parallèle à CD.

1° *AB est une perpendiculaire commune aux deux droites.* — En effet, AB est parallèle à DC perpendiculaire au plan M ; donc AB est perpendiculaire à ce plan (**242**) ; donc AB est perpendiculaire à BE et à BC, par suite à AD.

2° *Il n'y a qu'une perpendiculaire commune aux deux droites.*
— En effet, si DE était une seconde perpendiculaire commune,
cette ligne serait perpendiculaire à BE et à EF parallèle à AD; donc
elle serait perpendiculaire au plan M. Mais DC est déjà perpendiculaire au plan M; donc par un point on pourrait mener deux perpendiculaires à un plan, ce qui est absurde (**238**).

3° *La perpendiculaire commune est la plus courte distance
entre les deux droites.* — En effet, toute autre ligne DE menée
entre les deux droites est plus longue que la perpendiculaire DC au
plan M, partant du même point D; mais DC $=$ AB, donc DE est plus
longue que AB.

§ 7. — TRIÈDRES, ANGLES POLYÈDRES.

DÉFINITIONS.

264. Trièdre. — On appelle *trièdre* la figure formée par trois
plans qui se coupent. Le point commun aux trois plans se nomme
le *sommet* du trièdre. Les intersections des trois plans deux à deux
se nomment les *arêtes* du trièdre. Les angles formés par les arêtes
s'appellent les *faces* du trièdre.

Dans un trièdre il y a six éléments, *trois* faces et *trois* dièdres.

Le trièdre, dans l'espace, est l'analogue du triangle sur le plan.
Les faces sont les analogues des côtés, les dièdres sont les analogues des angles.

Deux arêtes d'un trièdre, non prolongées au delà du sommet, font
toujours deux angles, l'un inférieur et l'autre supérieur à 2 angl. dr.;
nous appellerons seulement *face* l'angle inférieur à 2 angl. dr.

265. Angle polyèdre. — On appelle *angle polyèdre* la figure
formée par plusieurs plans qui se coupent en un même point. Ce
point commun se nomme *sommet*.

On dit qu'un angle polyèdre est convexe, lorsque en prolongeant
une face *quelconque,* la figure est tout entière d'un seul côté de
cette face indéfinie.

Dans un polyèdre convexe, chaque face est moindre que deux angles droits; car si elle était plus grande, elle ne pourrait pas être
tout entière d'un même côté d'une face, ayant avec elle une arête
commune.

Nous ne considérerons que des angles polyèdres convexes, dans les théorèmes qui suivent.

266. ORDRE DES ÉLÉMENTS. — Nous aurons souvent besoin de parler de l'ordre des dièdres ou des faces d'un angle solide, voici comment nous le préciserons :

Nous imaginerons l'angle solide placé devant notre œil, comme nous placerions, par exemple, l'angle d'un cristal que nous voudrions observer. Puis nous tournerons dans un sens convenu, de droite à gauche par exemple, en faisant l'énumération des dièdres ou des faces rencontrées. La succession des éléments nommés constituera *l'ordre* de ces éléments.

PROPOSITION XXXI.

267. Théorème. — *Quand on prolonge les arêtes d'un angle polyèdre au delà du sommet, on forme un second angle polyèdre dont les éléments sont les mêmes, mais disposés dans un ordre inverse* (fig. 208).

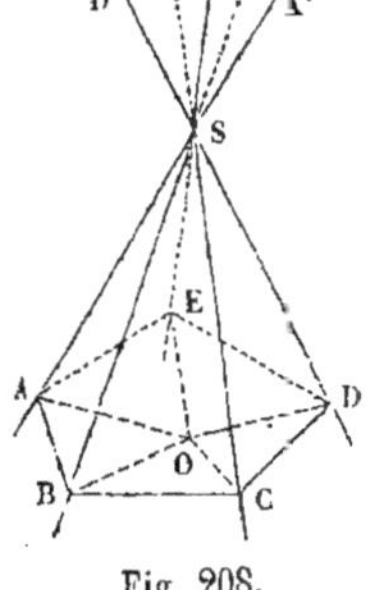
Fig. 208.

1° Le nouvel angle polyèdre a les mêmes faces, parce que dans un plan, si deux droites se coupent, les angles opposés par le sommet sont égaux. Le nouvel angle polyèdre a aussi les mêmes dièdres, parce que, si deux plans se coupent, les dièdres opposés par l'arête sont égaux.

2° L'ordre des éléments de même nom est inverse. — En effet, plaçons l'angle polyèdre inférieur devant notre œil (**266**), l'ordre sera pour les dièdres

SA, SB, SC, SD, SD, SA.

Plaçons de même devant notre œil l'angle polyèdre supérieur, l'ordre sera

SA', SE', SD', SC', SB', SA';

c'est précisément l'ordre inverse de celui que nous avions observé. Pour retrouver les éléments égaux dans le même ordre, il faudrait tourner en sens inverse de gauche à droite autour du sommet. Pour bien se rendre compte de la cause de ce changement d'ordre, ima-

ginons que SA, d'abord sur le plan du tableau, tourne dans le sens
direct de manière à prendre successivement les positions SB, SC...,
au-dessus de ce plan ; son prolongement SA′ passera au-dessous
du tableau et prendra les positions SB′, SC′...; donc SA′ tournera
en sens inverse, c'est-à-dire de gauche à droite.

Corollaire. — Deux figures pareilles, quoique composées d'éléments égaux, ne sont pas en général égales, c'est-à-dire superposables. Dans tous les cas, elles ne peuvent jamais se superposer de
façon que les éléments de même nom soient en coïncidence. En effet,
si cela pouvait se faire, après la superposition les éléments de même
nom seraient seraient dans le même ordre, ce qui est contraire au
théorème précédent.

Ces figures sont dites *symétriques*.

Scholie. — On peut construire sur un plan deux polygones symétriques, c'est-à-dire deux polygones composés d'éléments égaux,
disposés en ordre inverse. Mais, en retournant l'un des deux polygones, il arrive que les éléments égaux sont disposés dans le même
ordre ; la superposition devient donc possible ; donc deux polygones
plans symétriques sont égaux.

PROPOSITION XXXII.

268. Théorème. — *Par le sommet d'un trièdre on élève des
perpendiculaires sur chacune des faces, en ayant soin que chacune de ces perpendiculaires soit, relativement à la face, du
même côté que la troisième arête; on forme ainsi un second
trièdre.*

*1° Le premier trièdre est réciproque du second, c'est-à-dire se
déduit du second, comme le second du pre-
mier;*

*2° Les faces de l'un sont les supplé-
ments des dièdres correspondants de l'autre*
(fig. 209).

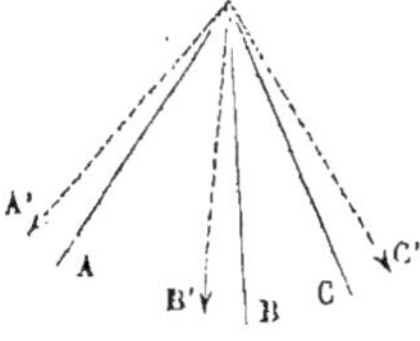

Fig. 209.

La démonstration de ce théorème repose
sur deux lemmes :

Lemme 1. — *Si par un point d'un plan on
élève une perpendiculaire, toute droite issue du même point et
située du même côté fait un angle aigu avec la perpendiculaire,*

et réciproquement, si elle fait un angle aigu, elle est du même
côté que la perpendiculaire (fig. 210).

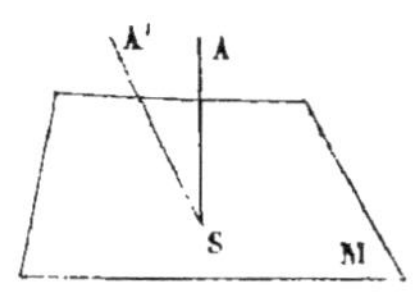 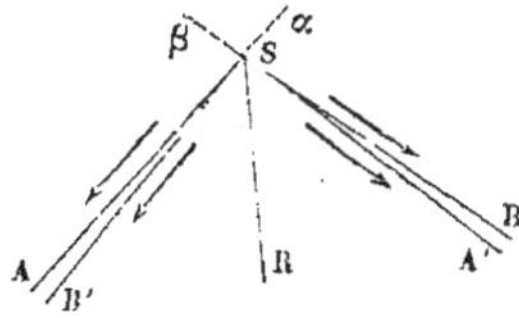

Fig. 210.   Fig. 211.

Lemme 2. — *Si par un point de l'arête d'un dièdre on élève*
une perpendiculaire à chacune des faces et du même côté que l'au-
tre, l'angle rectiligne formé est le supplément du dièdre (fig. 211).

En effet, par les deux perpendiculaires SA′, SB′ faisons passer un
plan, il sera perpendiculaire à chacune des faces du dièdre (**259**),
et par suite à leur intersection. Donc ce plan, en coupant les faces,
déterminera le rectiligne ASB du dièdre, et, d'après notre hypothèse, SA′ est du même côté que SB, par rapport à SA ; de même
SB′ est du même côté que SA par rapport à SB. Cela posé, nous
avons

$$\text{ASB} = 1\ \text{dr.} + \text{A}'\text{SB},$$
$$\text{A}'\text{SB}' = 1\ \text{dr.} - \text{A}'\text{SB};$$

donc, en ajoutant membre à membre,

$$\text{ASB} + \text{A}'\text{SB}' = 2\ \text{dr.}$$

Nous pouvons maintenant démontrer le théorème énoncé.

Par hypothèse (fig. 209), SA′ est perpendiculaire sur BSC et du
même côté que SA ; SB′ est perpendiculaire sur CSA et du même
côté que SB ; SC′ est perpendiculaire sur ASB et du même côté que
SC, et les trois lignes SA′, SB′, SC′ forment un trièdre, quand on
imagine les plans qu'elles déterminent prises deux à deux.

1° Le plan, B′SC′, passant par SB′, est perpendiculaire au plan
ASC (**259**) ; passant par SC′, il est pour la même raison perpendiculaire au plan ASB ; donc il est perpendiculaire à leur intersection
SA. — De plus SA′ et SA font un angle aigu (lemme 1), donc
elles sont du même côté de la face B′SC′ perpendiculaire à SA. On
démontrerait de la même manière que SB est perpendiculaire à

C'SA' et du même côté que SB', que SC est perpendiculaire à A'SB'
et du même côté que SC'. Donc le trièdre ABCS se déduit du trièdre
A'B'C'S, comme A'B'C'S a été déduit de ABCS.

2º L'angle A'SB' est le supplément du dièdre SC (lemme 2), et
à cause de la réciprocité des deux trièdres (1º) l'angle ASB est le
supplément du dièdre SC'.

SCHOLIE. — Chacun des trièdres est appelé le *supplémentaire* de
l'autre.

PROPOSITION XXXIII.

269. Théorème. — *Dans un trièdre isoscèle les dièdres opposés aux faces égales sont égaux* (fig. 212).

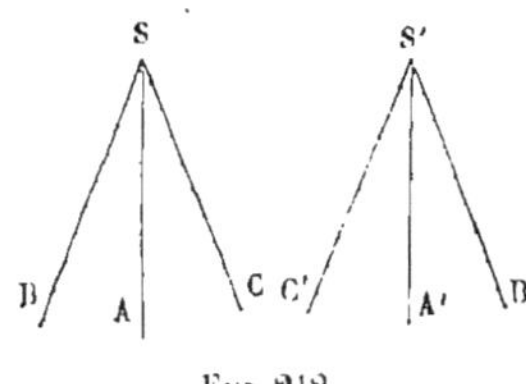

Nous appelons trièdre isoscèle celui
qui a deux faces égales. — Par hypothèse BSA = CSA.

Considérons le trièdre symétrique
du trièdre donné et plaçons-le à côté
en S'A'B'C'. Les éléments de même nom
sont disposés en sens inverse (**267**).

Fig. 212.

Portons le second trièdre sur le pre-
mier de manière à faire coïncider le dièdre S'A' avec son égal SA.
La face A'S'C' est égale à ASC (**267**) et par suite à ASB; donc S'C'
suivra la direction SB. Pour la même raison S'B' suivra la direction
SC et les deux trièdres coïncideront. Le dièdre S'B' est donc égal au
dièdre SC; donc le dièdre SB est égal au dièdre SC.

PROPOSITION XXXIV.

270. Théorème. — *Si dans un trièdre deux dièdres sont
égaux, les faces opposées sont égales et le trièdre est isoscèle* (fig. 212).

Par hypothèse, le dièdre SB est égal au dièdre SC.

Considérons comme précédemment le trièdre symétrique S'A'B'C'.
Portons-le sur le premier de manière à faire coïncider les faces
égales C'S'B', BSC. Le dièdre S'C' est égal au dièdre SC et par suite
au dièdre SB; donc la face C'S'A' suivra la direction de la face BSA.
Pour la même raison, la face B'S'A' suivra la direction de la face CSA;
donc S'A' coïncidera avec SA et par suite les deux trièdres coïncide-

ront. Donc la face B'S'A' est égale à CSA. Donc enfin la face BSA est égale à CSA.

PROPOSITION XXXV.

271. Théorème. — *Deux trièdres sont égaux ou symétriques quand ils ont un dièdre égal compris entre deux faces égales chacune à chacune* (fig. 213).

Par hypothèse, $D(SA) = D(S'A')$; $ASB = A'S'B'$; $ASC = A'S'C'$.

1° Supposons les éléments égaux disposés dans le même ordre, on pourra faire coïncider les deux trièdres.

2° Si les éléments égaux des deux trièdres sont disposés en ordre in-

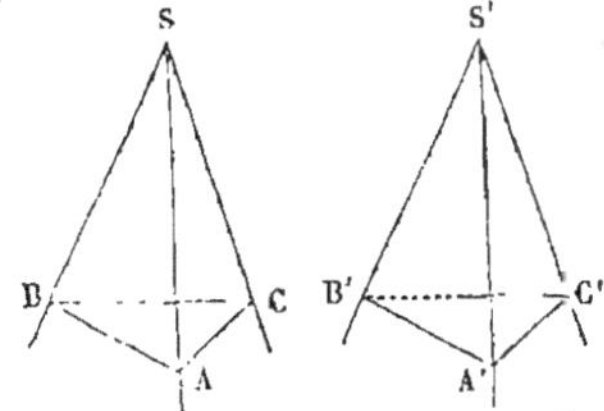

Fig. 213.

verse, on comparera à S le symétrique S″ du trièdre S'. Les deux trièdres S et S″ sont superposables, donc ils ont les éléments égaux chacun à chacun et disposés dans le même ordre; donc S et S' ont les éléments égaux chacun à chacun et disposés en ordre inverse.

PROPOSITION XXXVI.

272. Théorème. — *Deux trièdres sont égaux ou symétriques quand ils ont une face égale adjacente à deux dièdres égaux chacun à chacun* (fig. 213).

Par hypothèse. $BSC = B'SC'$; $D(SB) = D(S'B')$; $D(SC) = D(S'C')$.

1° Si les éléments égaux sont disposés dans le même ordre, on peut faire coïncider les deux trièdres.

2° Si les éléments égaux sont disposés en ordre inverse, soit S″ le symétrique de S'. Les deux trièdres S et S″ seront superposables, par suite leurs éléments seront égaux chacun à chacun et disposés dans le même ordre; donc S et S' auront les éléments égaux chacun à chacun et disposés en ordre inverse.

PROPOSITION XXXVII.

273. Théorème. — *Deux trièdres sont égaux ou symétriques quand ils ont leurs faces égales chacune à chacune* (fig. 213, 214).

Par hypothèse, $BSC = B'S'C'$, $CSA = C'S'A'$, $ASB = A'S'B'$.

Supposons les éléments égaux disposés en ordre inverse ; s'ils ne l'étaient pas, on prendrait le symétrique S'' de S'.

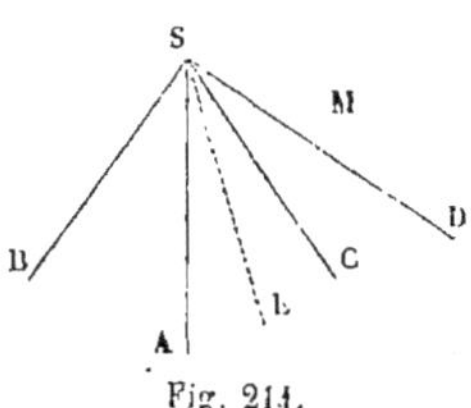

Fig. 214.

Plaçons $A'S'C'$ sur son égal ASC, la ligne $S'A'$ viendra en SD ; menons le plan BSD qui divisera en deux parties les dièdres SB et SD.

Le trièdre $SBAD$ a deux faces égales, donc les dièdres suivant SB et SD sont égaux entre eux (**269**). De même, le trièdre $SCAD$ a deux faces égales, par suite les dièdres suivant SB et SD sont égaux. Donc le dièdre total SB est égal au dièdre total SD ou au dièdre $S'B'$. Donc les deux trièdres ont un dièdre égal compris entre deux faces égales chacune à chacune, donc ils sont égaux ou symétriques (**271**).

SCHOLIE. — On doit remarquer la grande analogie qu'il y a entre les théorèmes précédents et ceux qui leur correspondent dans le livre I (**18**, **19**, **23**, **24**, **25**).

PROPOSITION XXXVIII.

274. Théorème — *Deux trièdres sont égaux ou symétriques quand ils ont leurs dièdres égaux chacun à chacun.*

Nous désignerons par S et S' les trièdres donnés ; par a, b, c et a', b', c' leurs faces ; par A, B, C et A', B', C' les dièdres opposés aux faces de même nom.

Par hypothèse, $A = B'$; $B = B'$; $C = C'$.

Si nous considérons les trièdres supplémentaires des trièdres donnés, ils auront leurs faces égales chacune à chacune et par suite leurs dièdres égaux chacun à chacun (**273**). Les dièdres des supplémentaires étant égaux chacun à chacun, les faces des trièdres donnés seront égales chacune à chacune (**268**) ; donc

$$a = a', \quad b = b', \quad c = c'.$$

C. q. f. d.

SCHOLIE. — Le théorème que nous venons de démontrer n'a pas d'analogue sur le plan. Deux triangles équiangles ne sont pas égaux, mais semblables.

PROPOSITION XXXIX.

275. Théorème. — *Dans un trièdre, un dièdre extérieur est plus grand qu'un dièdre intérieur non adjacent* (fig. 214).

Par hypothèse, la face BSC, supposée sur le plan du tableau, est prolongée et nous comparons le dièdre MSCA au dièdre SA.

Menons la bissectrice SE de l'angle ASC, puis le plan BSE. Dans ce plan indéfini faisons ESD = ESB. Les trièdres SECD et SEAB seront égaux comme ayant un dièdre égal suivant SE (**257**, sch. 3°), compris entre deux faces égales chacune à chacune ; donc le dièdre DSCA sera égal au dièdre SA ; mais le dièdre MSCA est plus grand que le dièdre DSCA, donc il est plus grand que le dièdre SA.

PROPOSITION XL.

276. Théorème. — *Dans un trièdre, à la plus grande face est opposé le plus grand dièdre, et réciproquement* (fig. 215).

1° Par hypothèse, la face ASB est plus grande que la face ASC.

Prenons ASD = ASC et menons le plan CSD. Nous formons un trièdre isoscèle, dans lequel le dièdre ASCD est égal au dièdre ASDC. Mais le dièdre ASDC est supérieur au dièdre SB (**275**); donc le dièdre ASCD et à plus forte raison le dièdre SC tout entier est supérieur au dièdre SB.

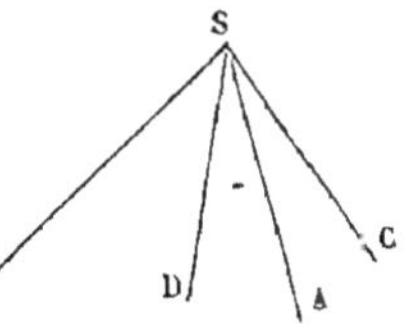
Fig. 215.

2° *Réciproquement*, supposons le dièdre SC supérieur au dièdre SB, la face ASB sera supérieure à la face ASC ; car si l'on avait ASB < ASC, le dièdre SC serait égal ou inférieur à SB, ce qui est contraire à l'hypothèse.

PROPOSITION XLI.

277. Théorème. — *Dans un trièdre une face quelconque est moindre que la somme des deux autres* (fig. 216).

Il suffit de démontrer le théorème pour la plus grande face ASB d'un trièdre.

Prolongeons l'une des faces adjacentes et prenons CSD = CSB. Le trièdre SBCD est isocèle, donc le dièdre SD est égal au dièdre DSBC qui n'est qu'une partie du dièdre DSBA. Donc dans le trièdre SADB la face ASB est moindre que ASD opposée au dièdre DSBA (**276**).

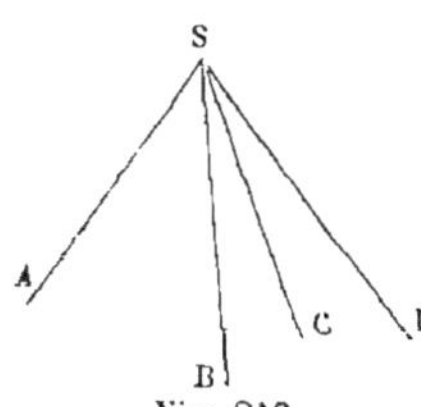

Fig. 216

ScHOLIE. — La démonstration précédente est tout à fait semblable à celle que nous avons donnée dans le livre I pour les triangles plans, et de plus elle en est indépendante.

PROPOSITION XLII.

278. Théorème. — *Dans un trièdre la somme des faces est moindre que 4 angles droits* (fig. 217).

Soit le trièdre SABC.

Considérons le prolongement SD de l'arête SB. Les trois arêtes SA, SC, SD forment un trièdre SACD, dans lequel une face quelconque ASC est moindre que la somme ASD + CSD des deux autres. Donc

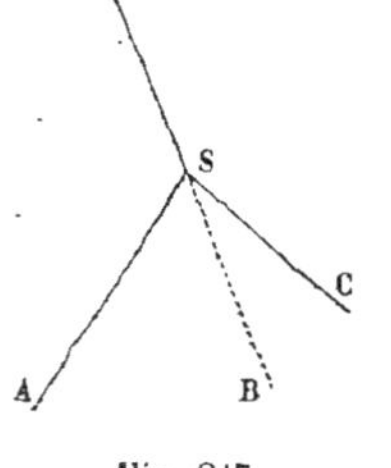

Fig. 217.

$$ASB + BSC + ASC < ASB + BSC + ASD + CSD,$$
$$< (ASB + ASD) + (BSC + CSD),$$
$$< 4\ dr.$$

C. q. f. d.

PROPOSITION XLIII.

279. Théorème. — *Dans un angle polyèdre convexe, la somme des faces est moindre que 4 droits* (fig. 219).

Soit l'angle polyèdre SABCDE

Prolongeons deux faces séparées par une troisième jusqu'à leur rencontre suivant SG, l'angle solide SGCDE aura une face de moins et la somme des faces sera plus grande, car ASB < ASG + BSG.

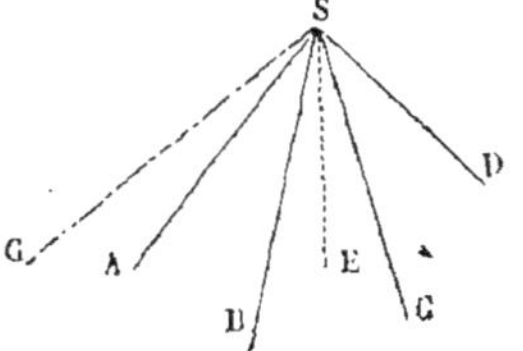

Fig. 218.

On pourra de la même manière, substituer à ce nouvel angle un autre dont le nombre des faces sera moindre d'une unité et dont la somme des faces sera plus grande. En continuant ainsi, on arrivera à un trièdre dont la somme des faces sera plus grande que la somme des faces du trièdre donné et cependant moindre que 4 droits.

SCHOLIE. — La démonstration précédente ne pourrait pas toujours se répéter si l'angle polyèdre n'était pas convexe, c'est-à-dire avait des faces rentrantes, et en effet, dans ce cas, le théorème n'est pas toujours vrai. On peut imaginer un très-grand nombre de faces formant un angle polyèdre non convexe et tel que la somme des faces soit égale et même supérieure à 4 droits

PROPOSITION XLIV.

280. Théorème. — *Dans un trièdre, le plus petit dièdre augmenté de deux droits surpasse la somme des deux autres.*

Désignons par A, B, C les trois dièdres du trièdre donné, et supposons-les rangés par ordre de grandeur croissante.

Construisons le trièdre supplémentaire et soient a', b', c' ses trois faces, de telle sorte que l'on ait

$$a' = 2\,\text{dr.} - A, \quad b' = 2\,\text{dr.} - B, \quad c' = 2\,\text{dr.} - C,$$

a' sera la plus grande des faces de ce nouveau trièdre; donc, d'après le théorème **277**, nous aurons

$$2\,\text{dr.} - A < (2\,\text{dr.} - B) + (2\,\text{dr.} - C)$$

ou bien

$$A + 2\,\text{dr.} > B + C.$$

C. q. f. d.

PROPOSITION XLV.

281. Théorème. — *Dans un trièdre, la somme des dièdres peut varier entre deux droits et six droits.*

Désignons par A, B, C les dièdres du trièdre donné.

Construisons le trièdre supplémentaire et soient a', b', c' ses faces (**268**), nous aurons (**278**)

$$4\,\text{dr.} > a' + b' + c' > 0,$$

donc

$$4 \text{ dr.} > 6 \text{ dr.} - (A + B + C) > 0.$$

Donc la somme $A + B + C$ doit surpasser 2 droits, et doit être inférieure à 6 droits.

Ajoutons que $a' + b' + c'$ peut être aussi voisin que l'on voudra de l'une quelconque des deux limites 4 droits et 0 ; donc $A + B + C$ peut être aussi voisin que l'on voudra de l'une quelconque des deux limites 2 droits et 6 droits.

SCHOLIE. — Ce théorème montre la différence essentielle qui existe entre les trièdres et les triangles plans.

COROLLAIRE. — Si l'on considère un angle polyèdre quelconque et si l'on désigne par A, B, C... ses dièdres, chacun d'eux étant moindre que 2 droits, leur somme sera moindre que $2n$ droits. D'un autre côté, en décomposant par des plans diagonaux l'angle polyèdre en $n - 2$ trièdres, on pourra dire que

$$A + B + C... > 2(n - 2) \text{ dr.}$$
$$> (2n - 4) \text{ dr.}$$

PROPOSITION XLVI.

282. Théorème. — *Pour qu'on puisse construire un trièdre avec trois faces données, il faut et il suffit que leur somme soit moindre que quatre droits et que la plus grande soit moindre que la somme des autres (fig. 219).*

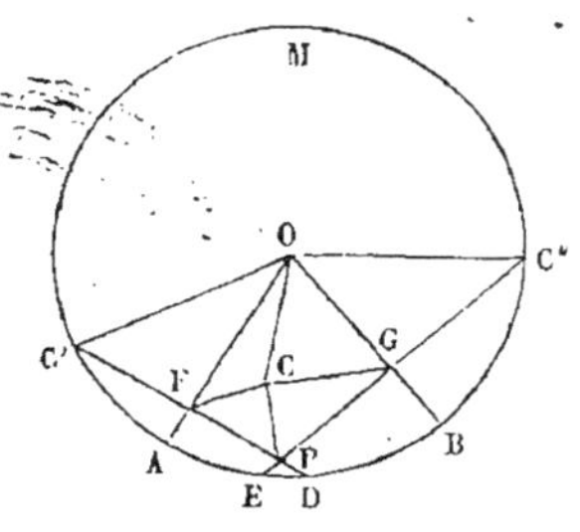

Fig. 219.

1° Les deux conditions énoncées sont *nécessaires*, puisqu'elles sont remplies dans tout trièdre.

2° Pour démontrer qu'elles sont *suffisantes*, supposons que les trois faces données soient sur un même plan et adjacentes. Supposons de plus que la face intermédiaire AOB soit la plus grande. Du sommet commun O comme centre décrivons une circonférence qui coupe les côtés en C", B, A, C'.

D'après notre première hypothèse, la somme des arcs mesurant les trois angles est moindre qu'une circonférence, et le point C" est sur l'arc BMC' et non sur l'arc BAC'.

Prenons l'arc BE égal à l'arc CB″ et menons la corde C″E : elle sera perpendiculaire à OB et G sera son milieu (**75**). Prenons de même l'arc AD égal à l'arc AC′. D'après notre seconde hypothèse, les points D et E sont sur AB et de plus E est entre A et D.

Donc les deux points C″ et E sont de part et d'autre de la corde C′D, par conséquent les deux cordes C″E et C′D se rencontrent dans l'intérieur de la circonférence et les deux lignes PG, PF sont respectivement inférieures à GC″ et FC′.

Par les deux cordes C″E, C′D menons deux plans respectivement perpendiculaires à OB et OA et par suite perpendiculaires tous deux au plan de construction (**259**); ils se couperont suivant une droite PC perpendiculaire au plan de construction (**261**).

Cela posé, faisons tourner la face BOC″ autour de OB comme charnière, GC″ viendra s'appuyer en un point C de PC, car elle restera dans le plan perpendiculaire à OB et GC″ > GP. — De même, en faisant tourner la face AOC′ autour de AO comme charnière, le point C′ viendra en un point C_1 de PC; il faut faire voir que $PC_1 = PC$. Or les deux triangles rectangles OPC, OPC_1 ont l'hypoténuse égale, puisque OC′ = OC″, et un côté commun OP; donc ils sont égaux et les deux points C et C_1 coïncident.

Nous avons maintenant un trièdre OABC qui a bien les trois faces données. — C. q. f. d.

PROPOSITION XLVII.

283. Théorème. — *Pour qu'on puisse construire un trièdre ayant trois dièdres donnés, il faut et il suffit que la somme des dièdres soit plus grande que deux droits et de plus que le plus petit dièdre augmenté de deux droits soit plus grand que la somme des deux autres.*

1° Les deux conditions énoncées sont *nécessaires*, puisqu'elles sont remplies dans tout trièdre.

2° Pour démontrer qu'elles sont *suffisantes*, désignons par A, B, C les trois dièdres donnés rangés par ordre de grandeurs croissantes, et par a′, b′, c′ les faces correspondantes du trièdre supplémentaire qui seront rangées par ordre de grandeurs décroissante (**268**). Par hypothèse

$$A + B + C > 2 \text{ dr.,}$$
$$A + 2 \text{ dr.} > B + C$$

De là nous déduisons

$$2 \text{ dr.} - a' + 2 \text{ dr.} - b' + 2 \text{ dr.} - c' > 2 \text{ dr.},$$
$$2 \text{ dr.} - a' + 2 \text{ dr.} > 2 \text{ dr.} - b' + 2 \text{ dr.} - c',$$

ou bien

$$a' + b' + c' < 4 \text{ dr.},$$
$$a' < b' + c'.$$

Donc les faces a', b', c' remplissent les conditions nécessaires et suffisantes pour servir à la construction d'un trièdre (**282**). Une fois le trièdre $(a'b'c')$ formé, construisons son supplémentaire (**268**); les dièdres de ce nouveau trièdre seront précisément A, B, C.

§ 8. — EXERCICES.

284. Théorèmes.

I. — Si un angle polyèdre est convexe, on peut toujours mener un plan qui coupe toutes les arêtes.

II. — Dans un trièdre isoscèle, le plan qui passe par la bissectrice de la troisième face et par l'arête opposée, est perpendiculaire sur le plan de la troisième face et bisecteur du dièdre opposé.

III. — Si deux trièdres ont un dièdre inégal compris entre deux faces égales chacune à chacune, au plus grand dièdre est opposée la plus grande face. — La réciproque est vraie.

IV. — Dans un trièdre, les plans bissecteurs des dièdres se coupent suivant une même droite.

V. — Dans un trièdre, les plans menés par les bissectrices des faces, perpendiculairement à ces faces, se coupent suivant une même droite.

VI. — Dans un trièdre, les plans menés par les arêtes et les bissectrices des faces opposées se coupent suivant une même droite.

VII. — Dans un trièdre, les plans menés par les arêtes perpendiculairement aux faces opposées se coupent suivant une même droite.

VIII. — Si par le sommet d'un angle trièdre on mène dans le plan de chaque face une perpendiculaire à l'arête opposée, ces trois perpendiculaires sont dans un même plan.

IX. — Si par un point de l'arête d'un dièdre on mène une droite dans chacune des deux faces, de telle sorte que les angles opposés par le sommet soient égaux, le plan de ces deux droites coupera le plan bissecteur du dièdre suivant la bissectrice de leur angle.

285. Lieux.

I. — Lieu des points également distants de deux droites qui se coupent.

II. — Lieu des points également distants de deux autres.

III. — Lieu des points équidistants des trois faces d'un trièdre.

IV. — Lieu des points équidistants des trois arêtes.

286. Problèmes.

I. — Étant donnés une droite MN et deux points A et B non situés dans un même plan avec la droite, trouver sur cette ligne un point C tel, que la somme des distances de ce point aux points A et B soit minimum.

II. — Étant donnés un plan et deux points en dehors de ce plan, trouver sur le plan un point tel, que la somme de ses distances aux deux points donnés soit minimum.

III. — Couper un angle tétraèdre par un plan de manière que la section soit un parallélogramme.

IV. — Couper un trièdre trirectangle par un plan de manière que le triangle formé soit égal à un triangle donné.

V. — Étant données deux droites quelconques dans l'espace, mener entre elles une droite de longueur donnée et parallèle à un plan donné.

LIVRE VI

SPHÈRE — FIGURES TRACÉES SUR LA SPHÈRE

---

§ 1. — DÉFINITIONS.

287. Sphère. — On nomme *sphère* une surface dont tous les points sont à égale distance d'un point unique que l'on appelle *centre*.

Si l'on suppose qu'une demi-circonférence tourne autour de son diamètre, la surface engendrée aura tous ses points à la même distance du centre de la courbe mobile ; ce sera donc une sphère.

La sphère est donc une surface de *révolution;* on appelle ainsi toute surface engendrée par une ligne invariable de forme tournant autour d'un axe fixe auquel on la suppose liée.

288. Diamètre, Rayon. — Toute ligne passant par le centre et terminée à la surface se nomme *diamètre.* Toute ligne allant du centre à la surface se nomme *rayon.* Un diamètre a pour longueur deux rayons. *Tous les rayons sont égaux*, par définition de la sphère.

Deux sphères ayant même centre et même rayon coïncident.

Si l'on fait tourner une sphère autour de son centre d'une manière quelconque, la surface coïncide avec elle-même. Donc *toute portion de sphère peut coïncider avec une autre portion de la même sphère.*

289. Plan tangent. — Un plan est *tangent* à une sphère lorsqu'il n'a qu'un point commun avec elle.

§ 2. — SECTIONS PLANES DE LA SPHÈRE

PROPOSITION I.

290. Théorème. — *Toute section plane de la sphère est un cercle* (fig. 220).

Soit FE un plan coupant la sphère O et soit FHE l'intersection de ce plan avec la surface de la sphère.

Du centre O de la sphère, abaissons sur le plan FE une perpen-diculaire OG ; joignons ensuite les deux points O et G à divers points F, H, E... de la section. Les lignes OF, OH... sont égales comme rayons de la sphère, donc elles s'écartent également du pied G de la perpendiculaire ; donc tous les points de la section sont à égale distance d'un même point G. La section est donc une circonférence dont le centre est G.

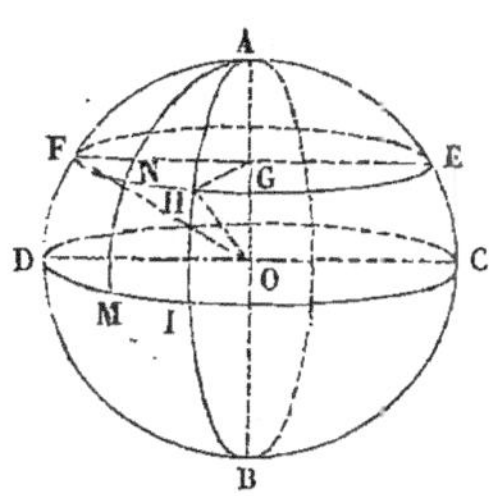

Fig. 220.

SCHOLIE. — La démonstration précé-dente ne s'applique pas au cas où la section passe par le centre ; mais alors il est clair que tous les points de la section sont à une distance du centre égale au rayon de la sphère. La section est donc encore un cercle.

Il est clair que OG $<$ OF (**34**) ; donc on peut appeler *grand cercle* toute section passant par le centre, et *petit cercle* toute section ne passant pas par le centre.

COROLLAIRE 1. — Désignons par R le rayon de la sphère, par r le rayon d'un petit cercle, par D la distance de son plan au centre, nous avons la relation

$$R^2 = r^2 + D^2,$$

d'où nous déduisons sans peine les théorèmes suivants :

1° *Dans une même sphère ou dans des sphères égales, deux pe-tits cercles égaux sont également éloignés du centre, et récipro-quement.*

2° *Dans une même sphère ou dans des sphères égales, un plus petit cercle est plus éloigné du centre, et réciproquement.*

Corollaire 2. — *Une ligne droite ne peut rencontrer une sphère qu'en deux points*, car elle ne peut couper en plus de deux points le cercle déterminé par un plan contenant la droite.

Corollaire 3. — *Deux grands cercles sont égaux et se coupent en parties égales suivant un diamètre.*

Corollaire 4. — *Par deux points de la sphère on peut faire passer un arc de grand cercle et un seul.* En effet le plan du grand cercle est déterminé par les deux points donnés et le centre.

Corollaire 5. *Par trois points pris sur la sphère on peut faire passer un cercle et un seul.* En effet, ces trois points déterminent un plan, car ils ne sont pas en ligne droite (Cor. 2).

Par deux points de la sphère on peut faire passer une infinité d'arcs de cercles.

Corollaire 6. — *Un grand cercle divise la sphère en deux parties égales.*

291. Définition. — On appelle *pôles* d'un cercle, les deux points A et B où la perpendiculaire au plan du cercle rencontre la surface (fig. 220).

PROPOSITION II.

292. Théorème. — *Chacun des pôles d'un cercle est à égale distance de tous les points de sa circonférence* (fig. 220).

Joignons le pôle A ou le pôle B (**291**) à divers points F, H, E... d'une circonférence de cercle petit ou grand.

Les cordes diverses seront égales comme obliques s'écartant également du pied de la perpendiculaire AGOB.

Les cordes étant égales, les arcs de grand cercle qu'elles sous-tendent sont aussi égaux.

Scholie. — On nomme rayon sphérique d'un cercle FHE l'arc de grand cercle AH. Un cercle tracé sur la sphère peut être regardé comme engendré par l'extrémité H de l'arc AH, tournant autour du point A. On peut donc appeler *centre* le point A et *rayon* l'arc AH. Un cercle de la sphère a deux centres et deux rayons *supplémentaires.*

Ces deux rayons deviennent égaux à un quadrant pour un grand cercle.

Corollaire. — Au moyen d'un compas à branches inégales con-

venablement construit, on peut tracer sur la sphère des circonférences aussi facilement que sur un plan. Pour tracer un grand cercle, il faut que la distance des points soit égale au côté du carré
inscrit dans un cercle ayant pour rayon celui de la sphère.

PROPOSITION III.

293. Problème. — *Trouver le rayon d'une sphère impénétra-
ble* (fig. 221).

D'un point B quelconque comme pôle, décrivons une circonférence ABD. Imagi-
nons le diamètre
POP' perpendiculaire
au plan de la circon-
férence et soit C le
centre de cette cir-
conférence. Joignons
un point quelconque
A avec P, P', C. Si
nous pouvions con-

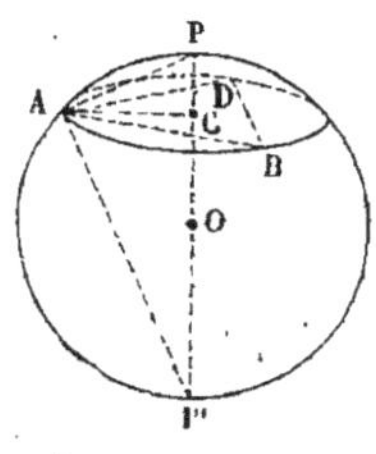
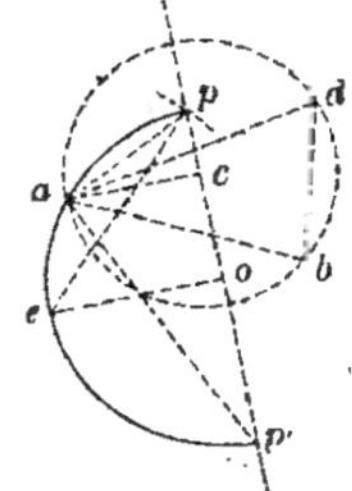

Fig. 221.

struire le triangle rectangle PP'A, nous aurions le rayon en prenant
la moitié de PP' et le problème serait résolu.

Or, en marquant trois points A, B, D sur la circonférence, nous
pourrons reproduire le triangle ABD sur le plan de construction.
Nous pourrons ensuite circonscrire à ce triangle une circonférence
(**114**), ce qui nous fera connaître le rayon AC. — Puis nous pourrons construire le triangle rectangle PAC, dont nous connaîtrons un
côté AC et l'hypoténuse AP. En élevant une perpendiculaire à AP
jusqu'à sa rencontre avec PC prolongé, nous aurons PP'.

CorollAIRE. — Le rayon de la sphère étant déterminé, nous
pourrons tracer un grand cercle sur le plan de construction et par
suite avoir le côté du carré inscrit, dont la connaissance est nécessaire pour le tracé d'un grand cercle.

PROPOSITION IV.

294. Théorème. — *Tout plan perpendiculaire à l'extrémité
d'un rayon est tangent à la sphère, et réciproquement* (fig. 222).

1° Soit M un plan perpendiculaire à l'extrémité du rayon OA.

Une droite quelconque OB autre que OA est oblique au plan M; donc elle est supérieure à OA; donc le point B est en dehors de la sphère. Donc le plan M n'a qu'un point commun A avec la sphère.

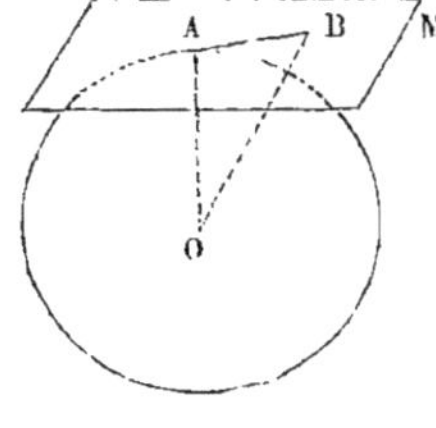
Fig. 222.

2° Soit M un plan tangent, c'est-à-dire un plan n'ayant qu'un point commun A avec la sphère.

Toute ligne OB différente de OA sera supérieure à OA, puisque le point B est en dehors de la sphère. Donc OA est la plus courte des lignes allant du point O au plan M; donc elle est perpendiculaire à ce plan.

COROLLAIRE. — Par un point pris sur la sphère, on peut lui mener un plan tangent et on n'en peut mener qu'un.

PROPOSITION V.

295. Théorème. — *L'intersection de deux sphères est une circonférence dont le plan est perpendiculaire à la ligne des centres et dont le centre est sur la ligne des centres* (fig. 223).

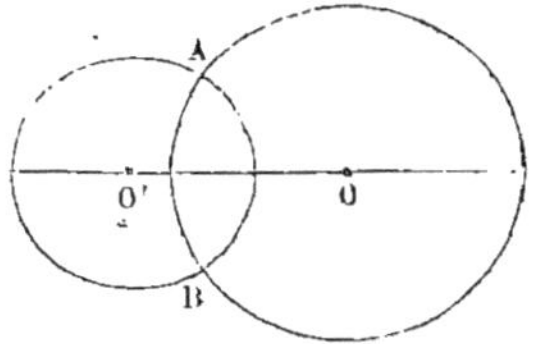
Fig. 223.

Soient O et O′ les deux sphères données.

Par la ligne des centres imaginons un plan quelconque. Il coupera les sphères suivant les deux cercles O et O′. La ligne AB qui joint leurs points d'intersection est perpendiculaire à OO′ et de plus divisée en deux parties égales par cette ligne (**85**).

Cela posé, faisons tourner la figure de ces deux cercles autour de OO′, les deux sphères seront engendrées par le mouvement des circonférences; la ligne AB décrira un plan perpendiculaire à OO′ et ses extrémités décriront une circonférence ayant son centre sur OO′.

C. q. f. d.

SCHOLIE. — On pourrait établir, sur les positions relatives de deux sphères, des théorèmes semblables à ceux que nous avons démontrés pour deux circonférences situées dans un plan (**87**).

PROPOSITION VI.

296. Théorème. — *L'angle de deux arcs de grands cercles est mesuré par l'arc de grand cercle décrit de son sommet comme pôle avec un quadrant pour rayon sphérique* (fig. 224).

On appelle angle de deux arcs de grands cercles, le dièdre formé par les deux plans. — Un dièdre est mesuré par son rectiligne, en supposant que l'unité de dièdre corresponde à l'unité de rectiligne (**254**, cor.).

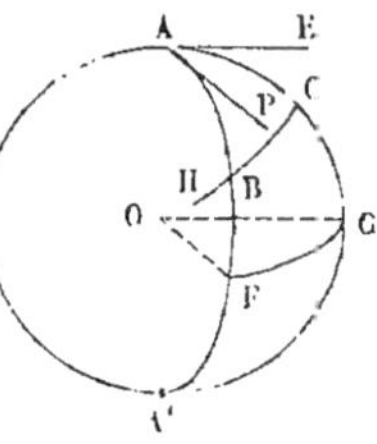

Fig. 224.

Si nous décrivons du sommet A de l'angle comme pôle avec un quadrant pour rayon une circonférence GF, son plan sera perpendiculaire à l'arête AO du dièdre formé par les plans des arcs de grands cercles; donc il les coupera suivant les côtés OG, OF du rectiligne de ce dièdre, et ce rectiligne sera lui-même mesuré par l'arc de grand cercle FG compris entre ses côtés.

C. q. f. d.

SCHOLIE. — On pourrait encore mesurer l'angle A par l'angle des deux tangentes menées en A aux deux arcs de grands cercles.

TRIANGLES, POLYGONES.

DÉFINITIONS.

297. Triangle. — On nomme *triangle sphérique* la portion de sphère comprise entre trois arcs de grands cercles.

Quand un grand cercle est coupé par deux autres, il est partagé en deux arcs dont l'un est inférieur et l'autre supérieur à une demi-circonférence. Nous supposerons toujours, dans les triangles étudiés, qu'un côté soit moindre qu'une demi-circonférence.

Dans un triangle sphérique il y a six éléments : trois côtés a, b, c et trois angles opposés A, B, C.

298. Polygones. — On nomme polygone sphérique, la portion de sphère comprise entre plusieurs arcs de grands cercles.

Un polygone sphérique est *convexe*, lorsqu'il est tout entier dans un des hémisphères déterminés par l'un quelconque de ses côtés prolongé.

Dans un polygone convexe, chaque côté est moindre qu'une demi-circonférence; en effet, si un côté surpassait une demi-circonférence, il ne pourrait pas se trouver tout entier dans l'hémisphère formé par l'un des côtés adjacents; par suite le polygone ne serait pas convexe.

Un polygone convexe ne peut pas être coupé en plus de deux points par un arc de grand cercle. (Même raisonnement qu'au nº **40**.)

PROPOSITION VII.

299. Théorème. — *A chaque polygone sphérique correspond un polygone sphérique symétrique dont les éléments sont égaux chacun à chacun, mais disposés en ordre inverse* (fig. 225).

En effet, joignons au centre O de de la sphère tous les sommets du polygone donné et prolongeons ces lignes jusqu'à leur rencontre nouvelle avec la sphère, nous formerons un nouveau polygone.

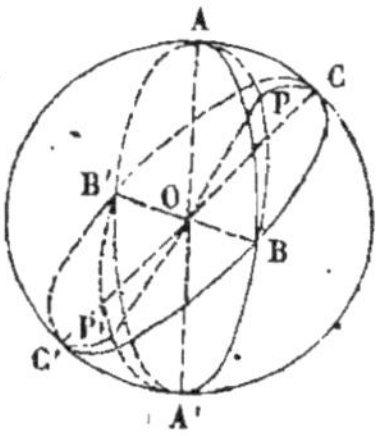

1º Ces deux polygones ont les côtés égaux, comme arcs mesurant des angles égaux, et les angles égaux, puisque les dièdres opposés par l'arête sont égaux.

Fig. 225.

2º *Les éléments égaux de même nom sont disposés en ordre inverse.*

Pour étudier l'ordre des éléments dans un polygone sphérique, il suffit, en marchant sur la sphère sans y pénétrer, de parcourir son périmètre dans un sens convenu, de gauche à droite par exemple, et de faire l'énumération des éléments rencontrés.

Or il est facile de voir sur la figure que, si les trois points du triangle ABC sont disposés en ordre direct, leurs correspondants A'B'C' sont disposés en ordre inverse : du point A on passe au point B en s'élevant au-dessus du plan de construction, tandis que du point A' on passe au point B' en s'abaissant au-dessous.

Scholie. — Deux polygones sphériques symétriques ne sont pas en général superposables, et s'ils le sont, les éléments égaux de même nom ne coïncident pas, sans quoi les éléments égaux de même nom seraient dans le même ordre, ce qui est contraire au théorème précédent.

PROPOSITION VIII.

300. Théorème. — *Si l'on forme un triangle sphérique ayant pour sommets les pôles des côtés du premier, chacun de ces pôles étant pris à une distance moindre qu'un quadrant du sommet opposé, on aura le* TRIANGLE POLAIRE *du triangle donné, et alors :*

1° Le triangle donné est réciproquement le polaire du triangle construit ;

2° Les angles de l'un sont supplémentaires des côtés correspondants de l'autre (fig. 226).

La démonstration de ce théorème repose sur le lemme suivant :

LEMME. — *Si un point est le pôle d'un grand cercle, tout point situé dans le même hémisphère en est à une distance moindre qu'un quadrant, et réciproquement si deux points sont à une distance moindre qu'un quadrant et que l'un soit le pôle d'un grand cercle, les deux points sont dans le même hémisphère limité par le grand cercle.*

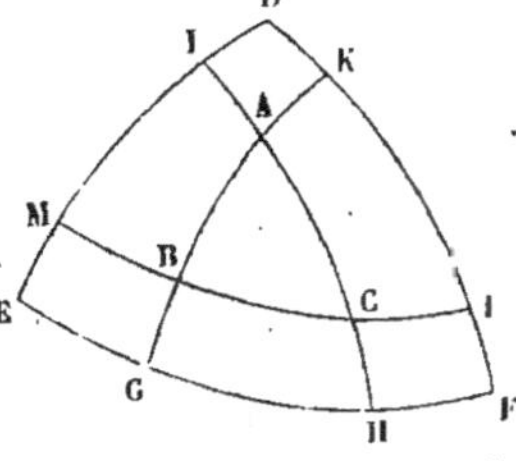

Fig. 226.

Ce lemme est évident, puisque le pôle d'un grand cercle est à la distance d'un quadrant de tous les points de ce grand cercle, qui partage la sphère en deux hémisphères égaux.

Cela posé, soit ABC un triangle sphérique. Le pôle du côté BC est à une distance d'un quadrant des points B, C ; nous le déterminerons donc en décrivant de ces deux points comme centres, avec un quadrant pour rayon sphérique, des arcs ED et FD qui se coupent en deux points ; nous prendrons celui des deux D qui se trouve du même côté que le point A par rapport à l'arc BC. Nous construisons de la même manière les pôles E et F des côtés CA et AB, nous formons ainsi le triangle *polaire* DEF.

1° Le point A est à la distance d'un quadrant des points E et F de l'arc de grand cercle EF, donc il est le pôle de EF. De plus A et D sont à une distance inférieure à un quadrant, d'après le lemme ; donc, A étant le pôle de EF, ils sont dans le même hémisphère terminé par EF. Donc le triangle ABC est le polaire du triangle DEF ; en d'autres termes, le triangle ABC se déduit de

DEF, par la construction qui a servi à tracer DEF au moyen de ABC.

2° *Les angles de l'un ont pour suppléments les côtés correspondants de l'autre.*

En effet, A a pour mesure GH (**296**) Or

$$GH + EF = (GF - HF) + (EH + HF)$$
$$= GF + EH$$
$$= 2 \text{ quadrants} = 2 \text{ dr.}$$

C. q. f. d.

Scholie. — Ce théorème est identique au fond à celui que nous avons démontré sur les trièdres supplémentaires (**268**). Imaginons en effet que les sommets des triangles soient joints au centre O de la sphère. Nous obtenons deux trièdres OABC, ODEF. Or, d'après la définition même du pôle, OD est perpendiculaire sur la face BOC et de plus, d'après la précaution prise dans le choix du pôle D, elle est du même côté que OA relativement à la face BOC. Donc enfin le trièdre ODEF est le supplémentaire du trièdre OABC.

Nous pouvons d'ailleurs, dès maintenant, faire cette remarque générale, qu'à tout théorème sur les triangles ou les polygones sphériques correspond un théorème analogue sur les trièdres ou les angles polyèdres.

PROPOSITION IX.

301. Théorème. — *Si l'on forme un polygone sphérique ayant pour sommets les pôles des côtés d'un polygone convexe, chacun de ces pôles étant pris, relativement au côté considéré, dans l'hémisphère qui contient le premier polygone, on forme le* POLYGONE POLAIRE *du polygone donné et alors :*

1° *Le polygone donné est réciproquement le polaire du polygone construit;*

2° *Les angles de l'un sont supplémentaires des côtés correspondants de l'autre* (fig. 227).

Soit un premier polygone ABCDE. Prenons le pôle A′ de AB et choisissons celui des deux qui est dans l'hémisphère formé par AB prolongée où se trouvent E, D, C, de telle sorte que les distances du point A′ aux points E, D, C soient moindres qu'un quadrant. Opérons de même pour les autres côtés BC, CD..., nous formerons le polygone polaire A'B'C'D'E' en joignant les divers pôles obtenus par des arcs de grands cercles.

1° Le polygone donné ABCDE est réciproquement le polaire de A'B'C'D'E'.

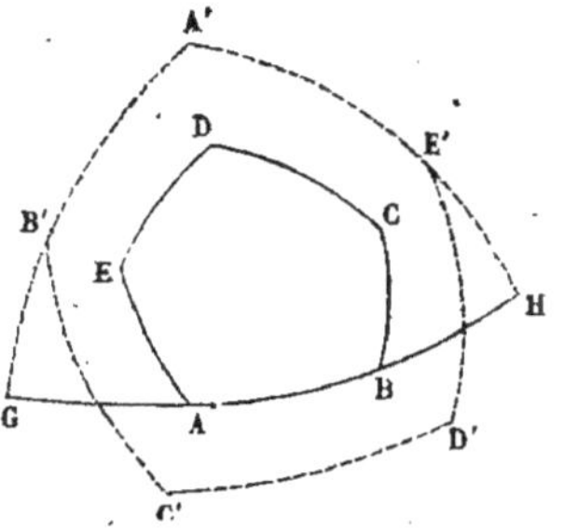

Fig. 227.

Le point A, appartenant à AB et à AE, est à la distance d'un quadrant du point A' et du point E'; donc il est le pôle de l'arc de grand cercle A'E'. De plus les distances du point A aux points B', C', D' sont moindres qu'un quadrant d'après les précautions prises dans la recherche des pôles A', B', C', D', E'. Donc ABCDE est le polaire de A'B'C'D'E'; en d'autres termes, le polygone ABCDE se déduit de A'B'C'D'E' par la même construction qui a servi à tracer A'B'C'D'E' au moyen de ABCDE.

2° Les angles de l'un sont supplémentaires des côtés de l'autre.

Prolongeons AB jusqu'à sa rencontre en G et H avec A'B' et A'E'. L'angle A' a pour mesure GABH; or on a

$$AB + GH = (GB - AG) + (AH + AG)$$
$$= GB + AH$$
$$= 2 \text{ quadr.} = 2 \text{ dr.}$$

C. q. f. d.

CoROLLAIRE. — Ce théorème conduit à un système de transformation d'une figure sur la surface de la sphère. Les deux polygones ABCDE, A'B'C'D'E' sont tels qu'à un sommet de l'un correspond un côté de l'autre, et réciproquement. L'une des deux figures peut donc être appelée la transformée polaire de l'autre.

SCHOLIE. — Nous aurions pu formuler dans le Ve livre un théorème sur les angles polyèdres différant seulement par la forme de celui que nous venons de démontrer.

PROPOSITION X.

302. Théorème. — *Dans un triangle isocèle, les angles opposés aux côtés égaux sont égaux* (fig. 228).

Par hypothèse, AB = AC; il faut démontrer que B = C.

A côté du triangle ABC, plaçons le symétrique A'C'B', dont les éléments de même nom sont disposés en sens inverse (**299**). Prenons maintenant A'C'B' et portons-le sur ABC de manière à faire coïncider les deux angles égaux A' et A. Le point C' viendra en B et le point B' en C en vertu de notre hypothèse; donc B'C' s'appliquera sur BC (**290**, cor. 4) et les deux figures coïncideront : donc B' = C ; mais B' est égal à B : donc B = C.

C. q. f. d.

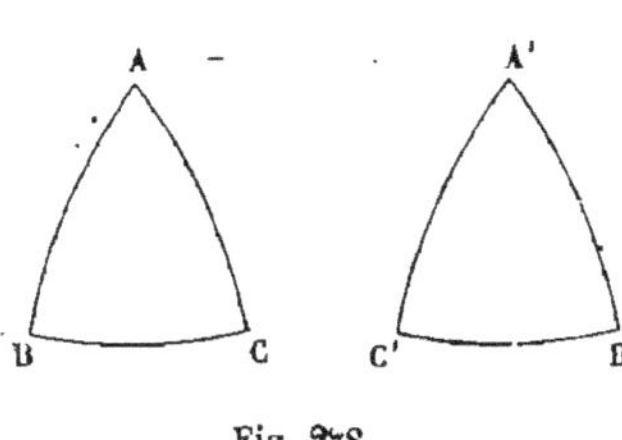

Fig. 228.

PROPOSITION XI.

303. Théorème. — *Réciproquement, si dans un triangle sphérique deux angles sont égaux, les côtés opposés sont égaux et le triangle est isocèle* (fig. 228).

Par hypothèse B = C, il faut démontrer que AB = AC.

A côté de ABC plaçons le symétrique A'C'B'; puis portons cette seconde figure sur la première, en faisant coïncider les deux lignes égales C'B' et BC. L'angle C' ou C étant égal à B, par hypothèse, le côté C'A' suivra la direction BA. Pour la même raison B'A' suivra la direction CA, donc le point A' coïncidera avec le point A. Donc les deux figures coïncideront. Donc A'C' = AB ; mais A'C' est égal à AC : donc AB = AC.

C. q. f. d.

SCHOLIE. 1. — On voit que les théorèmes précédents se démontrent de la même manière que ceux des triangles rectilignes et aussi comme ceux des trièdres isocèles, dont ils ne diffèrent que par la forme.

SCHOLIE 2. — On pourrait démontrer le dernier théorème au moyen de la transformation polaire (**309**). On dirait : Considérons le triangle polaire A'B'C' du triangle ABC. Ce dernier ayant, par hypothèse, deux angles égaux, son polaire A'C'B' aura deux côtés égaux, par suite les angles opposés égaux d'après le théorème (**302**). Donc le triangle ABC, qui est son polaire, aura bien deux côtés égaux.

C. q. f. d.

PROPOSITION XII.

304. Théorème. — *Deux triangles sphériques sont égaux ou symétriques, quand ils ont un angle égal compris entre deux côtés égaux chacun à chacun (fig. 229).*

1° Si les éléments égaux sont disposés dans le même ordre, on peut faire coïncider les deux triangles. Le raisonnement du n° **23** peut se répéter mot à mot.

2° Si les deux triangles ABC, A'B'C' ont leurs éléments égaux disposés en ordre inverse, on prendra le symétrique A"B"C" du triangle A'B'C'. Les deux trian-

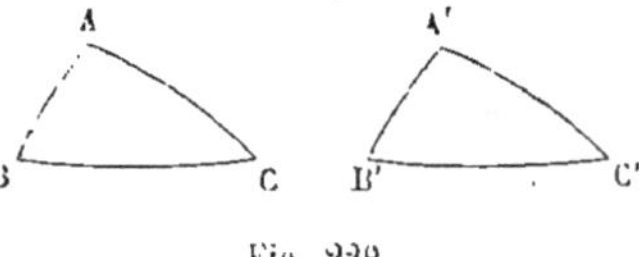

Fig. 229.

gles ABC, A"B"C" seront superposables et par suite auront tous les éléments égaux chacun à chacun et disposés dans le même ordre; donc ABC et A'B'C' auront tous leurs éléments égaux chacun à chacun, mais disposés en ordre inverse.

PROPOSITION XIII.

305. Théorème. — *Deux triangles sphériques sont égaux ou symétriques, quand ils ont un côté égal adjacent à deux angles égaux chacun à chacun (fig. 229).*

1° Si les éléments égaux sont disposés dans le même ordre, on peut faire coïncider les deux triangles. Le raisonnement du théorème **24** peut se répéter mot à mot.

2° Si les éléments égaux sont disposés en ordre inverse, on pourra faire coïncider avec ABC le symétrique A"B"C" de A'B'C'; donc ABC et A'B'C' seront symétriques.

Scholie. — On pourrait ramener ce second cas au premier par la transformation polaire. Les triangles polaires $\alpha\beta\gamma$, $\alpha'\beta'\gamma'$ des deux triangles donnés auront un angle égal compris entre deux côtés égaux chacun à chacun, donc les autres éléments seront égaux chacun à chacun; donc en prenant leurs polaires, c'est-à-dire en revenant aux premiers triangles ABC, A'B'C', on aura deux figures dont tous les éléments seront égaux chacun à chacun.

15

PROPOSITION XIV.

306. Théorème. — *Deux triangles sphériques sont égaux ou symétriques, lorsqu'ils ont les trois côtés égaux chacun à chacun* (fig. 230).

Supposons que ABC et A'B'C' aient leurs éléments égaux disposés en sens inverses ; s'il n'en était pas ainsi, on comparerait à ABC le symétrique de A'B'C'.

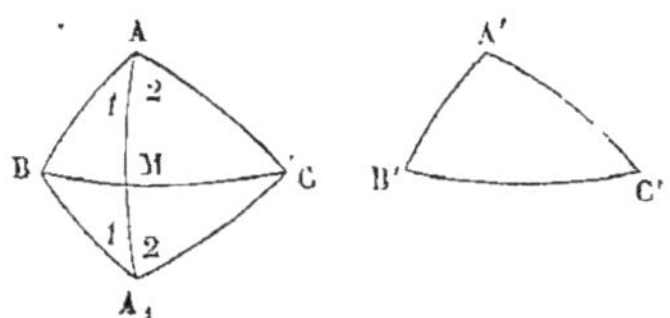

Fig. 230.

Plaçons le triangle A'B'C' au-dessous de ABC, en faisant coïncider BC avec son égal B'C'. Nous formerons le quadrilatère BACA₁. Joignons A et A₁ par un arc de grand cercle.

Le triangle ABA₁ est isoscèle par hypothèse, donc les deux angles BAA₁, BA₁A sont égaux. Le triangle ACA₁ est isoscèle, donc les angles CAA₁, CA₁A sont égaux. Donc les deux angles A et A₁ sont égaux comme sommes d'angles égaux, ou comme différences d'angles égaux.

Donc les deux triangles donnés ont un angle égal compris entre deux côtés égaux chacun à chacun ; donc ils sont égaux ou symétriques.

C. q. f. d.

Scholie. — On remarquera l'analogie qui existe entre les théorèmes qui précèdent et les théorèmes analogues du livre Ier sur les triangles plans et du livre V sur les trièdres.

PROPOSITION XV.

307. Théorème. — *Deux triangles sphériques sont égaux ou symétriques quand ils ont leurs dièdres égaux chacun à chacun.*

Ce théorème se démontre facilement par la transformation polaire.

Les triangles ABC, A'B'C' ayant leurs trois dièdres égaux chacun à chacun, leurs polaires $\alpha\beta\gamma$, $\alpha'\beta'\gamma'$ auront leurs trois côtés égaux chacun à chacun, par suite leurs dièdres égaux chacun à chacun (**306**). Donc les polaires de ces derniers, c'est-à-dire ABC, A'B'C', auront leurs trois côtés égaux chacun à chacun.

C. q. f. d.

PROPOSITION XVI.

308. Théorème. — *Dans un triangle isocèle l'arc de grand cercle qui joint le sommet au milieu de la base, est perpendiculaire sur cette base et divise l'angle du sommet en deux parties égales* (fig. 231).

En effet les deux triangles AMB, AMC ont les trois côtés égaux chacun à chacun; donc, etc...

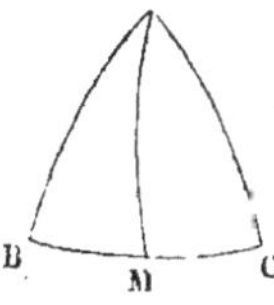

Fig. 231.

Scholie. — On voit qu'il est impossible de suivre la méthode de démonstration par retournement donnée dans le livre Ier; elle se trouve remplacée par la comparaison de l'un des triangles AMB avec le symétrique de AMC. Au fond, le système de démonstration est le même, car un polygone plan a pour symétrique le même polygone retourné.

Corollaire. — Ce théorème admet plusieurs réciproques (**21**).

PROPOSITION XVII.

309. Théorème. — *Dans un triangle sphérique quelconque, un angle extérieur est plus grand que chacun des angles intérieurs non adjacents* (fig. 232).

On nomme *angle extérieur* celui qui est formé par un côté tel que AC et le prolongement d'un autre tel que BC.

Nous allons démontrer que ACD $>$ A.

Pour cela, joignons le sommet B au milieu E de AC par un arc de grand cercle, et prolongeons cet arc d'une longueur EF $=$ EB, puis menons l'arc de grand cercle FC qui divisera l'angle ACD en deux parties.

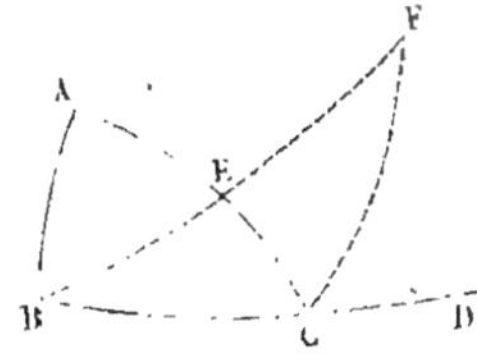

Fig. 232.

Les triangles FEC, AEB sont symétriques comme ayant un angle égal compris entre deux côtés égaux chacun à chacun et disposés en ordre inverse; donc l'angle FCE est égal à l'angle A, donc l'angle DCE est plus grand que l'angle A.

C. q. f. d.

PROPOSITION XVIII.

310. Théorème. — *Dans un triangle sphérique, au plus grand côté est opposé le plus grand angle, et réciproquement* (fig. 233).

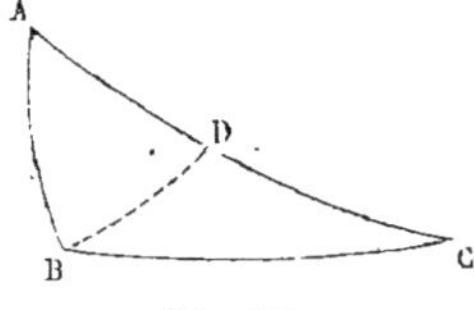

Fig. 253.

1° Par hypothèse $AC > AB$; il faut démontrer que $B > C$.

Prenons sur le plus grand côté $AD = AB$ et menons l'arc de grand cercle BD. Le triangle ABD est isocèle et l'angle ADB est égal à l'angle ABD. Or ADB est extérieur au triangle BDC; donc (**309**) il est plus grand que C; donc ABD et *à fortiori* B est plus grand que C. C. q. f. d.

2° Par hypothèse $B > C$; il faut démontrer que $AC > AB$.

En effet, si AC était inférieur ou égal à AB, l'angle B serait inférieur ou égal à l'angle C (**310**, 1°; **303**); ce qui est contraire à l'hypothèse.

PROPOSITION XIX.

311. Théorème. — *Dans un triangle sphérique, un côté quelconque est moindre que la somme des deux autres* (fig. 234).

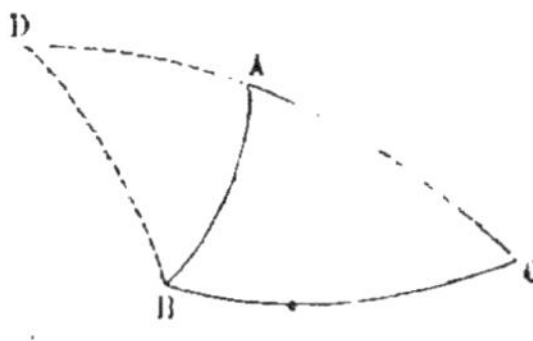

Fig. 234.

Il suffit de démontrer que le plus grand côté BC est moindre que la somme des deux autres.

Sur le prolongement de CA, prenons $AD = AB$ et menons l'arc de grand cercle BD. Le triangle formé ABD est isocèle et par suite l'angle D est égal à l'angle DBA et par conséquent inférieur à l'angle DBC. Donc (**310**, 2°) le côté BC est inférieur à $DA + AC$, ou, ce qui est la même chose, à $BA + AC$. C. q. f. d.

COROLLAIRE. — Un côté quelconque d'un triangle est plus grand que la différence des deux autres.

PROPOSITION XX.

312. Théorème. — *Dans un polygone sphérique, un côté quelconque est moindre que la somme des autres.*

La démonstration est entièrement semblable à celle du théorème **29**.

PROPOSITION XXI.

313. Théorème. — *Si deux triangles sphériques ont deux côtés
égaux chacun à chacun et que l'angle compris dans le premier
soit plus grand que l'angle compris dans le second, le côté opposé
dans le premier est plus grand que le côté opposé dans le second.*

La réciproque est vraie.

La démonstration est identique à celle du n° **32**.

PROPOSITION XXII.

314. Théorème. — *Dans un triangle sphérique, la somme
des côtés est moindre qu'une circonférence* (fig. 235).

Soit ABC un triangle sphérique.

Prolongeons AB et AC jusqu'à leur rencontre en D.
ABD et ACD seront égaux chacun à une demi-circonférence. Or

$$AB + AC + BC < AB + AC + BD + CD, \quad (\mathbf{311})$$
$$< ABD + ACD.$$

C. q. f. d.

Scholie — Ce théorème est identique au fond au
théorème (**278**) du livre V, sur la somme des faces
d'un trièdre.

Fig. 235.

PROPOSITION XXIII.

315. Théorème. — *Dans un polygone convexe, la somme des
côtés est moindre qu'une circonférence*
(fig. 236).

En effet, si nous prolongeons deux
côtés adjacents à un troisième, nous
remplaçons le polygone par un autre
ayant un sommet de moins et dans lequel la somme des côtés est plus grande.
Nous arriverons, en continuant la même

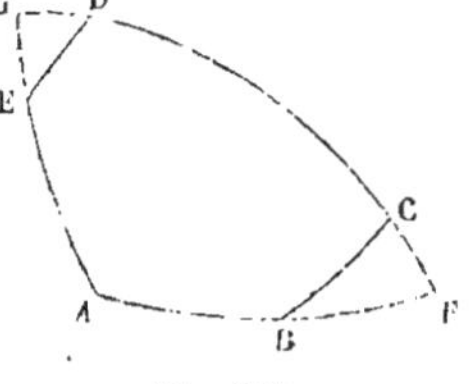

Fig. 236.

opération, à un triangle dont la somme des côtés est plus grande que la somme des côtés du polygone et cependant moindre qu'une circonférence.

CorollaIRE. — La limite d'un polygone quelconque convexe, c'est la circonférence qui sert de base à l'hémisphère sur laquelle est situé le polygone.

PROPOSITION XXIV.

316. Théorème. — *La somme des angles d'un triangle est comprise entre six droits et deux droits et le plus petit angle augmenté de deux droits est supérieur à la somme des deux autres.*

Désignons par A, B, C les trois angles du triangle donné, rangés par ordre de grandeurs croissantes. Prenons le triangle polaire, ses côtés a' b' c' seront rangés par ordre de grandeurs décroissantes, puisqu'ils sont les suppléments de A, B, C.

1° Chacun des angles A, B, C est moindre que 2 droits, donc leur somme est moindre que 6 droits.

Nous avons ensuite

$$a' + b' + c' < 4 \text{ dr.,} \qquad\qquad (403)$$

donc

$$2 \text{ dr.} - A + 2 \text{ dr.} - B + 2 \text{ dr.} - C < 4 \text{ dr.,}$$

par suite

$$A + B + C > 2 \text{ dr.}$$

2° Nous avons aussi

$$a' < b' + c',$$

donc

$$2 \text{ dr.} - A < 2 \text{ dr.} - B + 2 \text{ dr.} - C,$$

par suite

$$A + 2 \text{ dr.} > B + C.$$

C. q. f. d.

CorollaIRE. — Du théorème **315** on déduirait facilement par la transformation polaire un théorème sur la somme des angles d'un polygone.

PROPOSITION XXV.

317. Théorème. — *L'arc de grand cercle inférieur à une demi-circonférence qui réunit deux points, est le plus court chemin entre ces deux points sur la surface de la sphère* (fig. 237).

Soient A et B deux points de la sphère. Faisons passer par ces deux points un grand cercle et considérons le plus petit ACB des deux arcs qui les séparent.

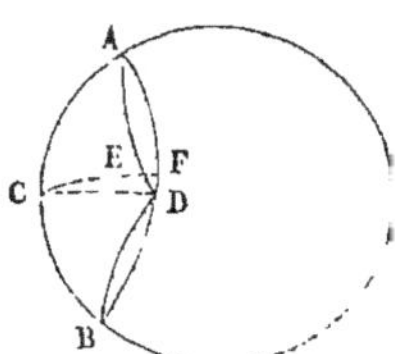

Fig. 237.

1° Nous savons déjà que ACB est moindre que tout contour polygonal formé d'arcs de grands cercles aboutissant aux mêmes extrémités (**312**).

2° Traçons entre les mêmes points une ligne quelconque ADB ; quelle que soit la définition que l'on donnera de la *longueur* de ce chemin, afin de trouver son rapport à un arc de grand cercle, on peut démontrer qu'il y a entre les deux points A et B un chemin plus court.

Prenons un point C sur l'arc AB ; du point B comme pôle avec BC comme rayon, décrivons un arc de cercle qui rencontrera en D le chemin tracé ; par le point D menons les arcs de grands cercles DA, DB. Dans le triangle ABD, AD est supérieur à AC différence des deux autres ; donc, si du point A comme pôle, avec AC comme rayon, nous décrivons un arc de cercle, nous couperons l'arc AD en E entre A et D, et, en continuant, nous couperons en F, entre A et D, la portion de chemin AD.

Cela posé, ramenons en C les points D et F, en entraînant sur la sphère les portions BD et AF du chemin. Nous aurons en A et B un nouveau chemin non interrompu, qui sera l'ancien chemin moins FD. Donc il sera plus court que AFDB, puisque la partie est moindre que le tout.

Ce raisonnement peut se répéter, quel que soit le chemin tracé entre A et B, autre que l'arc de grand cercle ACB.

Donc l'arc de grand cercle est le plus court chemin entre A et B.

C. q. f. d.

§ 4. — PERPENDICULAIRES.

PROPOSITION XXVI

318. Théorème. — *Par un point pris hors d'un arc de grand cercle, on peut lui abaisser un arc de grand cercle perpendiculaire et un seul* (fig. 258).

Par hypothèse, BC est un arc de grand cercle et A un point donné.

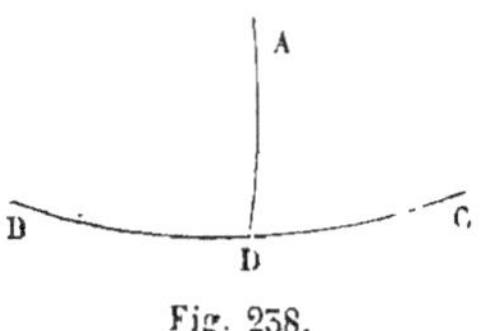
Fig. 258.

1° Élevons par le centre O de la sphère une droite perpendiculaire au cercle BC; par cette droite et A faisons passer un plan; il coupera la sphère suivant un grand cercle AD perpendiculaire à BC (**296**). Donc du point A on peut abaisser un arc de grand cercle perpendiculaire à BC.

2° Le grand cercle perpendiculaire à BC doit contenir le diamètre perpendiculaire à BC et le point A; or par une droite et un point situé en dehors on ne peut faire passer qu'un seul plan.

Scholie. —Nous supposons que le point A n'est pas le *pôle* de l'arc donné.

PROPOSITION XXVII.

319. Théorème. — *Si par un point pris hors d'un arc de grand cercle on lui mène un arc perpendiculaire et des arcs obliques,*

1° *La perpendiculaire est plus courte que toute oblique;*

2° *Deux obliques également écartées du pied sont égales;*

3° *De deux obliques la plus écartée est la plus grande.*

La démonstration de ce théorème est identique à celle du n° **34**.

Corollaire. — Les réciproques sont vraies.

Scholie.—Dans ces propositions nous ne considérons que le plus petit des deux arcs qui, partant du point A, aboutissent à l'arc BC; cet arc est moindre qu'un quadrant. Les démonstrations reposent en effet sur la considération de triangles dont chaque côté doit être inférieur à une demi-circonférence.

Il est facile de voir que l'arc supplémentaire de celui que nous considérons est au contraire plus grand que tout arc oblique; que de deux obliques la plus écartée est la plus courte.

PROPOSITION XXVIII.

320. Théorème. — *Si l'on élève un arc de grand cercle perpendiculaire sur le milieu d'un arc de grand cercle donné,*

1° Tout point pris sur cette ligne perpendiculaire est également distant des extrémités de l'arc donné;

2° Tout point pris en dehors est inégalement distant.

La démonstration est identique à celle du n° **35**.

Corollaire 1. — *Réciproquement,* tout point à égale distance des extrémités d'un arc de grand cercle est sur l'arc perpendiculaire élevé au milieu du premier.

Corollaire 2. — Le plan de l'arc de grand cercle mené par le milieu de l'arc donné est perpendiculaire sur le milieu de la droite qui joint ses extrémités. — En effet, l'intersection des plans des grands cercles coupe cette corde en deux parties égales et lui est perpendiculaire. — Ce plan est le lieu de tous les points de l'espace également éloignés des extrémités de l'arc donné.

Si l'on fait passer un petit cercle quelconque par les mêmes extrémités, il est divisé en deux parties égales par le même grand cercle, puisque les cordes des arcs formés sont égales.

PROPOSITION XXIX.

321. Théorème. — *Deux triangles sphériques rectangles sont égaux ou symétriques :*

1° Quand ils ont l'hypoténuse égale et un côté égal;

2° Quand ils ont l'hypoténuse égale et un angle adjacent égal.

La démonstration est semblable à celle des n°ˢ **36**, **37**.

Scholie. — Nous supposons les côtes de l'angle droit plus grands ou plus petits qu'un quadrant. Dans le cas où l'un des côtés de l'angle droit est égal à un quadrant, l'hypoténuse est aussi égale à un quadrant, et le triangle est isoscèle et birectangle. Le raisonnement est en défaut, car l'un des sommets étant alors le pôle du côté opposé, tous les arcs de grands cercles partant de ce sommet sont perpendiculaires sur le côté opposé et non obliques.

Corollaire 1. — L'arc bissecteur d'un angle est le lieu géométrique des points également distants des côtés de l'angle.

Corollaire 2. — *Dans un triangle rectangle, le nombre des côtés supérieurs à un quadrant est toujours pair* (fig. 239).

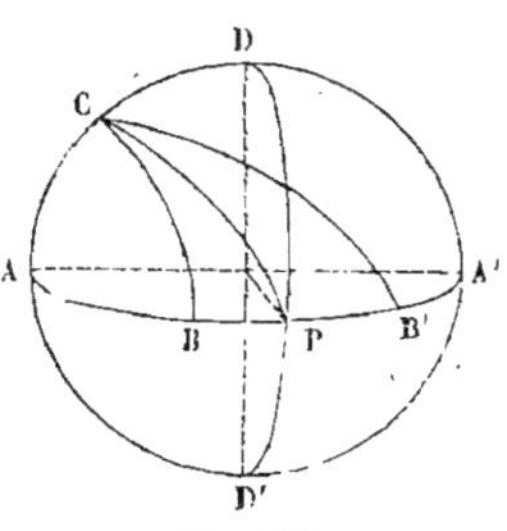

Fig. 239.

Soit A l'angle droit du triangle rectangle, soit ABA′ le grand cercle formé par l'un des côtés et ACA′ le grand cercle formé par l'autre. Traçons un troisième grand cercle DPD′ perpendiculaire aux deux premiers; P sera le pôle de ACA′.

1° Supposons le côté AC $= b$ inférieur à un quadrant, le point C sera entre A et D; joignons CP; cet arc vaudra un quadrant. Le troisième sommet B sera entre A et P ou entre A′ et B. Dans le premier cas, les trois côtés sont inférieurs à un quadrant. Dans le second AB′ $= c$ est supérieur à un quadrant et en même temps CB′ $= a$ est supérieur à CP qui vaut un quadrant.

2° Si b est supérieur à un quadrant, prenons A′C pour ce côté, en nous servant de la même figure. Le troisième sommet sera en B′ ou en B. Dans le premier cas les deux côtés A′C $= b$, B′C $= a$ sont supérieurs à un quadrant et A′B′ $= c$ est inférieur. Dans le second A′C $= b$, A′B $= c$ sont supérieurs à un quadrant et CB $= a$ est inférieur.

Donc, dans tous les cas, *le nombre des côtés supérieurs à un quadrant est pair*. C. q. f. d.

Corollaire 3. — *Dans un triangle rectangle, tout angle oblique est de même espèce que le côté opposé* (fig. 240).

1° Si AC $= b$ est inférieur à un quadrant, l'angle B est toujours aigu, car son supplément extérieur est toujours obtus (**309**). Si C est inférieur à un quadrant AP, l'angle C est inférieur à ACP, par suite aigu. Si AB′ $= c$ est supérieur à un quadrant, l'angle C est supérieur à ACP, par suite obtus.

2° Dans le triangle A′CB où b et c sont supérieurs à un quadrant, les angles B et C sont obtus. Dans le triangle A′CB′, b est supérieur, c inférieur à un quadrant, et l'angle B est obtus, tandis que l'angle C est aigu.

C. q. f. d.

§ 5. — PETITS CERCLES.

322. Les théorèmes qui précèdent montrent que les arcs de grands cercles jouent sur la sphère le rôle des lignes droites sur le plan. Un petit cercle de la sphère est l'analogue d'un cercle du plan, mais il y a cette différence qu'un cercle de la sphère a deux centres, deux rayons (**292**).

On peut joindre deux points d'un petit cercle par un arc de grand cercle : on obtient ainsi une *corde* d'un petit cercle, et l'on peut établir une série de théorèmes analogues aux premiers du livre II : nous nous bornerons à les énoncer, leurs démonstrations sont faciles :

1° *Un arc de grand cercle ne peut rencontrer un petit cercle qu'en deux points.*

2° *Un diamètre divise un petit cercle en deux parties égales.*

3° *Toute corde est moindre que le diamètre.*

4° *Dans un même cercle ou dans des cercles égaux, à des arcs égaux correspondent des cordes égales, et réciproquement.*

5° *Dans un même cercle ou dans des cercles égaux, à un plus grand arc correspond une plus grande corde et réciproquement.*

6° *Le pôle, le milieu de la corde et le milieu de l'arc sont un même grand cercle perpendiculaire à la corde.*

7° *Dans un même petit cercle ou des petits cercles égaux, deux cordes égales sont également éloignées du centre, et réciproquement.*

8° *Dans un même petit cercle ou des petits cercles égaux, une corde plus petite est plus éloignée du centre, et réciproquement.*

9° *L'arc de grand cercle perpendiculaire à l'extrémité d'un rayon est tangent au petit cercle et réciproquement.*

PROPOSITION XXX.

323. Théorème. — *Si deux petits cercles ont un point commun hors de la ligne des centres, ils en ont un autre symétriquement placé par rapport à cette ligne* (fig. 240).

Soient P et Q les deux centres des cercles et soit PQ l'arc de grand cercle qui réunit ces deux points ; nous appelons cet arc la ligne des centres. Soit A un point commun aux deux petits cercles en dehors de la ligne des centres. De ce point abaissons un arc

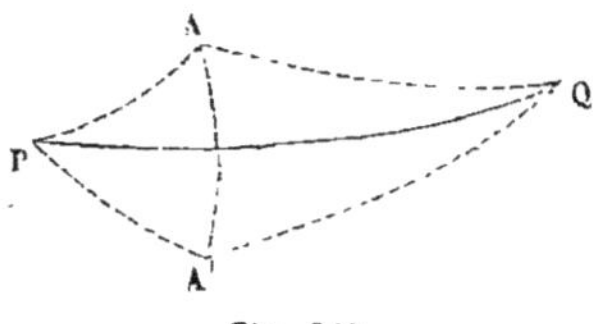

Fig. 240.

perpendiculaire AB sur PQ, prolongeons AB d'une quantité BA′ = BA, nous aurons le point A′ symétrique de A.

Les deux arcs PA, PA′ sont égaux comme obliques s'écartant également ment du pied B de la perpendiculaire; il en est de même des arcs QA et QA′; donc le point A′ est commun aux deux petits cercles P et Q.

Corollaire 1. — *Si deux petits cercles n'ont qu'un point commun, ou, ce qui est la même chose, sont tangents, le point de contact est sur la ligne des centres*

Corollaire 2. — *Si deux petits cercles ont deux points communs sur la ligne des centres, ils se confondent.*

Corollaire 3. — *Deux petits cercles ne peuvent pas avoir un point commun sur la ligne des centres et un point commun au dehors.*

PROPOSITION XXXI.

324. Théorème. — *Si deux petits cercles ont deux points communs, la ligne des centres est perpendiculaire sur le milieu de la corde commune* (fig. 240).

En effet, les deux points ne peuvent pas être tous deux sur la ligne des centres (**323**, cor. 2); ces deux points ne sont pas non plus l'un sur la ligne des centres et l'autre en dehors (**323**, cor. 3). Donc ils sont tous deux en dehors de la ligne des centres.

Chacun des centres des petits cercles, étant à égale distance de ces deux points, appartient à l'arc de grand cercle élevé perpendiculairement au milieu de l'arc de grand cercle qui les joint; donc la ligne des centres est cette perpendiculaire.

C. q. f. d.

Scholie. — Deux circonférences de petits cercles peuvent avoir sur la sphère trois positions relatives :

1° Elles peuvent n'avoir aucun point commun;

2° Elles peuvent avoir un seul point commun;

3° Elles peuvent avoir deux points communs.

Il n'y a pas lieu, sur la sphère, de distinguer les cas où une circonférence est à l'intérieur ou à l'extérieur du cercle déterminé par l'autre (fig. 241). Soient deux petits cercles M et M', soient P, P' les deux pôles du premier, et Q, Q' les deux pôles du second. Si l'on choisit P et Q pour centres, M et M' sont extérieurs; en choisissant P' et Q, ou Q' et P, les cercles M et M' sont intérieurs. En choisissant P' et Q', ces cercles ne sont ni intérieurs ni extérieurs. Cette différence entre les petits cercles d'une sphère et les cercles tracés sur un plan, doit nécessairement introduire des différences dans les théorèmes qui se rapportent aux positions relatives de deux circonférences.

Nous désignerons la distance des centres par D, et nous prendrons toujours cette distance moindre qu'une demi-circonférence.

Nous désignerons par R et R' l'un quelconque des deux rayons et enfin par H la demi-circonférence.

PROPOSITION XXXII.

325. Théorème. — *Deux petits cercles étant tracés sur la sphère,*

1° S'ils n'ont aucun point commun, on a l'une des trois relations :

$$D > R + R'; \quad D < R - R'; \quad D + R + R' > 2H;$$

2° S'ils n'ont qu'un point commun, on a l'une des trois relations :

$$D = R + R'; \quad D = R - R'; \quad D + R + R' = 2H;$$

3° S'ils ont deux points communs, on a à la fois les trois relations :

$$\left. \begin{array}{l} D < R + R', \\ D > R - R', \\ D + R + R' < 2H, \end{array} \right\}$$

4° Les réciproques sont vraies (fig. 241, 242, 243).

Pour démontrer facilement ces théorèmes, il suffit de supposer que l'on prenne pour plan de construction le grand cercle passant par les pôles. Désignons les cercles par M, M', leurs centres par P, P' et Q, Q'.

1° Si les deux cercles n'ont aucun point commun, en prenant P et Q pour centres, nous avons évidemment $D > R + R'$. Pour obtenir la relation correspondante à P′ et Q, il suffit de remplacer

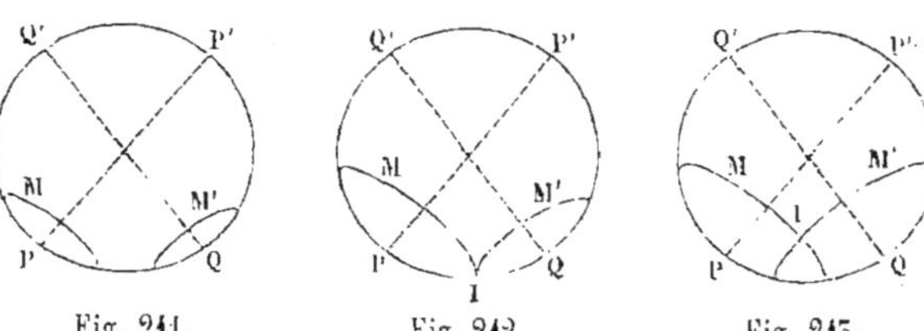

Fig. 241.   Fig. 242.   Fig. 243.

dans la précédente D par $H - D$ et R par $H - R$; il vient alors la relation $H - D > H - R + R'$, ou, ce qui est la même chose,

$$D < R' - R.$$

Si l'on prend Q′ et P pour centres, on obtient $H - D > R + H - R'$, ou bien

$$D < R' - R.$$

Enfin en prenant P′ et Q′, D reste le même, et si dans la première relation on remplace R par $H - R$, R′ par $H - R'$, elle donne $D > H - R + H - R'$, ou bien

$$D + R + R' > 2H.$$

Donc la première partie du théorème est démontrée.

2° Dans le cas où les deux cercles n'ont qu'un point commun, prenons P et Q pour centres, le point de contact I étant sur la ligne des centres, nous avons

$$D = R + R'.$$

Pour P′ et Q, nous aurons donc $H - D = H - R + R'$, ou bien

$$D = R - R'.$$

Pour P et Q′, nous aurons donc $H - D = R + H - R'$, ou bien

$$D = R' - R.$$

Pour P′ et Q′, nous aurons donc $D = H - R + H - R'$, ou bien

$$D + R + R' = 2H.$$

Donc la seconde partie du théorème est démontrée.

5° Si les deux cercles ont deux points communs, considérons celui I qui est situé au-dessus du plan de construction. Les deux centres P et Q et le point I forment un triangle dans lequel on a à la fois

$$D < R + R',$$
$$D > R - R',$$
$$D + R + R' < 2H,$$

et la même chose peut se dire pour deux autres centres quelconques.

4° Les réciproques se démontrent par la réduction à l'absurde.

§ 6. — SURFACES DES TRIANGLES ET DES POLYGONES.

DÉFINITIONS.

326. Unité de surface. — Comme on peut placer une portion quelconque de la surface sphérique sur une autre portion de la même surface, il est possible de comparer entre elles deux portions de la même sphère; nous prendrons pour unité de surface celle du *triangle trirectangle*. — Imaginons un grand cercle quelconque et soient P, P' ses deux pôles. Par le diamètre PP' menons deux plans perpendiculaires entre eux, ils seront tous deux perpendiculaires au premier grand cercle. Ils partageront la sphère en 8 triangles trirectangles, équilatéraux et superposables. C'est l'un de ces triangles qui nous sert d'unité de surface.

Il est impossible de comparer l'aire d'une portion de surface sphérique avec celle du mètre carré, puisqu'une surface plane, quelque petite qu'elle soit, ne peut pas être placée sur la sphère. Nous verrons plus tard comment cette comparaison peut s'effectuer au moyen de la méthode des limites.

327. Fuseau sphérique. — On nomme *fuseau* la portion de surface sphérique comprise entre deux demi grands cercles. L'*angle* d'un fuseau est celui des arcs de grands cercles qui le déterminent.

PROPOSITION XXXIII.

328. Théorème. — *Deux fuseaux sont entre eux comme leurs angles.*

1° Deux fuseaux égaux ont le même angle, et réciproquement.

En effet, deux fuseaux égaux sont superposables; après la superposition l'angle de l'un coïncide avec l'angle de l'autre. Réciproquement, si les angles sont égaux, les dièdres des fuseaux sont égaux; donc les fuseaux sont superposables.

2° Deux fuseaux commensurables sont dans le même rapport que leurs angles.

En effet, supposons que les fuseaux soient dans le rapport de 5 à 5, le premier sera décomposable en 5 fuseaux égaux entre eux et le second en 5 fuseaux égaux entre eux et égaux à chacun des 5 premiers. Les deux angles dièdres et par suite leurs rectilignes seront donc décomposés en parties égales entre elles, le rectiligne du premier fuseau en 5 parties, le rectiligne du second fuseau en 5; donc on a bien la proportion

$$\frac{\text{fuseau A}}{\text{fuseau B}} = \frac{A}{B},$$

A et B désignant les angles des fuseaux.

5° Deux fuseaux incommensurables sont dans le même rapport que leurs angles.

Divisons le fuseau B en un nombre quelconque variable et croissant de parties égales; portons la partie aliquote formée sur le fuseau A autant de fois que nous pourrons; nous formons ainsi un fuseau A′ commensurable avec le fuseau B, et nous avons

$$\frac{\text{fus. A}'}{\text{fus. B}} = \frac{A'}{B}.$$

Si le nombre des parties aliquotes du fuseau B croît indéfiniment, les deux rapports précédents varient et tendent vers des limites égales, puisqu'ils sont toujours égaux; donc

$$\lim. \frac{\text{fus. A}'}{\text{fus. B}} = \lim. \frac{A'}{B};$$

Mais, par définition (**91**),

$$\lim. \frac{\text{fus. A}'}{\text{fus. B}} = \frac{\text{fus. A}}{\text{fus. B}}$$

et

$$\lim. \frac{A'}{B} = \frac{A}{B};$$

donc

$$\frac{\text{fus. A}}{\text{fus. B}} = \frac{A}{B}.$$

C. q. f. d.

COROLLAIRE 1. — Supposons que le fuseau B soit le fuseau droit qui correspond à l'unité d'angle habituellement choisie, nous pouvons énoncer ainsi la proposition précédente :

Un fuseau a pour mesure son angle.

COROLLAIRE 2. — En prenant pour unité de surface la surface T du triangle trirectangle, nous pouvons écrire la proportion précédente de cette manière :

$$\frac{\text{fuseau A}}{2T} = \frac{A}{1\ \text{dr.}},$$

ou bien

$$\frac{\text{fuseau A}}{T} = \frac{2A}{1\ \text{dr.}}.$$

Cette proportion peut s'énoncer ainsi :

Un fuseau a pour mesure le double de son angle.

Il ne faut pas oublier que cette proportion suppose que la surface du fuseau est rapportée à celle du triangle trirectangle et l'angle du fuseau à l'angle droit.

PROPOSITION XXXIV.

329. Théorème. — *Deux triangles sphériques symétriques sont équivalents en surface.*

Soit ABC un triangle et A'B'C' son symétrique.

Soit P le pôle du triangle ABC, joignons P au centre et prolongeons PO jusqu'à sa rencontre nouvelle en P' avec la sphère. Le point P étant, par hypothèse, à égale distance des points A, B, C, le point P' sera aussi à égale distance des points A', B', C', car

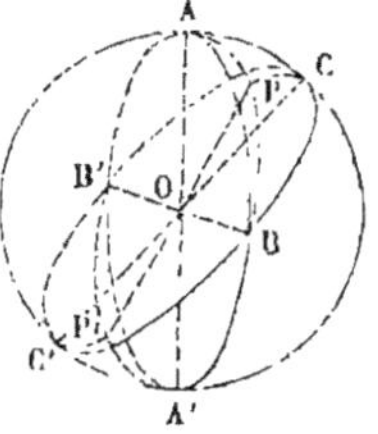

Fig. 241

$$P'A' = PA, \quad P'B' = PB, \quad P'C' = PC.$$

Donc P' est le pôle du triangle A'B'C'. On voit de plus que P et

16

P′ sont en même temps intérieurs ou extérieurs aux triangles dont ils sont les pôles.

Cela posé, le triangle A′B′C′ est décomposé en trois triangles isoscèles respectivement égaux à ceux qui composent le triangle ABC (**302**). Donc A′B′C′ est équivalent à ABC.

C. q. f. d.

PROPOSITION XXXV.

330. Lemme. — *Lorsque deux arcs de grand cercle se coupent dans un hémisphère, la somme des deux triangles formés est équivalente au fuseau de l'angle suivant lequel les arcs se coupent* (fig. 244).

Soient deux arcs de grands cercles AA′, CC′ se coupant en B, sur l'hémisphère ACA′C′.

Le triangle ABC est équivalent au triangle symétrique A′B′C′; mais

$$A'B'C' + A'BC' = \text{fuseau B} ;$$

donc

$$ABC + A'BC' = \text{fuseau B}.$$

C. q. f. d.

PROPOSITION XXXVI.

331. Théorème. — *La surface d'un triangle sphérique a pour mesure l'excès de la somme de ses angles sur deux droits.* (*Le triangle trirectangle est pris pour unité de surface, l'angle droit pour unité d'angle.*) (Fig. 245.)

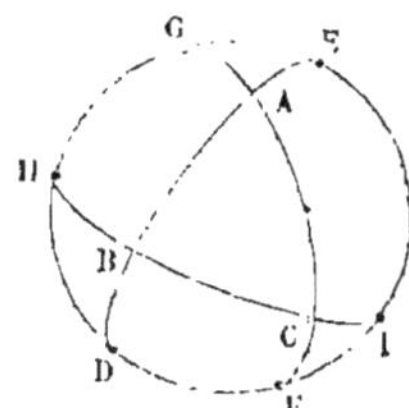

Fig. 245.

Soit DIG un grand cercle servant de base à un hémisphère contenant le triangle. On peut toujours supposer que le triangle est sur un hémisphère, puisqu'il est tout entier sur celui qui est déterminé par l'un de ses côtés prolongé.

Prolongeons les côtés BC, CA, AB du triangle donné jusqu'à la base de l'hémisphère, nous aurons, d'après le lemme précédent :

$$ABC + BCFD + AEG = \text{fus. } A,$$
$$ABC + AEIC + BHD = \text{fus. } B,$$
$$ABC + AGHB + CIF = \text{fus. } C.$$

Donc, en ajoutant membre à membre,

$$2ABC + \text{hémisphère} = \text{fus. } A + \text{fus. } B + \text{fus. } C,$$

par suite

$$ABC = \frac{\text{fus. } A + \text{fus. } B + \text{fus. } C - \text{hémisphère}}{2}.$$

Donc, en rapportant les surfaces au triangle trirectangle,

$$\frac{ABC}{T} = \frac{\text{fus. } A + \text{fus. } B + \text{fus. } C - \text{hémisph.}}{\text{fus. dr.}};$$

mais

$$\frac{\text{fus. } A}{\text{fus. dr.}} = \frac{A}{1 \text{ dr.}}, \quad \frac{\text{fus. } B}{\text{fus. dr.}} = \frac{B}{1 \text{ dr.}}, \quad \frac{\text{fus. } C}{\text{fus. dr.}} = \frac{C}{1 \text{ dr.}}, \quad \frac{\text{hémisph.}}{\text{fus. dr.}} = \frac{2}{1 \text{ dr.}};$$

donc enfin

$$\frac{ABC}{T} = \frac{A + B + C - 2}{1 \text{ dr.}}.$$

On écrit plus simplement, en sous-entendant les unités,

$$ABC = A + B + C - 2.$$

Scholie 1. — Le second membre porte le nom d'*excès sphérique*. On peut donc dire qu'*un triangle a pour mesure son excès sphérique*.

Scholie 2. — La démonstration serait un peu plus simple si l'on prenait comme hémisphère celui qu'on obtient en prolongeant l'un des côtés du triangle.

Corollaire. — On voit que $A + B + C = 2 + S$; par conséquent la somme des angles tend vers 2 droits quand la surface du triangle tend vers zéro. C'est qu'en effet la portion de surface courbe qu'il comprend, quand il est très-petit, se confond sensiblement avec une surface plane.

PROPOSITION XXXVII.

332. Théorème. — *La surface d'un polygone sphérique convexe a pour mesure l'excès de la somme de ses angles sur autant de fois deux droits qu'il y a de côtés moins deux* (fig. 246).

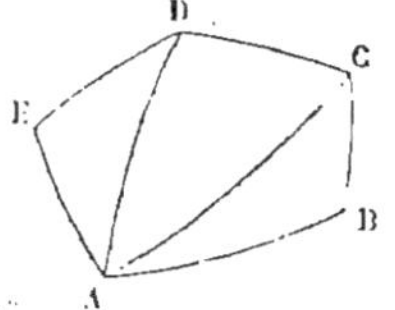

Fig. 246.

Soit ABCDE le polygone. Nous pouvons, par des arcs de grands cercles partant du point A, le partager en autant de triangles qu'il y a de côtés moins deux, et la somme des angles de ces triangles est égale à la somme des angles du polygone.

Donc la surface du polygone, rapportée au triangle trirectangle, est bien égale à la somme des angles du polygone, moins autant de fois 2 droits qu'il y a de côtés moins deux.

C. q. f. d.

Corollaire. — Soit S la surface, A, B, C... les angles, n le nombre des côtés, nous aurons la formule

$$S = A + B + C \ldots - 2 (n - 2).$$

Corollaire. — Considérons un quadrilatère sphérique régulier, ou un *carré* sphérique, désignons par A son angle, nous aurons

$$S = 4A - 4;$$

donc

$$A = 1 + \frac{S}{4}.$$

On voit par là que l'angle d'un carré sphérique est toujours supérieur à 1 droit.

§ 7. — PROBLÈMES.

PROPOSITION XXXVIII.

333. Problème. — *Tracer un arc de grand cercle passant par deux points donnés* A *et* B (fig. 247).

Il suffit de trouver le pôle P de cet arc de grand cercle.

Des points A et B comme centres, avec un quadrant pour rayon sphérique, décrivons deux arcs de cercle ; ils se couperont au pôle P. De ce point comme centre avec le même rayon décrivons un grand cercle, il passera par les points A et B.

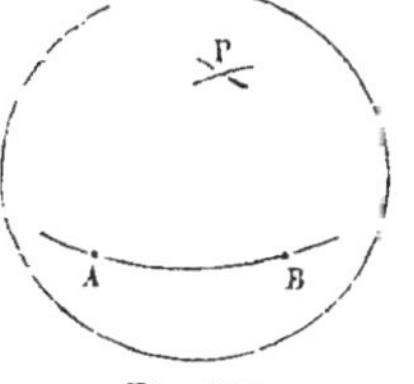

Fig. 217.

SCHOLIE. — Les cercles décrits des points A et B comme centres se coupent toujours, car

1° La distance AB étant moindre qu'une demi-circonférence est moindre que la somme des deux rayons.

2° La distance AB est plus grande que la différence des rayons, qui est nulle.

3° La distance AB augmentée de la somme des deux rayons est moindre qu'une circonférence (**325**).

PROPOSITION XXXIX.

334. Problème. — *Diviser un arc de grand cercle ou de petit cercle en deux parties égales* (fig. 248).

Il s'agit de mener le grand cercle lieu des points également distants des extrémités de l'arc donné.

Or, des points A et B, comme centres, avec un rayon convenablement choisi, traçons des arcs de cercles qui se couperont en deux points C et D du lieu. Il s'agira maintenant de faire passer un arc de grand cercle par ces deux points : problème résolu (**333**).

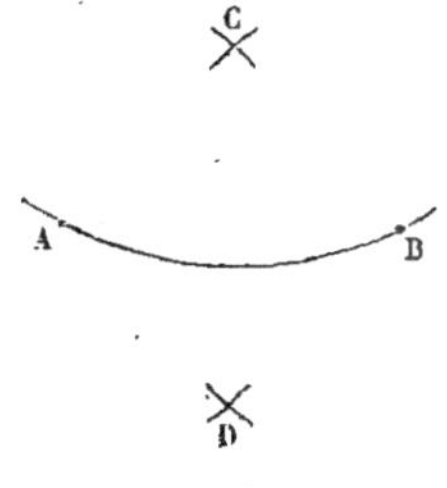

Fig. 248.

PROPOSITION XL.

335. Problème. — *Par un point donné, mener un grand cercle perpendiculaire à un grand cercle donné* (fig. 249).

1° Si le grand cercle donné est entièrement tracé, on décrira du point A donné comme centre, avec un rayon égal à un quadrant, un arc de cercle qui coupera le premier en P. Ce point

Fig. 249.

P sera le pôle du grand cercle demandé passant par A, car si deux grands cercles sont perpendiculaires, le pôle de l'un est sur l'autre.

2° Si le grand cercle BC n'est pas complétement tracé, du point A comme centre, avec un rayon convenablement choisi, on marquera deux points D et E à égale distance de A. On se trouvera ramené à diviser l'arc DE en deux parties égales : problème résolu (**334**).

PROPOSITION XLI.

336. Problème. — *Par trois points donnés sur la sphère faire passer un cercle.*

Soient A, B, C les trois points donnés.

Traçons le grand cercle, lieu des points également distants de A et de B (**334**). Traçons de même le grand cercle, lieu des points également distants de B et de C. Ces deux grands cercles se coupent au pôle du cercle ABC. On pourra donc le tracer.

Scholie. — Le grand cercle, lieu des points également distants de A et de C, passe aussi par le pôle du petit cercle ABC. De là ce théorème :

Si sur les milieux des trois côtés d'un triangle sphérique on élève des grands cercles perpendiculaires à ces côtés, ils se coupent au même point et ce point est le centre du cercle circonscrit au triangle.

PROPOSITION XLII.

337. Problème. — *Par un point pris sur un arc de grand cercle, mener un second arc de grand cercle faisant avec le premier un angle donné (fig. 250).*

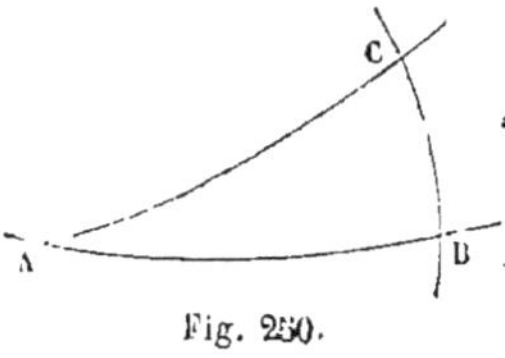

Supposons le problème résolu. AB étant l'arc donné, soit AC l'arc cherché.

Si du point A comme centre, avec un quadrant pour rayon, nous décrivons un grand cercle BC, l'arc BC compris sera connu, puisque l'angle A est donné.

Fig. 250.

Donc, pour résoudre le problème, il suffit de décrire du point A comme centre, avec un quadrant comme rayon, un arc indéfini, de prendre à partir du point B un arc de grand cercle BC mesurant l'angle donné, de faire passer un arc de grand cercle par les points A et C (**333**).

PROPOSITION XLIII.

338. Problème. — *Construire un triangle connaissant les trois côtés* (fig. 251).

Soient a, b, c les trois côtés donnés.

Nous placerons le côté a sur la sphère de construction, puis de ses extrémités comme centres, avec b et c comme rayons, nous décrirons des arcs de cercles se coupant généralement en deux points A et A'. Par B et A, puis par C et A nous ferons passer des arcs de grands cercles ; ABC sera le triangle demandé. Le triangle A'BC serait symétrique du premier.

Pour que le problème soit possible, il faut et il suffit que les circonférences se coupent ; par conséquent il faut et il suffit que

$$a < b + c,$$
$$a > b - c,$$
$$a + b + c < 1 \text{ circ.}$$

SCHOLIE. — Nous retombons ainsi sur les conditions de possibilité d'un trièdre dont on donne les faces : ce qui devait arriver, puisque la construction d'un triangle sphérique avec trois côtés donnés équivaut à la construction d'un trièdre avec trois faces données.

COROLLAIRE. — Pour construire un triangle dont on connaît les angles, on construit le triangle polaire dont on connaît les côtés, on en déduit ses angles et par suite les côtés du triangle donné. La construction du triangle polaire n'est possible que si les angles A, B, C satisfont aux conditions suivantes :

$$A + 2 \text{ dr.} > B + C,$$
$$A + B + C > 2 \text{ dr.},$$

A désignant le plus petit angle.

PROPOSITION XLIV.

339. Problème. — *Construire un triangle connaissant deux côtés et l'angle opposé à l'un d'eux (cas douteux)* (fig. 251).

Désignons par A l'angle donné, a et b les deux côtés donnés.

Sur la sphère de construction nous ferons l'angle A donné; nous prendrons une longueur AC égale à b, puis du point C comme centre, avec a comme rayon, nous décrirons un arc de cercle qui coupera généralement en deux points, B et B', le second côté de l'angle; par C et B, par C et B' nous ferons passer des arcs de grands cercles. L'un des deux triangles ABC, A'BC, au moins, répondra à la question.

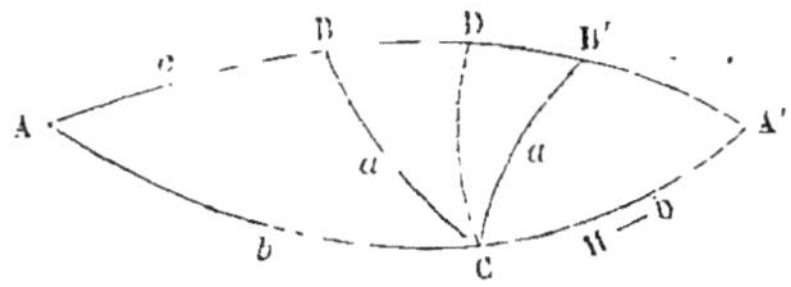

Fig. 251.

La discussion de ce problème est intéressante; nous reproduirons celle que Lanthéric a faite dans les *Nouvelles Annales de mathématiques*, tome XI, 1re série.

Achevons le fuseau A, et du point C abaissons l'arc CD perpendiculaire sur l'autre côté de l'angle. Dans le triangle sphérique rectangle ACD, l'arc perpendiculaire CD sera inférieur ou supérieur à un quadrant, suivant que l'angle donné A sera lui-même aigu ou obtus (**321**, cor. 3). Si l'arc CD est inférieur à un quadrant, il sera moindre que tout arc allant du point C aux divers points de ADA', et les arcs obliques augmenteront en s'éloignant du pied de la perpendiculaire. Si l'arc CD est supérieur à un quadrant, il sera au contraire supérieur à tous les arcs obliques partant du point C, et ces arcs obliques diminueront en s'éloignant du pied.

Cela posé, *pour que le triangle proposé soit possible, il faudra d'abord que le côté opposé a soit au moins égal à l'arc perpendiculaire si A est aigu, et au plus égal si A est obtus.*

Cette première condition est évidemment satisfaite lorsque A et a sont de nature différente.

On peut maintenant démontrer les deux propositions précédentes qui résument la discussion :

A et a étant de nature différente, le problème, s'il est possible, n'a qu'une solution. — A et a étant de même nature, le problème, s'il est possible, a une ou deux solutions.

1° Soient A *aigu* et a *supérieur à un quadrant*, par exemple. Si b est supérieur à un quadrant, $\Pi - b$ sera inférieur : donc B sera sur DA; car s'il était sur DA', l'arc $CB' = a$ serait inférieur à $\Pi - b$

et *a fortiori* à un quadrant. Si b est inférieur à un quadrant, H—b sera supérieur et le point B sera entre D et A'. Pour que le triangle soit possible, il faut que a soit au plus égal à celui des deux arcs b et H—b qui est de même nature.

On raisonnerait d'une manière analogue si A était *obtus* et a *inférieur* à un quadrant.

2° Soient A *aigu* et a *inférieur à un quadrant*, par exemple.

L'arc CD sera dans ce cas inférieur à un quadrant. Si b est obtus, il existera certainement une oblique CB égale à a entre D et A et il pourra en exister une entre D et A' si $a <$ H—b. Si b est inférieur à un quadrant, le point B' existera toujours et le point B existera si $a < b$.

On raisonnerait d'une manière analogue si A était *obtus* et a *supérieur à un quadrant*.

Scholie. — On ramène facilement à des problèmes déjà résolus les deux problèmes suivants :

1° *Construire un triangle connaissant deux côtés et l'angle compris.*

2° *Construire un triangle connaissant un côté et les deux angles adjacents.*

340. Problème. — *D'un point donné mener un grand cercle tangent à un cercle donné* (fig. 252).

Supposons le problème résolu. Soit AD l'arc de grand cercle tangent au cercle C.

Joignons C et D par un arc de grand cercle et prolongeons cette ligne d'une longueur DB égale à CD. Le point B peut être pris pour inconnu, car ce point étant déterminé, on le joindra au centre C : on aura ainsi le point de contact D ; puis par A et D on fera passer un arc de grand cercle.

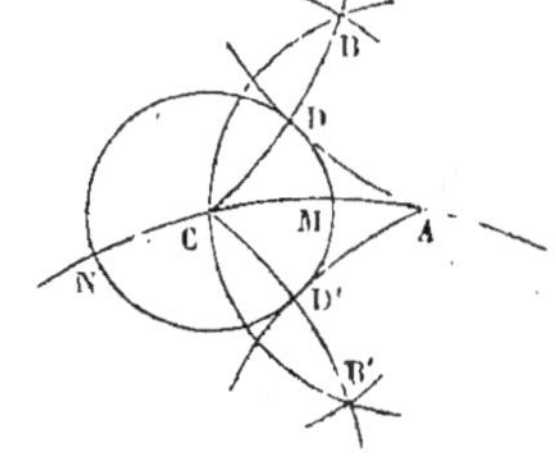

Fig. 252.

Or le point B est à une distance de C égale au diamètre du cercle donné ; il se trouve donc sur une première circonférence d'un rayon égal à 2R. D'un autre côté, AD étant perpendiculaire sur le milieu de CB, la distance AB est égale à AC; le point B est donc sur une seconde circonférence décrite du point A comme centre, avec la distance $AC = \delta$ comme rayon.

Ces deux circonférences se coupent généralement en deux points B et B'; il y a donc en général deux solutions au problème.

SCHOLIE. — Cherchons les conditions qui doivent être remplies pour que le problème soit possible.

Le cercle donné a deux rayons ; nous désignerons par R le plus petit, inférieur à un quadrant, afin que 2R soit inférieur à une demi-circonférence. La distance δ est inférieure à une demi-circonférence.

Cela posé, pour que deux circonférences se coupent, il faut et il suffit que trois conditions soient remplies :

1° Que la distance des centres soit inférieure à la somme des rayons ;

2° Que la distance des centres soit plus grande que leur différence ;

3° Que la distance des centres augmentée de la somme des rayons soit inférieure à une circonférence.

La première condition est toujours remplie, car on a bien

$$\delta < \delta + 2R.$$

Si δ est plus grand que 2R, on a évidemment aussi

$$\delta > \delta - 2R.$$

Si 2R est plus grand que δ, mais que le point soit extérieur au cercle, on pourra écrire

$$\delta > R,$$

par suite

$$2\delta > 2R;$$

donc on aura bien encore

$$\delta > 2R - \delta.$$

Il faut enfin que.

$$2\delta + 2R < 1 \text{ circ.}$$

ou bien

$$\delta + R < \tfrac{1}{2}\,\text{circ.}$$

Cette relation montre que le point A doit être en dehors du petit cercle symétrique du cercle donné. Donc, en résumé, *pour que le problème soit possible, il faut et il suffit que le point A soit sur la zone comprise entre le cercle donné et son symétrique.*

Il est facile de voir d'ailleurs que le grand cercle AD sera tangent à la fois à ces deux cercles.

PROPOSITION XLVI.

341. Problème. — *Mener un grand cercle tangent à deux petits cercles donnés.*

Soient P et P″ les pôles des cercles donnés qui correspondent aux plus petits rayons, R et R′; soit D la distance de ces deux pôles inférieure à Π. Supposons le problème résolu, et soient A et A′ les deux points de contact d'un grand cercle laissant les deux cercles donnés d'un même côté.

Joignons PA, P′A′; ces deux arcs seront perpendiculaires à l'arc AA′ et se couperont aux pôles Q et Q′ de AA′. Les deux points P et P′ formeront avec l'un de ces pôles un triangle dont les côtés seront

$$D\,,\quad \tfrac{1}{2}\Pi - R\,,\quad \tfrac{1}{2}\Pi - R'.$$

On déterminera donc ce pôle en décrivant des points P et P′ comme centres, avec $\tfrac{1}{2}\Pi - R$, $\tfrac{1}{2}\Pi - R'$ comme rayons, des circonférences.

Pour que le problème soit possible, il faut que

$$D + R + R' < \tfrac{1}{2}\,\text{circ.}$$
$$D > R - R'.$$

On peut mener un cercle tangent qui laisse P et P′ dans deux hémisphères différents; en joignant PA et P′A′, on obtient encore le pôle de cet arc; on le trouvera donc au sommet d'un triangle ayant pour côtés

$$D\,,\quad \tfrac{1}{2}\Pi - R\,,\quad \tfrac{1}{2}\Pi + R'.$$

Supposons $R > R'$, les conditions de possibilité seront

$$D + R - R' < \tfrac{1}{2}\,\text{circ.}$$
$$D > R + R'.$$

PROPOSITION XLVII.

342. Problème. — *Couvrir la sphère par des polygones réguliers, de même espèce, juxtaposés.*

Désignons par n le nombre des côtés du polygone régulier et par A son angle ; sa surface sera

$$nA - 2(n-2).$$

Désignons par p le nombre de fois que ce polygone est contenu dans la surface de la sphère ; en supposant le problème résolu, nous aurons l'égalité

$$pnA - 2p(n-2) = 8.$$

Enfin désignons par q le nombre d'angles A autour d'un point ; nous aurons aussi l'égalité

$$qA = 4.$$

De la dernière nous tirons A, et en substituant dans la première, nous avons la relation suivante, entre les trois nombres entiers et positifs n, p, q :

$$2pn - pq(n-2) = 4q.$$

On en tire

$$p = \frac{4q}{2n - q(n-2)};$$

p devant être un nombre positif, on doit avoir

$$q(n-2) < 2n,$$

par suite

$$q < \frac{2n}{n-2}$$

ou

$$q < 2 + \frac{4}{n-2}.$$

Le second membre est d'autant plus grand que n est plus petit, et la plus petite valeur de n est 3 ; donc

$$q < 6.$$

Donc

1° Il ne peut pas y avoir autour d'un point plus de 5 angles égaux.

Si nous avions résolu la même inégalité par rapport à n, nous aurions obtenu aussi

$$n < 2 + \frac{4}{q - 2},$$

et comme il y a au moins 3 angles autour d'un point, puisque l'angle d'un polygone est inférieur à 2 droits, nous pouvons dire aussi :

2° On ne peut pas couvrir exactement la sphère avec des polygones ayant plus de 5 côtés.

Cela posé, faisons dans la formule qui donne p

$$n = 3,$$

elle deviendra

$$p = \frac{4q}{6 - q};$$

puis faisons successivement

$$q = 3,\ 4,\ 5,$$

nous trouvons successivement

$$p = 4,\ 8,\ 20,$$

et aussi

$$A = \frac{4}{3},\ 1,\ \frac{4}{5}.$$

Donc

3° On peut couvrir exactement la sphère avec :

4 *triangles équilatéraux ayant pour angle* $\dfrac{4}{3}$;

8 *triangles trirectangles ;*

20 *triangles équilatéraux ayant pour angles* $\dfrac{4}{5}$.

Faisons maintenant dans la formule qui donne p

$$n = 4,$$

elle deviendra

$$p = \frac{2q}{4 - q};$$

q ne peut avoir que la valeur 3, et nous obtenons

$$p = 6, \quad A = \frac{4}{5}.$$

Donc

4° *On peut couvrir exactement la sphère avec 6 carrés sphériques ayant pour angle $\frac{4}{5}$; il y en a 3 autour d'un point.*

Faisons maintenant enfin dans la formule de p

$$n = 5,$$

elle deviendra

$$p = \frac{4q}{10 - 3q};$$

q ne peut avoir que la valeur 3, et nous trouvons

$$p = 12, \quad A = \frac{4}{5}.$$

Donc

5° *On peut couvrir exactement la sphère avec 12 pentagones réguliers ayant pour angle $\frac{4}{5}$, et il y en a 3 autour d'un point.*

En résumé, le problème proposé admet 5 solutions et n'en admet que 5.

§ 8. — EXERCICES.

343. Théorèmes.

I. — Le lieu géométrique des sommets des triangles sphériques qui ont une base commune et dans lesquels l'angle au sommet diffère d'une quantité constante de la somme des angles à la base, est une circonférence passant par les extrémités de la base.

II. — Le lieu des sommets des triangles de même base et de même surface est une circonférence de cercle passant par les points symétriques des extrémités de la base (Théorème de Lexell).

III. — Soient ABC, A'B'C' deux triangles polaires l'un de l'autre, les arcs de grands cercles AA', BB', CC' se coupent au même point.

344. Problèmes.

I. — D'un point donné comme pôle décrire un cercle tangent à un cercle donné.

II. — Décrire un arc de grand cercle tangent en un point donné à un petit cercle donné.

III — Décrire une circonférence passant par un point donné et touchant deux cercles donnés.

IV. — Construire un triangle sphérique rectangle, connaissant un angle et le coté opposé.

V. Construire un triangle sphérique rectangle, connaissant un côté de l'angle droit et l'hypoténuse.

VI. — Construire un polygone régulier dont on donne l'angle.

LIVRE VII

---

§ 1. — DÉFINITIONS.

345. Polyèdre. — On appelle *polyèdre* un volume limité par des polygones plans.

Les polygones se nomment les *faces* du polyèdre.

Les côtés des polygones appartiennent tous à deux faces; on les nomme *arêtes* du polyèdre.

Le sommet de chaque polygone est commun au moins à trois faces; chacun d'eux est un *sommet* du polyèdre.

Les *éléments* d'un polyèdre sont : les angles solides, les dièdres, les faces, les arêtes.

Le nom d'un polyèdre est déterminé par le nombre de ses faces; on appelle :

Tétraèdre un polyèdre à quatre faces.
Hexaèdre   —   six faces.
Octaèdre   —   huit faces.
Dodécaèdre   —   douze faces.
Icosaèdre   —   vingt faces.
Etc...

346. Prisme. — Un *prisme* est un polyèdre formé par une série de plans se coupant suivant des droites parallèles, terminées à deux plans parallèles (fig. 254).

De cette définition il résulte :

1° Que les lignes AA′, BB′... sont parallèles et comprises entre plans parallèles, par suite égales entre elles (**234**);

2° Que les arêtes AB, BC, CD... sont respectivement égales et parallèles aux arêtes A′B′, B′C′, C′D′...; que, par suite, les polygones ABCDE et A′B′C′D′E′ ont leurs côtés et leurs angles égaux, chacun à chacun, et disposés dans le même ordre, par conséquent sont égaux.

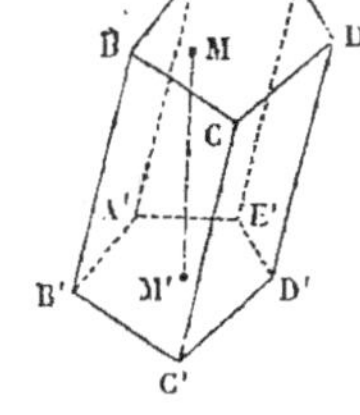

Fig. 253.

Ces polygones s'appellent les *bases* du prisme et la distance MM′ de leurs plans est la *hauteur* du prisme.

Un prisme est *oblique* ou *droit* selon que les arêtes latérales sont obliques ou perpendiculaires aux plans des bases parallèles. Dans un *prisme droit* les parallélogrammes latéraux sont des rectangles (**237**) et la hauteur du prisme est égale à l'une des arêtes.

347. Parallélépipède. — On appelle *parallélépipède*, ou *rhomboèdre*, un prisme dont les bases sont des parallélogrammes. Si le parallélépipède est droit et que ses bases soient des rectangles, on le nomme *parallélépipède rectangle*.

348. Cube. — Le *cube* est un parallélépipède rectangle dont la base est un carré et dont la hauteur est égale au côté de la base. Il résulte de cette définition que les faces d'un cube sont des carrés égaux.

349. Pyramide. — La *pyramide* est un solide limité par un polygone plan quelconque ABCDE, et par une série de triangles ayant pour bases les divers côtés du polygone et pour sommet commun un point S situé en dehors du plan du polygone (fig. 254).

Le point S est le *sommet* de la pyramide, le polygone ABCDE en est la *base* et la perpendiculaire SP, abaissée du sommet sur la base, en est la *hauteur*.

Une pyramide est dite *triangulaire*, *quadrangulaire*, etc., suivant qu'elle a pour base un triangle, un quadrilatère, etc.

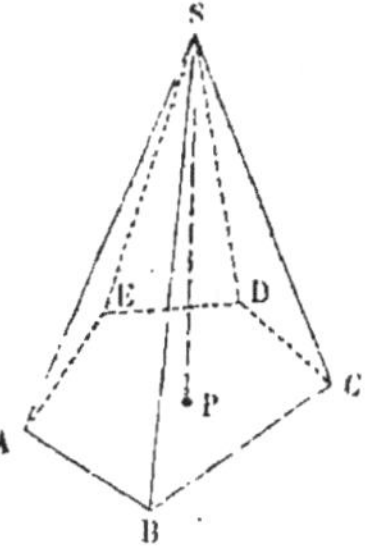

Fig. 254.

Une pyramide triangulaire est un *tétraèdre*.

Une pyramide est *régulière* quand elle a pour base un polygone régulier, et que le centre de la base est le pied de la hauteur.

350. Polyèdre convexe. — Un polyèdre est *convexe* quand il est tout entier d'un même côté de l'une quelconque de ses faces prolongée. Nous n'étudierons que des polyèdres convexes.

Il résulte de cette définition qu'un polyèdre convexe ne peut pas couper une droite en plus de deux points. En effet, par le point intermédiaire passerait une face de part et d'autre de laquelle se trouveraient deux points du polyèdre; il ne serait donc pas convexe.

§ 2. — PRÉLIMINAIRES.

PROPOSITION I.

351. Théorème. — *Les sections faites dans la surface latérale d'un prisme par des plans parallèles, sont des polygones égaux* (fig. 255).

En effet, soient les deux plans ABCDE, A′B′C′D′E′ parallèles coupant la surface latérale d'un prisme.

Les deux lignes AB, A′B′ sont parallèles comme intersections de deux plans parallèles par un troisième; elles sont comprises de plus entre parallèles **(346)**. Donc les deux polygones ABCDE, A′B′C′D′E′ sont égaux comme ayant leurs côtés et leurs angles égaux, chacun à chacun, et disposés dans le même ordre.

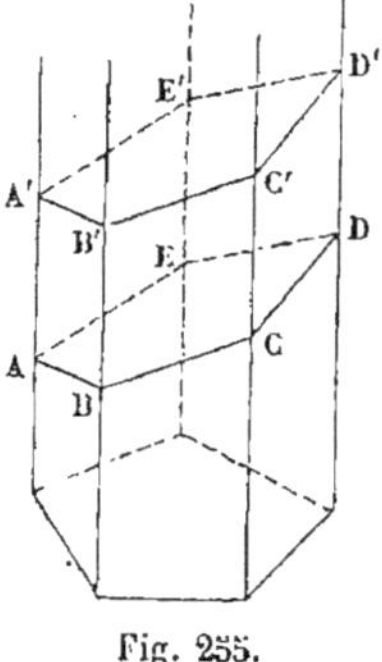

Fig. 255.

C. q. f. d.

PROPOSITION II.

352. Théorème. — *Deux prismes sont égaux, quand les trois faces qui composent un angle solide sont des polygones égaux, disposés de la même manière* (fig. 257).

Par hypothèse, en considérant les deux angles solides A et A′, on trouve

$$ABCDE = A′B′C′D′E′,$$
$$ABGF = A′B′G′F′,$$
$$AEKF = A′E′K′F′;$$

de plus les faces égales sont disposées dans le même ordre. Il faut démontrer que les deux prismes peuvent être mis en coïncidence.

Portons la seconde figure sur la première, de manière à faire coïncider les deux bases ABCDE, A′B′C′D′E′. D'après nos hypothèses, les deux trièdres A, A′ sont égaux (**273**); donc A′F′ suivra la direction AF, et comme ces deux lignes sont supposées égales, F′ tombera sur F.

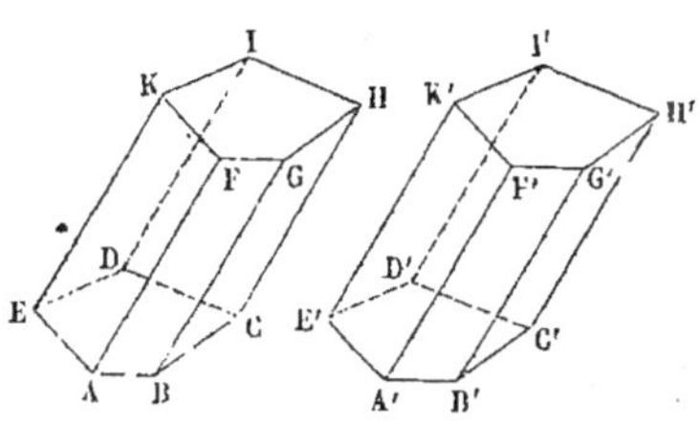

Fig. 256.

Dès lors toutes les arêtes B′G′, C′H′, D′I′, E′K′ coïncideront avec leurs correspondantes BG, CH, DI, EK (**227**, 2°). Donc les deux prismes coïncideront. C. q. f. d.

Corollaire. — *Deux prismes droits de bases égales et de même hauteur sont égaux.*

En effet, autour de deux angles solides homologues les trois faces sont égales, chacune à chacune, et disposées de la même manière.

On peut encore montrer directement que les deux solides peuvent être mis en coïncidence.

PROPOSITION III.

353. Théorème. — *Dans tout parallélépipède*
    1° *les faces opposées sont égales et parallèles;*
    2° *les dièdres opposés sont égaux;*
    3° *les trièdres opposés sont symétriques.* (Fig. 257.)
Soit le parallélépipède ABCDEFGH.

1° Par définition (**347**), les deux bases ABCD, EFGH sont égale et parallèles. — Considérons les deux faces ABFE, DCGH; les côtés AB, DC sont égaux et parallèles comme côtés opposés d'un même parallélogramme, les côtés BF et CG sont égaux et parallèles pour la même raison; il en est de même des côtés FE, GH et des côtés EA, HD. Donc les deux faces ABFE,

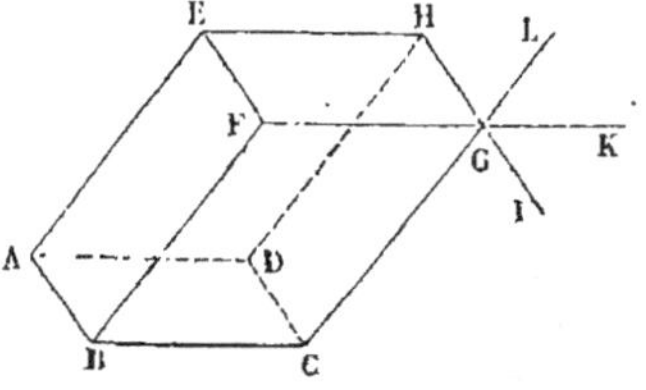

Fig. 257.

DCGH sont bien des parallélogrammes égaux et parallèles.

2° Considérons deux dièdres opposés AB et HG. Un plan, perpendiculaire aux arêtes parallèles, coupera les deux angles dièdres suivant deux rectilignes, égaux entre eux comme ayant leurs côtés respectivement parallèles et dirigés en sens contraires (**233**). Donc les deux dièdres sont égaux.

3° Deux trièdres opposés, A et G par exemple, ont leurs éléments égaux et disposés en ordre inverse ; car si l'on prolonge les arêtes du trièdre G suivant GI, GK, GL, on forme un nouveau trièdre dont les éléments sont égaux respectivement aux éléments de A et disposés dans le même ordre.

Scholie. — Dans le cas particulier du parallélépipède droit, ces trièdres opposés seraient isoscèles et par suite superposables.

Corollaire. — On peut prendre pour bases d'un parallélépipède deux faces opposées quelconques.

PROPOSITION IV.

354. Théorème. — *Les quatre diagonales d'un parallélépipède se coupent en un même point, milieu de chacune d'elles* (fig. 258).

Soit le parallélépipède ABCDEFGH. Considérons deux diagonales AG, EC.

La figure ACGE est un parallélogramme, puisque les deux côtés opposés AE, CG sont égaux et parallèles ; donc les deux diagonales se coupent mutuellement en parties égales.

Un raisonnement semblable s'appliquerait à deux autres diagonales quelconques.

Scholie 1. — Le point de rencontre des diagonales s'appelle quelquefois le *centre* du parallélépipède.

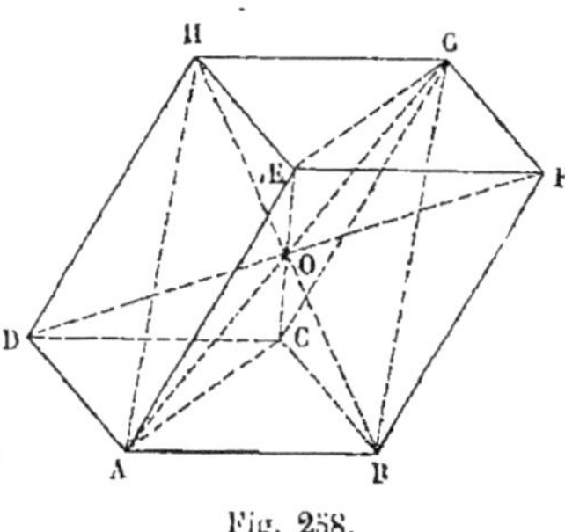

Fig. 258.

Scholie 2. — *Dans un parallélépipède rectangle, les diagonales sont égales et le carré de chacune d'elles est égal à la somme des carrés des arêtes qui aboutissent à un sommet* (fig. 259).

1° Considérons les deux diagonales AG, EC ; elles sont égales parce que la figure ACGE est un rectangle (**58**, cor. 1).

2° Le triangle rectangle ACG donne

$$\overline{AG}^2 = \overline{CG}^2 + \overline{AC}^2$$
$$= \overline{AE}^2 + \overline{AC}^2;$$

or, dans le triangle rectangle ACB,

$$\overline{AC}^2 = \overline{AB}^2 + \overline{BC}^2$$
$$= \overline{AB}^2 + \overline{AD}^2;$$

donc enfin

$$\overline{AG}^2 = \overline{AE}^2 + \overline{AB}^2 + \overline{AD}^2.$$

C. q. f. d.

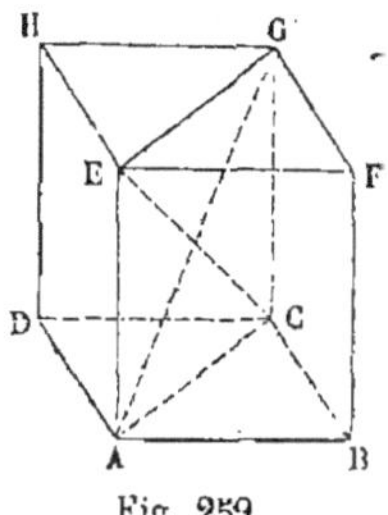

Fig. 259.

§ 5. — VOLUME DU PARALLÉLÉPIPÈDE.

355. Unité. — Nous prenons pour unité de volume d'un polyèdre le *cube* construit sur l'unité de longueur quelle qu'elle soit.

La *mesure* du volume d'un polyèdre est le *rapport* entier, fractionnaire ou incommensurable, de son volume à celui du cube unité.

PROPOSITION V.

356. Théorème. — *Deux parallélépipèdes rectangles de même base sont entre eux comme leurs hauteurs* (fig. 260).

1° Supposons qu'il y ait une commune mesure entre la hauteur AE du premier et la hauteur AE′ du second et que l'on ait

$$\frac{AE}{AE'} = \frac{5}{3}.$$

Par les points de division des hauteurs menons des plans parallèles à la base. Le premier parallélépipède sera partagé en 5 parallélépipèdes égaux entre eux et le second en 3 parallélépipèdes égaux entre eux et égaux aux précédents (**352**, cor.). Donc, en désignant par P et P′ les volumes des deux parallélépipèdes, nous avons

$$\frac{P}{P'} = \frac{5}{3}.$$

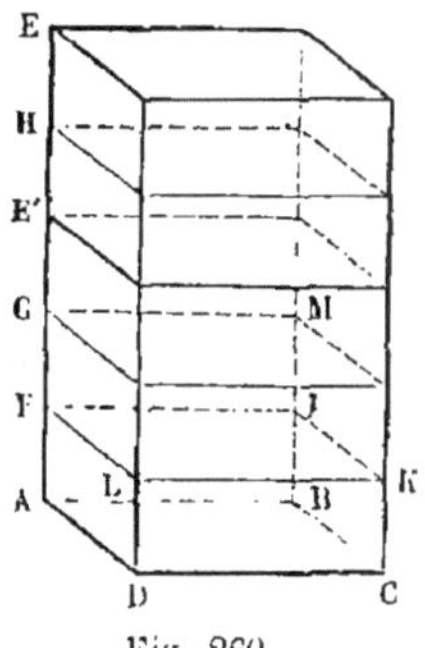

Fig. 260.

et par suite

$$\frac{P}{P'} = \frac{AE}{AE'} = \frac{H}{H'}.$$

2° Si les deux hauteurs sont incommensurables, divisons AE' en un nombre quelconque variable et croissant de parties égales ; portons la partie aliquote formée sur AE autant de fois que possible, nous formerons ainsi une ligne AE'' commensurable avec AE' et, en menant par le point E'' un plan parallèle à la base, nous formerons un parallélépipède correspondant P''. Nous aurons, d'après ce qui précède,

$$\frac{P''}{P'} = \frac{AE''}{AE'}.$$

Si le nombre des parties égales qui composent AE' croît indéfiniment, les deux rapports précédents varient et tendent vers des limites égales, puisqu'ils sont toujours égaux ; donc

$$\lim. \frac{P''}{P'} = \lim. \frac{AE''}{AE'}.$$

Mais, par définition (**91**),

$$\lim. \frac{P''}{P'} = \frac{P}{P'},$$
$$\lim. \frac{AE''}{AE'} = \frac{AE}{AE'} ;$$

donc

$$\frac{P}{P'} = \frac{AE}{AE'}.$$

C. q. f. d.

Corollaire. — On nomme *dimensions* d'un parallélépipède rectangle trois arêtes aboutissant à un même sommet. Un parallélépipède rectangle est *déterminé* quand on connaît ses trois dimensions a, b, c. On sait d'ailleurs que l'on peut choisir pour base une face quelconque bc, ca, ab. Donc on peut énoncer ainsi le théorème précédent : *Deux parallélépipèdes rectangles qui ont deux dimensions communes sont entre eux comme les troisièmes dimensions.*

PROPOSITION VI.

357. Théorème. — *Deux parallélépipèdes rectangles de même hauteur sont entre eux comme leurs bases.*

Soient deux parallélépipèdes rectangles, désignons par P et P' leurs volumes; soient

$$a \quad b \quad c \quad \text{les dimensions de P,}$$
$$a' \quad b' \quad c' \quad \text{les dimensions de P'.}$$

Les deux faces ab, $a'b'$ peuvent être prises pour bases et alors les deux solides ont même hauteur c.

Considérons un troisième parallélépipède rectangle P″ ayant pour dimensions

$$a \quad b' \quad c.$$

D'après le théorème précédent nous aurons

$$\frac{P}{P''} = \frac{b}{b'}$$

et aussi

$$\frac{P''}{P'} = \frac{a}{a'} :$$

donc (**89**)

$$\frac{P}{P'} = \frac{a}{a'} \times \frac{b}{b'}.$$

Mais nous avons vu, dans le livre III (**132**), que le produit $\dfrac{a}{a'} \times \dfrac{b}{b'}$ est égal au rapport des deux rectangles ayant respectivement pour dimensions a, b et a', b'; donc, en désignant leurs surfaces par B et B', on peut écrire

$$\frac{P}{P'} = \frac{B}{B'}.$$

C. q. f. d.

Corollaire. — Supposons que les dimensions $a\,b\,c$, $a'b'c'$ soient évaluées en nombres, nous aurons alors $\dfrac{a}{a'} \times \dfrac{b}{b'} = \dfrac{ab}{a'b'}$, et nous pourrons énoncer le théorème précédent de la manière suivante :

Deux parallélépipèdes rectangles qui ont une dimension commune sont entre eux comme les produits des deux autres dimensions.

PROPOSITION VII.

358. Théorème. — *Deux parallélépipèdes rectangles quelconques sont entre eux comme les produits des bases par les hauteurs, ou comme les produits des trois dimensions:*

Soient P et P′ les volumes des parallélépipèdes donnés et soient

$$a \quad b \quad c \quad \text{les dimensions de P,}$$
$$a' \quad b' \quad c' \quad \text{les dimensions de P′.}$$

Considérons un troisième parallélépipède P″ ayant pour dimensions

$$a \quad b \quad c'.$$

Nous aurons, par les théorèmes précédents, les deux proportions :

$$\frac{P}{P''} = \frac{c}{c'}, \quad \frac{P''}{P'} = \frac{a}{a'} \times \frac{b}{b'};$$

donc (**89**)

$$\frac{P}{P'} = \frac{a}{a'} \times \frac{b}{b'} \times \frac{c}{c'}.$$

Si les dimensions sont évaluées en nombres, on peut écrire

$$\frac{P}{P'} = \frac{abc}{a'b'c'} = \frac{B\,H}{B'.H'}.$$

C. q. f. d.

CorollAire. — *La mesure du volume d'un parallélépipède rectangle s'obtient en multipliant sa base par sa hauteur, ou en faisant le produit de ses trois dimensions.*

En effet, dans la proportion

$$\frac{P}{P'} = \frac{a}{c'} \times \frac{b}{b'} \times \frac{c}{c'},$$

supposons que P′ représente le cube unité de volume, alors a', b', c' seront égaux à l'unité u de longueur ; donc nous aurons

$$\frac{P}{P'} = \frac{a}{u} \times \frac{b}{u} \times \frac{c}{u}.$$

Mais

$$\frac{P}{P'}, \quad \frac{a}{u}, \quad \frac{b}{u}, \quad \frac{c}{u}$$

sont respectivement les mesures de P, a, b, c; donc

La mesure du volume d'un parallélépipède rectangle s'obtient en multipliant les mesures de ses dimensions.

D'un autre côté, le produit $\frac{a}{u} \times \frac{b}{u}$ est la mesure de la surface de la base (a, b); donc on peut dire encore :

La mesure du volume d'un parallélépipède rectangle s'obtient en multipliant la mesure de la base par la mesure de la hauteur.

SCHOLIE. — Il ne faut pas oublier que l'énoncé de ce théorème suppose qu'on prenne pour unité de surface le carré construit sur l'unité de longueur (**132**), et, pour unité de volume, le cube construit sur l'unité de longueur.

PROPOSITION VIII.

359. Théorème. — *Deux parallélépipèdes ayant une base commune et les deux autres bases sur un même plan, entre les mêmes parallèles, sont équivalents* (fig. 261).

Par hypothèse, les deux parallélépipèdes donnés ont une base commune ABCD, et les deux autres bases EFGH, E'F'G'H' sont comprises entre les mêmes parallèles EF', HG'.

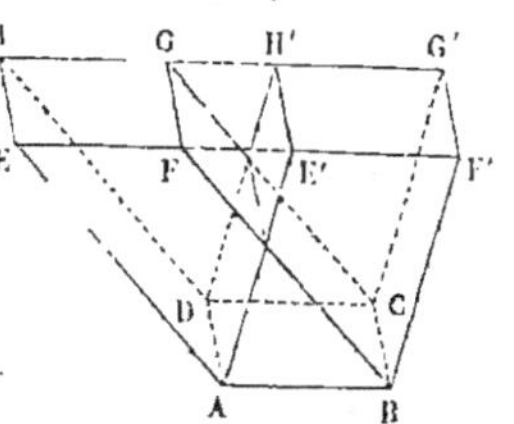

Fig. 261.

Dans la figure totale, considérons les deux prismes triangulaires

EAE'HDH',   FBF'GCG'.

Les deux angles solides E et F sont compris sous trois faces égales, chacune à chacune, et disposées de la même manière, savoir :

Triangle EAE' = triangle FBF',   (**23, 24** ou **25**)
Parall. EADH = parall. FBCG,   (**353**)
Parall. EE'H'H = parall. FF'G'H.   (Défin. de l'égalité.)

Donc ces prismes triangulaires sont égaux (**352**).

Si de la figure totale on supprime le premier prisme, il reste le second parallélépipède ; si l'on supprime le second prisme, il reste le premier parallélépipède : donc les deux parallélépipèdes sont *équivalents*.

PROPOSITION IX.

360. Théorème. — *Deux parallélépipèdes ayant une base commune et même hauteur sont équivalents* (fig. 262).

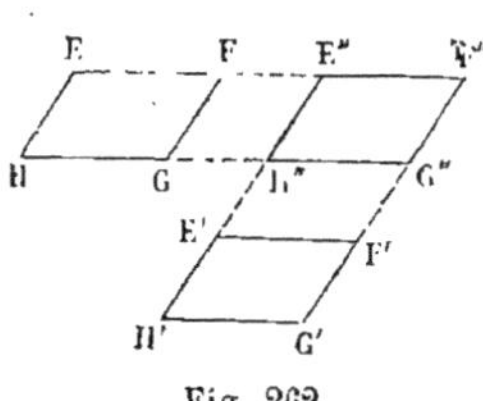

Fig. 262.

Par hypothèse, les deux parallélépipèdes P et P′ ont une base commune ABCD et même hauteur ; par conséquent les deux bases supérieures EFGH, E′F′G′H′ sont sur un même plan parallèle à ABCD.

1° Si les bases supérieures sont comprises entre les mêmes parallèles, le théorème est démontré (**359**).

2° Si les bases supérieures ne sont pas comprises entre les mêmes parallèles, prolongeons EF, GH et E′H′, F′G′, nous formerons une figure E″F″G″H″ qui sera un parallélogramme égal et parallèle à ABCD, car E″F″ est égal et parallèle à E′F′ par suite égal et parallèle à AB (**57**. cor. 1) ; de même E″H″ est égal et parallèle à EH et par suite à AD.

Donc E″F″G″H″ peut servir de base supérieure à un troisième parallélépipède s'appuyant sur la même base inférieure. Désignons-le par P″.

D'après le théorème précédent, P est équivalent à P″, P′ est aussi équivalent à P″. Donc P et P′ sont équivalents.

C. q. f. d.

Corollaire. — *Tout parallélépipède oblique peut être transformé en un parallélépipède droit équivalent de même base et de même hauteur.*

En effet par les sommets de la base inférieure élevons des perpendiculaires jusqu'au plan de la base supérieure, nous aurons un parallélépipède droit de même base et de même hauteur et il sera équivalent au premier d'après le théorème précédent.

PROPOSITION X.

361. Théorème. — *Tout parallélépipède droit peut être transformé en un parallélépipède équivalent, de base équivalente et de même hauteur* (fig. 263).

Soit le parallélépipède droit ABCDA'B'C'D'. Par hypothèse les deux bases ABCD, A'B'C'D' sont des parallélogrammes, et les faces latérales des rectangles.

Considérons momentanément comme bases les faces opposées ABB'A', DCC'D'. Par les quatre points A, B, B', A' élevons des perpendiculaires sur le plan ABB'A', elles seront contenues dans les plans des premières bases (**260**), et seront perpendiculaires aux lignes AB, A'B'. Joignons leurs extrémités par les droites EE', FF'; nous formerons un parallélépipède rectangle équivalent au parallélépipède droit (**359**).

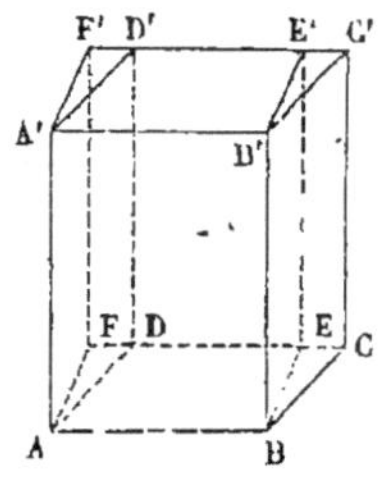

Fig. 263.

Nous voyons d'ailleurs que la base ancienne ABCD est remplacée par un rectangle ABEF équivalent, et que la hauteur AA' est restée la même.

Donc le théorème est démontré.

362. Corollaire. — *Un parallélépipède quelconque a pour mesure le produit de sa base par sa hauteur.*

En effet, il est équivalent à un parallélépipède rectangle de base équivalente et de même hauteur.

§ 4. — MESURE DU PRISME.

PROPOSITION XI.

363. Théorème — *Un prisme quelconque est équivalent à un prisme droit ayant pour base la section droite et pour hauteur la longueur de l'arête* (fig. 264).

Soit un prisme quelconque ABCDEFGH. En un point E' quelconque d'une arête, menons un plan perpendiculaire à cette arête : il sera en même temps perpendiculaire à toutes les autres et il déterminera la *section droite* E'F'G'H'. Prenons ensuite E'A' = EA et par A′ menons une nouvelle section droite A′B′C′D′. Le solide compris entre ces deux sections est un prisme (**346**) ; il s'agit de démontrer qu'il est équivalent au prisme donné.

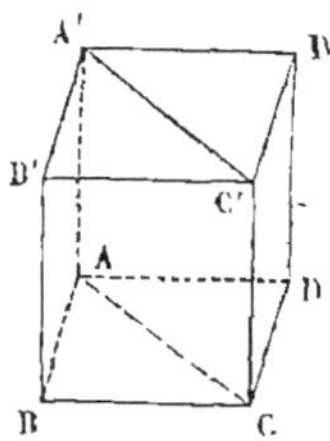

Fig. 264.

Comparons le prisme tronqué A′B′C′D′ABCD au prisme tronqué E′F′G′H′EFGH. Les deux bases A′B′C′D′, E′F′G′H′ étant égales, on peut les placer l'une sur l'autre de manière à les faire coïncider ; A′A étant perpendiculaire sur la section droite suivra la direction de E′E, et comme A′E′ = AE, on a A′A = E′E ; donc le point A tombera en E. Par un raisonnement semblable, on prouvera que les points B, C, D coïncideront respectivement avec les points F, G, H. Donc les deux prismes tronqués sont *égaux*.

Retranchons successivement de la figure totale ces deux prismes tronqués, nous obtiendrons successivement le prisme oblique et le prisme droit. Donc ces deux prismes sont *équivalents*. C. q. f. d.

PROPOSITION XII.

364. Théorème. — *Un prisme triangulaire est la moitié d'un parallélépipède de base double et de même hauteur.*

1° Supposons le prisme triangulaire droit (fig. 265, 266).

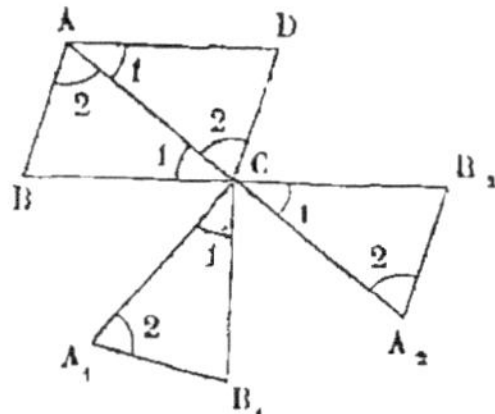

Fig. 265.   Fig. 266.

Formons le parallélogramme dont ABC est la moitié ; par le point D menons une perpendiculaire à la base ABCD, jusqu'au plan de la base supérieure : nous formerons un parallélépipède droit, partagé en deux prismes triangulaires droits.

Ces deux prismes triangulaires droits ont des bases égales et même hauteur; donc on peut les superposer après une rotation indiquée dans la figure 266; donc ils sont *égaux*.

Donc le prisme donné ABCA′B′C′ est bien la moitié du parallélépipède de base double et de même hauteur.

2° Supposons le prisme triangulaire ABCEFG oblique (fig. 265).

Construisons comme précédemment le parallélépipède ABCDEFGH de base double et de même hauteur. Il s'agit de démontrer que les deux prismes triangulaires qui le composent sont équivalents.

Il est impossible de les superposer; car les deux bases ABC, ADC sont bien égales, mais les angles solides B et D ne sont pas égaux; les deux trièdres B et H ont les mêmes éléments, mais ils sont symétriques (**267**) et *en général* non superposables. Donc *en général* la démonstration faite dans le cas précédent ne peut pas être répétée. En voici une qui s'applique à tous les cas.

Prenons E′A′ = EA et par les deux points E′, A′ menons les sections droites. Nous formerons un parallélépipède droit partagé en deux prismes triangulaires droits par le plan AGCE.

Les deux prismes triangulaires droits sont égaux entre eux d'après la démonstration précédente; ils sont respectivement équivalents aux prismes triangulaires obliques qui leur correspondent, d'après le théorème (**363**); donc les deux prismes triangulaires obliques sont équivalents entre eux.

C. q. f. d.

COROLLAIRE 1. — *Un prisme triangulaire quelconque a pour mesure le produit de sa base par sa hauteur.*

En effet, soient B sa base et H sa hauteur. Il est la moitié du parallélépipède de base 2B et de hauteur H. Ce parallélépipède a pour mesure 2BH (**362**): donc le prisme a pour mesure BH. — C. q. f. d.

COROLLAIRE 2. — *Un prisme quelconque a pour mesure le produit de sa base par sa hauteur* (fig. 267).

En effet, nous pouvons décomposer le prisme donné en prismes triangulaires par des plans diagonaux; ces prismes ont tous la hauteur H du prisme total, et leurs bases sont les triangles b, $b′$, $b″$ qui composent la base B du prisme. Les volumes des prismes

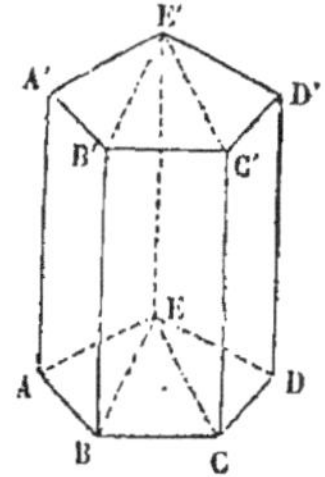

Fig. 267.

composants sont respectivement

$$b\mathrm{H}, \qquad b'\mathrm{H}, \qquad b''\mathrm{H};$$

donc le volume du prisme total est

$$b\mathrm{H} + b'\mathrm{H} + b''\mathrm{H} = (b + b' + b'')\mathrm{H},$$
$$= \mathrm{BH}.$$

C. q. f. d.

COROLLAIRE 3. — On peut dire aussi que *le volume d'un prisme quelconque a pour mesure le produit de sa section droite par l'arête* (**363**).

§ 5. — MESURE DE LA PYRAMIDE.

PROPOSITION XIII.

365. Théorème. — *Si une pyramide est coupée par un plan parallèle à sa base,*

1° *Les arêtes et la hauteur sont divisées proportionnellement ;*

2° *La section est un polygone semblable à la base* (fig. 268).

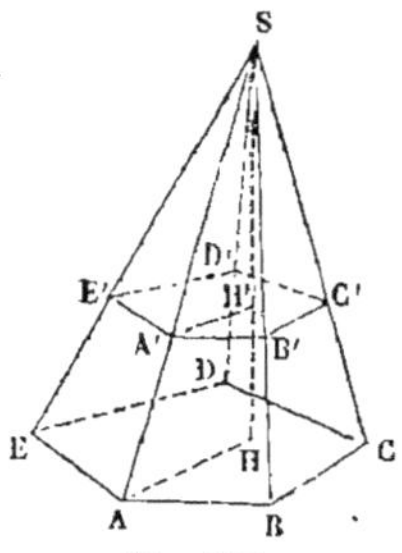

Soit SABCDE une pyramide quelconque, A'B'C'D'E' une section parallèle à la base, SH, SH' les hauteurs des deux pyramides. En menant le plan SAH, nous couperons la base et la section suivant deux droites parallèles AH, A'H' (**234**).

Fig. 268.

Cela posé, nous remarquerons que les lignes A'B', B'C', C'D'... sont respectivement parallèles aux lignes AB, BC, CD... (**234**), que par suite les triangles SA'B', SB'C', SC'D'... sont respectivement semblables aux triangles SAB, SBC, SCD... Nous avons donc la série suivante de rapports égaux :

$$\frac{SA}{SA'} = \frac{AB}{A'B'} = \frac{SB}{SB'} = \frac{BC}{B'C'} = \frac{SC}{SC'} = \frac{CD}{C'D'} = \frac{SD}{SD'} = \frac{DE}{D'E'} = \frac{SE}{SE'} = \frac{SH}{SH'}$$

Donc

1° *Les arêtes et la hauteur sont coupées proportionnellement ;*

2° *La base et la section ont les angles égaux chacun à chacun*

(233), *et les côtés homologues proportionnels, et par conséquent sont semblables.*

C. q. f. d.

Scholie. — Le rapport de similitude est égal au rapport des hauteurs SH, SH'.

Corollaire 1. — *Si deux pyramides ont même hauteur et qu'on les coupe à la même hauteur par des plans parallèles aux bases, les deux sections sont entre elles comme les bases.*

Désignons par H la hauteur commune et par h la distance au sommet de chacune des sections parallèles aux bases; soient A, A' les aires des bases, a et a' les aires des sections correspondantes. Nous aurons, en vertu du théorème précédent,

$$\frac{A}{a} = \frac{H^2}{h^2}, \quad \text{et aussi} \quad \frac{A'}{a'} = \frac{H^2}{h^2};$$

donc

$$\frac{A}{a} = \frac{A'}{a'}.$$

C. q. f. d.

Corollaire 2. — *Si les bases sont équivalentes, les sections sont aussi équivalentes.*

PROPOSITION XIV.

366. Théorème. — *Deux tétraèdres de bases équivalentes et de même hauteur sont équivalents* (fig. 269).

Nous supposons que les deux bases équivalentes ABC, A'B'C' sont sur un même plan, AH sera la hauteur commune.

Divisons la hauteur en un certain nombre n de parties égales à h, et par les points de division menons des plans parallèles à celui des bases, les sections correspondantes seront équivalentes (**365**, cor. 2).

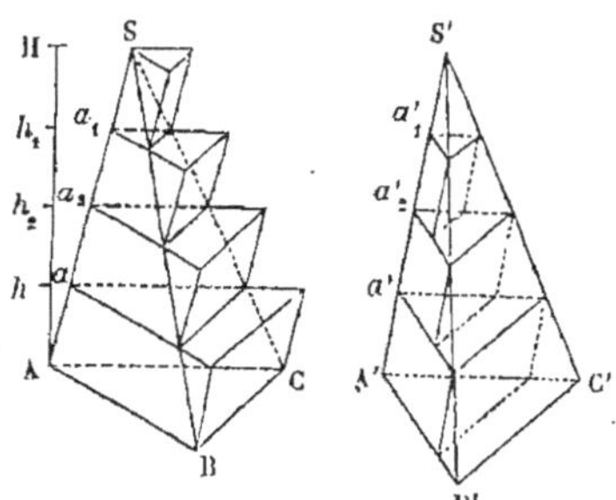

Fig. 269.

Sur ABC et les sections, comme bases, construisons des prismes dont les arêtes soient parallèles à SA, chaque section fournit un prisme qui sort en partie de la pyramide et un autre contenu dans la pyramide ; nous appellerons le premier, *prisme extérieur*, et le second, *prisme intérieur*. Faisons les mêmes constructions dans la seconde pyramide. — (Pour plus de clarté, nous n'avons construit dans la première que les prismes extérieurs et dans la seconde que les prismes intérieurs.) — Deux prismes correspondants dans les deux pyramides sont équivalents, comme ayant bases équivalentes et même hauteur.

Remarquons maintenant que le second prisme extérieur et le premier prisme intérieur sont équivalents, qu'il en est de même généralement du p^e prisme extérieur et du $(p-1)^e$ prisme intérieur ; car ces deux prismes ont des bases équivalentes et la même hauteur ; donc la différence entre les deux sommes de prismes est égale au premier prisme extérieur $ABCa$ ou $A'B'C'a'$, qui a pour mesure $ABC \times h$. Donc cette différence peut être rendue aussi petite que l'on voudra en divisant la hauteur AH en un nombre suffisamment grand de parties ; donc les deux sommes de prismes ont une limite commune.

Or le volume de chacune des pyramides est compris évidemment entre ces deux sommes ; donc ces deux volumes sont l'un ou l'autre la limite commune des deux sommes de prismes ; par suite ils sont équivalents.

C. q. f. d.

Scholie. — Cette proposition donne le moyen de trouver par le calcul la mesure du volume V d'une pyramide triangulaire connaissant la mesure du volume du prisme. Appelons B et H la base et la hauteur de la pyramide donnée ; divisons la hauteur H en n parties égales à h et soient b_1, b_2, $b_3 \ldots b_n = B$ les sections parallèles à la base menées par les points de division de la hauteur. Nous avons, d'après ce qui précède, en ne considérant que les prismes extérieurs,

$$V = \lim. (b_1 + b_2 + b_3 + \ldots + b_n)h.$$

Mais les sections étant semblables à la base,

$$b_1 = \frac{1^2}{n^2} B, \qquad b_2 = \frac{2^2}{n^2} B, \qquad b_3 = \frac{3^2}{n^2} B \ldots b_n = \frac{n^2}{n^2} B;$$

donc

$$V = \lim. (1^2 + 2^2 + 3^2 + \ldots + n^2) \frac{Bh}{n^2}.$$

Or

$$1^2 + 2^2 + 3^2 + \ldots + n^2 = \frac{n(n+1)(2n+1)}{6},$$

donc nous pouvons poser

$$V = \lim. \frac{n(n+1)(2n+1)Bh}{6n^2}, \cdot$$

ou bien encore

$$V = \lim. \frac{BH}{6}\left(1 + \frac{1}{n}\right)\left(2 + \frac{1}{n}\right).$$

Nous voyons alors que, si n croît indéfiniment, le second membre tend vers $\dfrac{BH}{3}$; donc

Le volume d'une pyramide triangulaire a pour mesure le tiers du produit de sa base par sa hauteur.

Nous allons retrouver cette conclusion par une voie purement géométrique.

PROPOSITION XV.

367. Théorème. — *Un tétraèdre est le tiers d'un prisme de même base et de même hauteur* (fig. 270).

Soit SABC le tétraèdre donné. Par le point S menons un plan parallèle à la base et par A et C des parallèles à BS, terminées à ce plan. Nous aurons formé un prisme triangulaire ABCSDE ayant même base et même hauteur que le tétraèdre donné. Il faut démontrer que ce prisme contient trois volumes égaux à celui du tétraèdre.

De la figure totale ôtons le tétraèdre donné, il reste une pyramide quadrangulaire ayant S pour sommet et le parallélogramme ACDE pour base. Menons le plan SCE, nous la diviserons en deux

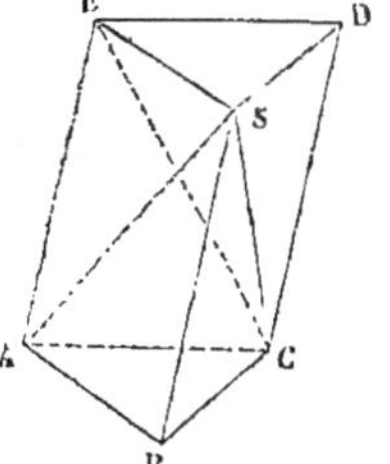

Fig. 270.

tétraèdres qui sont équivalents comme ayant leurs bases équivalentes et même hauteur. Il reste à démontrer que l'un d'eux est équivalent au tétraèdre SABC.

Or le tétraèdre SCDE peut être regardé comme ayant pour som-

18

met le point C et pour base SDE $=$ ABC. Donc ce tétraèdre est équivalent à SABC, car il a une base égale et la même hauteur.

Donc SABC est le tiers du prisme.

C. q. f. d.

368. Théorème. — *Une pyramide quelconque a pour mesure le tiers du produit de sa base par sa hauteur* (fig. 271).

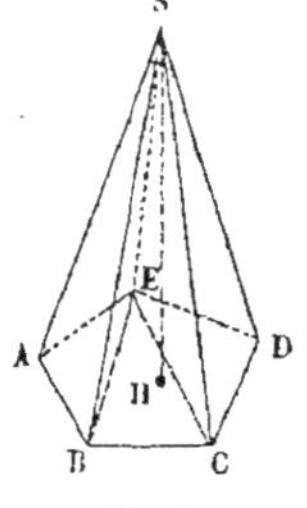

Fig. 271.

1° Si la pyramide est triangulaire, le théorème est évident d'après la proposition précédente.

2° Si la pyramide est quelconque, on peut la décomposer en tétraèdres par des plans diagonaux. Tous ces tétraèdres ont la hauteur H de la pyramide donnée, et leurs bases b, b', b'' font en somme la base B de la pyramide donnée. Les divers tétraèdres ont respectivement pour mesures

$$\frac{1}{3}\,bH, \qquad \frac{1}{3}\,b'H, \qquad \frac{1}{3}\,b''H;$$

donc la pyramide totale aura pour mesure

$$\frac{1}{3}\,H(b + b' + b''),$$

ou bien

$$\frac{1}{3}\,BH.$$

C. q. f. d.

Corollaire. — *Une pyramide quelconque est le tiers d'un prisme de même base et de même hauteur.*

§ 6. — MESURE DES POLYÈDRES.

369. Polyèdres convexes quelconques. — Quand on connaît la mesure d'un tétraèdre, on peut trouver la mesure d'un polyèdre convexe quelconque. En effet, un polyèdre convexe quelconque peut toujours être décomposé en tétraèdres, par des lignes joignant l'un de ses sommets à tous les autres.

Nous allons étudier quelques cas particuliers dans lesquels la mesure a une formule simple.

370. Théorème. — *Un tronc de pyramide à bases parallèles est équivalent à la somme de trois pyramides ayant pour hauteur commune la hauteur du tronc et pour bases, l'une la base infé-rieure, l'autre la base supérieure et la troi-sième une moyenne proportionnelle entre les deux bases* (fig. 272).

On appelle tronc de pyramide à bases paral-lèles le solide compris entre la base d'une py-ramide et une section parallèle.

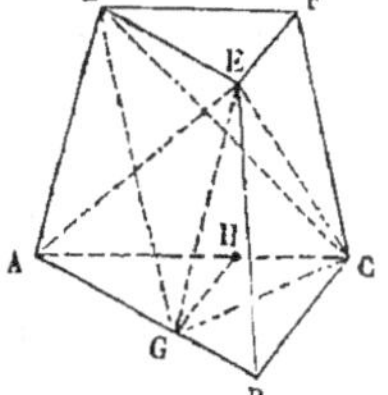

Fig. 272.

1° Soit un tronc de pyramide *triangulaire* ABCDEF.

Par les points A, E, C faisons passer un plan, nous détachons du polyèdre la première des pyramides de l'énoncé, EABC, ayant la hauteur et la base inférieure du tronc.

Il reste une pyramide quadrangulaire EACFD, que nous parta-geons en deux pyramides triangulaires par le plan EDC.

La première EDCF est la seconde pyramide de l'énoncé, car, en prenant C pour sommet, elle a la hauteur et la base supérieure du tronc.

La seconde EDAC se transforme en une autre équivalente GDAC de même base et de même hauteur, si l'on fait glisser le sommet E le long d'une parallèle EG à DA (**366**). Prenons ensuite D pour sommet et AGC pour base, la pyramide a la hauteur du tronc; il reste à démontrer que AGC est moyenne proportionnelle entre ABC et DEF.

Or, en menant GH parallèle à BC, nous formons un triangle égal à DEF (**233, 24**), puis nous avons, en nous rappelant que deux triangles de même hauteur sont entre eux comme leurs bases,

$$\frac{ABC}{AGC} = \frac{AB}{AG}$$

et

$$\frac{AGC}{AGH} = \frac{AC}{AH} = \frac{AB}{AG};$$

donc

$$\frac{\overline{ABC}}{\overline{AGC}} = \frac{\overline{AGC}}{\overline{AGH}},$$

ou bien enfin

$$\frac{ABC}{AGC} = \frac{AGC}{DEF}.$$

C. q. f. d.

2° Supposons que le tronc de pyramide donné soit quelconque. *Il peut être transformé en un tronc de pyramide triangulaire équivalent, de bases équivalentes et de même hauteur.*

En effet, imaginons achevée la pyramide dont le tronc fait partie ; ce tronc sera la différence des deux pyramides formées V, v. Sur le plan de la base prolongé, faisons un triangle équivalent à cette base et prenons-le pour base d'une pyramide de même hauteur, elle sera équivalente à la pyramide V, comme ayant même mesure. En prolongeant le plan de section, nous en détacherons une pyramide ayant une base équivalente à v (**365**, cor. 2) et même hauteur, donc elle sera équivalente à v. Donc enfin le tronc de pyramide donné V—v sera équivalent au nouveau tronc de pyramide triangulaire qui a la même hauteur et les bases équivalentes. Donc la mesure du volume de ce dernier est aussi la mesure du volume du premier, et l'on voit que la formule de cette mesure est la même que dans le premier cas.

C. q. f. d.

Corollaire. — Désignons par K la hauteur du tronc, par B et b les deux bases, par T son volume, nous aurons

$$T = \frac{K}{3}\left(B + b + \sqrt{Bb}\right).$$

Scholie 1. — Il semble naturel, tout d'abord, de partager le tronc de pyramide polygonale en une série de troncs de pyramides triangulaires. Désignons par B_1, B_2, B_3 les triangles qui composent la grande base, par b_1, b_2, b_3 ceux qui composent la petite base, par T_1, T_2, T_3 les troncs de pyramides triangulaires qui composent T, nous aurons, d'après la formule ci-dessus,

$$T = T_1 + T_2 + T_3 = \frac{K}{3}\left(B + b + \sqrt{B_1 b_1} + \sqrt{B_2 b_2} + \sqrt{B_3 b_3}\right).$$

On voit qu'on est ramené à la difficulté de démontrer que

$$\sqrt{B_1 b_1} + \sqrt{B_2 b_2} + \sqrt{B_3 b_3} = \sqrt{Bb}.$$

Or, remarquons que, les deux polygones B et b étant semblables, les triangles qui les composent le sont aussi et le rapport de similitude est le même ; donc

$$\frac{B}{b} = \frac{B_1}{b_1} = \frac{B_2}{b_2} = \frac{B_3}{b_3},$$

ou bien

$$\frac{Bb}{b^2} = \frac{B_1 b_1}{b_1^2} = \frac{B_2 b_2}{b_2^2} = \frac{B_3 b_3}{b_3^2},$$

d'où nous déduisons

$$\frac{\sqrt{Bb}}{b} = \frac{\sqrt{B_1 b_1}}{b_1} = \frac{\sqrt{B_2 b_2}}{b_2} = \frac{\sqrt{B_3 b_3}}{b_3} = \frac{\sqrt{B_1 b_1} + \sqrt{B_2 b_2} + \sqrt{B_3 b_3}}{b}.$$

En comparant les rapports extrêmes, nous voyons que

$$\sqrt{Bb} = \sqrt{B_1 b_1} + \sqrt{B_2 b_2} + \sqrt{B_3 b_3}.$$

C. q. f. d.

SCHOLIE 2. — *On peut arriver à la formule du tronc en évaluant son volume par la différence des volumes V et v de deux pyramides. — En désignant par H et h les hauteurs de ces pyramides, on a*

$$\frac{B}{b} = \frac{H^2}{h^2},$$

par suite

$$\frac{H}{\sqrt{B}} = \frac{h}{\sqrt{b}} = \frac{K}{\sqrt{B} - \sqrt{b}};$$

de là on déduit

$$V = \frac{1}{3} BH = \frac{1}{3} K \frac{B\sqrt{B}}{\sqrt{B} - \sqrt{b}}$$

et

$$v = \frac{1}{3} bh = \frac{1}{3} K \frac{b\sqrt{b}}{\sqrt{B} - \sqrt{b}}.$$

donc, en faisant la différence entre V et v, on obtient

$$T = V - v = \frac{1}{3}\, K\, \frac{B\sqrt{B} - b\sqrt{b}}{\sqrt{B} - \sqrt{b}}\,;$$

et en exécutant la division, on trouve enfin

$$T = \frac{1}{3}\, K\, (B + b + \sqrt{Bb}).$$

C. q. f. t.

PROPOSITION XVIII.

371. Théorème. — *Un tronc de prisme triangulaire est équivalent à la somme de trois pyramides ayant pour base commune la base inférieure du tronc et pour sommets chacun des sommets de la base supérieure* (fig. 273).

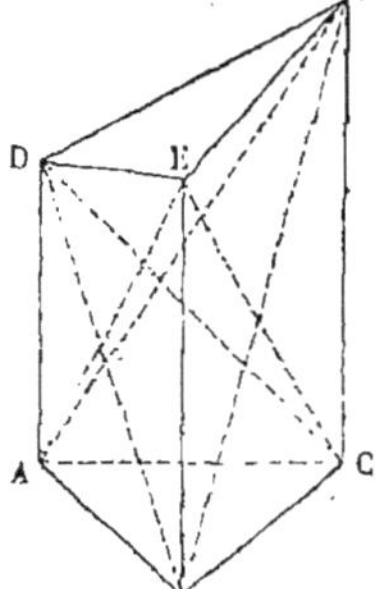

Fig. 273.

Soit ABCDEF le tronc de prisme triangulaire.

1° Le plan EAC détache la première pyramide du théorème ; il reste une pyramide quadrangulaire EACFD, que l'on partage en deux pyramides triangulaires par le plan DEC.

2° La pyramide EDAC est équivalente à BDAC qui a même base et même hauteur. Prenons pour sommet D, cette dernière pyramide est DABC ; c'est là seconde pyramide du théorème.

3° La pyramide EDCF est équivalente à BDCF (**366**) ou à DBCF. Cette dernière est équivalente à ABCF ou à FABC ; or FABC est la troisième pyramide du théorème.

C. q. f. d.

Corollaire 1. — Si les arêtes sont perpendiculaires sur la base inférieure, désignons-les par α, β, γ et désignons par B la base inférieure du tronc. Son volume V sera donné par la formule

$$V = B\,\frac{\alpha + \beta + \gamma}{3}.$$

Désignons par z la ligne qui joint les centres de gravité des deux bases, on prouve facilement que z est perpendiculaire sur la base inférieure et que l'on a

$$z = \frac{\alpha + \beta + \gamma}{3};$$

donc

$$V = Bz.$$

CoROLLAIRE 2. — Si le tronc de prisme est oblique, désignons par B sa section droite (fig. 274), désignons par z la ligne qui joint les centres de gravité des deux bases et par α, β, γ les trois arêtes, nous aurons encore

$$V = B\frac{\alpha + \beta + \gamma}{3} = Bz,$$

en faisant la somme de deux troncs de prismes droits, d'après le théorème précédent.

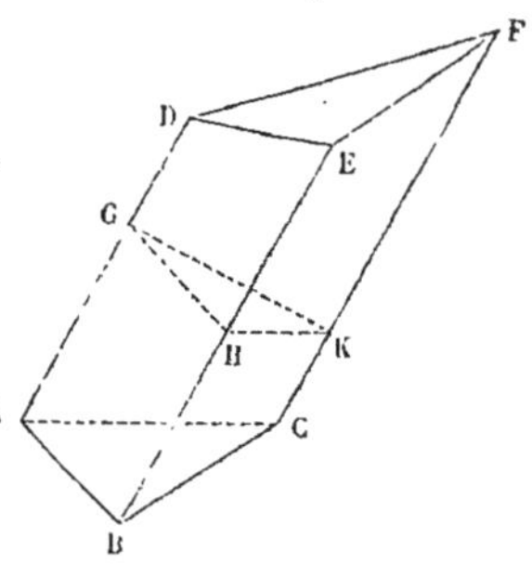

Fig. 274.

PROPOSITION XIX.

372. Théorème. — *Le tronc de parallélépipède est équivalent à la somme de quatre pyramides ayant pour base commune la base inférieure du tronc et pour sommets chacun des sommets de la base supérieure* (fig. 275).

Soit le tronc de parallélépipède ABCDA′B′C′D′. Les deux bases ABCD, A′B′C′D′ sont des parallélogrammes.

Appelons B la base inférieure; α, β, γ, δ les hauteurs des points A′, B′, C′, D′ au-dessus de cette base; V le volume total du tronc.

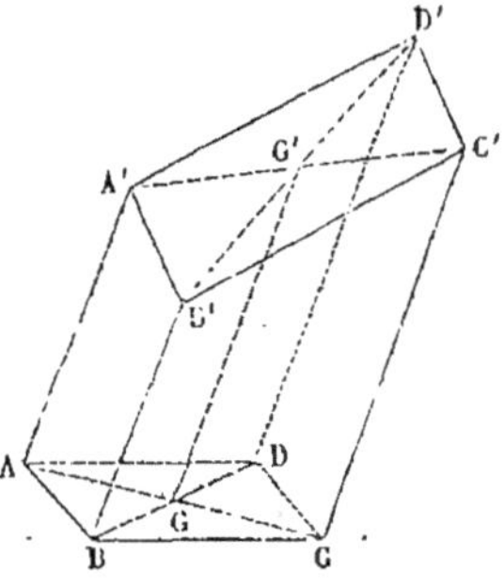

Fig. 275.

Le plan A′ACC′ partage la figure en deux troncs de prismes triangulaires ayant V′ et V″ pour volumes et

$$V' = \frac{B}{2}\frac{\alpha + \beta + \gamma}{3}, \quad V'' = \frac{B}{2}\frac{\alpha + \gamma + \delta}{3}.$$

Le plan B'BDD' partage de même le tronc donné en deux troncs de prismes triangulaires ayant V''' et V^{iv} pour volumes et

$$V''' = \frac{B}{2}\frac{\alpha + \beta + \delta}{3}, \quad V^{\mathrm{iv}} = \frac{B}{2}\frac{\beta + \gamma + \delta}{3}.$$

Ajoutons ces quatre volumes, nous aurons deux fois le volume du tronc de parallélépipède et nous trouverons

$$2V = \frac{B}{2}(\alpha + \beta + \gamma + \delta);$$

donc

$$V = B\frac{\alpha + \beta + \gamma + \delta}{4}.$$

C. q. f. d.

Corollaire 1. — Si les arêtes AA', BB'... sont perpendiculaires sur la base inférieure, elles se confondent avec α, β... Il est facile de voir que, G et G' désignant les centres de gravité des bases, on a

$$GG' = \frac{\alpha + \beta + \gamma + \delta}{4};$$

donc

$$V = B \times GG'.$$

Corollaire 2. — Si les arêtes sont obliques sur la base, désignons par B la section droite, par z la ligne qui joint les centres de gravité des bases, par α, β, γ, δ les arêtes, nous aurons

$$V = B\frac{\alpha + \beta + \gamma + \delta}{4} = Bz,$$

en faisant la somme de deux troncs de parallélépipèdes droits.

§ 7. — SYMÉTRIE.

DÉFINITIONS.

373. Symétrie par rapport à une droite. — Deux points sont *symétriques par rapport à une droite*, lorsque la ligne qui les joint rencontre cette droite, lui est perpendiculaire et de plus est

divisée en deux parties égales par le point de rencontre. La droite
porte le nom d'*axe de symétrie* (fig. 276).

La figure F' symétrique d'une première figure F par rapport à
un axe, est le lieu des points symétriques des divers points de F
par rapport à cet axe.

374. Symétrie par rapport à un point. — Deux points sont
symétriques par rapport à un centre, lorsque la ligne qui les joint
passe par le centre et de plus y est divisée en deux parties égales
(fig. 277).

La figure F', symétrique d'une première figure F par rapport à
un centre, est le lieu des points symétriques des divers points de F
par rapport à ce centre.

375. Symétrie par rapport à un plan. — Deux points sont
symétriques par rapport à un plan, lorsque la ligne qui les joint
est perpendiculaire à ce plan, et de plus est divisée par lui en deux
parties égales (fig. 279).

La figure F', symétrique d'une première figure F par rapport à un
plan, est le lieu des points symétriques des divers points de F par
rapport à ce plan.

PROPOSITION XX.

376. Théorème. — *Deux figures symétriques par rapport à
un axe sont égales* (fig. 276).

Soient A, B. . les points de la figure F; A', B'... leurs symétriques de la figure F', ZZ' l'axe de symétrie.

Supposons la figure F' invariablement liée à
l'axe et faisons-la tourner autour de cet axe
pris comme charnière, d'un angle égal à 2 droits.
La ligne IA' ne cessera pas d'être perpendiculaire à l'axe et viendra s'appliquer par conséquent sur son égale IA. Pour la même raison
KB' s'appliquera sur son égale KB, après cette
rotation, etc.

Donc les divers points de F' coïncideront avec
leurs symétriques de F après une rotation égale
à 2 droits. La figure F' n'est donc que la figure F, orientée autrement dans l'espace.

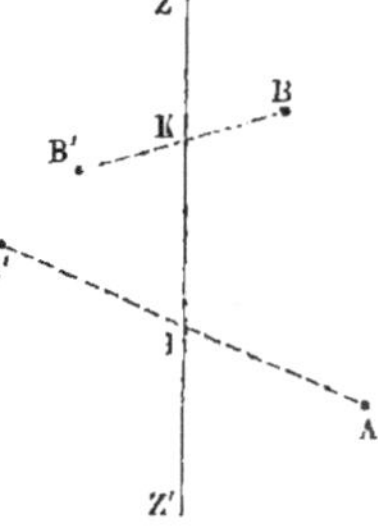

Fig. 276.

Corollaire. — Il résulte de ce théorème qu'il n'y a pas lieu d'étudier les propriétés de la figure F', symétrique d'une figure donnée par rapport à une droite.

PROPOSITION XXI.

377. Théorème. — *Deux figures symétriques d'une troisième par rapport à deux centres différents sont égales* (fig. 277).

Soient O et O' deux centres différents. Soient A, B... les points d'une figure F; soient A', B'... leurs symétriquesd ans la figure F', symétrique de F par rapport à O et soient A'', B''... leurs symétriques dans la figure F'', symétrique de F par rapport à O'. Il s'agit de faire voir que les deux figures F' et F'' sont égales.

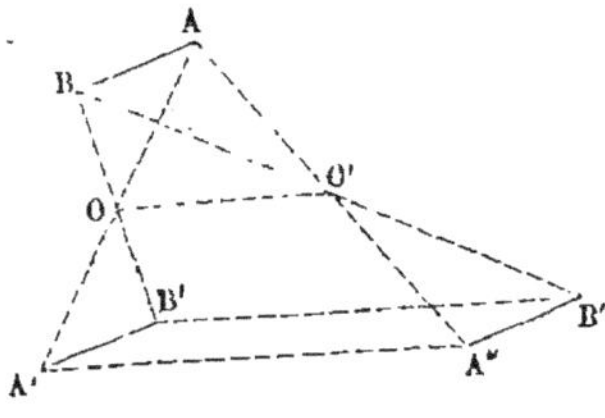

Fig. 277.

Dans le triangle AA'A'', la ligne OO' réunit les milieux des côtés AA', AA''; donc A'A' est parallèle à OO' et vaut 2OO'. De même, B'B'' est parallèle à OO' et vaut 2OO' etc...

Donc, si l'on donne à la figure F'' un mouvement de translation tel que tous les points décrivent des droites parallèles à OO' et égales à 2OO', tous les points de cette figure viendront se placer sur leurs homologues de F'; donc les deux figures F' et F'' sont égales.

C. q. f. d.

Corollaire 1. — Ce théorème montre que le centre de symétric est *indifférent*, en d'autres termes que l'on obtient toujours la même figure symétrique d'une figure donnée, quel que soit le centre de symétrie choisi.

Corollaire 2. — On peut déduire de là un grand nombre de conséquences importantes.

1° *La figure symétrique d'une ligne droite AB est une ligne droite égale.* Ce théorème est évident, si l'on choisit le milieu de la droite pour centre de symétric.

2° *La figure symétrique d'un angle est un angle égal.* Ce théorème est évident en prenant le sommet pour centre de symétric.

3° *La figure symétrique d'un polygone est un polygone égal.* Ce théorème résulte des deux précédents.

4° *La figure symétrique d'un plan est un plan.* Ce théorème est évident si l'on prend le centre de symétrie sur le plan.

5° *La figure symétrique d'un dièdre est un dièdre égal.* Ce théorème est évident si l'on prend le centre de symétrie sur l'arête.

6° *La figure symétrique d'un angle polyèdre est un autre angle polyèdre dont les éléments sont égaux chacun à chacun à ceux du premier, mais disposés en ordre inverse.* Ce théorème coïncide avec celui du n° **267**, quand on prend pour centre de symétrie le sommet de l'angle polyèdre.

PROPOSITION XXII.

378. Théorème. — *Deux figures symétriques d'une troisième par rapport à deux plans différents sont égales* (fig. 278).

Soient P et Q deux plans de symétrie. Soient A, B... les divers points de la figure F ; A′, B′... les points homologues de la figure F′, symétrique de F par rapport au plan P ; A″, B″... les points homologues de la figure F″, symétrique de F par rapport au plan Q. Il faut démontrer que F′ et F″ sont deux figures égales.

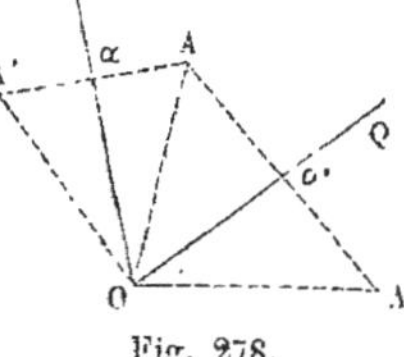

Fig. 278.

Par les deux droites AA′, AA″ faisons passer un plan, il sera perpendiculaire aux deux plans P et Q (**259**), par suite à leur intersection ; donc il déterminera l'angle rectiligne POQ du dièdre des deux plans. Joignons OA, OA′, OA″. Le triangle OAA′ est isoscèle et α est le milieu de AA′ ; donc POA = POA′. De même, OAA″ est isoscèle et α′ est le milieu de AA″ ; donc QOA = QOA″. Donc l'angle A′OA″ = 2POQ. — Nous ferions voir de même, pour les points B, B′, B″, que B′O′B″ = 2PO′Q = 2POQ, etc.

Donc, si l'on suppose la figure F″ liée invariablement au plan Q et qu'on fasse tourner ce plan autour de l'intersection O comme charnière d'un angle égal au double de l'angle dièdre PQ, tous les points de F″, tels que A″, B″..., viendront coïncider avec leurs correspondants A′, B′... de la figure F′. Donc les figures F′ et F″ sont égales.

C. q. f. d.

Corollaire 1. — Ce théorème montre que le plan de symétrie est indifférent, en d'autres termes que l'on obtient toujours la même figure symétrique d'une figure donnée, quel que soit le plan de symétrie choisi.

Corollaire 2. — On peut déduire de là un grand nombre de conséquences importantes :

1° *La figure symétrique d'une droite est une droite égale.* Ce théorème est évident pour un plan de symétrie contenant la droite.

2° *La figure symétrique d'un angle est un angle égal.* Ce théorème est évident en prenant pour plan de symétrie celui de l'angle.

3° *La figure symétrique d'un polygone est un polygone égal.* Ce théorème est évident en prenant pour plan de symétrie celui du polygone.

4° *La figure symétrique d'un plan est un plan.* Ce théorème est évident en prenant le plan donné pour plan de symétrie.

5° *La figure symétrique d'un dièdre est un dièdre égal.* Ce théorème se démontre facilement en prenant le plan bissecteur pour plan de symétrie.

PROPOSITION XXIII.

379. Théorème. — *Deux figures symétriques d'une troisième, l'une par rapport à un plan, l'autre par rapport à un point, sont égales* (fig. 279).

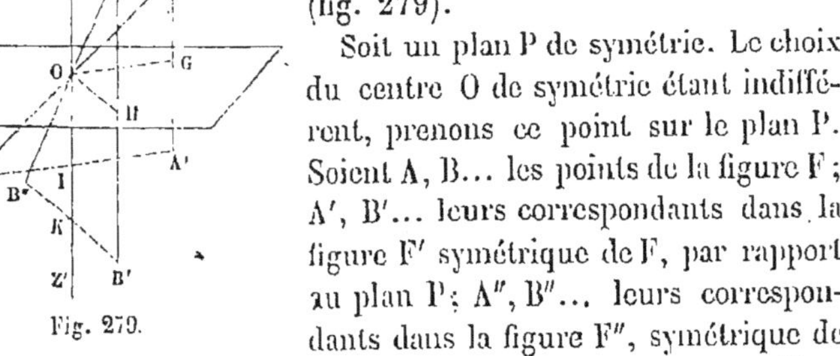

Fig. 279.

Soit un plan P de symétrie. Le choix du centre O de symétrie étant indifférent, prenons ce point sur le plan P. Soient A, B... les points de la figure F ; A′, B′... leurs correspondants dans la figure F′ symétrique de F, par rapport au plan P; A″, B″... leurs correspondants dans la figure F″, symétrique de F par rapport au point O. Menons par le point O une perpendiculaire ZZ′ au plan P, et joignons OG, A′A″.

ZZ′ étant perpendiculaire au plan P est parallèle à AA′ (**242**), donc elle est contenue dans le plan AA′A″. Soit I le point où elle coupe A′A″. Les points O et G étant les milieux des droites AA″, AA′, la droite A′A″ est parallèle à OG et par suite perpendiculaire à ZZ′. D'un autre côté, O étant le milieu de AA″, et ZZ′ étant parallèle à AA′, le point I sera le milieu de A′A″.

Donc les deux points A′ et A″ sont symétriques par rapport à l'axe ZZ′. Le même raisonnement peut s'appliquer à deux points correspondants quelconques des figures F′ et F″. Donc ces deux figures sont symétriques par rapport à l'axe ZZ′; donc elles sont égales (**376**).

C. q. f. d.

Corollaire 1. — Il résulte de ce théorème et des précédents qu'une figure F a une seule symétrique F′. Pour former cette dernière, on choisit un plan ou un point commode pour les constructions à faire.

Corollaire 2. — Le théorème **378** est un corollaire de celui que nous venons de démontrer. Soient F′, F″ les figures symétriques de F par rapport aux plans P et Q. Construisons la figure F‴, symétrique de F par rapport à un point O quelconque; elle sera égale à F′ et à F″; donc F′ et F″ sont des figures égales.

Scholie. — Les théorèmes que nous venons de démontrer sont dus à Bravais.

PROPOSITION XXIV.

380. Théorème. — *Deux polyèdres symétriques ont :*

    1° *leurs faces égales chacune à chacune ;*
    2° *leurs dièdres égaux chacun à chacun;*
    3° *leurs arêtes égales chacune à chacune ;*
    4° *leurs angles solides composés des mêmes éléments disposés en sens inverse.*

Ce théorème résulte de ce qu'une figure n'a qu'une seule figure symétrique et des conséquences que nous avons déduites des propositions XXI et XXII (cor. 2).

Corollaire. — *Deux polyèdres symétriques sont décomposables en un même nombre de tétraèdres symétriques.* En effet, si quatre points forment un tétraèdre dans la figure F, leurs symétriques formeront un tétraèdre symétrique dans la figure F′.

381. Théorème. — *Deux polyèdres sy-métriques sont équivalents* (fig. 280).

1° Soit une pyramide ABCDEF. Construi-sons la figure symétrique en prenant la base BCDEF pour plan de symétrie. Nous forme-rons une pyramide A'BCDEF de même base et de même hauteur, car A'H = AH. Donc deux pyramides symétriques sont équiva-lentes.

2° Deux polyèdres symétriques sont com-posés d'un même nombre de pyramides triangulaires symétriques, donc ils sont aussi équivalents.

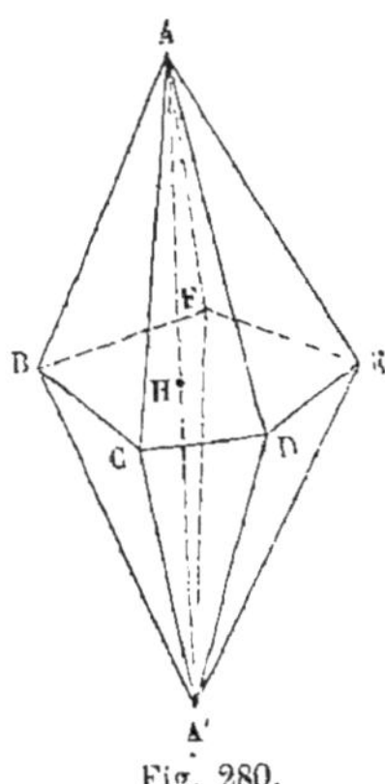

Fig. 280.

§ 8. — SIMILITUDE.

DÉFINITIONS.

382. Polyèdres semblables. — On appelle *polyèdres sem-blables* ceux qui sont compris sous des faces semblables chacune à chacune et dont les angles solides homologues sont égaux.

On entend par *angles solides homologues* ceux qui sont formés par des faces semblables. Les sommets de ces angles sont des *som-mets homologues*, et on appelle aussi *droites homologues* celles qui joignent deux sommets homologues, *faces homologues* celles qui sont semblables.

Dans deux polyèdres semblables les dièdres homologues sont égaux.

383. Disposition des éléments homologues. — Les angles solides homologues étant égaux, par définition, les éléments égaux sont disposés dans le même ordre, donc les faces homologues sont disposées de la même manière dans deux polyèdres semblables.

384. Rapport de similitude. — Les faces homologues des deux polyèdres étant des polygones semblables, les arêtes homolo-gues appartenant à ces faces sont proportionnelles, et comme une arête appartient à deux faces adjacentes, le rapport de deux arêtes homologues quelconques est toujours le même. On le nomme *rapport de similitude* des deux polyèdres.

PROPOSITION XXVI.

385. Théorème. — *Si on coupe un tétraèdre par un plan parallèle à la base, on forme un nouveau tétraèdre semblable au premier* (fig. 281).

Le théorème est vrai pour une pyramide quelconque.

Soit SABCDE une pyramide et *abcde* une section parallèle à la base. Il faut démontrer que la pyramide S*abcde* est semblable à la pyramide donnée. Or,

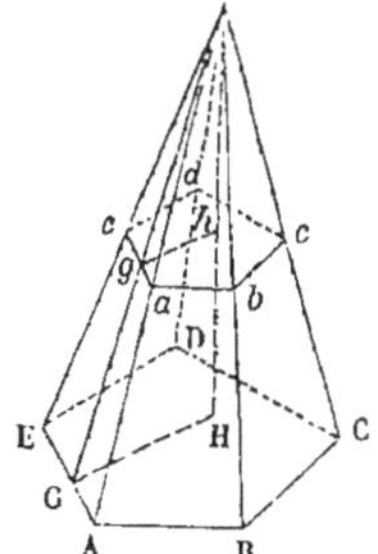

1° Les faces sont semblables chacune à chacune (**365**).

2° L'angle solide S est commun. Les deux trièdres A et *a* ont leurs faces égales chacune à chacune et disposées dans le même ordre,

Fig. 281.

donc ils sont égaux. On prouverait de la même manière que les trièdres B, C... sont égaux aux trièdres *b*, *c*...

Donc les deux pyramides sont semblables (**382**).

C. q. f. d.

PROPOSITION XXVII.

386. Théorème. — *Deux tétraèdres sont semblables, quand ils ont un dièdre égal compris entre deux faces semblables et semblablement disposées* (fig. 282).

Par hypothèse, le dièdre AB est égal au dièdre A′B′; la face ABC est semblable à la face A′B′C′; la face ABD est semblable à la face A′B′D′.

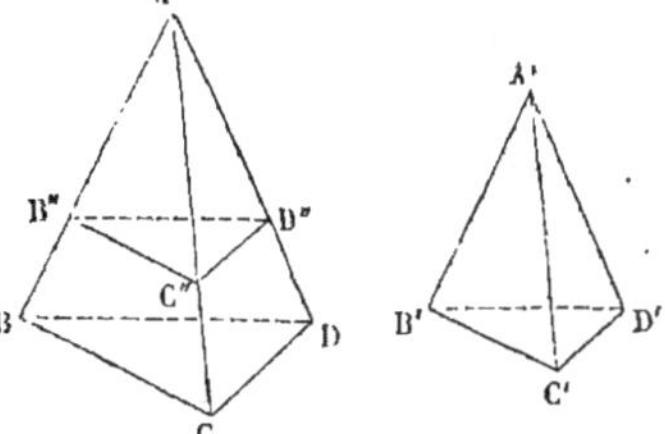

Prenons sur AB la longueur AB″ égale à A′B′ et menons par le point B″ un plan parallèle à ABC.

Fig. 282.

Le tétraèdre AB″C″D″ est semblable à ABCD, d'après le théorème précédent; il s'agit donc de démontrer que AB″C″D″ = A′B′C′D′.

Or les deux triangles AB″C″, A′B′C′ ont un côté égal, par construction, adjacent à deux angles égaux chacun à chacun, savoir B″AC″ = B′A′C′, et AB″C″ = ABC = A′B′C′, par hypothèse. Les deux triangles AB″D″, A′B′D′ sont égaux pour la même raison. Donc les deux tétraèdres sont égaux, comme ayant un dièdre égal compris entre deux faces égales chacune à chacune et disposées de la même manière.

C. q. f. d.

Corollaire. — On démontre facilement, en s'appuyant sur ce théorème, ou en se reportant à la définition des polyèdres semblables, les propositions suivantes :

1° *Deux tétraèdres sont semblables, quand ils ont leurs arêtes proportionnelles et semblablement disposées.*

2° *Deux tétraèdres sont semblables, quand ils ont une face semblable adjacente à trois dièdres égaux chacun à chacun et semblablement disposés.*

3° *Deux tétraèdres sont semblables, quand leurs dièdres sont égaux chacun à chacun et semblablement disposés.*

PROPOSITION XXVIII.

337. Théorème. — *Deux polyèdres composés d'un même nombre de tétraèdres semblables chacun à chacun et semblablement ment disposés sont semblables.*

En effet :

1° *Si deux triangles adjacents sont sur un même plan dans l'un des polyèdres, les triangles homologues de l'autre polyèdre seront aussi sur un même plan.* — Car les dièdres homologues étant égaux, si la somme d'un certain nombre de dièdres, ayant même arête, vaut deux dièdres droits dans l'un des polyèdres, la somme de leurs homologues vaudra aussi deux dièdres droits dans l'autre polyèdre.

2° *Les faces des deux polyèdres sont semblables chacune à chacune.* — Si deux faces homologues sont triangulaires, elles sont semblables par hypothèse ; si deux faces homologues sont polygonales, elles sont semblables, comme composées d'un même nombre de triangles semblables et semblablement disposés.

3° *Les angles solides homologues sont égaux.* — Si deux angles solides homologues sont des trièdres, ils sont égaux par hypothèse. Si deux angles solides homologues sont polyèdres, ils sont égaux comme composés d'un même nombre de trièdres égaux chacun à chacun et semblablement disposés.

PROPOSITION XXIX.

388. Théorème. — *Réciproquement, deux polyèdres semblables sont décomposables en un même nombre de tétraèdres semblables et semblablement disposés.*

En effet,

1° Puisque les polyèdres sont semblables, les faces sont des triangles semblables, ou des polygones semblables décomposables, par suite, en triangles semblables et semblablement placés. — De plus les dièdres homologues sont égaux.

2° Considérons deux sommets homologues, et trois arêtes homologues partant de ces sommets et formant des tétraèdres extérieurs. Ces tétraèdres sont semblables, car ils ont un dièdre égal compris entre deux faces semblables chacune à chacune et semblablement placées. Donc ces deux tétraèdres ont toutes leurs faces semblables chacune à chacune, leurs trièdres et leurs dièdres homologues égaux.

3° Enlevons ces tétraèdres semblables des deux figures. Il restera deux solides semblables, car ils auront les faces semblables chacune à chacune en vertu des données et de la similitude des tétraèdres précédents; de plus les angles solides homologues seront égaux en vertu des données, ou comme différences d'angles solides égaux. On pourra donc recommencer le raisonnement précédent. On voit donc que l'on peut regarder les deux solides comme formés de tétraèdres semblables et semblablement placés.

C. q. f. d.

PROPOSITION XXX.

389. Théorème. — *Si l'on joint un point quelconque à tous les sommets d'un polyèdre et qu'on divise toutes ces droites dans un même rapport, les points obtenus sont les sommets d'un polyèdre semblable au polyèdre donné (fig. 283).*

1° Soit SABC un tétraèdre, joignons le point O à tous les som-

19

mets et supposons que

$$\frac{OA'}{OA} = \frac{OB'}{OB} = \frac{OC'}{OC} = \frac{OS'}{OS} = k,$$

il faut démontrer que la figure S'A'B'C' est semblable à la figure SABC.

Or de la figure on tire

$$\frac{A'B'}{AB} = \frac{OB'}{OB} = \frac{B'C'}{BC} = \frac{OC'}{OC} = \frac{C'A'}{CA} = \frac{C'S'}{CS} = \frac{OS'}{OS} = \frac{B'S'}{BS} \cdots = k.$$

Donc deux faces quelconques homologues, telles que A'B'C', ABC, sont semblables. Donc aussi les trièdres homologues sont égaux, comme formés par des angles plans égaux et semblablement placés.

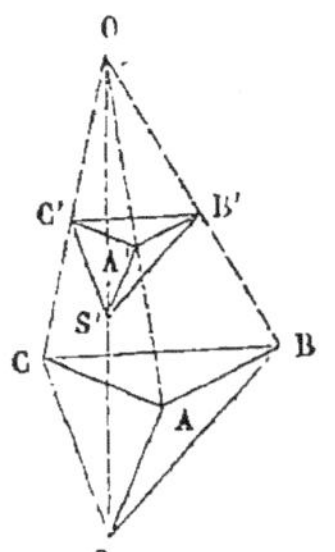

Fig. 283.

2º Soit maintenant un polyèdre quelconque. On le décomposera en tétraèdres par des lignes partant d'un même sommet. Le solide formé par les points A'B'C'... sera décomposé en un même nombre de tétraèdres semblables et semblablement placés ; donc il sera semblable au premier.

C. q. f. d.

SCHOLIE 1. — Les deux solides formés sont non-seulement semblables, mais encore semblablement orientés dans l'espace ; on les appelle *homothétiques.* — Le point O est appelé le centre d'*homothétie,* ou de *similitude ; k* est appelé le *rapport de similitude.*

SCHOLIE 2. — On pourrait placer les points A', B', C'... sur les prolongements des lignes OA, OB, OC... au delà du point O. Le solide formé serait le symétrique de A'B'C'... (**374**) ; donc il ne serait plus semblable à ABC..., mais à son symétrique.

PROPOSITION XXXI.

390. Théorème. — *Deux polyèdres semblables étant donnés, on peut toujours, en déplaçant l'un d'eux, les rendre homothétiques par rapport à un centre quelconque (fig. 283).*

1º Soient deux tétraèdres quelconques SABC, σαβγ, semblables et placés d'une manière quelconque dans l'espace. Soit k le rapport de similitude de ces deux polyèdres.

Joignons un point O quelconque aux sommets SABC et formons, avec le rapport k, un tétraèdre homothétique S'A'B'C'. Nous aurons

$$\frac{\text{A'B'}}{\text{AB}} = k \qquad \text{et} \qquad \frac{\alpha\beta}{\text{AB}} = k;$$

donc A'B' $= \alpha\beta$. Donc les deux tétraèdres S'A'B'C' et $\sigma\alpha\beta\gamma$ ont toutes leurs arêtes égales et semblablement disposées; donc ils sont égaux.

Or, pour amener $\sigma\alpha\beta\gamma$ à coïncider avec S'A'B'C', il suffira d'amener σ à coïncider avec S', puis α à coïncider avec A', et en faisant tourner $\sigma\alpha\beta\gamma$ autour de S'A' comme charnière, on pourra placer β en B'; les deux solides coïncideront alors nécessairement.

2° Soient deux polyèdres semblables quelconques, et k leur rapport de similitude. Nous construirons le polyèdre homothétique A'B'C'... avec le centre O. D'après le raisonnement précédent, ce polyèdre sera composé de tétraèdres égaux à ceux qui composent le solide $\alpha\beta\gamma$...; donc il lui sera égal.

On pourra, comme précédemment, par une translation et deux rotations successives, amener trois sommets $\alpha\beta\gamma$ en coïncidence avec leurs homologues A'B'C'; les deux solides coïncideront.

PROPOSITION XXXII.

391. Théorème. — *Les volumes de deux polyèdres semblables sont entre eux comme les cubes des arêtes homologues* (fig. 283).

1° Soient deux tétraèdres semblables, ou plus généralement deux pyramides semblables SABC..., $sabc$. Désignons leurs bases par B et b, leurs hauteurs par H et h. On peut supposer que les angles solides S, s coïncident en S, alors le plan abc... est parallèle au plan ABC.... (235). Soient V et v les volumes de ces deux pyramides.

Nous avons

$$V = \frac{1}{3}\,\text{BH}, \qquad v = \frac{1}{3}\,bh,$$

donc

$$\frac{\text{V}}{v} = \frac{\text{B}}{b} = \frac{\text{H}}{h}.$$

Mais, en vertu du théorème (**385**),

$$\frac{B}{b} = \frac{\overline{AB}^2}{\overline{ab}^2}, \quad \frac{H}{h} = \frac{AB}{ab},$$

donc

$$\frac{V}{v} = \frac{\overline{AB}^3}{\overline{ab}^3}.$$

2° Deux polyèdres semblables sont décomposables en un même nombre de tétraèdres semblables chacun à chacun et le rapport de deux arêtes homologues est constant ; donc le rapport des volumes des deux polyèdres est égal au rapport de deux tétraèdres homologues ou au rapport des cubes de deux arêtes homologues.

C. q. f. d.

Corollaire 1. — Si on imagine une série de cubes ayant leurs arêtes de 10 en 10 fois plus grandes, leurs volumes seront de 1000 en 1000 fois plus grands. Donc le mètre cube contient 1000 décimètres cubes.

Corollaire 2. — Si par le milieu d'une arête latérale de pyramide on mène un plan parallèle à la base, on détache le huitième du volume total.

PROPOSITION XXXIII.

392. Théorème. — *Deux tétraèdres qui ont un angle solide égal, sont entre eux comme les produits des arêtes qui le comprennent* (fig. 284).

Soient deux tétraèdres SABC, SA′B′C′ ayant un angle solide commun S. Menons le plan AB′C.

Les deux tétraèdres B′SA′C′, B′SAC, ont même hauteur, donc ils sont entre eux comme leurs bases SA′C′, SAC qui ont un angle commun ; donc

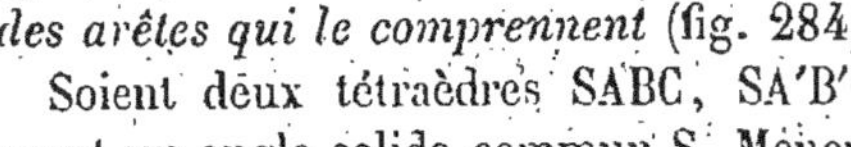

$$\frac{SA'B'C'}{SAB'C} = \frac{SA' \times SC'}{SA \times SC}.$$

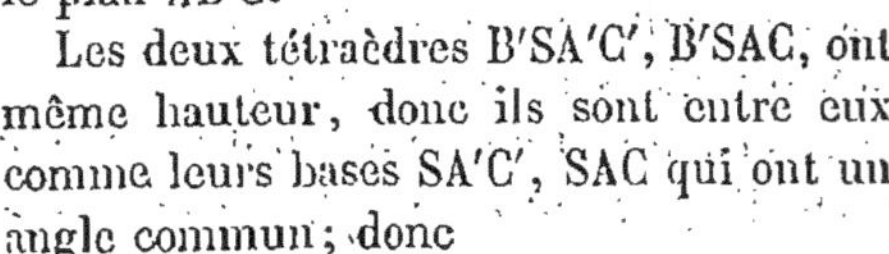

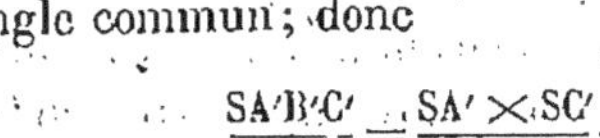

Fig. 284.

Les deux tétraèdres CSAB′, CSAB ont aussi même hauteur, et par suite sont entre eux comme leurs bases SAB′, SAB,

donc

$$\frac{SAB'C}{SABC} = \frac{SB'}{SB}.$$

On déduit de là (**89**)

$$\frac{SA'B'C'}{SABC} = \frac{SA' \times SB' \times SC'}{SA \times SB \times SC}.$$

C. q. f. d.

CorOLLAIRE. — Si les deux tétraèdres sont semblables, les arêtes SA', SB', SC' sont proportionnelles à SA, SB, SC; donc

$$\frac{SA'B'C'}{SABC} = \frac{\overline{SA'}^3}{\overline{SA}^3}.$$

On retombe ainsi sur le théorème précédent. Au fond, la démonstration du théorème **392** repose sur la mesure du volume de la pyramide, elle n'a donc aucun avantage sur celle que nous avons donnée au n° **391**.

§ 9. — POLYÈDRES EN GÉNÉRAL.

PROPOSITION XXXIV.

393. Théorème. — *Dans tout polyèdre convexe, le nombre F des faces, augmenté du nombre S des sommets, est égal au nombre des arêtes A plus deux* (fig. 285). (Théorème d'Euler.)

Prenons dans l'intérieur du polyèdre un point O; de ce point menons des droites à tous les sommets. Du même point comme centre décrivons une sphère, elle sera rencontrée par toutes ces lignes en autant de points qu'il y a de sommets. En joignant ces points par des arcs de grands cercles, nous formerons sur la surface de la sphère des polygones correspondants aux faces du polyèdre et en même nombre F.

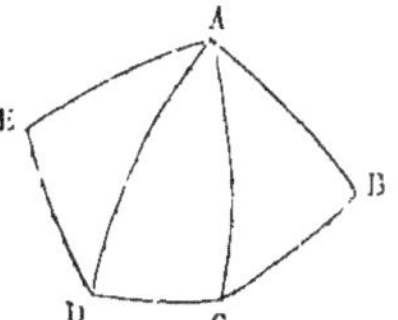

Fig. 285.

Désignons par σ la somme des angles de l'une des faces, par n le nombre de ses côtés; la surface de cette face sera $\sigma - 2n + 4$ (**332**). Évaluons de la même manière la surface de toutes les autres, ajoutons, nous aurons la surface de la sphère ou 8 ; nous aurons donc l'égalité

$$\sigma + \sigma' + \sigma'' \ldots - 2n - 2n' - 2n'' \ldots + 4F = 8.$$

Mais autour de chaque sommet la somme des angles vaut 4 droits ; donc

$$\sigma + \sigma' + \sigma'' \ldots = 4S.$$

Dans la somme $2n + 2n' + 2n'' \ldots$ des nombres des arêtes des diverses faces, chaque arête appartenant à deux faces est comptée deux fois ; donc

$$2n + 2n' + 2n'' \ldots = 4A.$$

Nous avons donc enfin

$$4S - 4A + 4F = 8,$$

ou

$$S + F = A + 2.$$

C. q. f. d.

PROPOSITION XXXV.

394. Théorème. — *La somme des angles plans d'un polyèdre est égale à autant de fois 4 droits qu'il y a de sommets moins deux.*

Considérons l'une des faces ayant n côtés, la somme des angles plans sera $2n - 4$; donc la somme totale des angles plans du polyèdre est

$$2n + 2n' + 2n'' \ldots - 4F,$$

F désignant le nombre des faces. Mais nous avons vu que

$$2n + 2n' + 2n'' \ldots = 4A ;$$

donc la somme des angles est

$$4A - 4F = 4(A - F),$$

ou bien d'après le théorème précédent

$$4(S - 2).$$

C. q. f. d.

PROPOSITION XXXVI.

395. Théorème. — *Il n'existe aucun polyèdre dont toutes les faces aient plus de cinq côtés.*

Désignons par Ω_n le nombre des faces du polyèdre ayant n côtés et par F le nombre total des faces, nous avons évidemment

$$F = \Omega_3 + \Omega_4 + \Omega_5 + \ldots$$

Si A désigne le nombre total des arêtes, nous avons aussi, en remarquant qu'une arête est commune à deux faces,

$$2A = 3\Omega_3 + 4\Omega_4 + 5\Omega_5 + \ldots$$

Autour de chaque sommet il y a au moins trois angles plans, donc le nombre total de ces angles est au moins 3S. D'ailleurs le nombre total de ces angles est égal à $3\Omega_3 + 4\Omega_4 + 5\Omega_5 + \ldots$ ou 2A, évidemment. Donc

$$2A \geqslant 3S.$$

Remplaçons S par sa valeur tirée du théorème d'Euler, nous obtenons

$$6F \geqslant 2A + 12,$$

et en remplaçant F et 2A par leurs valeurs, nous avons enfin, après quelques réductions,

$$3\Omega_3 + 2\Omega_4 + \Omega_5 \geqslant \Omega_7 + 2\Omega_8 + \ldots + 12.$$

D'après cela, il est impossible que l'on ait à la fois

$$\Omega_3 = 0, \quad \Omega_4 = 0, \quad \Omega_5 = 0.$$

C. q. f. d.

PROPOSITION XXXVII.

396. Théorème. — *Le nombre des conditions nécessaires pour déterminer un polyèdre dont on indique le nombre des faces, le nombre des côtés de chacune d'elles et leur disposition autour de chaque sommet, est égal au nombre des arêtes.* (Théorème de Legendre.)

Le polyèdre en question a S sommets, il s'agit de déterminer les positions de ces S points les uns par rapport aux autres.

Prenons trois sommets à volonté. La construction du triangle formé par ces trois sommets exige trois conditions, c'est-à-dire la connaissance de trois quantités.

Chacun des autres sommets sera déterminé, si l'on connaît ses distances aux premiers, ou des conditions équivalentes ; donc le nombre des conditions suffisantes pour déterminer un système de S points est

$$3 + 3(S - 3) \quad \text{ou} \quad 3S - 6.$$

Mais quand il s'agit d'un polyèdre dont on connaît le nombre des faces et le nombre des côtés de chacune d'elles, ce nombre de conditions est trop grand. En effet, quand on a déterminé trois sommets d'une face, son plan est déterminé ; et la nécessité, pour tout autre sommet de la même face, de se trouver dans ce plan équivaut à une condition. Chaque face introduit donc $n - 3$ conditions dans la détermination des points, en désignant par n le nombre de ses côtés. Donc le nombre total des conditions superflues est

$$n - 3 + n' - 3 + n'' - 3 \ldots$$

ou

$$2A - 3F.$$

Donc enfin le nombre des conditions nécessaires pour la détermination du polyèdre est

$$3S - 2A + 3F - 6,$$

ou bien

$$3(S + F - 2) - 2A = A. \qquad \textbf{(393)}$$

C. q. f. d.

CorolLAIRE. — *Le nombre des conditions nécessaires pour que deux polyèdres soient semblables est égal au nombre des arêtes moins une.*

Pour construire un polyèdre semblable à un autre, il faut A conditions, d'après le théorème de Legendre ; mais l'une des conditions est arbitraire, puisqu'on peut prendre une arête à volonté ; donc le nombre des conditions pour que deux polyèdres soient semblables est $A - 1$.

397. Théorème. — *On peut toujours circonscrire et inscrire une sphère à un polyèdre régulier, et une seule (fig. 286).*

On appelle *polyèdre régulier* un polyèdre dont les faces sont des polygones réguliers égaux, assemblés en même nombre autour de chaque sommet.

Considérons deux faces adjacentes et soit AB l'arête commune. Par le *centre* C de l'une des faces, élevons une perpendiculaire indéfinie, ses points seront à égale distance de tous les sommets de cette face, par suite à égale distance des deux points A et B ; donc cette perpendiculaire sera dans le plan perpendiculaire mené à AB par le milieu de cette droite. La perpendiculaire menée à la seconde face par le centre C′ de cette face est aussi dans le plan perpendiculaire

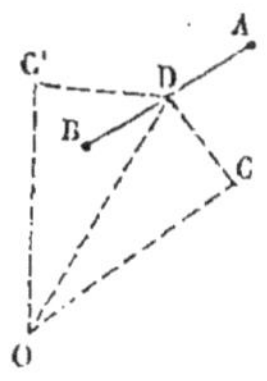

Fig. 286.

mené à AB par le milieu de cette droite. Les deux perpendiculaires menées en C et C′ se rencontrent donc en un point O.

Si nous menons OD, nous voyons que les triangles rectangles ODC, ODC′ sont égaux , car l'hypoténuse est commune et les deux lignes CD et C′D sont les apothèmes de deux polygones réguliers égaux. Donc OD est bissectrice de l'angle rectiligne du dièdre AB et sa longueur est constante ; donc aussi la ligne OC est constante, quelles que soient les faces adjacentes considérées.

Donc toutes les perpendiculaires aux diverses faces adjacentes à la première concourront au même point O ; donc toutes les perpendiculaires menées par les centres des diverses faces à ces faces concourront au même point O.

Ce point est à égale distance de tous les sommets, donc, si de ce point comme centre, avec OA comme rayon, on décrit une sphère, elle sera circonscrite au polyèdre. D'ailleurs on sait que par quatre points non situés dans le même plan on n'en peut faire passer qu'une (**295**).

La distance OC de ce point aux diverses faces est constante ; donc, si de ce même point, comme centre, avec OC comme rayon, on décrit une sphère, elle sera inscrite dans le polyèdre. D'ailleurs on n'en peut inscrire qu'une, car le centre de toute sphère inscrite devant se trouver dans les plans bissecteurs des dièdres divers, ne peut se trouver qu'à leur point O de rencontre.

PROPOSITION XXXIX.

398. Théorème. — *Il n'existe que cinq polyèdres réguliers.*

Imaginons un polyèdre régulier et la sphère circonscrite. Les pyramides qui ont pour sommet le centre et qui ont pour pour bases les diverses faces, découpent la surface de la sphère en un certain nombre égal de polygones réguliers égaux. Réciproquement tout polygone sphérique régulier a ses sommets sur un petit cercle et par suite correspond à un polygone plan régulier, base d'une pyramide régulière, ayant son sommet au centre de la sphère.

La recherche des polyèdres réguliers revient donc à la décomposition de la surface de la sphère en un certain nombre de polygones réguliers égaux.

Or nous avons vu (**342**) qu'il n'y a que cinq manières de décomposer la surface de la sphère en polygones sphériques réguliers égaux ; donc il n'y a que cinq polyèdres réguliers. C. q. f. d.

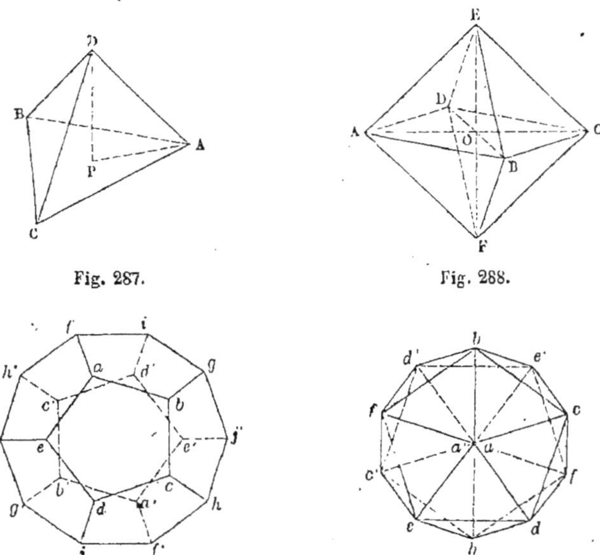

Fig. 287.   Fig. 288.

Fig. 289.   Fig. 290.

Corollaire. — Il y a trois polyèdres réguliers à faces triangulaires : ce sont le *tétraèdre*, l'*octaèdre* et l'*icosaèdre* (fig. 287, 288, 290).

Il y a un polyèdre régulier à faces carrées : c'est le *cube*. Il y a un polygone régulier à faces pentagonales : c'est le *dodécaèdre* (fig. 289).

399. Théorème. — *Aux quatre plans d'un tétraèdre on peut mener au moins 5, au plus 8 sphères tangentes.*

Soit ABCD un tétraèdre, nous désignerons ses faces triangulaires par α, β, γ, δ. La face α est opposée au sommet A, β à B, γ à C, δ à D.

1° Si nous menons les plans bissecteurs des dièdres intérieurs, ils se rencontrent en un point O également distant des quatre faces du tétraèdre : c'est le centre d'une première sphère tangente aux quatre plans de ses faces.

2° Prolongeons les plans des faces β, γ, δ au-dessous de la face α, nous formerons une région dans laquelle on peut placer une sphère tangente aux quatre plans. En effet, les plans bissecteurs des dièdres du trièdre A se coupent suivant une droite, dont tous les points sont à égale distance des plans β, γ, δ. Si au-dessous de α nous menons le plan bissecteur de l'un des trois dièdres adjacents, nous aurons le centre d'une sphère, située au-dessous de α et dans le trièdre A, tangente aux quatre plans α, β, γ, δ.

Nous pouvons construire trois autres sphères pareilles.

Nous avons donc déjà cinq centres O, O_1, O_2, O_3, O_4, de sphères tangentes aux quatre plans donnés.

3° Prolongeons indéfiniment les plans des faces α, β, γ, δ, nous formerons en dehors du tétraèdre, le long de chacune des arêtes telles que AB, une région que nous appellerons un *bi-dièdre*. Un point quelconque de cette région est *intérieur* relativement à deux faces et *extérieur* relativement aux deux autres. — Nous disons qu'un point est intérieur relativement au plan α, lorsqu'il est du même côté de cette face qu'un point intérieur du tétraèdre. — Considérons les bi-dièdres correspondants à deux arêtes opposées du tétraèdre AB et CD. Il est facile de voir que, si l'on peut placer une sphère tangente aux quatre plans dans l'un, on ne pourra pas le faire dans l'autre.

En effet, supposons une sphère tangente aux quatre faces dans le

bi-dièdre CD, joignons son centre Ω aux quatre sommets du tétraèdre et appelons ρ son rayon. Le volume V du tétraèdre sera égal à la
somme des volumes des tétraèdres $\frac{1}{3}\gamma\rho$, $\frac{1}{3}\delta\rho$ diminuée de la somme
des deux tétraèdres $\frac{1}{3}\alpha\rho$, $\frac{1}{3}\beta\rho$. Donc nous aurons

$$3V = \rho(\gamma + \delta - \alpha - \beta).$$

Pour une sphère tangente aux quatre plans dans le bi-dièdre AB,
nous aurions

$$3V = \rho'(\alpha + \beta - \gamma - \delta);$$

ρ et ρ' doivent être positifs ; donc on doit avoir

$$\alpha + \beta < \gamma + \delta$$

et

$$\alpha + \beta > \gamma + \delta.$$

Ces deux conditions sont contradictoires ; donc si l'une des sphères existe, celle du bi-dièdre opposé n'existe pas. Il ne peut donc y
avoir que trois sphères au plus dans les six bi-dièdres, tangentes aux
quatre plans donnés.

Il est facile de prouver d'ailleurs que l'une de ces sphères existe
toujours. Le plan bissecteur du dièdre intérieur AB coupe le plan
bissecteur du dièdre intérieur CD suivant une droite dont tous les
points sont à égale distance de γ et δ, et aussi à égale distance de α
et β. Un nouveau plan bissecteur, par exemple celui du dièdre extérieur BD, coupera cette ligne en un point qui sera également distant
des faces α et γ, par suite également distant des quatre faces $\alpha\beta\gamma\delta$;
ce point se trouvera dans l'un des deux bi-dièdres opposés AC, CD.

4° Si l'on a une ou plusieurs des relations :

$$\alpha + \beta = \gamma + \delta,$$
$$\alpha + \gamma = \beta + \delta,$$
$$\beta + \gamma = \alpha + \delta,$$

le centre de la sphère correspondante est rejeté à l'infini, il n'existe
pas au point de vue géométrique. Donc on peut mener à quatre
plans donnés, suivant les cas, 5, 6, 7, 8 sphères tangentes.
C. q. f. d.

CorollAIRE. — On ne peut mener que 5 sphères tangentes aux
quatre faces d'un tétraèdre régulier.

§ 10. — QUADRILATÈRE GAUCHE.

PROPOSITION XLI.

400. Théorème. — *Deux droites quelconques sont coupées en parties proportionnelles par trois plans parallèles* (fig. 291).

Soient deux droites quelconques coupées par trois plans parallèles M, P, R, la première aux points O, A, B, la seconde aux points C, D, E.

Par le point O, menons une parallèle OA′B′ à CDE, nous aurons (**234**)

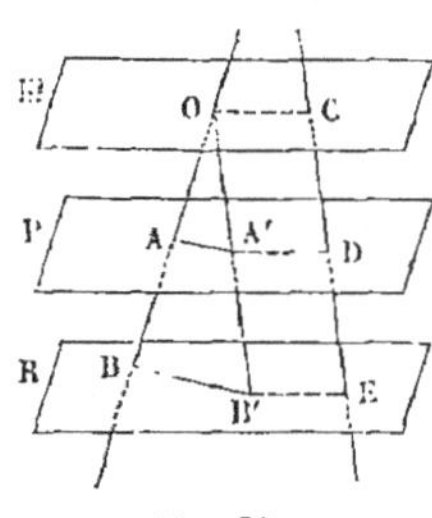

Fig. 291.

$$OA' = CD, \qquad A'B' = DE.$$

Cela posé, le plan BOB′ coupera P et R suivant deux droites parallèles AA′, BB′; donc nous aurons la proportion

$$\frac{OA}{AB} = \frac{OA'}{A'B'}, \qquad \text{ou bien} \qquad \frac{OA}{AB} = \frac{CD}{DE}.$$

C. q. f. d.

PROPOSITION XLII.

401. Théorème. — *Tout plan parallèle à deux côtés opposés d'un quadrilatère gauche partage les deux autres côtés en parties proportionnelles* (fig. 292).

Un quadrilatère est appelé *gauche*, lorsque ses quatre sommets ne sont pas dans un même plan. Les quatre sommets d'un quadrilatère gauche déterminent un tétraèdre.

Par un point M quelconque menons une parallèle à AB et une autre à CD, le plan de ces deux parallèles sera parallèle aux deux côtés AB et CD opposés du quadrilatère gauche ABCD et coupera les deux autres aux points E et F.

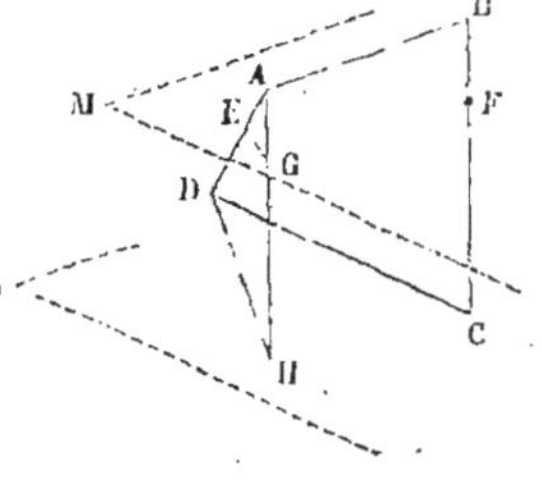

Fig. 292.

posés du quadrilatère gauche ABCD et coupera les deux autres aux points E et F.

D'un autre côté, par un point de AB menons une parallèle à CD et par ces deux droites faisons passer un plan Q. Par un point de CD menons une parallèle à AB et par ces deux droites faisons passer un plan P; les deux plans P et Q seront parallèles au plan mené précédemment par le point M. Nous rentrerons donc dans les données du théorème précédent; donc

$$\frac{AE}{ED} = \frac{BF}{FC}.$$

C. q. f. d.

Corollaire. — Réciproquement, *toute droite EF qui divise proportionnellement deux côtés opposés d'un quadrilatère gauche est dans un plan parallèle aux deux autres côtés.*

En effet, si par E nous menons un plan parallèle aux deux côtés AB et CD, il détermine sur BC un point F' tel que $\frac{AE}{ED} = \frac{BF'}{F'C}$; mais par hypothèse $\frac{AE}{ED} = \frac{BF}{FC}$; donc le point F' se confond avec le point F.

C. q. f. d.

PROPOSITION XLIII.

402. Théorème. — *Si deux droites divisent proportionnellement les deux couples de côtés opposés d'un quadrilatère gauche, ces droites sont dans un même plan* (fig. 293).

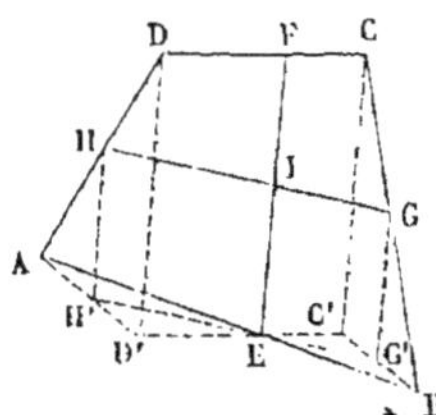
Fig. 293.

Par hypothèse, nous avons les deux proportions :

$$\frac{AH}{HD} = \frac{BG}{GC}, \quad \frac{AE}{EB} = \frac{DF}{FC};$$

il faut démontrer que HG et FE se rencontrent.

1° Par la droite AB menons un plan P parallèle à CD, il sera en même temps parallèle à HG, d'après le corollaire de la proposition précédente. Des points H, D, C, G menons des parallèles à FE et arrêtons-les au plan P en H', D', C'. G'. Les figures DD'C'C, HH'G'G sont des parallélogrammes, puisque CD et HG sont parallèles au plan P; par conséquent

$$D'E = DF, \qquad EC' = FC,$$

donc aussi

$$\frac{AE}{EB} = \frac{D'E}{EC'};$$

donc les deux triangles EAD', EBC', sont semblables, comme ayant un angle égal en E compris entre côtés proportionnels ; donc les angles EAD', EBC' sont égaux, donc AD' et BC' sont parallèles.

2° Nous avons les deux proportions

$$\frac{AH'}{H'D'} = \frac{AH}{HD}, \qquad \frac{BG'}{G'C'} = \frac{BG}{GC};$$

donc, d'après nos hypothèses,

$$\frac{AH'}{H'D'} = \frac{BG'}{G'C'};$$

donc les trois points H', E, G' sont en ligne droite. Donc le plan HH'G'G contient EF. Donc les deux droites EF et HG sont dans un même plan.

C. q. f. d.

COROLLAIRE 1. — Dans les quadrilatères gauches ADEF, EFCB, HDCG, AHGB, nous avons les séries suivantes de rapports égaux :

$$\frac{AH}{HD} = \frac{IE}{FI} = \frac{BG}{GC}$$

et

$$\frac{AE}{EB} = \frac{HI}{IG} = \frac{DF}{FC}.$$

COROLLAIRE 2. — Réciproquement, *si un plan coupe proportion-nellement deux côtés opposés d'un quadrilatère gauche, il coupe aussi les deux autres côtés proportionnellement.*

En effet, supposons qu'un plan coupe en E, F, G, H les quatre côtés d'un quadrilatère gauche et supposons que

$$\frac{AH}{DH} = \frac{BG}{GC},$$

la ligne HG sera parallèle à un plan P contenant AB et une parallèle à CD. Si par E nous menons une droite EF′ telle que l'on ait $\dfrac{AE}{EB} = \dfrac{DF′}{F′C}$, nous venons de voir qu'elle se trouve dans le plan HEG ; donc le point F′ se confond avec le point F.

C. q. f. d.

403. Théorème. — *Tout plan mené par les milieux de deux arêtes opposées d'un tétraèdre partage son volume en deux parties équivalentes* (fig. 294).

Soit ABCD le tétraèdre ; et supposons qu'un plan EGFH passe par les milieux E et F de deux arêtes opposées AB et CD.

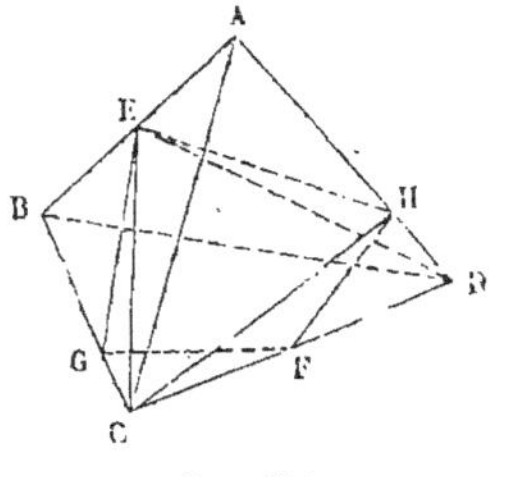
Fig. 294.

1° Considérons la portion EGFHAC du volume du tétraèdre ; elle se compose de la pyramide quadrangulaire CEGFH et de la pyramide triangulaire CEAH. L'autre partie du volume EGFHBD se compose de la pyramide quadrangulaire DEGFH et de la pyramide triangulaire DBEG.

2° Les pyramides quadrangulaires ont même base, et puisque F est le milieu de CD, elles ont aussi même hauteur ; donc elles sont équivalentes.

3° Dans le tétraèdre CEAH, prenons H pour sommet et AEC pour base, nous avons à comparer les deux volumes HAEC et DEBG. Ces deux tétraèdres ont des hauteurs qui sont entre elles comme AH est à AD, donc nous pouvons écrire :

$$\frac{HAEC}{DEBG} = \frac{AEC}{EBG} \cdot \frac{AH}{AD}.$$

Mais le point E étant le milieu de AB, les deux triangles AEC, EBG ont même base AE = EB, donc ils sont entre eux comme leurs hauteurs, ou comme CB et GB ; donc

$$\frac{HAEC}{DEBG} = \frac{CB}{GB} \cdot \frac{AH}{AD}.$$

Or, d'après le théorème précédent,

$$\frac{AH}{AD} = \frac{GB}{CB};$$

donc le second membre de la proportion précédente est égal à l'unité. Donc les volumes HAEC, DEBG sont équivalents.

C. q. f. d.

§ 11. — EXERCICES.

404. Théorèmes à démontrer.

I. — Dans chaque face d'un tétraèdre prenons le point de concours des médianes et joignons-le au sommet opposé, les quatre lignes ainsi formées se coupent au même point. Ce point, appelé centre de gravité, est aux trois quarts de chacune des droites à partir du sommet d'où elle émane.

II. — Les droites qui joignent les milieux des côtés opposés d'un tétraèdre se coupent au centre de gravité du tétraèdre.

III. — Dans un tétraèdre le plan bissecteur de chaque dièdre partage l'arête opposée en deux segments proportionnels aux aires des faces adjacentes.

IV. — Si dans un tétraèdre un trièdre est trirectangle, le carré de la face opposée est égal à la somme des carrés des trois autres.

V. — Lorsque dans un tétraèdre les arêtes opposées sont perpendiculaires entre elles, les quatre hauteurs du tétraèdre passent par un même point.

VI. — Lorsque deux tétraèdres sont placés de telle sorte que les droites qui joignent les sommets correspondants passent par un même point, les droites d'intersection des faces correspondantes sont situées dans un même plan.

En déduire ce théorème : Lorsque deux triangles situés dans un même plan sont tels que les droites joignant les sommets correspondants passent par un même point, les points d'intersection des côtés correspondants sont en ligne droite.

405. Problèmes à résoudre.

I. — Volume d'un tétraèdre régulier de côté a.

II. — Calculer la hauteur d'une pyramide régulière à base carrée, connaissant le côté a de la base et la distance b du sommet de la pyramide à l'un des sommets de la base.

III. — Trouver à l'intérieur d'un tétraèdre un point tel qu'en le joignant aux quatre sommets, on décompose le tétraèdre en quatre parties équivalentes.

IV. — Couper un prisme triangulaire de manière que la section soit un triangle équilatéral.

V. — Etant données la base et la hauteur d'une pyramide, mener un plan parallèle à la base qui la partage dans un rapport donné.

VI. — Étant données les aires des deux bases d'un tronc de pyramide, trouver l'aire de la section faite par un plan parallèle aux bases et divisant la hauteur du tronc dans un rapport donné.

VII. — Étant donnés sur deux plans parallèles deux polygones ABCDE, A′B′C′D′E′ d'un même nombre de côtés, quelles sont les conditions que ces polygones doivent remplir pour qu'ils puissent servir de bases à un tronc de pyramide.

VIII. — Trouver la formule du tronc de prisme qui sert à cuber les cailloux dont on ferre les routes (fig. 295); a et b sont les dimensions du rectangle inférieur, a' et b' sont les dimensions du rectangle supérieur.

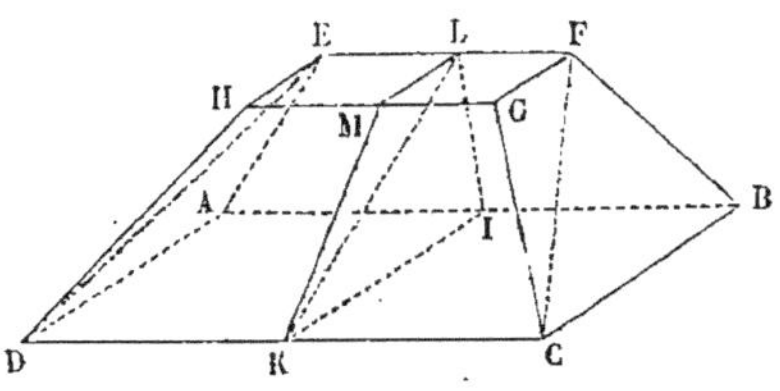

Fig. 295.

406. Lieux géométriques.

I. — Lieu des points également distants de deux droites.

II. — Lieu des points tels que la somme ou la différence des carrés des distances de chacun d'eux à deux points donnés soit égale à un carré donné.

LIVRE VIII

SURFACES ET VOLUMES DES CORPS RONDS

DÉFINITIONS.

407. Cylindre. — Le cylindre est la figure engendrée par le mouvement d'un rectangle tournant autour de l'un de ses côtés supposé fixe. Le côté fixe s'appelle l'*axe* du cylindre.

Chacun des côtés perpendiculaires à l'axe décrit un cercle (**239** cor.) dont le centre est sur l'axe, et dont le plan est perpendiculaire à l'axe. Ces deux cercles se nomment les *bases* du cylindre. L'axe en est la hauteur.

Un point quelconque du côté parallèle à l'axe décrit une circonférence dont le centre est sur l'axe, dont le plan est perpendiculaire à l'axe et dont le rayon est égal au rayon de la base. En d'autres termes, tout plan parallèle à la base coupe le cylindre suivant un cercle égal à la base.

La surface courbe engendrée par la rotation du côté parallèle à l'axe est ce qu'on nomme la surface latérale du cylindre.

408. Surface cylindrique. — On appelle en général *surface cylindrique* la surface engendrée par le mouvement d'une ligne droite qui, restant parallèle à une direction fixe, s'appuie constamment sur une ligne fixe. La droite mobile porte le nom de *génératrice* de la surface; la ligne fixe porte le nom de *directrice*.

Le plan est un cas particulier des surfaces cylindriques; car si la directrice est une ligne droite, la surface cylindrique est un plan.

409. Cône. — Le cône est la figure engendrée par un triangle rectangle tournant autour d'un des côtés de l'angle droit supposé fixe. Le côté fixe s'appelle l'*axe* du cône.

L'autre côté de l'angle droit du triangle mobile décrit un cercle dont le centre est sur l'axe et dont le plan est perpendiculaire à l'axe (**239** cor.). Ce cercle s'appelle la *base* du cône ; l'axe en est la *hauteur*.

Un point quelconque de l'hypoténuse décrit une circonférence dont le centre est sur l'axe et dont le plan est perpendiculaire à l'axe. En d'autres termes, tout plan parallèle à la base coupe le cône suivant un cercle.

La surface courbe engendrée par la rotation de l'hypoténuse est ce qu'on nomme la *surface latérale* du cône.

Le point fixe de l'axe par lequel passe constamment l'hypoténuse, se nomme le *sommet* du cône.

410. Surface conique. — On appelle en général *surface conique* la surface engendrée par le mouvement d'une ligne droite qui, passant par un point fixe, s'appuie constamment sur une ligne fixe. La droite mobile porte le nom de *génératrice*, la ligne fixe porte le nom de *directrice*.

Le plan est un cas particulier des surfaces coniques ; car si la directrice est une ligne droite, la surface engendrée par la génératrice est un plan (**225**, cor. 2).

§ 1. — CYLINDRE.

PROPOSITION I.

411. Théorème. — *La surface latérale d'un cylindre a pour mesure la circonférence de sa base, multipliée par sa hauteur* (fig. 296).

1° La surface latérale étant courbe, il est impossible, sans une définition, de la comparer à l'unité de surface qui est plane. Nous appelons surface latérale du cylindre *la limite vers laquelle tend la surface latérale d'un prisme régulier, inscrit ou circonscrit, quand le nombre des faces augmente indéfiniment.* Mais pour que cette définition soit acceptable, il faut prouver que cette limite existe et qu'elle est indépendante de la loi suivant laquelle se fait l'inscription ou la circonscription et la multiplication du nombre des faces.

2° Inscrivons un polygone régulier de n côtés dans l'une des bases, et circonscrivons un polygone régulier semblable. Par les sommets de ces polygones menons des parallèles à l'axe terminées au plan de l'autre base : nous aurons un prisme régulier inscrit et un prisme régulier circonscrit. Désignons par P′ le périmètre du polygone régulier inscrit, par P″ celui du polygone circonscrit, par S′ la surface latérale du prisme inscrit, par S″ celle du prisme circonscrit et par H la hauteur commune.

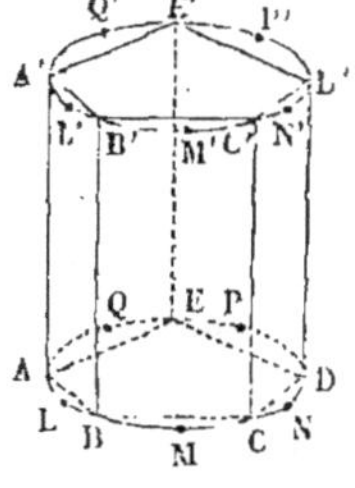

Fig. 296.

Nous savons que

$$S' = P''.H, \qquad S'' = P''.H. \qquad (132)$$

Or nous avons vu (**205**) que si n croît indéfiniment, P′ et P″ tendent vers une limite commune λ, comprise entre deux quelconques des valeurs correspondantes de P′ et de P″, indépendante du nombre n de départ et de la loi suivant laquelle ce nombre augmente. Par définition cette limite commune des périmètres P′ et P″ se nomme la *longueur de la circonférence*.

Donc S′ et S″ ont une limite commune S, indépendante du nombre des faces au début et de la loi suivant laquelle ce nombre augmente. Cette limite commune est

$$S = \lim. P' \times H,$$

ou

$$S = \lim. P'' \times H,$$

ou enfin

$$S = \text{circ. } R \times H.$$

C'est cette limite qui est pour nous *par définition* la surface latérale du cylindre.

COROLLAIRE. — En désignant par R le rayon de la base, la formule de la surface latérale est

$$S = 2\pi RH.$$

412. Théorème. — *Le volume d'un cylindre a pour mesure la surface de sa base multipliée par sa hauteur* (fig. 296).

Le volume du cylindre étant terminé par une surface courbe, ne peut pas être directement comparé au volume unité. Voici comment on obtient sa mesure, en se servant de la méthode des limites :

Inscrivons et circonscrivons à la figure un prisme régulier, comme précédemment ; soient : V' le volume du prisme inscrit, V'' le volume du prisme circonscrit, B' la base du premier, B'' la base du second, V le volume du cylindre, B sa base.

Il est évident que V est supérieur à V' puisqu'il le contient et que V est inférieur à V'' puisqu'il y est contenu. Or

$$V' = B'H \quad \text{et} \quad V'' = B''H.$$

Si nous multiplions le nombre des faces indéfiniment, nous savons que B' et B'' tendent vers le cercle B de base (**206**); donc V' et V'' ont une limite commune BH ; donc le volume du cylindre, qui est toujours compris entre V' et V'', est cette limite commune ; donc

$$V = BH.$$

C. q. f. d.

Corollaire. — Si nous remplaçons B par sa valeur, nous trouvons pour formule du volume du cylindre

$$V = \pi R^2 H.$$

Scholie. — Le raisonnement que nous avons fait s'étend sans peine à un cylindre oblique quelconque à base circulaire.

§ 2. — CONE.

413. Théorème. — *La surface latérale du cône a pour mesure la moitié du produit de la circonférence de sa base par l'arête latérale* (fig. 297).

1º La surface latérale du cône étant courbe, il est impossible, sans une définition, de la comparer à l'unité de surface qui est plane. Nous appellerons surface latérale du cône *la limite vers laquelle tend la surface latérale d'une pyramide régulière inscrite ou circonscrite, quand le nombre des faces augmente indéfiniment.* Mais pour que cette définition soit acceptable, il faut prouver que cette limite existe et qu'elle est indépendante du mode de variation des pyramides.

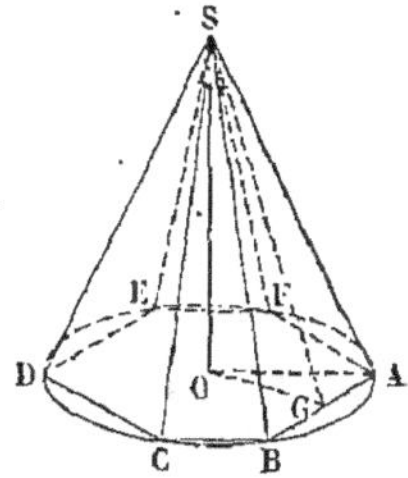

Fig. 297.

2° Inscrivons un polygone régulier de n côtés dans la base du cône; appelons P′ son périmètre ABCD...; circonscrivons un polygone régulier semblable et soit P″ son périmètre; joignons au sommet du cône les divers sommets de ces polygones, nous formerons une pyramide régulière inscrite et une pyramide régulière circonscrite. Les triangles qui composent les surfaces latérales de chacune des pyramides sont isoscèles et égaux; SG est la hauteur commune de ces triangles pour la pyramide inscrite, SA est la hauteur commune de ces triangles pour la pyramide circonscrite. Désignons par S′ et S″ leurs surfaces latérales respectives, nous aurons évidemment

$$S' = \frac{1}{2} P'.SG, \qquad S'' = \frac{1}{2} P''.SA.$$

Si le nombre n augmente indéfiniment, la première surface S′ tend vers une limite, car P′ tend vers une limite λ qui est, par définition, la circonférence de rayon OA (**205**), et SG tend vers SA, puisque SA — SG $<$ AG, et que AG tend vers zéro. D'un autre côté S″, toujours supérieur à S′, tend vers la même limite, car P″ tend vers λ. D'ailleurs la limite S commune à S′ et S″ est indépendante du nombre n de départ et de la loi suivant laquelle ce nombre augmente (**205**).

Cette limite S sera pour nous, *par définition*, la surface latérale du cône. On voit donc que

$$S = \frac{1}{2} \text{circ. } OA \times SA.$$

COROLLAIRE. — Désignons par R le rayon de la base du cône et par A l'arête latérale, la formule de la surface sera

$$S = \pi RA.$$

SCHOLIE. — Si par le milieu de l'arête on mène un plan parallèle à la base, la circonférence formée a un rayon moitié de celui de la base ; elle est donc égale à la demi-circonférence de base ; donc *la surface du cône est égale à la circonférence moyenne, multipliée par l'arête.*

PROPOSITION IV.

414. Théorème. — *La surface latérale d'un tronc de cône a pour mesure la demi-somme des circonférences de ses bases multipliée par l'arête latérale* (fig. 298 et 299).

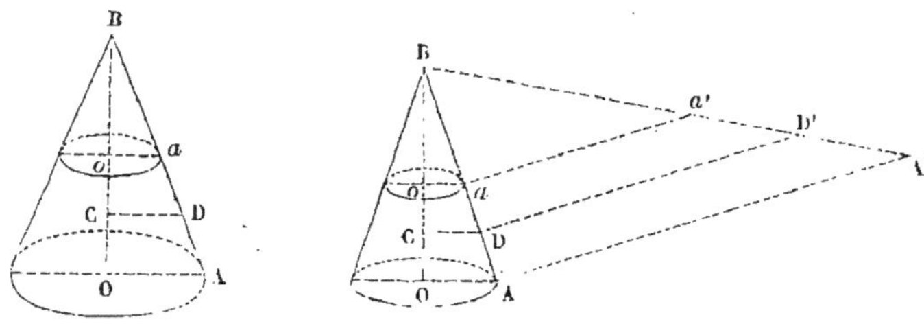

Fig. 298.   Fig. 299.

On appelle *tronc de cône* la figure comprise entre la base d'un cône et un plan sécant parallèle à la base. Soit $OoaA$ un tronc de cône et soit B le sommet du cône primitif.

Sur un plan, passant par l'arête AB, élevons à AB par le point A une perpendiculaire AA′ égale en longueur à la circonférence OA. Menons BA′ et par l'extrémité a de l'arête du tronc élevons une seconde perpendiculaire aa' à BA terminée à BA′. Les triangles semblables formés nous donnent

$$\frac{aa'}{AA'} = \frac{Ba}{BA} = \frac{oa}{OA} = \frac{\text{circ. } oa}{\text{circ. } OA}.$$

Or AA′ a été pris égal à la circonférence OA, donc $aa' = $ circ. oa.

Cela posé, le triangle BAA′ a pour mesure $\frac{1}{2}$AA′ $\times$ BA, donc sa surface est égale à la surface latérale du cône BA. Le triangle Baa' a pour mesure $\frac{1}{2}aa' \times$ Ba, donc sa surface est égale à la surface latérale du cône Sa. Donc le trapèze AA′$a'a$ a même surface que le tronc de cône.

Or le trapèze a pour mesure la demi-somme de ses bases parallèles, multipliée par sa hauteur Aa; donc la surface latérale du tronc de cône a pour mesure la demi-somme des circonférences de ses bases, multipliée par l'arête latérale.

C. q. f. d.

SCHOLIE. — Par le point D, milieu de l'arête latérale, menons un plan sécant parallèle aux plans des bases, nous déterminerons une circonférence, que nous appellerons *circonférence moyenne*. Nous prouverions, comme ci-dessus, que cette circonférence est égale à la médiane DD' du trapèze $AA'a'a$. Or DD' est égal à la demi-somme des bases du trapèze, donc la circonférence CD·est égale à la demi-somme des circonférences des bases; donc *la surface latérale d'un tronc de cône est égale à la circonférence moyenne multipliée par l'arête latérale.*

COROLLAIRE 1. — Désignons par S la surface latérale du tronc, par R et r les rayons des bases, par α l'arête du tronc, la formule de la surface sera

$$S = \pi (R + r)\alpha.$$

COROLLAIRE 2. — On peut arriver à cette formule par le calcul, quand on sait évaluer la surface d'un cône. Désignons par A l'arête BA et a l'arête Ba, la surface du tronc sera

$$S = \pi RA - \pi ra;$$

mais

$$\frac{A}{R} = \frac{a}{r} = \frac{\alpha}{R - r};$$

donc

$$S = \pi \frac{R^2 - r^2}{R - r} \alpha = \pi (R + r) \alpha;$$

c'est la formule trouvée ci-dessus.

Ce calcul constitue une *démonstration algébrique* du théorème précédent.

PROPOSITION V.

415. Théorème. — *Le volume d'un cône a pour mesure le tiers du produit de sa base par sa hauteur* (fig. 297).

Le volume du cône étant terminé par une surface courbe, ne peut pas être directement comparé au volume unité. Voici comment on l'obtient en se servant de la méthode des limites.

Inscrivons et circonscrivons à la figure une pyramide régulière, comme précédemment ; soient V′ le volume de la pyramide inscrite, V″ le volume de la pyramide circonscrite, B′ la base de la première, B″ la base de la seconde, V le volume du cône, B sa base, H sa hauteur.

Il est évident que V est supérieur à V′ puisqu'il le contient, que V est inférieur à V″ puisqu'il y est contenu. Or

$$V' = \frac{1}{3} B'H , \qquad V'' = \frac{1}{3} B''H.$$

Si nous multiplions indéfiniment le nombre des faces, nous savons que B′ et B″ tendent vers le cercle B de base (**206**) ; donc V′ et V″ ont une limite commune $\frac{1}{3}$ BH ; donc le volume du cône, qui est toujours compris entre V′ et V″, est cette limite commune ; donc

$$V = \frac{1}{3} BH.$$

C. q. f. d.

COROLLAIRE. — Si nous remplaçons B par sa valeur πR^2, nous obtenons pour formule

$$V = \frac{1}{3} \pi R^2 H.$$

SCHOLIE. — Le raisonnement que nous avons fait pourrait se répéter pour un cône oblique quelconque à base circulaire.

PROPOSITION VI.

416. Théorème. — *Le volume d'un tronc de cône est équivalent à la somme de trois cônes ayant pour hauteur commune celle du tronc, et pour bases respectives la base inférieure du tronc, la base supérieure et une moyenne proportionnelle entre les deux bases.*

En effet, on peut transformer le tronc de cône en un tronc de pyramide équivalent de même hauteur et de bases équivalentes.

Pour cela, sur le plan de la base inférieure du tronc de cône construisons un triangle équivalent à cette base et joignons ses sommets au sommet du cône, nous formerons une pyramide qui, ayant même mesure que le cône, lui est équivalente.

Prolongeons le plan de la base supérieure du tronc, il coupera la pyramide suivant un triangle semblable au triangle de base. Désignons par T et t ces deux triangles, par B et b les deux cercles qui forment les bases du tronc et par H et h leurs distances au sommet; nous aurons

$$\frac{T}{t} = \frac{H^2}{h^2} = \frac{B}{b}. \qquad (385)$$

T et B sont équivalents, donc t et b sont équivalents. Donc la petite pyramide a même mesure que le petit cône, par suite elle lui est équivalente.

Donc le tronc de pyramide et le tronc de cône sont équivalents, comme différences de volumes équivalents, et de plus ces deux troncs ont même hauteur et des bases équivalentes.

Or le tronc de pyramide a pour mesure, en appelant K la hauteur,

$$\frac{1}{3} K (T + t + \sqrt{Tt});$$

donc le tronc de cône a pour mesure

$$\frac{1}{3} K (B + b + \sqrt{Bb}).$$

C. q. f. d.

CorOLLAIRE. — Remplaçons B et b par leurs valeurs, nous aurons la formule

$$V = \frac{1}{3} \pi K (R^2 + r^2 + Rr),$$

en désignant par R et r les rayons des bases et par V le volume.

CorOLLAIRE 2. — On peut obtenir cette formule par un calcul fondé seulement sur la connaissance du volume d'un cône. Nous avons la proportion

$$\frac{H}{R} = \frac{h}{r} = \frac{K}{R - r};$$

donc, si nous appelons C et c les deux cônes dont la différence est

V, nous obtiendrons

$$V = C - c = \frac{1}{3} \pi R^2 H - \frac{1}{3} \pi r^2 h$$
$$= \frac{1}{3} \pi K \frac{R^3 - r^3}{R - r}.$$

Si nous effectuons la division indiquée, nous trouvons enfin

$$V = \frac{1}{3} \pi K (R^2 + r^2 + Rr),$$

comme ci-dessus.

Corollaire 3. — Prolongeons au delà du sommet les généra-trices du cône, nous formerons une nappe identique à la première. Coupons cette nappe par un plan parallèle à la base à une distance h du sommet et proposons-nous d'évaluer la somme V' des deux cônes formés ; c'est cette somme que l'on nomme *tronc de seconde espèce*. Désignons par K' la somme des deux hauteurs $H + h$; un calcul analogue au précédent nous donne

$$\frac{H}{R} = \frac{h}{r} = \frac{K'}{R + r};$$

donc

$$V' = C + c = \frac{1}{3} \pi R^2 H + \frac{1}{3} \pi r^2 h$$
$$= \frac{1}{3} \pi K' \frac{R^3 + r^3}{R + r},$$

ou enfin

$$V' = \frac{1}{3} \pi K'(R^2 + r^2 - Rr).$$

§ 3. — SPHÈRE.

DÉFINITIONS.

417. Sphère. — Nous regarderons la sphère comme une figure de révolution, engendrée par un demi-cercle tournant autour de son diamètre supposé fixe.

418. Zone. — Considérons un arc AB de la demi-circonférence et sa projection A'B' sur l'axe. On appelle *zone* la surface engendrée par la rotation de l'arc AB. Les deux lignes AA', BB' engendrent des cercles perpendiculaires à l'axe ; on peut donc dire que la zone est la portion de la surface de la sphère comprise entre deux plans parallèles. La distance A'B' de ces deux plans est la *hauteur* de la zone.

Si l'un des plans parallèles est tangent à la sphère, ou si l'arc AB a l'une de ses extrémités sur l'axe, la zone n'a qu'une base et on l'appelle *calotte sphérique*.

Si l'arc AB devient la demi-circonférence, ou si les deux plans parallèles sont tangents à la sphère, la zone est égale à la surface entière de la sphère.

419. Secteur sphérique. — On nomme *secteur sphérique* le volume engendré par un secteur circulaire OAB. Le secteur sphérique s'appuie sur la zone AB.

Si le secteur circulaire devient le demi-cercle, le secteur sphérique devient le volume entier de la sphère.

420. Anneau sphérique. — On nomme *anneau sphérique* le volume engendré par un segment de cercle, compris entre un arc AB et sa corde.

421. Segment sphérique. — On nomme *segment sphérique* le volume compris entre deux plans parallèles, ou le volume engendré par un demi-segment de cercle ABB'A'. Le segment sphérique peut être à deux bases ou à une base.

Si les deux plans parallèles deviennent tangents à la sphère, ou si l'arc AB devient égal à la demi-circonférence, le segment sphérique devient égal au volume de la sphère.

422. Lemme. — *La surface engendrée par la base d'un triangle isoscèle tournant autour d'un axe passant par son sommet est égale à la circonférence qui a pour rayon la hauteur du triangle, multipliée par la projection de la base sur l'axe (fig. 500).*

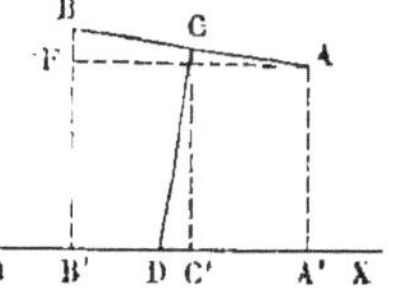

Fig. 500.

Soit AB la base d'un triangle isoscèle DAB, et XY l'axe autour duquel le triangle tourne. Soit A'B' la projection de AB, C' la projection du milieu C de la base, AF une parallèle à A'B'.

La surface engendrée par AB est égale à la surface latérale d'un
tronc de cône ou d'un cône, suivant que A est en dehors de l'axe ou
sur l'axe. Dans les deux cas, nous pouvons poser (**413**, schol.,
414 schol.).

$$\text{surf. } AB = 2\pi . CC' . AB.$$

Mais les triangles AFB et CDC' sont semblables, comme ayant
leurs côtés respectivement perpendiculaires; donc

$$\frac{CC'}{AF} = \frac{CD}{AB} \quad \text{ou bien} \quad \frac{CC'}{A'B'} = \frac{CD}{AB};$$

par suite

$$CC'.AB = CD.A'B',$$

donc

$$\text{surf. } AB = 2\pi CD . A'B'.$$

C. q. f. d.

Scholie. — Si AB était parallèle à l'axe, le lemme serait évident.

PROPOSITION VIII.

423. Théorème. — *La surface engendrée par une ligne polygonale régulière, tournant autour d'un axe passant par son
centre, est égale à la circonférence inscrite, multipliée par la
projection de la ligne polygonale sur
l'axe (fig. 301).*

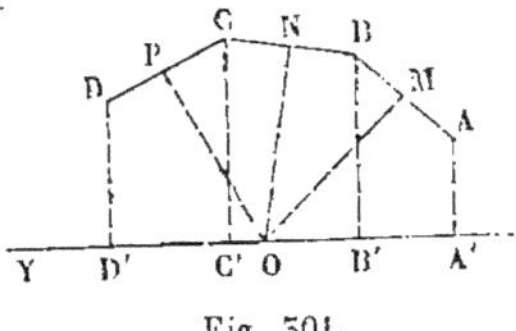

Fig. 301.

Soit ABCD la ligne polygonale régulière dont le centre est O. Soit XY l'axe
autour duquel elle tourne, A'B' la projection totale de la ligne, OM = ON
= OP l'apothème.

Nous aurons, en vertu du lemme précédent,

$$\text{surf. } AB = 2\pi OM . A'B',$$
$$\text{surf. } BC = 2\pi ON . B'C',$$
$$\text{surf. } CD = 2\pi OP . C'D'.$$

Faisons la somme de toutes ces surfaces; nous aurons la surface
engendrée par ABCD, et nous obtiendrons

$$\text{surf. } ABCD = 2\pi OM . A'D'.$$

C. q. f. d.

CoROLLAIRE. — Si nous prenons en particulier un demi-hexagone inscrit dans une demi-circonférence de rayon R, nous aurons pour la surface engendrée $2\pi r.2R$ ou $4\pi Rr$. Mais le rayon du cercle inscrit r est égal à $\frac{1}{2}R\sqrt{3}$ (**197**); donc la surface engendrée par le demi-hexagone est égale à

$$2\pi R^2\sqrt{3}.$$

On pourrait trouver de la même manière la mesure de la surface engendrée par toute autre ligne polygonale étudiée dans le livre IV.

PROPOSITION IX.

424. Théorème. — *La surface de la zone est égale à la circonférence d'un grand cercle multipliée par sa hauteur* (fig. 302).

Soit AD l'arc générateur de la zone, A'D' sa projection sur l'axe; il s'agit d'évaluer l'aire de cette zone en prenant pour unité de surface le carré plan construit sur l'unité de longueur.

La comparaison au carré plan de la surface d'une zone ne peut pas s'effectuer sans une définition, puisque cette surface est courbe et qu'il est impossible d'y appliquer un carré plan, quelque petit qu'il soit. Nous appellerons *surface d'une zone la limite vers laquelle tend la surface engendrée par une ligne polygonale régulière inscrite ou circonscrite à l'arc générateur, quand le nombre des côtés croît indéfiniment.*

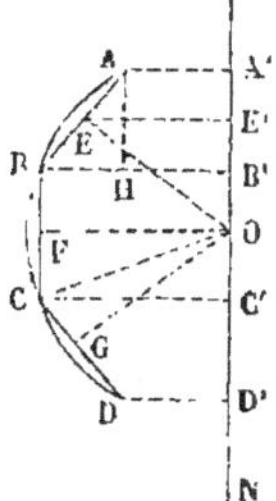

Fig. 502.

Mais pour que cette définition soit acceptable, il faut prouver que cette limite existe et qu'elle est indépendante de la loi suivant laquelle se fait l'inscription ou la circonscription du polygone.

Or soit ABCD une ligne polygonale régulière inscrite de n côtés et *abcd* une ligne polygonale semblable, circonscrite en menant des tangentes parallèles à AB, BC... (la ligne inscrite est seule marquée sur la figure). La projection de ABCD est une ligne constante A'D'; la projection de *abcd* est égale à $a'd'$, et diffère de A'D' soit de la somme des deux lignes A'a', D'd', soit de leur différence. La projection d'une ligne est toujours moindre que cette ligne, donc A'D' diffère de $a'd'$ d'une quantité moindre que $Aa + Dd$. Mais Aa et Dd

sont inférieurs chacun à $Oa - OA$ et *a fortiori* inférieurs chacun à la moitié d'un côté circonscrit ; donc $A'D'$ diffère de $a'd'$ d'une quantité moindre qu'un côté circonscrit, donc cette différence tend vers zéro quand le nombre n augmente indéfiniment. Par conséquent, $a'd'$ a pour limite $A'D'$.

Cela posé, désignons par R le rayon du cercle générateur, par r l'apothème de la ligne régulière inscrite, par S' la surface engendrée par la ligne inscrite, par S'' la surface engendrée par la ligne circonscrite, nous aurons, d'après le théorème précédent,

$$S' = 2\pi r.A'D', \qquad S'' = 2\pi R.a'd'.$$

On voit donc que, si n augmente indéfiniment, S' et S'' tendent vers une limite commune

$$2\pi R.A'D'$$

comprise entre les deux. Cette limite est indépendante de la loi suivant laquelle l'on inscrit où l'on circonscrit les lignes polygonales régulières dont le nombre des côtés va croissant (**205**).

Par définition, nous appellerons zone cette limite commune ; nous avons donc

$$\text{zone} = 2\pi R.A'D' = 2\pi RH.$$

C. q. f. d.

Corollaire 1. — *Dans une même sphère, deux zones sont entre elles comme leurs hauteurs.*

Corollaire 2. — *La surface d'une sphère est égale à quatre grands cercles.*

En effet, la zone devient la sphère entière si $H = 2R$, et l'on obtient alors

$$\text{surf. de la sph.} = 4\pi R^2.$$

C. q. f. d.

Corollaire 3. — *La surface d'un triangle trirectangle est égale au huitième de la sphère, donc*

$$\text{triangle trirect.} = \tfrac{1}{2}\pi R^2 ;$$

c'est *la moitié de la surface d'un grand cercle.*

Maintenant que nous avons la mesure du triangle trirectangle par rapport au carré unité, nous pourrions rapporter à ce carré l'aire d'un polygone sphérique quelconque dont nous connaîtrions les angles (**332**).

PROPOSITION X.

425. Lemme. — *Le volume engendré par un triangle tournant autour d'un axe extérieur situé dans son plan et passant par un de ses sommets a pour mesure la surface décrite par le côté opposé à ce sommet, multipliée par le tiers de la hauteur correspondante.*

Premier cas (fig. 503).

Supposons d'abord que l'un des côtés CB coïncide avec l'axe; des points C et A abaissons les hauteurs CG, AD.

Le volume engendré par CAB est d'abord évidemment égal à la somme de deux cônes, et nous pouvons écrire

$$\text{vol. CAB} = \text{vol. CAD} + \text{vol. BAD}$$
$$= \frac{1}{3}\pi\overline{AD}^2(CD + DB)$$
$$= \frac{1}{3}\pi\overline{AD}^2 . BC.$$

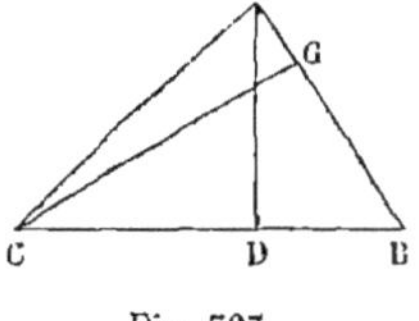

Fig. 503.

Mais les deux produits AD.BC, AB.CG, exprimant tous deux le double de la surface du triangle ABC, sont égaux ; donc

$$\text{vol. CAB} = \frac{1}{3}\pi AD . AB . CG.$$

D'un autre côté, AB engendre la surface d'un cône qui a pour expression

$$\text{surf. AB} = \pi AD . AB ; \qquad\qquad (\mathbf{413})$$

donc enfin

$$\text{vol. CAB} = \text{surf. AB} \times \frac{1}{3} CG.$$

C. q. f. d.

Deuxième cas (fig. 504).

Supposons que CB ne coïncide pas avec l'axe et que la base AB opposée au sommet C rencontre l'axe en D. Le volume engendré par ABC sera la différence des volumes engendrés par ACD et BCD que nous savons évaluer, et nous aurons

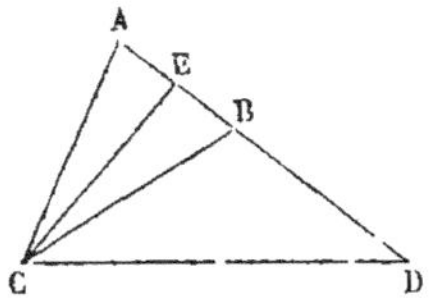

Fig. 304.

$$\text{vol. ABC} = \text{vol. ACD} - \text{vol. BCD}$$
$$= \text{surf. AD} \times \frac{1}{3}\,\text{CE} - \text{surf. BD} \times \frac{1}{3}\,\text{CE}$$
$$= \text{surf. AB} \times \frac{1}{3}\,\text{CE}.$$

C. q. f. d.

Troisième cas (fig. 505).

Supposons que AB soit parallèle à l'axe CD; la démonstration précédente est en défaut, mais nous avons dans ce cas

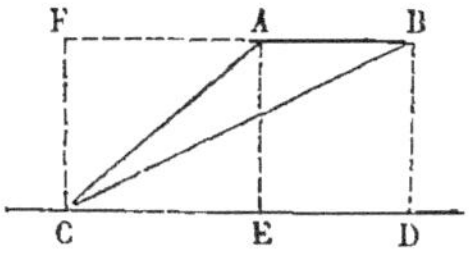

Fig. 505.

$$\text{vol. ABC} = \text{vol. ACE} + \text{vol. AEDB} - \text{vol. BCD},$$

ou bien successivement

$$\text{vol. ABC} = \frac{1}{3}\,\pi\overline{CF}^2.CE + \pi\overline{CF}^2.ED - \frac{1}{3}\,\pi\overline{CF}^2.CD$$
$$= \frac{1}{3}\,\pi\overline{CF}^2(CE + 5ED - CD)$$
$$= \frac{1}{3}\,\pi\overline{CF}^2.2ED$$
$$= 2\pi CF . ED . \frac{1}{3}\,CF$$
$$= \text{surf. AB} \times \frac{1}{3}\,CF.$$

C. q. f. d.

PROPOSITION XI.

426. Théorème. — *Le volume engendré par un secteur polygonal régulier a pour mesure la surface engendrée par la ligne brisée régulière, multipliée par le tiers de son apothème* (fig. 306).

Soit ABCD une ligne polygonale régulière, OE son apothème.

On peut décomposer le secteur polygonal OAD en triangles isocèles égaux ; le lemme précédent fait connaître le volume engendré par chacun d'eux, et l'on obtient en faisant la somme de ces volumes

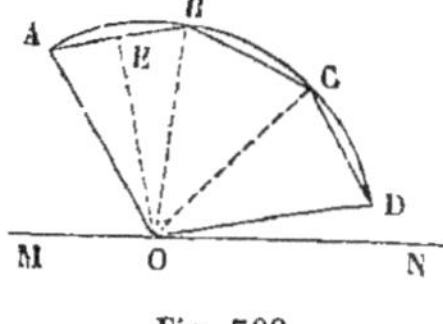

Fig. 306.

$$\text{vol. OAD} = \text{surf. AB} \times \frac{1}{3}\,\text{OE} + \text{surf. BC} \times \frac{1}{3}\,\text{OE} + \text{surf. CD} \times \frac{1}{3}\,\text{OE}$$
$$= \text{surf. ABCD} \times \frac{1}{3}\,\text{OE}.$$

C. q. f. d.

COROLLAIRE. — Le volume engendré par un demi-hexagone régulier tournant autour de son diamètre sera, d'après ce théorème,

$$V = \text{surf. ABCD} \times \frac{1}{3}\,r$$
$$= 2\pi R^2\sqrt{3} \times \frac{1}{6}\,R\sqrt{3} \qquad\qquad \textbf{(423)}$$
$$= \pi R^3.$$

On pourrait trouver facilement les volumes engendrés par la rotation d'autres polygones réguliers dont on connaît l'apothème et le côté (livre IV).

PROPOSITION XII.

427. Théorème. — *Le volume d'un secteur sphérique a pour mesure la zone qui lui sert de base, multipliée par le tiers du rayon* (fig. 306).

Le volume d'un secteur sphérique ne peut pas être comparé directement au volume cubique unité, puisqu'il est terminé par une surface courbe ; on y arrive indirectement par la méthode des limites.

Inscrivons dans l'arc AD du secteur une ligne polygonale ABCD régulière de n côtés, et circonscrivons une ligne polygonale régulière semblable *abcd*. (La figure ne représente que la ligne inscrite.) Désignons par V' le volume engendré par ABCD, par V'' le volume engendré par *abcd*, par V le volume du secteur sphérique. Le volume V est supérieur à V' puisqu'il le contient, mais il est inférieur à V'' puisqu'il y est contenu.

Or, d'après le théorème précédent,

$$V' = \text{surf. ABCD} \times \frac{1}{3}\,OE,$$

$$V'' = \text{surf. } abcd \times \frac{1}{3}\,OA,$$

et nous avons prouvé que surf. ABCD et surf. *abcd* ont une limite commune, qui, *par définition*, est la surface de la zone (**424**) ; de plus nous savons que OE a pour limite OA (**205**). Donc V' et V'' ont une limite commune, et comme V est toujours compris entre les deux, il est cette limite commune ; donc enfin

$$V\,(\text{secteur sphérique}) = \text{zone} \times \frac{1}{3}\,R.$$

C. q. f. d.

Corollaire 1. — Si le secteur circulaire devient un demi-cercle, le volume engendré est celui de la sphère entière, la zone est égale à la surface totale de la sphère, donc :

Le volume d'une sphère est égal à sa surface multipliée par le tiers du rayon.

Corollaire 2. — La formule du secteur sphérique s'obtient en remplaçant la zone par sa valeur dans l'égalité ci-dessus ; on trouve, toutes réductions faites,

$$\text{secteur sph.} = \frac{2}{3}\,\pi R^2 H,$$

H représentant la hauteur de la zone.

Si H = 2R, le secteur devient la sphère entière, et l'on trouve

$$\text{vol. de la sph.} = \frac{4}{3}\,\pi R^3 = \frac{1}{6}\,\pi D^3,$$

D représentant le diamètre de la sphère.

PROPOSITION XIII.

428. Théorème. — *L'onglet sphérique a pour mesure le fuseau correspondant, multiplié par le tiers du rayon.*

On appelle *onglet* la portion du volume d'une sphère comprise entre deux demi-grands cercles ; à un onglet correspond un fuseau.

Désignons par A l'angle de l'onglet rapporté à l'angle droit ; nous aurons évidemment

$$\frac{\text{onglet}}{\text{vol. de la sph.}} = \frac{A}{4};$$

donc

$$\text{onglet} = \frac{4}{3}\,\pi R^3 . \frac{A}{4},$$

ou bien

$$\text{onglet} = 4\pi R^2 . \frac{A}{4} \times \frac{R}{3}.$$

Mais l'expression

$$4\pi R^2 . \frac{A}{4}\ \text{ou surf. sph.} \times \frac{A}{4}$$

représente évidemment la surface du fuseau ; donc

$$\text{onglet} = \text{fuseau} \times \frac{R}{3}.$$

C. q. f. d.

PROPOSITION XIV.

429. Théorème. — *Le volume de la pyramide sphérique a pour mesure la surface de sa base multipliée par le tiers du rayon.*

On nomme *pyramide sphérique* la figure formée en réunissant au centre les sommets d'un polygone sphérique.

1er cas. — Pyramide triangulaire.

On démontre facilement :

1° *Que deux pyramides triangulaires symétriques sont équivalentes.* — Elles peuvent se décomposer en pyramides isocèles égales (**329**).

2° *Que si deux grands cercles se coupent dans un hémisphère, les deux pyramides formées, qui ont un angle dièdre égal à l'arête commune, valent ensemble l'onglet de même angle.* — L'une des deux pyramides a pour symétrique la pyramide qui complète l'onglet dont l'autre pyramide est une partie.

Cela posé, si l'on répète, pour la pyramide triangulaire sphérique, le raisonnement que nous avons fait pour évaluer la surface du triangle sphérique, on obtiendra

$$\text{pyr. sph.} = \frac{\text{ongl. A} + \text{ongl. B} + \text{ongl. C}}{2} - \frac{1}{4}\,\text{sph.}$$

ou bien, en vertu du théorème précédent,

$$\text{pyr. sph.} = \left(\frac{\text{fus. A} + \text{fus. B} + \text{fus. C} - \text{fus. dr.}}{2}\right) \times \frac{R}{3}.$$

Mais la parenthèse est précisément égale à la surface du triangle sphérique qui sert de base à la pyramide, donc

$$\text{pyram. sph.} = \text{base} \times \frac{R}{3}.$$

C. q. f. d.

2ᵉ cas. — Pyramide quelconque.

Une pyramide quelconque peut être décomposée en pyramides triangulaires ; en évaluant chacune d'elles et en faisant leur somme, on arrive à la formule énoncée dans le théorème.

Corollaire. — Si l'on réunit au centre de la sphère les divers points de la circonférence d'un petit cercle, on forme une figure que l'on peut nommer un cône sphérique. Il serait facile de prouver par la méthode des limites que le volume de ce cône est égal à la surface de sa base multipliée par le tiers du rayon.

PROPOSITION XV.

430. Lemme. — *Le volume de l'anneau sphérique engendré par un segment de cercle est égal au sixième du cercle qui a pour rayon la corde du segment, multiplié par la projection de cette corde sur l'axe (fig. 307).*

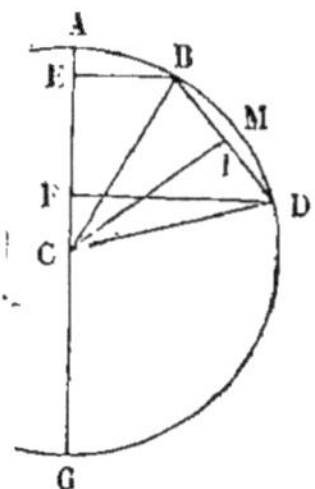

Soit BMD le segment de cercle tournant autour de l'axe AG. Soit BD sa corde, et EF la projection de cette corde sur l'axe.

Le volume engendré par le segment BMD est la

Fig. 307.

différence entre le volume du secteur sphérique engendré par CBMD et le volume engendré par le triangle CBD.

Mais

$$\text{volume CBMD} = \frac{2}{3}\pi R^2 . EF, \qquad\qquad (427)$$

$$\text{volume CBID} = \frac{2}{3}\pi \overline{CI}^2 . EF; \qquad\qquad (425)$$

donc, en retranchant membre à membre, nous aurons

$$\text{volume BMD} = \frac{2}{3}\pi\left(R^2 - \overline{CI}^2\right).EF$$

$$= \frac{2}{3}\pi\overline{BI}^2 . EF$$

$$= \frac{1}{6}\pi\overline{BD}^2 . EF.$$

C. q. f. d.

PROPOSITION XVI.

431. Théorème. — *Le volume du segment sphérique est équi-valent à une sphère ayant la hauteur pour dia-mètre, augmentée d'un cylindre ayant pour hauteur celle du segment, et pour base la demi-somme des bases du segment* (fig. 308).

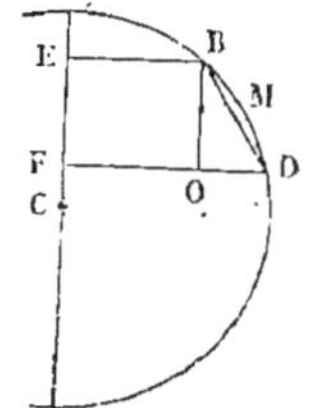

Fig. 308.

Soit à évaluer le volume du segment engen-dré par le trapèze curviligne BMDFE, tournant autour de l'axe EF. Menons BO parallèle à l'axe.

Le volume cherché est la somme des volumes engendrés par le segment de cercle BMD et par le trapèze rectiligne BDFE. Or

$$\text{vol. BMD} = \frac{1}{6}\pi\overline{BD}^2 . EF,$$

$$\text{vol. EBDF} = \frac{1}{3}\pi\left(\overline{BE}^2 + \overline{DE}^2 + BE.DF\right)EF;$$

donc, en faisant la somme,

$$\text{vol. segm.} = \frac{1}{6}\pi\left(\overline{BD}^2 + 2\overline{BE}^2 + 2\overline{DF}^2 + 2BE.DF\right)EF;$$

mais dans le triangle rectangle BOD nous avons

$$\overline{BD}^2 = \overline{EF}^2 + (DF - BE)^2$$

$$= \overline{EF}^2 + \overline{DF}^2 + \overline{BE}^2 - 2DF.BE.$$

Remplaçons BD^2 par sa valeur dans le volume du segment, il viendra

$$\text{vol. segm.} = \frac{1}{6}\pi\left(\overline{EF}^2 + 3\overline{DF}^2 + 3\overline{BE}^2\right)EF,$$

ou bien, en réduisant,

$$\text{vol. segm.} = \frac{1}{6}\pi\overline{EF}^3 + \frac{1}{2}\pi\left(\overline{DF}^2 + \overline{BE}^2\right)EF.$$

C. q. f. d.

PROPOSITION XVII.

432. Théorème. — *La surface de la sphère est à la surface totale du cylindre circonscrit comme 2 est à 3. Les volumes de ces deux corps sont entre eux dans le même rapport* (fig. 309).

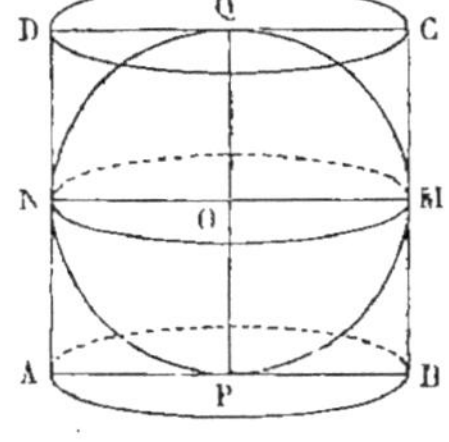

Fig. 509.

Soit MPQN un grand cercle de la sphère, et ABCD le carré circonscrit. Quand le demi-cercle PMQ décrit la sphère en tournant autour du diamètre PQ, le demi-carré PBCQ décrit un cylindre circonscrit.

1° Ce cylindre a pour base un grand cercle et pour hauteur le diamètre de la sphère, donc sa surface latérale est égale à surface de la sphère

$$4\pi R^2,$$

Si nous ajoutons à cette surface les deux bases, nous aurons

$$6\pi R^2$$

pour la surface totale. Donc

$$\frac{\text{surf. sph.}}{\text{surf. tot. cyl.}} = \frac{4}{6} = \frac{2}{3}.$$

2° Le volume de la sphère est égal à

$$\frac{4}{3}\pi R^3.$$

Celui du cylindre est égal

$$2\pi R^3.$$

Donc

$$\frac{\text{vol. sph.}}{\text{vol. cyl.}} = \frac{4}{6} = \frac{2}{3}.$$

C. q. f. d.

Scholie. — Si l'on imagine un polyèdre dont toutes les faces touchent la sphère, son volume sera composé de pyramides ayant toutes pour sommet le centre de la sphère et pour bases les différentes faces du polyèdre. Ces pyramides auront toutes pour hauteur le rayon de la sphère ; donc le volume du polyèdre sera égal à sa surface multipliée par le tiers du rayon. Donc les volumes des divers polyèdres circonscrits sont entre eux comme leurs surfaces.

PROPOSITION XVIII.

433. Théorème. — *La surface de la sphère et la surface totale du cône équilatéral circonscrit sont entre elles comme 4 est à 9 ; les volumes sont entre eux dans le même rapport* (fig. 310).

Soit MNP un grand cercle de la sphère, circonscrivons-lui un triangle équilatéral, dont le côté sera $2R\sqrt{3}$ (**216**). Tandis que le demi grand cercle MON décrira la sphère, le demi-triangle équilatéral MAC décrira le cône équilatéral circonscrit.

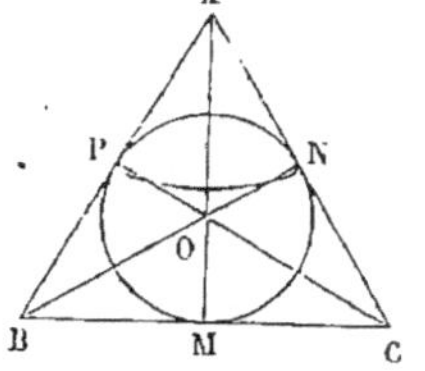

Fig. 310.

1° La surface latérale du cône est $\pi MC.AC$, ou bien $6\pi R^{2}$, en remplaçant MC et AC par leurs valeurs respectives $R\sqrt{3}$, $2R\sqrt{3}$. Ajoutons-y la surface de la base $3\pi R^{2}$, nous avons pour la surface totale

$$9\pi R^{2} ;$$

donc

$$\frac{\text{surf. tot. du cône}}{\text{surf. de la sph.}} = \frac{4}{9}$$

2° Le volume du cône est

$$\frac{1}{3}\pi \overline{MC}^{2}.AM.$$

Or

$$\frac{AM}{AN} = \frac{MC}{ON} \quad \text{ou bien} \quad \frac{AM}{R\sqrt{3}} = \frac{R\sqrt{3}}{R},$$

donc

$$AM = 3R;$$

donc le volume du cône est égal à

$$3\pi R^3 \quad \text{ou} \quad \frac{9}{3}\pi R^3;$$

donc

$$\frac{\text{vol. sph.}}{\text{vol. du cône}} = \frac{4}{9}.$$

C. q. f. d.

Scholie. — Toute ligne tangente à un demi-cercle est la base d'un triangle ayant pour sommet le centre, et pour hauteur le rayon du cercle. Le volume engendré par ce triangle, quand le demi-cercle tourne autour de son diamètre, est égal à la surface engendrée par la ligne tangente, multipliée par le tiers du rayon. Donc, quelle que soit la figure circonscrite à une sphère, son volume s'obtient en multipliant sa surface totale par le tiers du rayon. Donc les divers volumes circonscrits sont tous entre eux comme les surfaces totales extérieures.

EXERCICES.

434. Théorèmes à démontrer.

I. — Si l'on inscrit dans un demi-cercle un demi-polygone régulier d'un nombre pair de côtés et qu'on lui circonscrive un demi-polygone semblable, la surface engendrée par la demi-circonférence tournant autour de son diamètre est moyenne proportionnelle entre les deux polygones.

II. — Un cône est circonscrit à une sphère et sa hauteur est double du diamètre de la sphère. Démontrer que la surface totale et son volume sont respectivement le double de la surface totale et du volume de la sphère.

III. — Si le côté d'un tronc de cône est égal à la somme des rayons des bases, la hauteur du tronc est le double de la moyenne géométrique des rayons des bases, et le volume est égal à la surface totale par le sixième de la hauteur.

IV. — Les volumes engendrés par un parallélogramme tournant successivement autour de deux côtés adjacents sont en raison inverse des longueurs de ces côtés.

V. — Le volume engendré par un triangle tournant autour d'une droite située dans son plan est égal à l'aire du triangle multipliée par la circonférence que décrit le point de concours des médianes.

VI. — Dans un cône quelconque oblique à base circulaire, toute section parallèle à la base est un cercle. Y a-t-il d'autres sections circulaires?

VII. — On appelle plan tangent à une surface le lieu de toutes les tangentes aux diverses courbes passant par un point de la surface. — Démontrer que le plan tangent au cylindre ou au cône en un point est le plan passant par la génératrice de ce point et la tangente à la base au point où cette génératrice rencontre la base.

435. Problèmes à résoudre.

I. — Les cylindres qui servent à mesurer les liquides ont une hauteur double du diamètre.

Calculer les dimensions du litre. — *Rép.* H = 1,72 décim.

II. — Les cylindres qui servent à mesurer les grains ont une hauteur égale au diamètre.

Calculer les dimensions du double décalitre. — *Rép.* H = 2,94 décim.

III. — Soient

h la longueur intérieure d'un tonneau ;
$2R$ le diamètre intérieur correspondant au bondon ;
$2r$ le diamètre intérieur du fond.

Calculer la capacité du tonneau successivement par les deux formules :

$$V = \pi h \left[R - \frac{3}{8}(R - r) \right]^2 \qquad \text{formule de Dez,}$$

$$V' = \frac{1}{5} \pi h (2R^2 + r^2) \qquad \text{formule d'Oughtred,}$$

en supposant

$$h = 0^m,756, \qquad 2R = 0^m,69, \qquad 2r = 0^m,61.$$

Trouver la différence algébrique entre V et V'.

IV. — Évaluer la surface du globe terrestre en myriamètres carrés.

V. — Évaluer en myriamètres carrés les surfaces des diverses zones sachant que

    la hauteur de la zone torride est environ 507 myriamètres,
    »   de la zone glaciale   »   53   »
    »   de la zone tempérée   »   330   »

Trouver la surface de la terre entière et vérifier le résultat en le comparant à celui du problème précédent.

VI. — Partager un cône en deux volumes équivalents par un plan parallèle à la base.

VII. — Partager un tronc de cône en deux parties équivalentes par un plan parallèle à la base.

VIII. — Évaluer le volume du segment à une base en le regardant comme la différence entre un secteur et un cône. — En conclure la formule du segment à deux bases.

LIVRE IX

SECTIONS CONIQUES — HÉLICE

DÉFINITIONS.

436. Ellipse. — On nomme *ellipse* le lieu des points tels, que la somme de leurs distances à deux points fixes soit constante.

Les deux points fixes sont les *foyers* de l'ellipse ; on les désigne par les lettres F, F'.

Chacune des distances d'un point du lieu aux foyers s'appelle *rayon vecteur*.

On désigne par $2a$ la somme des deux rayons vecteurs, par $2c$ la distance des deux foyers, par ρ et ρ' les rayons vecteurs.

La tangente à l'ellipse en un point M est la droite limite vers laquelle tend la position variable d'une sécante passant par ce point et par un point infiniment voisin. Nous appelons *point infiniment voisin* d'un autre un point variable tendant vers l'autre, de façon que leur distance puisse devenir aussi petite qu'on le voudra.

437. Parabole. — On nomme *parabole* le lieu des points également distants d'un point fixe et d'une droite.

Le point fixe est le *foyer* de la parabole, la droite en est la *directrice*. Le foyer se désigne par la lettre F. La distance d'un point du lieu au foyer s'appelle *rayon vecteur* et se désigne par la lettre ρ.

La tangente à la parabole se définit comme la tangente à l'ellipse.

La perpendiculaire indéfinie abaissée du foyer sur la directrice se nomme l'*axe* de la courbe.

438. Hyperbole. — On nomme *hyperbole* le lieu des points tels, que la différence de leurs distances à deux points fixes soit constante.

Les deux points fixes sont les *foyers* de l'hyperbole ; on les désigne par les lettres F, F′.

Chacune des distances d'un point du lieu aux foyers s'appelle *rayon vecteur*.

On désigne par $2a$ la différence des rayons vecteurs, par $2c$ la distance des deux foyers, par ρ et ρ' les rayons vecteurs.

La *tangente* à l'hyperbole se définit comme la tangente à l'ellipse.

439. Hélice. — Imaginons un point mobile sur la génératrice d'un cylindre de révolution (**407**). Supposons que la distance de ce point à la base soit proportionnelle à l'angle décrit par le rectangle mobile à partir de sa position initiale, il tracera sur la surface latérale du cylindre une courbe qu'on nomme *hélice*. On peut donc dire : *l'hélice est la courbe engendrée sur la surface d'un cylindre par un point mobile dont la distance à la base est proportionnelle à l'arc de base compris entre la génératrice du point et la génératrice initiale.*

§ 1. — ELLIPSE.

440. Problème. — *Construire une ellipse* (fig. 311).

1° Construction par points.

Soient F et F′ les deux foyers, posons $FF' = 2c$. Appelons O le milieu de FF′.

Prenons $OA = OB = a$; les deux points A et B appartiennent à la courbe, car

$$AF + AF' = BF' + AF' = 2a\,,$$
$$BF + BF' = BF + AF = 2a.$$

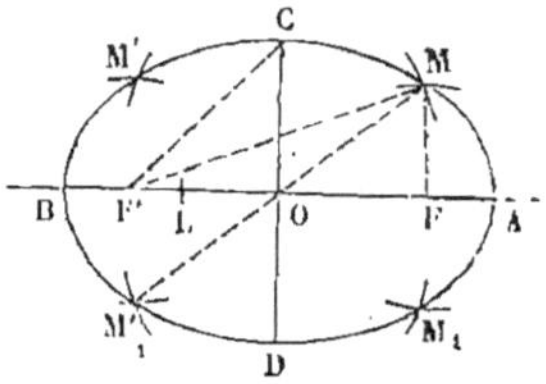

Par le point O élevons sur AB une perpendiculaire indéfinie. De l'un des foyers comme centre, avec a comme rayon, décrivons une circonférence qui coupe cette perpen-

Fig. 311.

diculaire aux points C et D. Ces deux points appartiendront aussi à l'ellipse, puisque

$$CF + CF' = 2CF' = 2a , \qquad DF + DF' = 2DF' = 2a ;$$

nous poserons $OC = OD = b$, et l'on voit que $a^2 = b^2 + c^2$.

Partageons maintenant AB en deux parties par un point L. Du point F comme centre avec BL comme rayon décrivons une circonférence, du point F' comme centre avec AL comme rayon décrivons-en une autre qui coupera la première aux points M, M_1. Ces deux points appartiendront évidemment à la courbe, et ils sont symétriquement placés par rapport à AB ; donc AB est un *axe* de symétrie de la courbe.

Échangeons les rayons des circonférences, sans changer les centres : nous obtiendrons deux nouveaux points M', M_1', symétriques respectivement de M, M_1 par rapport à CD ; donc CD est aussi un *axe* de symétrie.

La figure FMF'M_1' est un parallélogramme, puisque les côtés opposés sont égaux ; donc les diagonales se coupent mutuellement en parties égales ; donc le point O divise en deux parties égales toute corde qui y passe ; on le nomme le *centre* de l'ellipse.

SCHOLIE. — Le point L ne peut pas être pris au hasard sur AB. Il faut en effet que les deux circonférences décrites des points F et F' comme centres se coupent ; donc la distance des centres $2c$ doit être moindre que la somme des rayons $2a$ et plus grande que leur différence 2OL. La première condition est toujours remplie, car nous avons supposé au début $a > c$; il suffit donc que

$$OL \leqslant c.$$

Le point L doit donc se trouver entre F et F'.

Il résulte de là que chaque rayon vecteur varie entre $a - c$ et $a + c$.

COROLLAIRE 1. — *Le plus grand diamètre de l'ellipse est* AB, *le plus petit est* CD.

En effet, le triangle MFF' donne

$$\rho'^2 + \rho^2 = 2\overline{MO}^2 + 2c^2 ;$$

on en tire

$$2\overline{MO}^2 = \rho'^2 + \rho^2 - 2c^2 = 4a^2 - 2c^2 - 2\rho\rho'.$$

Si ε désigne la demi-différence des rayons vecteurs, on peut poser

$$\rho' = a + \varepsilon, \qquad \rho = a - \varepsilon;$$

il en résulte

$$\overline{MO}^2 = b^2 + \varepsilon^2.$$

La valeur maximum de ε est c, donc a est la valeur maximum de MO. La valeur minimum de ε est zéro, donc b est la valeur minimum de MO.

On voit pourquoi a s'appelle le *grand axe* et b le *petit axe*. Les quatre points A, B, C, D sont les sommets de la courbe.

2° Construction par un mouvement continu.

Si l'on attache aux points F et F' les deux extrémités d'un fil ayant pour longueur $2a$, puis qu'on le tende par une pointe traçante, en faisant mouvoir cette pointe M, la somme des rayons vecteurs restera égale à $2a$; elle décrira donc l'ellipse.

Ce procédé est employé avec avantage sur le terrain; il est peu usité dans les constructions graphiques.

Corollaire 2. — Si F se confond avec F', le lieu décrit est un cercle; donc *le cercle est une ellipse dont les deux foyers coïncident.*

3° Construction approximative (fig. 312).

On peut, au moyen d'arcs de cercles raccordés, faire une figure ayant la forme générale d'une ellipse (fig. 312).

Soient $OA = a$, $OB = b$ les demi-axes de l'ellipse qu'il s'agit de construire.

Menons BA; rabattons OA sur BO prolongé, le point A viendra en E; prenons $BG = B'E = a - b$; sur le milieu de GA élevons la perpendiculaire MIH; achevons le losange IHI'H' et

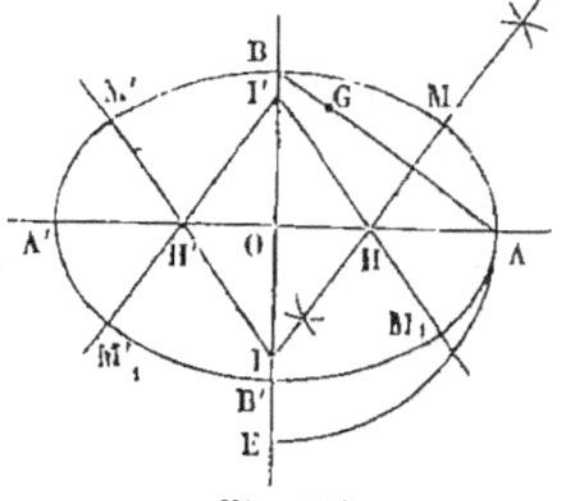

Fig. 312.

prolongeons indéfiniment ses côtés. Des points I et I' comme centres avec IB comme rayon, décrivons les arcs MBM', $M_1B'M_1'$. Des points

II et II' comme centres, avec IIM comme rayon, décrivons les arcs MM₁, M'M₁', ils passeront à très-peu près aux points A et A'.

La courbe tracée ne sera pas l'ellipse demandée, mais elle s'en éloignera peu.

PROPOSITION II.

441. Théorème. — *L'ellipse est le lieu des points également éloignés d'un cercle et d'un point fixe* (fig. 513).

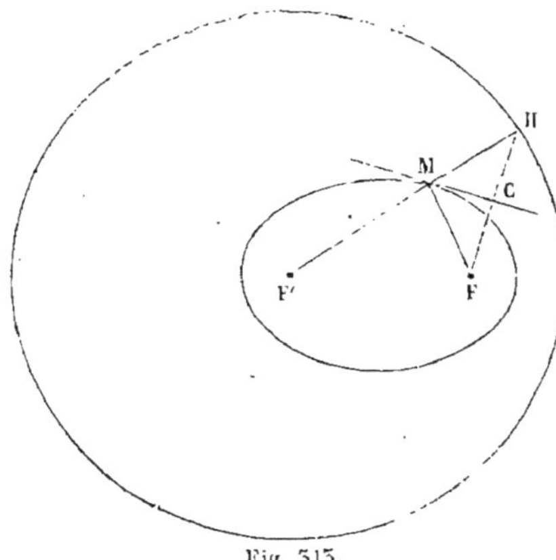

Fig. 513.

Soit M un point de l'ellipse ayant F et F' pour foyers et $2a$ la somme des deux rayons vecteurs, de telle sorte que

$$MF + MF' = 2a.$$

Prolongeons F'M d'une quantité MII $= MF$; la ligne F'II $= 2a$, donc elle est constante; donc le point II est sur une circonférence de rayon $2a$, décrite du point F' comme centre, et le point M est à égale distance de cette circonférence et de F.

C. q. f. d.

Scholie. — Le cercle F'II se nomme le *cercle directeur* du foyer F. Le foyer F' aurait pour cercle directeur celui que l'on décrirait du point F comme centre avec $2a$ comme rayon.

Corollaire 1. — Ce théorème fournit un nouveau moyen très-commode de décrire une ellipse par points, quand on connaît les deux foyers et la somme $2a$ des rayons vecteurs.

Du point F' on décrira le cercle directeur du point F, on joindra un point quelconque II de ce cercle au point F, puis sur le milieu de IIF on élèvera une perpendiculaire jusqu'à sa rencontre en M avec F'II, le point M sera un point de l'ellipse.

On verra plus loin que la perpendiculaire CM est la tangente au point M; cette construction a donc l'avantage de donner en même temps un point et la tangente en ce point, ce qui est très-important pour le raccordement des points trouvés, par un trait continu.

Corollaire 2. — Cette construction montre bien que la courbe est symétrique par rapport à FF′ et aussi par rapport à la perpendiculaire sur le milieu de FF′, car on peut intervertir les rôles des deux foyers.

PROPOSITION III.

442. Théorème. — *La somme des distances d'un point aux foyers est inférieure ou supérieure à 2a suivant qu'il est intérieur ou extérieur à l'ellipse* (fig. 314).

1º Soit N un point intérieur. Prolongeons F′N jusqu'à l'ellipse en M, joignons MF. Nous aurons

$$F'N + NF < F'M + MF, \qquad (31)$$

ou bien

$$F'N + NF < 2a.$$

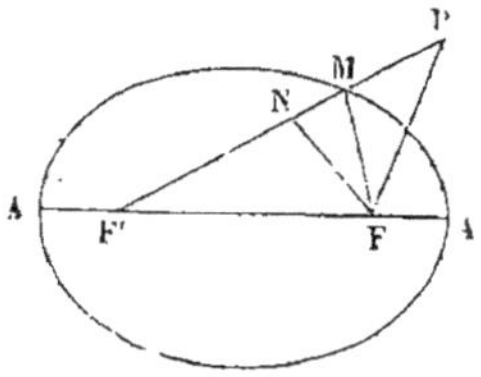

2º Supposons le point donné P extérieur. Joignons PF′ et PF, puis joignons le point M de rencontre de PF′ avec l'ellipse au point F ; nous aurons

$$PF' + PF > MF' + MF, \qquad (31)$$

ou bien

$$PF' + PF > 2a.$$

C. q. f. d.

Fig. 314.

PROPOSITION IV.

443. Théorème. — *Une droite ne peut rencontrer une ellipse qu'en deux points.*

Soient F et F′ les deux foyers d'une ellipse, D une droite et, s'il est possible, trois points M, M′, M″ de rencontre de cette droite avec l'ellipse. Soit K le symétrique du point F′ par rapport à D. Nous aurons

$$KM = F'M, \qquad KM' = F'M', \qquad KM'' = F'M''.$$

Donc

$$F'MF = KMF, \qquad F'M'F = KM'F, \qquad F'M''F = KM''F.$$

22

Donc, si les trois points M, M', M″ sont sur l'ellipse, nous aurons

$$2a = \text{KMF} = \text{KM'F} = \text{KM''F}.$$

Or ces trois égalités ne peuvent pas être vraies simultanément, car en joignant KF, deux des trois points au moins sont d'un même côté de cette ligne, et l'on sait que dans ce cas la ligne enveloppée est plus courte que la ligne enveloppante.

PROPOSITION V.

444. Problème. — *Trouver l'intersection d'une droite avec une ellipse, sans construire l'ellipse* (fig. 315).

Soient F, F' les deux foyers de l'ellipse, CD la droite donnée, 2a la somme donnée des deux rayons vecteurs.

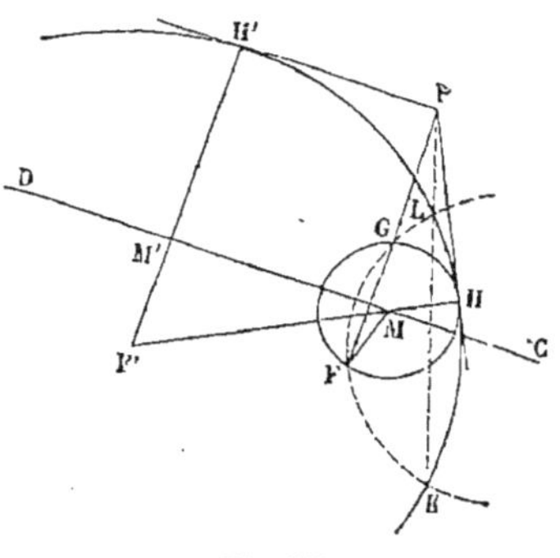

Fig. 315.

Supposons le problème résolu et soit M un point de rencontre de l'ellipse avec la droite, de telle sorte que

$$\text{MF} + \text{MF'} = 2a.$$

Prolongeons F'M d'une quantité MH = MF ; la connaissance du point H suffirait pour résoudre le problème ; prenons-le pour inconnu.

Ce point se trouve sur le cercle directeur du point F, décrit du point F' comme centre avec 2a pour rayon. D'ailleurs, si du point M comme centre, avec MH comme rayon, nous décrivons une circonférence, elle est tangente au cercle directeur en H (**87**) et passe par le point F. Donc, pour trouver le point H, nous sommes ramenés à résoudre le problème suivant : *Par un point F donné, tracer une circonférence tangente à une circonférence donnée et ayant son centre sur une ligne droite donnée.*

Prenons le symétrique G du point F, par rapport à la droite donnée : il sera sur la circonférence HF ; donc nous sommes ramenés au problème suivant, du III⁰ livre (**183**) : *Par deux points donnés, tracer une circonférence tangente à une circonférence donnée.*

Pour le résoudre, d'un centre C arbitraire on décrit une circonférence passant par les deux points donnés F, G et coupant la circonférence donnée aux points K et L ; on joint ces deux points et l'on cherche le point P de concours des droites FG, KL. Du point P on mène des tangentes au cercle donné ; les deux points de contact H et H' font connaître les deux points M et M' de rencontre de la droite CD avec l'ellipse, quand on les réunit au point F'.

SCHOLIE. — Le point F est à l'intérieur du cercle directeur ; donc, pour que le problème auquel nous ramenons la recherche du point H soit possible, et par suite pour que CD rencontre l'ellipse, il faut que G soit dans l'intérieur du cercle directeur ou sur le cercle directeur. Dans le premier cas, les deux tangentes PH, PH' existent, et il y a deux points M et M' de rencontre correspondants. Dans le second cas, le point G est le point de contact lui-même ; ou, si l'on veut, le point P se confond avec le point G, les deux tangentes coïncident et les deux points de contact H et H' se réunissent au point G ; par conséquent, la droite CD rencontre l'ellipse en deux points confondus en un seul, ou, ce qui est la même chose, est tangente à l'ellipse.

COROLLAIRE. — Par un point P extérieur à un cercle on ne peut mener que deux tangentes PH, PH' à ce cercle ; donc *une droite ne peut couper une ellipse en plus de deux points.* Nous retombons ainsi sur le théorème précédent en nous appuyant sur une proposition qui en est indépendante.

PROPOSITION VI.

445. Théorème. — *La tangente à l'ellipse en un point est bissectrice de l'angle formé par l'un des rayons vecteurs et le prolongement de l'autre* (fig. 516).

Soit une sécante passant par le point M et par un point 1 infiniment voisin de la courbe.

Prenons le symétrique H du point F par rapport à la sécante MI, joignons-le au point F', et soit G le point où cette droite coupe MI. Nous avons

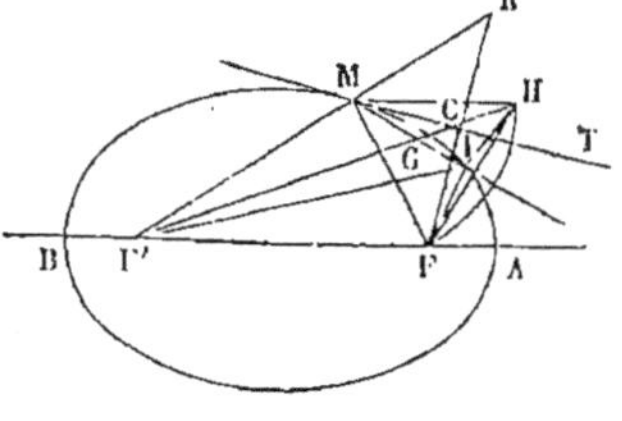

Fig. 316.

$$F''GH = F''GF.$$

Les deux points M et I étant distincts, le point G est distinct de l'un d'eux au moins, de I par exemple ; donc

$$F'GH < F'IH,$$

donc

$$F'GF < F'IF,$$
$$< 2a.$$

Donc le point G est distinct aussi de M et situé dans l'intérieur de l'ellipse, par conséquent entre M et I.

Cela posé, la sécante est bissectrice de l'angle formé par GF et le prolongement de F'G ; donc, si le point I tend vers le point M, la sécante tend vers une droite MT bissectrice de l'angle formé par MF et le prolongement de F'M ; car le point G, compris entre M et I, tend aussi vers le point M. Donc enfin la tangente en M, qui est, par définition, la direction limite de la sécante variable, est également ment inclinée sur les rayons vecteurs de ce point.

C. q. f. d.

446. Théorème. — *Le lieu des projections des foyers sur les tangentes à l'ellipse est le cercle décrit sur le grand axe comme diamètre* (fig. 517).

Soit M le point de contact d'une tangente II' à l'ellipse. Du point F abaissons une perpendiculaire FI sur la tangente jusqu'à la rencontre en H de F'M. L'angle HMI est égal à l'angle IMF, d'après le théorème précédent ; donc les deux triangles HMI, IMF sont égaux, comme ayant un côté commun adjacent à deux angles égaux chacun à chacun ; donc MH = MF, FI = IH ; donc F'H = F'M + MF = 2a.

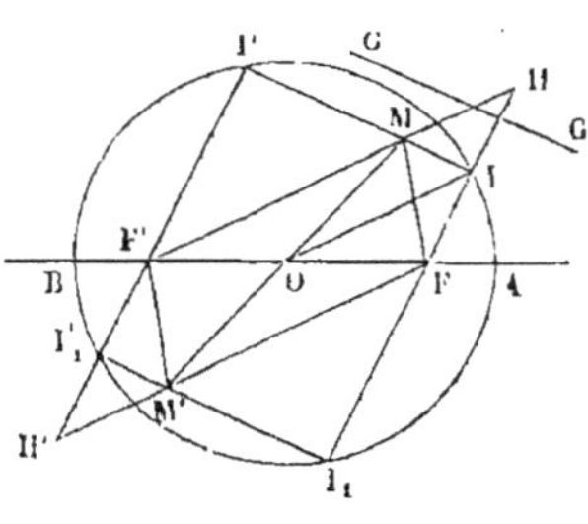

Fig. 317.

Cela posé, considérons le triangle FF'H ; I étant le milieu de FH et O le milieu de FF', la ligne OI est la moitié de F'H, par suite constante et égale à a. Le lieu des points I est donc bien la circonférence ayant AB pour diamètre. C. q. f. d.

PROPOSITION VIII.

447. Problème. — *Mener à une ellipse donnée des tangentes parallèles à une direction donnée et trouver les points de contact* (fig. 517).

Soit G la direction donnée.

Supposons le problème résolu; soit HI′ une tangente parallèle à G, et M le point de contact.

Joignons F′M, prolongeons cette ligne jusqu'au cercle directeur décrit du point F′, soit H le point de rencontre. Prenons ce point comme inconnu. Si nous menons FH, les deux triangles HMI, IMF sont égaux comme ayant un angle égal en M, compris entre deux côtés égaux chacun à chacun; donc FH est perpendiculaire sur II′ et par suite sur G. Donc le point H est déterminé par la rencontre d'une circonférence et d'une droite connues. Le point H étant trouvé, on déterminera le point M par l'intersection de F′H avec la perpendiculaire à FH élevée par le milieu I de cette ligne. Chacun des points H de rencontre détermine une tangente; donc le problème a toujours deux solutions.

Scholie. — On pourrait prendre le point I comme inconnu. I serait déterminé par l'intersection du cercle ayant AB pour diamètre et de la perpendiculaire abaissée sur G. Le point I étant trouvé, la tangente II′ serait déterminée de position; on trouverait le point de contact en prolongeant FI jusqu'au cercle directeur en H et menant F′H. Le second point d'intersection I de la perpendiculaire FI avec le cercle AB donnerait une seconde solution. On peut aussi obtenir la seconde solution en opérant avec le foyer F′ comme avec le foyer F. C'est ce qui a été fait sur la figure 517.

Corollaire. — Il est facile de voir que les deux points de contact sont aux extrémités d'un même diamètre MM′ de l'ellipse : il suffit de remarquer que la figure FMF′M′ est un parallélogramme, parce qu'elle a les côtés opposés égaux.

PROPOSITION IX.

448. Problème. — *D'un point donné extérieur à une ellipse donnée mener une tangente à cette courbe* (fig. 318).

Supposons le problème résolu. Soit N le point extérieur à l'ellipse O, NM la tangente inconnue, M le point de contact ; ce point est l'inconnu de la question.

Menons F'M, prolongeons cette ligne d'une longueur MH = FM.

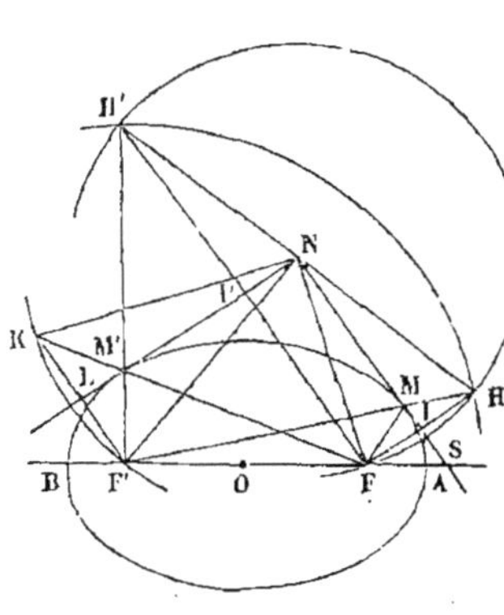

Fig. 318.

Le point H détermine le point M, donc nous pouvons le prendre comme inconnu. Or F'H = 2a, donc le point H est sur le cercle directeur du point F ; d'un autre côté, MN est bissectrice de l'angle FMH, donc elle est perpendiculaire sur le milieu de la base FH du triangle isocèle FMH, donc NH = NF ; donc le point H est sur un cercle décrit du point N comme centre avec NF comme rayon. Le point H est donc déterminé par la rencontre de deux circonférences connues.

Ces deux circonférences se coupent généralement en deux points H et H' ; donc le problème admet en général deux solutions, NM ; NM'.

SCHOLIE. — Discutons les conditions de possibilité du problème.

Pour que le problème soit possible, il faut et il suffit que les circonférences décrites se coupent, c'est-à-dire que la distance des centres F'N soit à la fois moindre que la somme des deux rayons $2a$, NF, et plus grande que leur différence. Or

1° Si le point N n'est pas sur FF', le triangle NF'F existe et dans ce triangle

$$NF' < 2c + NF < 2a + NF.$$

2° Si le point N est sur FF', mais en dehors de l'ellipse, nous avons

$$NF' = NF \pm 2c < NF + 2a.$$

Donc la première condition est toujours remplie si le point N est en dehors de FF'.

3° Supposons le point extérieur et $2a > NF$, nous avons

$$NF' + NF > 2a,$$

donc

$$NF' > 2a - NF.$$

4° Supposons $NF > 2a$, le point sera nécessairement extérieur, puisque *a fortiori* $NF + NF'$ sera supérieur à $2a$. S'il n'est pas sur FF', le triangle $NF'F$ donnera

$$NF' > NF - 2c > NF - 2a.$$

5° Si le point N est sur FF', dans la même hypothèse où $NF > 2a$, nous aurons

$$NF' = NF \pm 2c,$$

donc

$$NF' > NF - 2a.$$

En résumé, *si le point N est extérieur à l'ellipse, il y a toujours deux solutions.*

6° Si le point N est sur l'ellipse,

$$NF' = 2a - NF;$$

donc les deux circonférences sont tangentes intérieurement et les deux solutions se confondent.

7° Si le point N est intérieur ;

$$NF' < 2a - NF.$$

Les circonférences sont intérieures, il n'y a plus de solution au problème.

Corollaire. — Si le point donné est sur l'ellipse, la propriété fondamentale de la tangente montre qu'il suffit de mener la bissectrice de l'angle formé par l'un des rayons vecteurs et le prolongement de l'autre, problème que l'on sait résoudre.

PROPOSITION X.

449. Théorème. — *La droite qui joint un foyer aux points de concours de deux tangentes, est bissectrice de l'angle formé par les rayons vecteurs des points de contact (fig. 318).*

Soient NM, NM' deux tangentes issues du point N, il s'agit de démontrer que NF' est bissectrice de l'angle $MF'M'$.

En effet, les deux points H et H' qui résultent des constructions du problème précédent, sont symétriquement placés relativement à la ligne des centres NF': donc, si l'on fait tourner le triangle

NF'H autour de NF' comme charnière, le point H viendra en H'; donc NF' divise en deux parties égales l'angle HFH' ou l'angle MF'M'.

C. q. f. d.

PROPOSITION XI.

450. Théorème. — *Les deux tangentes issues d'un point sont également inclinées sur les rayons vecteurs de ce point* (fig. 518).

En effet, les deux triangles NHF', NFK sont égaux, comme ayant les trois côtés égaux chacun à chacun, savoir :

$$NH = NF, \quad HF' = FK = 2a, \quad NF' = NK,$$

donc les angles HNF', FNK sont égaux. Retranchons la partie commune FNF', nous aurons

$$HNF = F'NK, \quad \text{donc} \quad MNF = M'NF'.$$

C. q. f. d.

PROPOSITION XII.

451. Théorème. — *Le lieu des sommets des angles droits circonscrits à une ellipse est une circonférence concentrique à l'ellipse et ayant pour rayon la distance des extrémités des deux demi-axes* (fig. 518).

Supposons droit l'angle MNM'.

L'angle HNF' sera droit aussi, d'après le théorème précédent. Donc nous aurons

$$\overline{FH}^2 = \overline{NF'}^2 + \overline{NH}^2,$$

ou bien

$$4a^2 = \overline{NF'}^2 + \overline{NF}^2.$$

Mais dans le triangle NFF' nous savons que

$$\overline{NF}^2 + \overline{NF'}^2 = 2c^2 + 2\overline{NO}^2,$$

donc

$$\overline{NO}^2 = 2a^2 - c^2 = 2a^2 - (a^2 - b^2),$$
$$= a^2 + b^2.$$

C. q. f. d.

PROPOSITION XIII.

452. Théorème. — *Le produit des distances des foyers à une tangente est constant et égal au carré du demi petit axe* (fig. 319).

Considérons deux tangentes se coupant en un point P. Des points F et F′ abaissons sur ces tangentes les perpendiculaires FC, FD, F′C′, F′D′ et menons FP, F′P.

Les deux triangles FPC, F′PD′ sont semblables (**450**). Donc

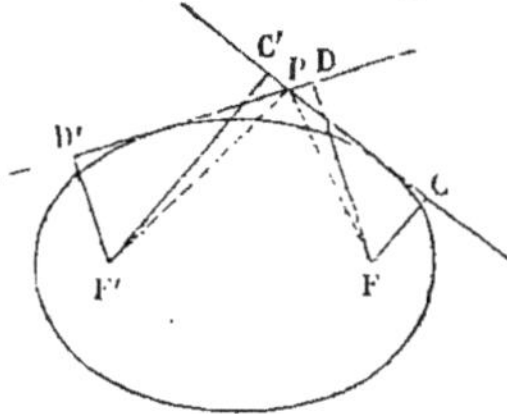

Fig. 319.

$$\frac{FC}{F'D'} = \frac{FP}{F'P}.$$

Les deux triangles rectangles FPD, F′PC′ sont aussi semblables, car l'angle FPD ou FPC + CPD est égal à l'angle F′PD′ + D′PC′ (**450**, 16). Donc

$$\frac{FD}{F'C'} = \frac{FP}{F'P}.$$

Nous déduisons de ces deux proportions la suivante :

$$\frac{FC}{F'D'} = \frac{FD}{F'C'},$$

d'où nous tirons

$$FC \times F'C' = FD \times F'D'.$$

Donc le produit des deux perpendiculaires est constant. Pour en trouver la valeur, prenons le cas particulier où la tangente est parallèle au grand axe, chacune des perpendiculaires est égale à b ; donc

$$FC \times F'C' = b^2.$$

C. q. f. d.

PROPOSITION XIV.

453. Théorème. — *Si l'on coupe une nappe d'un cône de révolution par un plan qui la traverse, l'intersection est une ellipse* (fig. 320).

Nous appelons cône de révolution la surface engendrée par le côté

d'un angle constant tournant autour de l'autre côté supposé fixe. Le
côté fixe est l'*axe* du cône. Les deux côtés de l'angle étant supposés
indéfinis, la surface conique a deux *nappes* séparées par le sommet de l'angle mobile que l'on appelle le *sommet* du cône.

Considérons l'une des nappes et supposons qu'un plan sécant traverse cette nappe. Du sommet S du cône abaissons sur ce plan une perpendiculaire, et faisons passer par l'axe et cette perpendiculaire un plan que nous nommerons *plan principal* et que nous prendrons pour plan de construction. Il coupera le cône suivant deux génératrices SA,

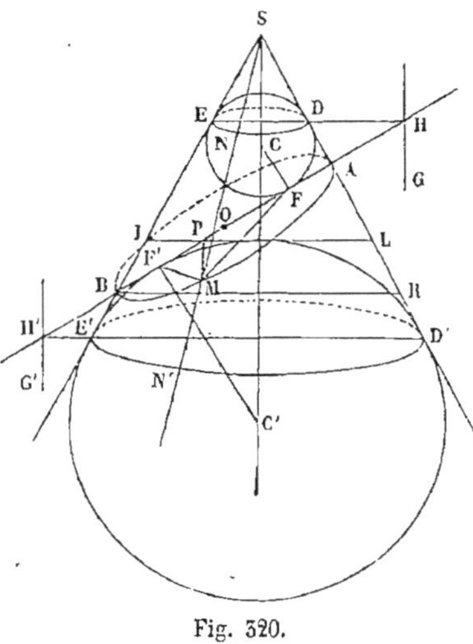

Fig. 320.

SB et le plan sécant qui lui est perpendiculaire suivant AB. L'intersection du plan sécant avec la surface conique est représentée par
la courbe ABM ; il s'agit de prouver que cette courbe est une ellipse.

Dans le triangle SAB inscrivons une circonférence EDF et soit
E′D′F′ la circonférence ex-inscrite de l'autre côté de AB. Soient F,
F′ les points de contact de AB avec ces circonférences, CF et C′F′
sont perpendiculaires au plan sécant (**260**). Donc, lorsque l'angle
ASC tournera pour engendrer le cône, ces circonférences engendreront des sphères tangentes au plan sécant en F et F′. Les courbes
de contact du cône avec ces sphères seront les circonférences END,
E′N′D′ décrites par les points D et D′.

Prenons un point quelconque M de la section et joignons-le aux
points F et F′, puis menons la génératrice SM correspondante du
cône, qui rencontrera en N et N′ les circonférences de contact END,
E′N′D′. La ligne NN′ sera égale à DD′.

Or MF et MN sont égales, comme tangentes à une sphère issues
d'un même point. Pour la même raison, MF′ et MN′ sont égales ;
donc

$$MF + MF' = MN + MN' = NN' = DD'.$$

Donc *la section AMB du cône est une courbe telle, que la somme des rayons vecteurs MF, MF′ est constante, c'est-à-dire une ellipse dont les foyers sont F et F′.*

C. q. f. d.

Il est facile de déduire de nos constructions diverses conséquences importantes, qui montrent la liaison des diverses lignes de la figure avec les éléments de l'ellipse.

CorollAIRE 1. — De la figure nous tirons

$$AD = AF, \qquad AD' = AF';$$

donc $DD' = 2AF + FF'$. Par un calcul semblable nous trouvons $EE' = 2BF + FF'$; mais $DD' = EE'$, donc $AF = BF$. Donc le milieu O de AB est aussi le milieu de FF'. On déduit aussi de ces relations

$$DD' = AF' + AF = AF' + BF' = AB.$$

Posons $AB = 2a$, puisqu'il représente la somme des rayons vecteurs et $FF' = 2c$.

CorollAIRE 2. — Du point M abaissons MP perpendiculaire sur AB, cette ligne sera perpendiculaire au plan principal du cône. Par le point P menons une perpendiculaire IL à l'axe, et par les deux droites MP, IL faisons passer un plan, il coupera le cône suivant un cercle IML, non tracé sur la figure et perpendiculaire à l'axe. Les droites MN, DR, EI sont égales.

Cela posé, puisque

$$AF' = AD' = AR + RD' = AR + BE' = AR + BF' = AR + AF,$$

on voit que

$$FF' = 2c = AR.$$

CorollAIRE 3. — Le plan END prolongé rencontre le plan sécant suivant une droite HG perpendiculaire au plan principal. De même, le plan E′N′D′ rencontre le plan sécant suivant une droite H′G′ perpendiculaire au plan principal. Ces droites se nomment *directrices* et jouissent de propriétés remarquables. La propriété fondamentale dont on peut déduire les autres est celle-ci : *Le rapport des distances d'un point quelconque de la courbe au foyer et à la directrice voisine est constant.*

Il s'agit de trouver le rapport $\dfrac{MF}{PH} = \dfrac{MN}{PH} = \dfrac{DL}{PH}$.

Or les triangles semblables de la figure donnent

$$\frac{DA}{AH} = \frac{AL}{AP} = \frac{DL}{PH} = \frac{AR}{AB} = \frac{2c}{2a} = \frac{c}{a}.$$

C. q. f. d.

On pourrait donc donner de l'ellipse cette définition : *L'ellipse est une courbe telle, que le rapport des distances d'un point quelconque à un point fixe et à une droite fixe est constant et moindre que l'unité.*

Des proportions ci-dessus nous tirons aussi

$$AH = DA \cdot \frac{a}{c} = (a - c)\,\frac{a}{c} = \frac{a^2}{c} - a\,;$$

donc

$$OH = a + AH = \frac{a^2}{c}.$$

D'où l'on voit que *la distance de la directrice au centre est une troisième proportionnelle à la demi-distance focale et au demi grand axe.*

La démonstration géométrique que nous venons de donner du théorème **453** est due au géomètre Dandelin.

PROPOSITION XV.

454. Théorème. — *La section d'un cylindre de révolution par un plan qui le traverse est une ellipse* (fig. 321).

Ce théorème peut être regardé comme un corollaire du précédent, si l'on regarde le cylindre comme la limite d'un cône dont le sommet s'éloigne indéfiniment, mais on peut le démontrer directement comme il suit.

Par l'axe du cylindre CC', menons un plan perpendiculaire au plan sécant ; soit DEE'D' ce plan. Il coupe le plan sécant suivant la droite AA'. La section est une courbe AMA' dont le plan est perpendiculaire au plan DEE'D'.

Menons les cercles C, C' tangents aux génératrices CC', HH' du cylindre et à la ligne AB ; ces deux cercles sont égaux. Soient CF, C'F' les rayons de contact : ils sont perpendiculaires au plan AA'. Si la génératrice GG' décrit le cylindre, par la rotation du rectangle CGC'G' autour de CC', les cercles précédents engendrent des sphères tangentes au plan sécant AA', et les points G, G' engendrent les cercles GH, G'H' de contact des sphères avec le cylindre.

Considérons un point M quelconque de la courbe de section, menons la génératrice LL' correspondante et les rayons vecteurs MF, MF'. Les deux lignes MF, ML sont égales, comme

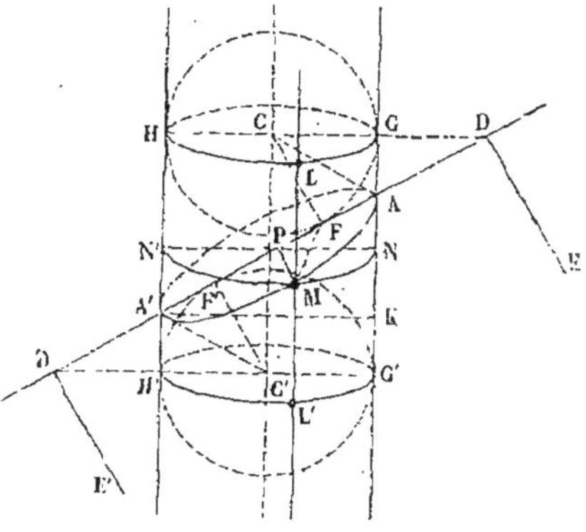

Fig. 321.

tangentes à une sphère issues d'un même point ; les deux lignes MF', ML' sont égales pour la même raison ; donc

$$MF + MF' = ML + ML' = LL' = GG'.$$

Donc *la section d'un cylindre par un plan est une ellipse.*

Les deux foyers de cette ellipse sont les points F, F' ; le grand axe est AA'.

On démontrerait comme précédemment :

1° Que AF = A'F' ;

2° Que GG' = AA' ;

3° Que DE D'E', intersections du plan sécant avec les plans de contact des sphères et du cylindre, sont les directrices de l'ellipse, etc.

COROLLAIRE. —Pour placer une ellipse donnée (a, c) sur un cône ou un cylindre, il suffit de construire le triangle ABR (fig. 321), dans lequel on connaît deux côtés AB = $2a$, AR = $2c$ et l'angle opposé à l'un d'eux ARB. Comme AB > AR, le problème est toujours possible.

PROPOSITION XVI.

455. Théorème. — *La projection d'un cercle sur un plan est une ellipse* (fig. 322).

Voici la démonstration élégante, due à M. de Courcelles, de cette proposition importante en géométrie descriptive.

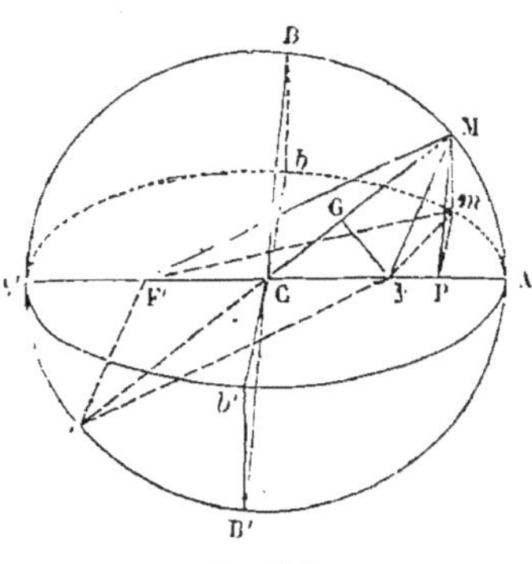

Fig. 322.

Les projections d'une figure sur deux plans parallèles étant égales, prenons pour plan de projection celui qui est mené par le centre du cercle parallèlement au plan donné. Soit ACA′ le diamètre suivant lequel il coupe le cercle. Soit BCB′ le diamètre perpendiculaire, et bCb' la projection; elle sera perpendiculaire à AA′. Nous poserons, pour abréger,

$$CA = CB = a, \quad Cb = b, \quad Bb = c.$$

Prenons $CF = CF' = Bb = c$.

Considérons maintenant un point quelconque M du cercle, et soit m sa projection; menons mF, mF', il s'agit de démontrer que $mF + mF' = 2a$.

Menons le diamètre $MCM' = 2a$, puis MF, MF′ M′F, M′F′. Du point F abaissons sur MM′ une perpendiculaire FG; du point m abaissons mP perpendiculaire sur CA, et joignons MP. Les deux triangles CMP, CFG sont semblables et donnent

$$\frac{FG}{MP} = \frac{c}{a} = \frac{Mm}{MP};$$

donc $FG = Mm$. — Donc les deux triangles rectangles MFm, MFG sont égaux, comme ayant l'hypoténuse égale et un côté égal; donc

$$mF = MG.$$

Les deux triangles rectangles MF′m, M′FG sont aussi égaux, comme ayant les hypoténuses F′M, FM′ égales et les côtés Mm, FG égaux. Donc

$$mF' = M'G.$$

Donc enfin

$$mF + mF' = MG + M'G = 2a,$$

C. q. f. d.

CorollaIRE 1. — MP se nomme *l'ordonnée* du point M, CP *l'abscisse*. De même, pour le point m de l'ellipse, mP est *l'ordonnée*, et CP est *l'abscisse*; or le rapport

$$\frac{m\text{P}}{M\text{P}} = \frac{b}{a}$$

est constant pour les divers points m de l'ellipse; donc nous pouvons énoncer le théorème suivant :

L'ellipse se déduit d'un cercle en réduisant dans un même rapport les ordonnées de ce cercle.

CorollaIRE 2. — Nous tirons de ce théorème un nouveau moyen de construire une ellipse par points (fig. 325).

Décrivons deux cercles concentriques avec a et b comme rayons. Soit M_1P une ordonnée quelconque du cercle; joignons M_1O qui rencontre le cercle b en M_2, menons M_2M parallèle à OA; le point M où cette ligne coupe M_1P appartient à l'ellipse, car

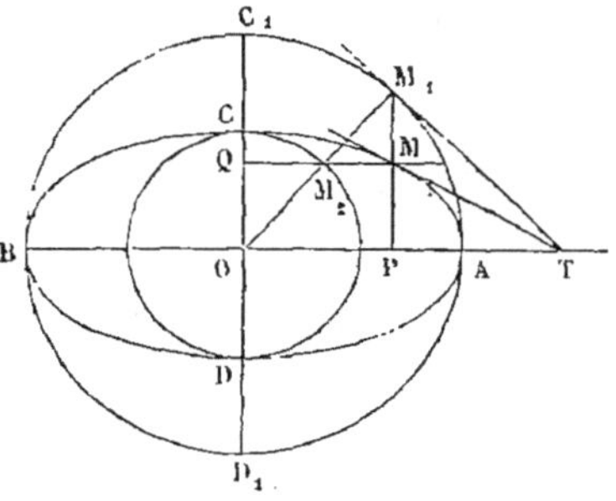

Fig. 325.

$$\frac{M\text{P}}{M_1\text{P}} = \frac{M_2\text{O}}{M_1\text{O}} = \frac{b}{a}.$$

CorollaIRE 3. — Beaucoup de propriétés de l'ellipse se déduisent immédiatement de ce que cette courbe est la projection d'une circonférence. — Ainsi la tangente MT à l'ellipse est la projection de la tangente M_1T au cercle, ce qui permet de construire MT en joignant M au point T.

Si l'on mène dans le cercle une série de cordes parallèles, le lieu des milieux de ces différentes cordes est un diamètre perpendiculaire à leur direction. Or ces cordes parallèles se projettent suivant des cordes parallèles; le milieu de chacune de ces cordes se projette au milieu de leur projection; le lieu qui était une droite dans le cercle, a pour projection une droite sur le plan de l'ellipse; donc *le lieu des milieux d'un système de cordes parallèles dans l'ellipse est une droite passant par le centre.*

§ 2. — PARABOLE.

PROPOSITION XVII.

456. Problème. — *Construire une parabole.*

1° Construction par points (fig. 524).

On connaît le foyer et la directrice de la parabole (**437**).

Du foyer F abaissons FD perpendiculaire à la directrice donnée.

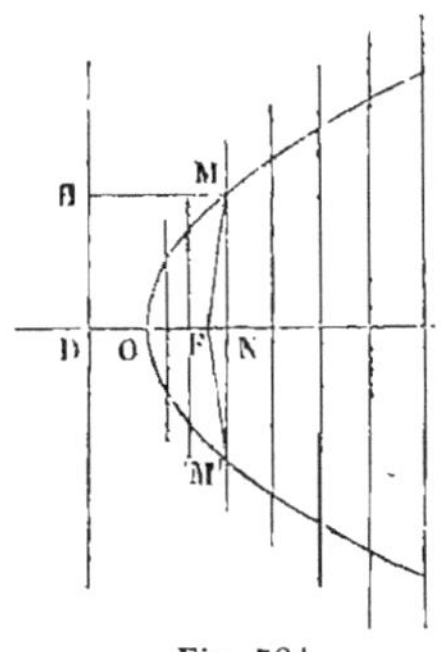

Le milieu O de FD est un point de la courbe, d'après la définition de la parabole.

En un point quelconque N de FD, élevons une perpendiculaire indéfinie. Si du point F comme centre, avec ND comme rayon, nous décrivons une circonférence qui coupe la perpendiculaire aux points M et M', ces points appartiendront à la parabole, car MH $=$ ND $=$ FM.

Pour que la circonférence coupe NM, il faut que FN $<$ DN ; donc le point N doit être à droite du point O ; il peut d'ailleurs être pris comme on voudra.

Fig. 524.

CoROLLAIRE. — Cette construction montre que *la droite DF est un axe de symétrie*, que *la courbe s'étend indéfiniment dans le sens DF*, qu'*elle est tout entière d'un côté de la directrice*.

2° Autre construction par points (fig. 525).

Menons une droite quelconque G parallèle à DF ; joignons F avec

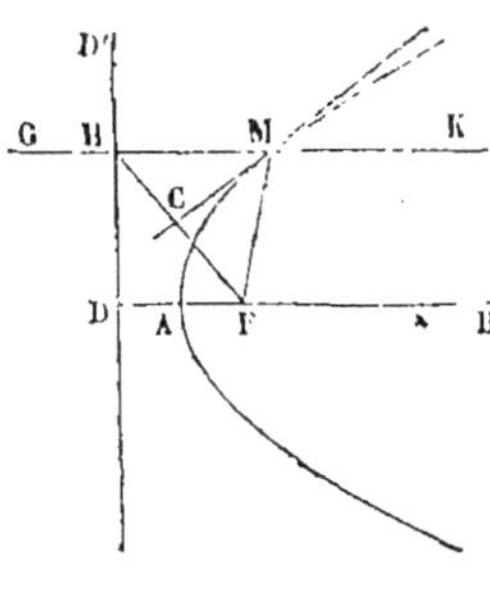

le point H où G rencontre la directrice ; sur le milieu C de FH élevons une perpendiculaire qui coupe G en M, ce point appartiendra évidemment à la parabole.

Nous verrons plus loin que CM est tangente à la parabole ; cette construction a donc l'avantage de donner en même temps un point de la courbe et la tangente en ce point, ce qui est important dans les tracés graphiques.

Fig. 525.

Cette construction montre que la courbe s'éloigne indéfiniment de l'axe FD, puisque DH est illimité. D'un autre côté $MH > \frac{1}{2} FH$, donc MH croît indéfiniment, et la courbe s'étend indéfiniment dans le sens DF.

La parabole sépare le plan en deux régions ; on nomme point *intérieur* à la parabole, tout point situé dans la même région que le foyer.

3° Construction par un mouvement continu (fig. 326).

Plaçons une règle le long de la directrice et appliquons une équerre HGK le long de la règle, comme l'indique la figure. Au point G attachons un fil d'une longueur égale à GH, et attachons l'autre extrémité du fil au foyer F. Faisons d'abord glisser l'équerre jusqu'à ce que le fil soit tendu suivant FG, le point G appartiendra à la parabole. Déplaçons ensuite l'équerre et tendons le fil au moyen d'une pointe traçante appliquée suivant GH, la pointe tracera un arc de parabole ; car soit GHK une position quelconque de l'équerre, et M la position de la pointe, la ligne GMF est égale à la longueur du fil ; donc $MH = MF$.

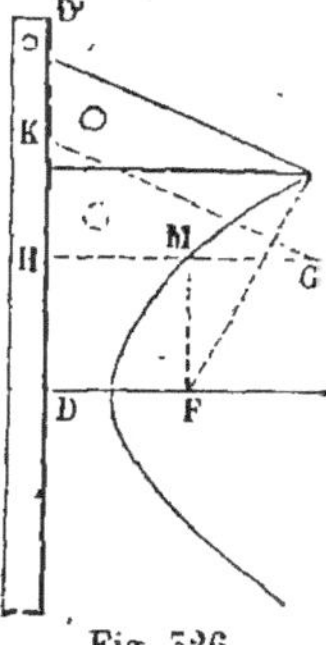

Fig. 526.

Cette construction est peu usitée ; elle ne donne d'ailleurs qu'un arc restreint de parabole dans le voisinage du foyer.

PROPOSITION XVIII.

457. Théorème. — *Un point intérieur à la parabole est plus près du foyer que de la directrice ; un point extérieur est plus loin du foyer que de la directrice* (fig. 327).

1° Soit N un point intérieur ; NF, NH ses distances au foyer et à la directrice. Soit de plus M le point de rencontre de NH avec la courbe. Nous avons :

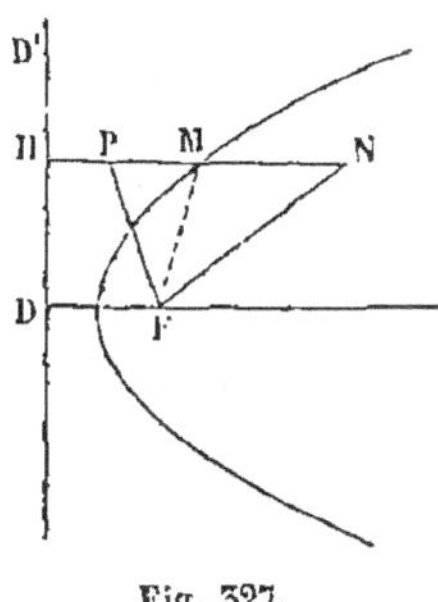

$$NF < NM + MF,$$
$$< NM + MH,$$
$$< NH.$$

Fig. 327.

23

2º Soit P un point extérieur ; PF, PH ses distances au foyer et à la directrice ; M le point de rencontre de HP avec la courbe. Nous avons :

$$PF > MF - MP,$$
$$> MH - MP,$$
$$> PH.$$

C. q. f. d.

PROPOSITION XIX.

458. Théorème. — *Une droite ne peut pas rencontrer une parabole en plus de deux points* (fig. 328).

Soient M, M′ deux points de rencontre d'une droite E avec une parabole. Menons de ces points les perpendiculaires MQ, M′Q′ à la directrice, et les rayons vecteurs MF, M′F ; soit I le point de rencontre de E avec la directrice ; joignons ce point au foyer.

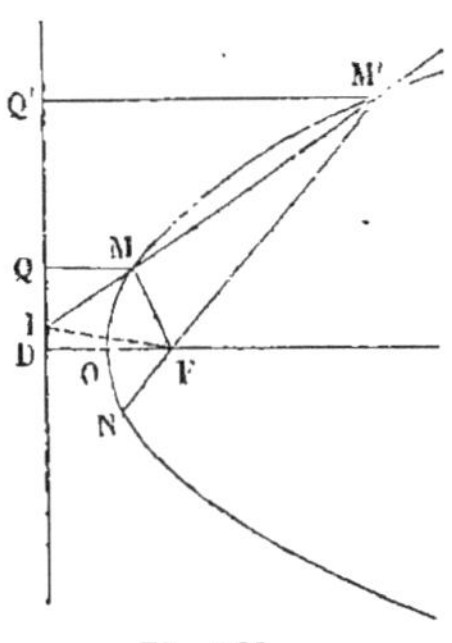

Fig. 528.

Nous pouvons poser la série suivante de rapports égaux :

$$\frac{IM}{IM'} = \frac{MQ}{M'Q'} = \frac{MF}{MF'}.$$

Donc la droite IF est bissectrice de l'angle MFN **(162)**.

S'il existait un troisième point de rencontre M″, en le réunissant au foyer par la droite M″FN′, on démontrerait comme précédemment que IF serait bissectrice de MFN′, ce qui serait absurde.

SCHOLIE. — Supposons que I se rapproche indéfiniment du point Q, la droite IF aura pour limite QF ; or QF est bissectrice de l'angle MFD, d'après la définition de la parabole (**456**, 2º) ; donc la droite FN a pour limite FD ; donc le point M′ s'éloigne indéfiniment. Donc, au lieu de dire qu'une parallèle à l'axe ne rencontre la parabole qu'en un point, nous pouvons dire : *une parallèle à l'axe rencontre la parabole en deux points dont l'un est à l'infini.* Cette manière de parler permet de formuler le théorème suivant : *une droite quelconque rencontre une parabole en deux points* ; de plus elle rappelle que, si une droite sécante tend à devenir parallèle à l'axe, l'un des points de rencontre s'éloigne indéfiniment sur la courbe.

PROPOSITION XX.

459. Problème. — *Étant données une droite et une parabole par son foyer et sa directrice, trouver les points où la droite rencontre la parabole sans construire la courbe* (fig. 329).

Supposons le problème résolu, et soit M un point de rencontre de la droite EC avec la parabole, soient MF le rayon vecteur de M et MH la perpendiculaire à la directrice. Si, du point M comme centre avec MF comme rayon, nous décrivons une circonférence, elle sera tangente en H à la directrice. Pour trouver le point M, nous sommes donc ramenés au problème suivant :

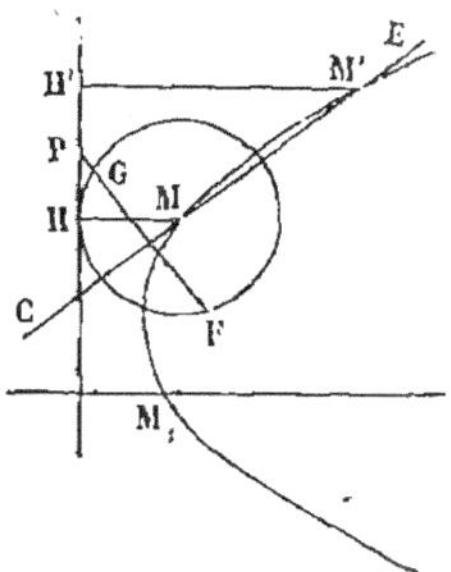

Fig. 329.

Par un point mener une circonférence tangente à une droite donnée et ayant son centre sur une droite donnée.

Prenons le symétrique G du point F par rapport à la droite, il appartiendra à la circonférence inconnue ; donc nous sommes ramenés au problème suivant, que nous savons résoudre (**181**) :

Par deux points faire passer une circonférence tangente à une droite donnée.

Nous prolongeons FG jusqu'à sa rencontre en P avec la directrice ; nous cherchons une moyenne proportionnelle PH entre PG et PF ; nous la portons de part et d'autre du point P ; nous obtenons ainsi deux points H et H'. Par ces points nous menons des parallèles à l'axe et nous obtenons les deux points de rencontre inconnus M et M'.

Corollaire. — Comme il n'existe que deux points tels que H, on peut conclure de notre construction qu'*une droite ne peut pas couper une parabole en plus de deux points.* La démonstration que nous venons de donner de ce théorème est indépendante de la précédente.

Scholie 1. — Si le point G est sur la directrice, les deux points H, H', par suite les deux points M, M' se confondent ; la droite EC est tangente à la parabole. Si le point G est à gauche de la directrice, EC ne rencontre pas la parabole.

SCHOLIE 2. — Si FG est parallèle à la directrice, il n'y a plus qu'une circonférence, passant par les deux points et tangente à la directrice, il n'y a plus qu'un point M de rencontre. — Si CE tourne autour du point M et tend vers une parallèle à l'axe, le point P, par suite le point H', s'éloigne indéfiniment sur la directrice ; donc le point M' s'éloigne indéfiniment sur la courbe.

SCHOLIE 3. — La construction ci-dessus est en défaut si la droite CE passe par le foyer. Soit dans ce cas M un des points inconnus de rencontre avec la parabole (fig. 330). De ce point abaissons une perpendiculaire MI sur la directrice. Si du point M comme centre avec MF comme rayon nous décrivons une circonférence, elle sera tangente en I à la directrice. Au point F élevons une perpendiculaire FG à MF, elle sera aussi tangente à la même circonférence ; donc GI = GF ; on peut donc déterminer

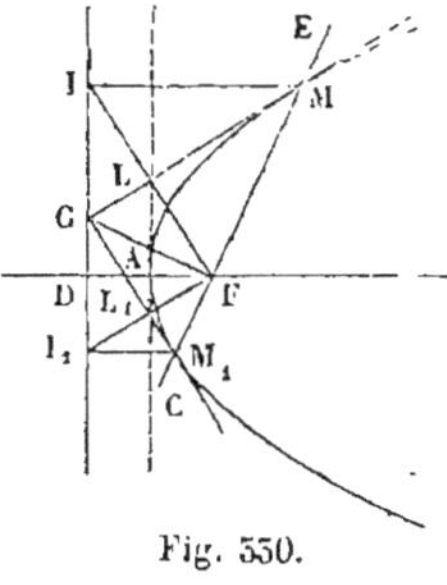

Fig. 330.

facilement le point I, par suite le point M. En prenant $GI_1 = GF$ on trouve le second point de rencontre M_1 de la droite avec la parabole.

PROPOSITION XXI.

460. Théorème. — *Quand une droite est tangente à la parabole, le rayon vecteur du point de contact est perpendiculaire sur la ligne qui joint le foyer au point de rencontre de la tangente avec la directrice.*

Soit une sécante MM' à la parabole (fig. 328), I son point de rencontre avec la directrice. Nous avons démontré que IF est bissectrice de l'angle intérieur MFN (**458**).

Si le point M' se rapproche indéfiniment du point M, la sécante tend vers la tangente en M, par définition ; l'angle MFN tend vers deux angles droits, par suite l'angle MFI vers un droit.

C. q. f. d.

461. Théorème. — *La tangente à la parabole fait des angles égaux avec la parallèle à l'axe et le rayon vecteur mené par le point de contact (fig. 330).*

Soit MG une tangente à la parabole, menons le rayon vecteur MF du point de contact, la perpendiculaire MI à la directrice et la ligne GF.

D'après le théorème précédent, l'angle GFM est droit ; donc les deux triangles GFM, GIM sont égaux, comme ayant l'hypoténuse égale et un côté égal MF = MI ; donc les angles FMG, IMG sont égaux.

C. q. f. d.

CorollAIRE 1. — Menons FI. Les points M et G étant chacun à égale distance des extrémités de cette droite appartiennent à la perpendiculaire élevée sur son milieu ; donc le point L est la projection du point F, et de plus il est le milieu de IF. Le sommet A est le milieu de FD ; donc *le lieu des projections du foyer sur les tangentes est la perpendiculaire à l'axe menée par le sommet.*

CorollAIRE 2. — Si le point M tend vers A, l'angle IMF tend vers deux droits, et la bissectrice MG tend vers une perpendiculaire à l'axe ; donc la tangente au sommet A est perpendiculaire à l'axe.

CorollAIRE 3. — On voit facilement sur la figure que $GF = GI = GI_1$; de plus que l'angle MGM_1 est droit ; donc *le lieu des sommets des angles droits circonscrits à la parabole est la directrice.*

462. Théorème. — *Dans la parabole, la sous-normale est constante et égale au demi-paramètre (fig. 531).*

Soit MS la tangente à la parabole, MF le rayon vecteur du point de contact, MH la distance de ce point à la directrice, MN la *normale* terminée à l'axe, MP l'*ordonnée* ; PN est la *sous-normale.*

D'après le théorème précédent, FH est perpendiculaire à la tangente, par suite parallèle à la normale ; donc la figure MHFN est un parallélogramme, donc

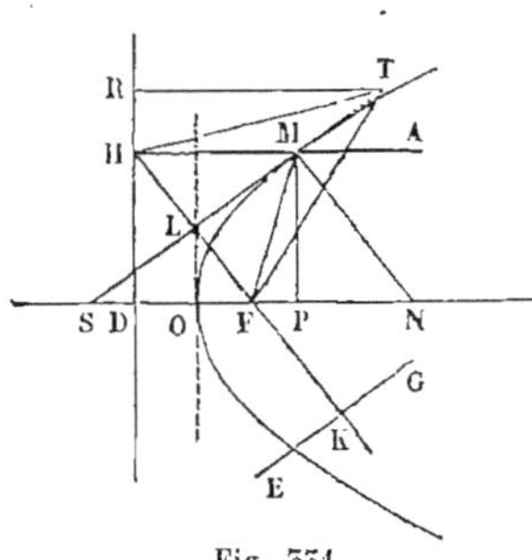

Fig. 331.

$$FN = MH = DP,$$

donc

$$FN - PF = DP - PF,$$

ou bien

$$PN = FD.$$

La distance FD se désigne par la lettre p ; donc

$$\text{sous-normale} = p.$$

On nomme *paramètre* la corde focale perpendiculaire à l'axe. La demi-corde focale, ou l'ordonnée du foyer BF, est égale à FD (fig. 332). Donc p est le demi-paramètre. Le théorème énoncé est donc complétement démontré.

PROPOSITION XXIV.

463. Théorème. — *Dans la parabole, la sous-tangente est double de l'abscisse* (fig. 331).

On nomme *abscisse* d'un point la distance OP du sommet au pied de l'ordonnée, et *sous-tangente* la distance PS du pied de l'ordonnée à l'extrémité de la tangente terminée à l'axe.

Le triangle MFS est isoscèle, comme ayant deux angles égaux, d'après la propriété fondamentale de la tangente ; donc

$$FS = FM = MH = PD,$$

par suite FP = DS. Or OF = OD ; donc le point O est le milieu, la sous-tangente PS ; donc

$$PS = 2.OP.$$

C. q. f. d.

PROPOSITION XXV.

464. Théorème. — *Dans la parabole, l'ordonnée est moyenne proportionnelle entre l'abscisse et le paramètre* (fig. 332).

Soit MT la tangente, MP l'ordonnée, MN la normale.

Dans le triangle rectangle MNT, nous avons

$$\overline{MP}^2 = PT \times PN,$$

ou bien, d'après les théorèmes précédents,

$$\overline{MP}^2 = 2.\overline{OP}.p = 2p.\overline{OP}.$$

C. q. f. d.

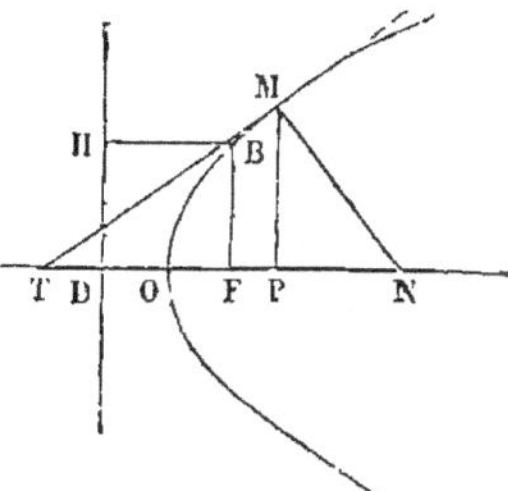

Fig. 332.

Scholie. — On désigne ordinairement par x l'abscisse d'un point, par y l'ordonnée. Le théorème précédent donne

$$y^2 = 2px.$$

Cette relation se nomme *l'équation de la parabole*. Elle permet de construire la parabole par points.

PROPOSITION XXVI.

465. Problème. — *Par un point extérieur mener une tangente à la parabole* (fig. 333).

Soit P le point donné en dehors de la parabole.

Supposons le problème résolu et soit PM la tangente demandée. Prenons comme inconnu le point de contact M; menons de ce point le rayon vecteur MF et la perpendiculaire MH à la directrice. Si nous connaissions le point H, nous déterminerions facilement le point M par l'intersection d'une parallèle à l'axe issue de H, et d'une perpendiculaire abaissée du point P sur FH; prenons donc ce point comme inconnu.

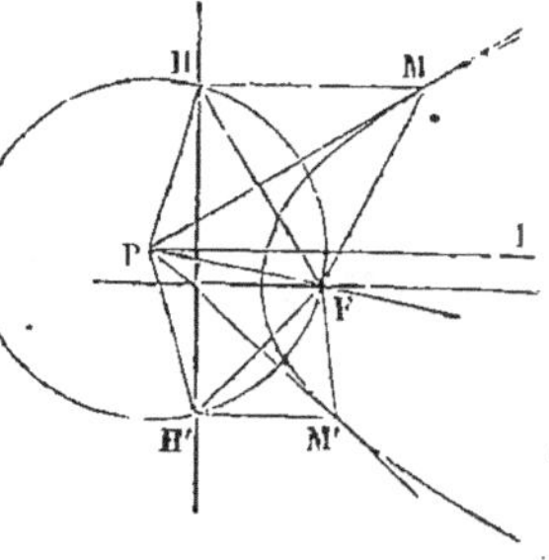

Fig. 333.

Or PH = PF (**461**, cor. 1) : donc le point H est à l'intersection de la directrice avec une circonférence décrite du point P comme centre, avec PF comme rayon.

Cette circonférence rencontre généralement la directrice en deux

points H et H'; donc le problème a généralement deux solutions :
PM, PM'.

SCHOLIE. — Pour que le problème soit possible, il faut et il suffit
que la circonférence rencontre la directrice; donc il faut et il suffit
que la distance du point P au foyer soit plus grande que la distance
du point P à la directrice; en d'autres termes, il faut et il suffit que
le point P soit extérieur (**457**).

Si le point P est sur la parabole, le cercle PF est tangent à la directrice; les deux solutions se réduisent à une seule.

PROPOSITION XXVII.

466. Problème. — *Mener à la parabole une tangente parallèle
à une direction donnée* (fig. 331).

Soit EG la direction donnée.

Supposons le problème résolu et soit MT la tangente demandée.
Prenons pour inconnu le point de contact M. De ce point abaissons
la perpendiculaire MH sur la directrice; la connaissance du point H
entraînerait évidemment celle du point M, d'après les propriétés connues de la tangente.

Or, en menant FH, nous avons une ligne perpendiculaire à la tangente, par suite à la direction EG; donc, pour déterminer le point
H, il suffit d'abaisser du foyer une perpendiculaire sur la direction
donnée et de la prolonger jusqu'à la directrice.

SCHOLIE. — Si EG varie de position et tend à devenir parallèle à
l'axe, le point H s'éloigne indéfiniment sur la directrice, par suite
le point L sur la tangente au sommet, par suite le point M sur la
courbe. Si la ligne EG est parallèle à l'axe, le point H n'existe plus,
par suite il n'y a pas de tangente parallèle à l'axe. — On dit encore *la
tangente à la parabole parallèle à l'axe est rejetée à l'infini.*

PROPOSITION XXVIII.

467. Théorème. — *La parabole est la courbe limite vers laquelle tend une ellipse dont le grand axe augmente indéfiniment,
tandis qu'un foyer et le sommet voisin restent fixes* (fig. 354).

En effet, soit ABA'B' une ellipse, ayant F et F' pour foyers et
AA' pour grand axe. Du point F' avec $2a = AA'$ comme rayon, décrivons le cercle directeur du point F; nous avons vu que l'ellipse

est le lieu des points à égale distance du foyer F et de la circonférence 2a (**441**).

Supposons maintenant que, F et A restant fixes, *a* augmente indé-

définiment ; la circonférence 2a tendra indéfiniment à se confondre avec sa tangente au point D ; donc l'ellipse tendra indéfiniment vers le lieu des points également éloignés du point F et de la droite EE', c'est-à-dire vers la parabole ayant F pour foyer et EE' pour directrice.

C. q. f. d.

Scholie. — Pour bien comprendre ce théo-

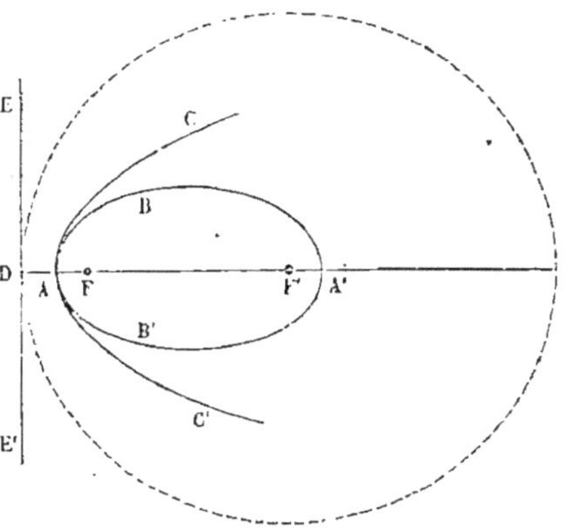

Fig. 334.

rème, il faut s'imaginer un point de l'ellipse variable, situé à une distance *déterminée* du foyer F. Ce point change de position à mesure que la forme de l'ellipse se modifie, et il se rapproche indéfiniment d'un certain point de la parabole fixe, dont le foyer est F et la directrice EE'.

Corollaire. — Les différentes propriétés de la parabole peuvent se déduire des propriétés correspondantes de l'ellipse, en regardant la parabole comme la limite d'une ellipse variable. Ce système de démonstration a l'avantage de rapprocher les deux courbes que nous venons d'étudier.

PROPOSITION XXIX.

468. Théorème. — *Si l'on coupe un cône de révolution par un plan parallèle à une génératrice, l'intersection est une parabole* (fig. 335).

Par le sommet du cône imaginons une perpendiculaire au plan sécant ; puis, par l'axe et cette perpendiculaire, menons un plan ; il coupera le cône suivant deux génératrices SL, SK, et le plan sécant suivant une droite OP parallèle à SL. La courbe de section, dont le plan est perpendiculaire au plan LSK, est représentée par M'OM.

Traçons une circonférence tangente aux trois lignes SL, SO, OP ; soient E, D, F les points de contact, la ligne CF sera perpendiculaire au plan M'OM (**260**). Lorsque l'angle CSK tournera, SK engendrera le cône, le cercle C engendrera une sphère inscrite dans le cône, tangente au plan M'OM, et le point D engendrera le cercle de contact du cône avec la sphère. Ce cercle est perpendiculaire à l'axe, par suite au plan LSK ; prolongeons-le jusqu'à sa rencontre suivant HI avec le plan sécant. La ligne HI sera perpendiculaire au plan LSK, par suite à OP.

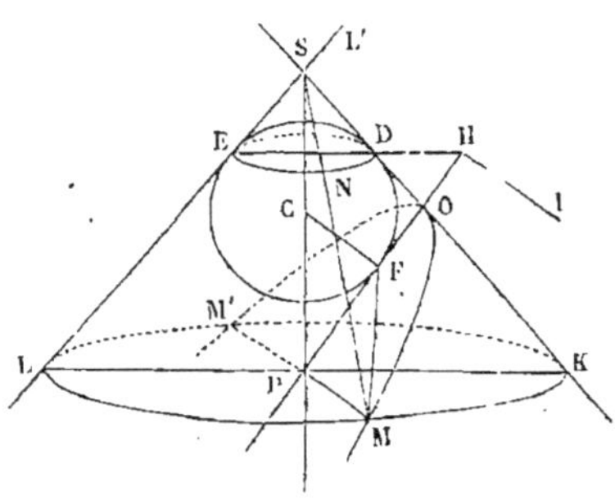

Fig. 335.

Cela posé, considérons un point M quelconque de la section, abaissons de ce point une perpendiculaire MP sur la ligne OP, par le point P menons une perpendiculaire à l'axe, puis faisons passer un plan par les deux droites MP, LK. Ce plan sera perpendiculaire à l'axe et coupera le cône, suivant un cercle LMK. Menons enfin les droites MS et MF.

Les deux droites MF, MN sont égales, comme tangentes à une sphère issues d'un même point ; mais MN = DK, donc MF = DK. Les deux triangles DOH, OPK sont isoscèles, comme semblables à SLK ; donc OD = OH et OK = OP ; donc enfin

$$MF = PH.$$

La section est donc une parabole, puisqu'un point quelconque M est à égale distance d'un point fixe F et d'une droite fixe HI.

C. q. f. d.

COROLLAIRE. —On peut *placer une parabole quelconque sur un cône de révolution donné.*

En effet, la parabole étant donnée, en connaît OF = OH = p. Le cône étant donné, on connaît l'angle LSK. On peut donc construire le triangle rectangle COF, dans lequel l'angle COF est la moitié du supplément de LSK. La ligne CO étant connue, on trouvera SO en construisant le triangle rectangle SCO. Si, par le point O, on mène un plan parallèle à une génératrice du cône, il le coupera suivant la parabole donnée.

§ 5. — HYPERBOLE.

PROPOSITION XXX.

469. Problème. — *Construire une hyperbole.*

1° Construction par points (fig. 336).

L'hyperbole, par définition, est le lieu des points tels que la différence de leurs distances à deux points fixes est constante. Soient F, F′ les deux points fixes que l'on nomme *foyers*, soit $2c$ leur distance et $2a$ la différence donnée des rayons vecteurs. Cette différence doit être moindre que $2c$, car dans un triangle MFF′ la différence de deux côtés est moindre que le troisième.

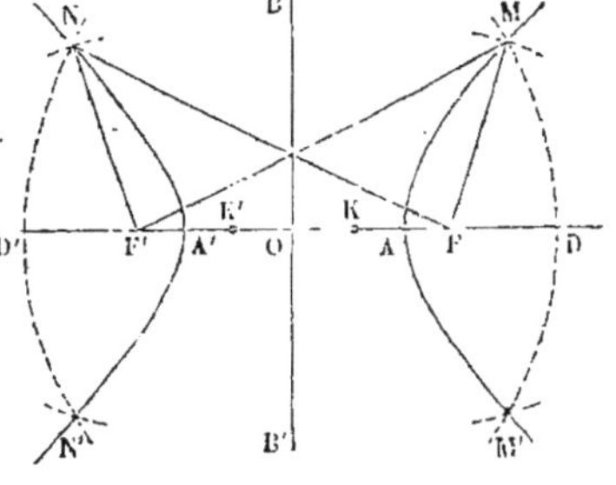

Fig. 336.

Des points F, F′ portons sur FF′ la ligne $2a$, nous aurons successivement les deux points K, K′; prenons les milieux des lignes KF, K′F′, nous aurons deux points de la courbe, car

$$AF' - AF = F'K = 2a; \qquad A'F - A'F' = FK' = 2a.$$

Prenons maintenant un point D à droite du point A; du point F′ comme centre, avec F′D comme rayon, décrivons une circonférence; puis du point F comme centre, avec $F'D - 2a = KD$ comme rayon, décrivons une circonférence qui coupe la première aux deux points M, M′. Ces deux points appartiendront à la courbe, car

$$MF' - MF = F'D - KD = 2a.$$

En échangeant les rayons, nous obtiendrons deux nouveaux points N, N′.

Scholie. — Pour que les deux circonférences se coupent, il faut et il suffit que l'on ait $FF' < F'D + KD$ et $FF' > F'D - KD$. On voit facilement que ces conditions ne sont remplies que si D est à droite du point A. Quand D se confond avec A, les deux circonférences sont tangentes, et les deux points M M' se confondent en A.

Corollaire 1. — La construction précédente montre que la courbe a pour axes de symétrie FF' et la perpendiculaire BB' au milieu O de cette ligne.

Corollaire 2. — La distance F'A est un *minimum* pour la série des points qu'on obtient en plaçant le point D à droite de A ; donc le lieu se compose d'une première partie à deux branches infinies, symétriques par rapport à FF' et situées à droite de BB'. L'échange des rayons donne une seconde partie, située à gauche de BB' et symétrique de la première. La courbe se compose donc de deux parties en dehors de la bande parallèle formée par deux perpendiculaires à FF' menées par les points A, A'.

Corollaire 3. — Le point O est un centre de symétrie; on le nomme pour cette raison le *centre* de la courbe.

2° Construction par un mouvement continu (fig. 337).

Imaginons qu'une règle puisse tourner autour du foyer F' ; à l'extrémité G de cette règle attachons un fil, dont l'autre extrémité sera attachée au foyer F. Si, pendant que la règle tourne, une pointe traçante M tend le fil en l'appliquant contre la règle, cette pointe décrira un arc d'hyperbole, car

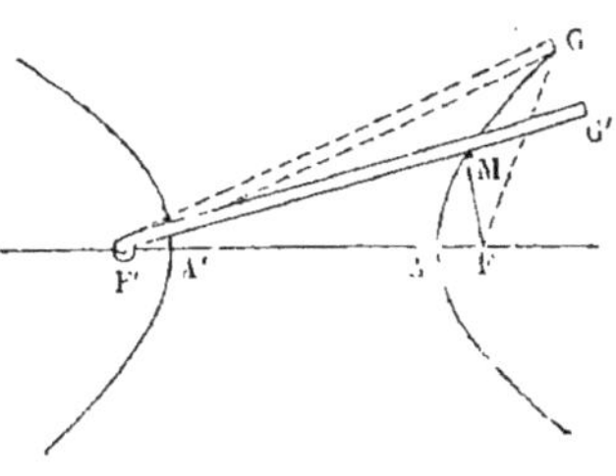

Fig. 337.

$$MF' - MF = MF' + MG' - (MF + MG'),$$
$$= GF' - GF = \text{const.}$$

PROPOSITION XXXI.

470. Théorème. — *L'hyperbole est le lieu des points également éloignés d'un point fixe et d'un cercle fixe* (fig. 358).

Soient F et F' les deux foyers de l'hyperbole. Du point F' comme centre, avec $2a$ comme rayon, décrivons une circonférence. Soit M un point quelconque de l'hyperbole ; par définition,

$$MF' - MF = 2a = MF' - MH,$$

donc MF = MH ; donc le point M est bien à égale distance du foyer F et de la circonférence F'H.

Les points de la seconde branche de l'hyperbole jouissent de la même propriété ; car soit M' l'un d'eux ; par définition,

$$M'F - M'F' = 2a = M'H' - M'F',$$

donc M'F = M'H'.

Le cercle de rayon $2a$ décrit du point F' comme centre est le *cercle directeur* du foyer F.

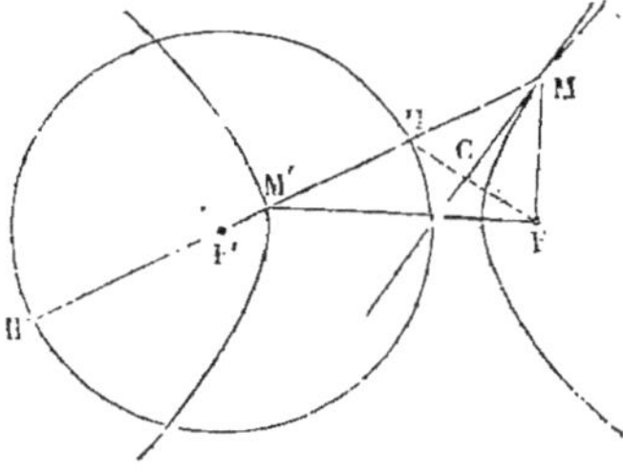

Fig. 558.

Scholie. — Ce théorème montre la liaison intime qu'il y a entre l'ellipse et l'hyperbole. Elles sont deux cas particuliers d'un même lieu. L'ellipse correspond au cas où F est dans le cercle décrit du point F', l'hyperbole au cas où F est en dehors.

Corollaire. — Le théorème précédent donne un nouveau moyen de construire l'hyperbole par points, et il est avantageux, parce qu'il fait en même temps connaître la tangente CM au point trouvé.

PROPOSITION XXXII.

471. Théorème. — *Pour un point intérieur à l'hyperbole, la différence des rayons vecteurs est supérieure à l'axe transverse ; pour un point extérieur, la différence des rayons vecteurs est moindre que l'axe transverse* (fig. 559).

Le plan est divisé en trois régions par les deux branches de l'hyperbole ; un point est dit *intérieur* lorsqu'il est dans une des régions où se trouve un foyer, et *extérieur* dans le cas contraire.

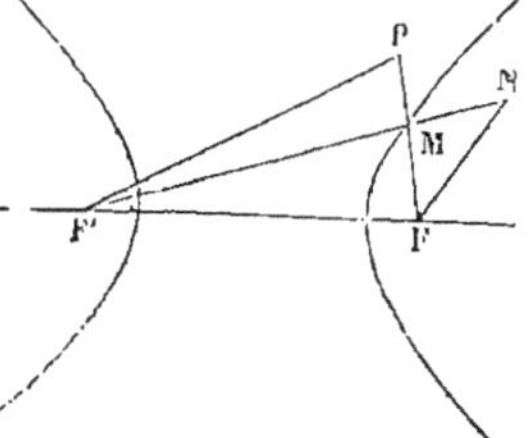

Fig. 559.

1° Soit N un point intérieur, menons NF', NF, MF ; nous avons

$$NM + MF > NF,$$

par suite

$$NM + MF + MF' > NF + MF',$$

ou bien

$$NF' + MF > NF + MF';$$

de là nous concluons :

$$NF' - NF > MF' - MF,$$
$$> 2a.$$

2° Soit B un point extérieur, menons PF', PF, MF', nous avons

$$PF' < PM + MF',$$

par suite

$$PF' + MF < PM + MF + MF',$$

ou bien

$$PF' + MF < PF + MF';$$

de là nous concluons :

$$PF' - PF < MF' - MF,$$
$$< 2a.$$

C. q. f. d.

PROPOSITION XXXIII.

472. Problème. — *Trouver les points où une droite rencontre une hyperbole, sans construire la courbe.*

L'hyperbole est donnée par ses deux foyers F et F', et par la différence $2a$ de ses rayons vecteurs ; soit xy la droite donnée.

Supposons le problème résolu, et soit M l'un des points de rencontre de la droite xy avec l'hyperbole. Du point F' décrivons le cercle directeur de F ; du point M comme centre, avec MF comme rayon, décrivons une circonférence ; elle sera tangente à la précédente. Nous sommes donc ramenés aux mêmes constructions que dans le problème **444**, relatif à l'ellipse.

Corollaire. — Une droite ne peut pas couper une hyperbole en plus de deux points.

PROPOSITION XXXIV.

473. Théorème. — *La tangente à l'hyperbole en un point est bissectrice de l'angle formé par les rayons vecteurs de ce point* (fig. 340).

Soit M un point d'une hyperbole. Considérons une sécante MM'S passant par ce point, et un point M' infiniment voisin. Par hypothèse,

$$MF' - MF = 2a, \qquad M'F' - M'F = 2a.$$

Prenons le symétrique G de F par rapport à la sécante, joignons-le au point F', et soit K le point de rencontre de cette droite avec la sécante ; ce point est au moins distinct de l'un des deux points M, M'. Soit M celui des deux avec lequel il ne se confond pas. Nous avons :

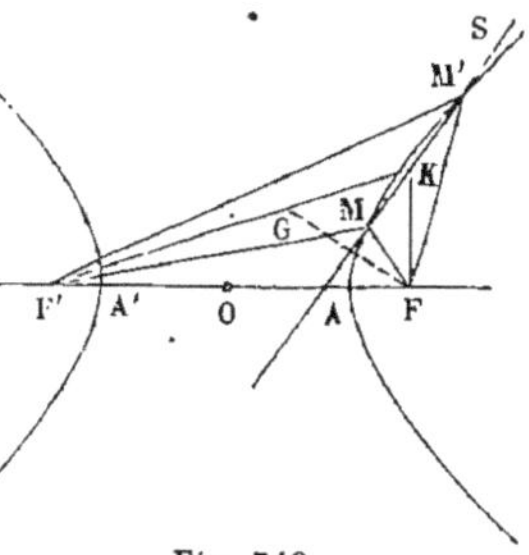

Fig. 540.

$$GF' = KF' - KF,$$
$$> MF' - MG,$$
$$> MF' - MF,$$
$$> 2a.$$

Donc le point K est dans l'intérieur de l'hyperbole ; il est donc distinct des deux points M, M', et situé sur la corde qui les réunit. On voit de plus que la sécante est bissectrice de l'angle formé par les rayons vecteurs KF', KF.

Cela posé, admettons que le point variable M' se rapproche indéfiniment du point M ; le point K tendra aussi vers le point M, et les rayons vecteurs KF', KF auront pour limites les rayons MF', MF. Donc la limite de la sécante MM' sera la bissectrice de l'angle F'MF. C. q. f. d.

COROLLAIRE. — *Une ellipse et une hyperbole homofocales se coupent à angle droit* (fig. 541).

On dit qu'une ellipse et une hyperbole sont *homofocales* quand elles ont les mêmes foyers F, F'.

Soit M le point de rencontre des deux courbes, MF', MF les rayons vecteurs de ce point. La tangente à l'hyperbole est bissectrice de l'angle F'MF ; la tangente à l'ellipse est bissectrice de l'angle supplémentaire. Donc ces deux droites sont perpendiculaires.

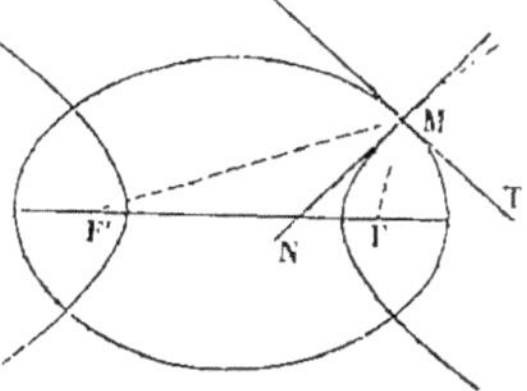

Fig 541

C. q. f. d.

PROPOSITION XXXV.

474. Problème. — *Mener une tangente en un point de l'hyperbole* (fig. 342).

Soit M un point donné sur une hyperbole dont on connaît les foyers

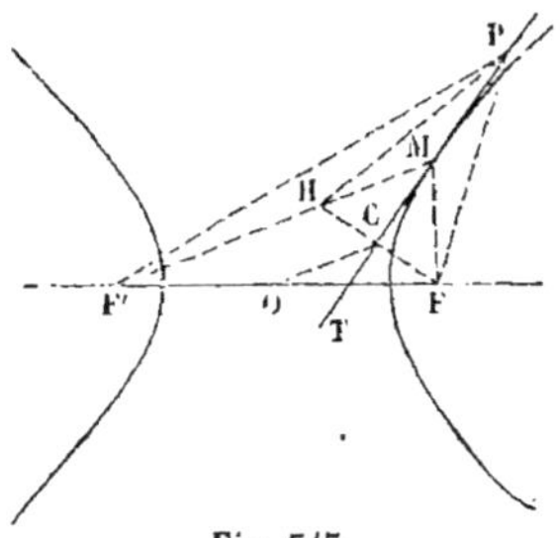

Fig. 343.

et l'axe transverse 2*a*. Menons les rayons vecteurs MF′, MF ; prenons MH = MF sur MF′ ; puis, du point M, abaissons une perpendiculaire sur FH, elle sera bissectrice de l'angle F′MF, par suite tangente à l'hyperbole, en vertu du théorème précédent.

Corollaire 1. — *Une tangente à l'hyperbole est tout entière entre les deux branches.*

En effet, soit P un point quelconque de cette ligne autre que M, joignons-le aux points F, H, F′, nous avons :

$$PF' - PH = PF' - PF,$$
$$< F'H,$$
$$< 2a ;$$

donc le P est en dehors de l'hyperbole. C. q. f. d.

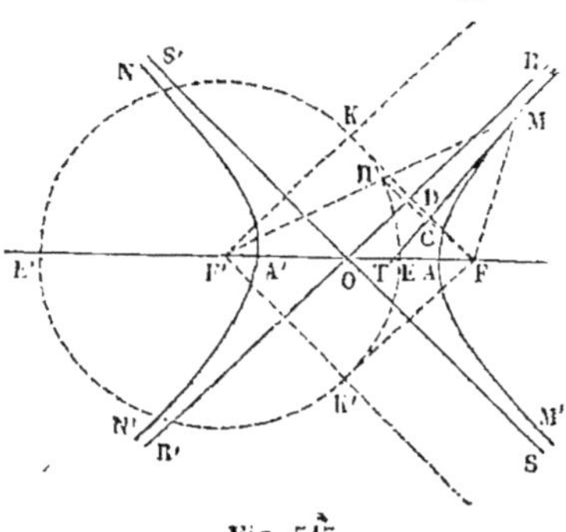

Fig. 343.

Corollaire 2. — *Cherchons la limite d'une tangente à l'hyperbole dont le point de contact s'éloigne indéfiniment sur la courbe* (fig. 343).

Soit M un point d'une hyperbole, traçons le cercle directeur, du point F′ comme centre ; menons MF′, MF ; soit H le point de rencontre de MF′ avec le cercle, la perpendiculaire MT sur FH sera la tangente au point M. Enfin, du point F, menons au cercle directeur les tangentes FK, FK′.

1° Si le point H est en E sur FF′, le point M est en A, et la tangente est perpendiculaire à FF′ ;

2º Si le point H marche vers K, le point M monte sur la branche d'hyperbole, et la tangente fait un angle aigu avec l'axe FF';

5º Si le point H tend à se confondre avec le point K, FH tend vers une perpendiculaire à F'H; donc la perpendiculaire sur le milieu de FH tend vers OD, parallèle à FK; le point de contact s'éloigne donc indéfiniment sur la courbe.

Donc, inversement, si le point de contact s'éloigne indéfiniment sur la courbe, la tangente a pour limite un droite OR passant par le centre et ne rencontrant pas la courbe. Cette droite remarquable porte le nom d'*asymptote*.

La symétrie de la courbe montre que le prolongement OR' de cette droite est asymptote, et que la droite OS, symétrique de OR par rapport à l'axe, est aussi asymptote.

Dans le triangle ODF on a $OD = \frac{1}{2} F'K = a = OA$. Cette remarque permet de construire facilement les asymptotes d'une hyperbole donnée.

PROPOSITION XXXVI.

475. Problème. — *Mener une tangente à l'hyperbole par un point situé entre les deux branches* (fig. 544).

Soit P le point donné entre les deux branches de l'hyperbole. Supposons le problème résolu et soit PM une tangente. Le point M est l'inconnu de la question.

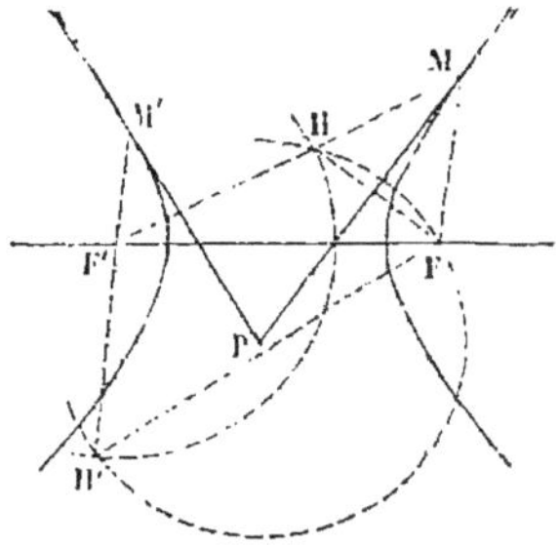

Du point F' comme centre avec $2a$ comme rayon, menons le cercle directeur; soit H le point où MF' rencontre ce cercle. Il est clair que M serait déterminé si l'on connaissait le point H. Or PF = PH; donc le point H est à la rencontre du cercle directeur et du cercle décrit du point P comme centre avec PF comme rayon.

Ces deux cercles se coupent généralement en deux points H, H'; donc le problème admet en général deux solutions PM, PM'.

Fig. 544.

Scholie 1. — Pour que les deux solutions existent, il faut et il

24

suffit que les deux cercles se coupent; donc il faut et il suffit que la distance des centres PF′ soit à la fois moindre que la somme des rayons $2a$, PF, et plus grande que leur différence. Or,

1° Si le point P est entre les deux branches et non sur FF′, les trois points P, F′, F forment un triangle dans lequel on a toujours

$$(1) \qquad PF' + PF > 2c > 2a.$$

Si PF′ est moindre que PF, le point P étant extérieur, on a

$$(2) \qquad PF - PF' < 2a,$$

et évidemment

$$(3) \qquad PF' < PF + 2a.$$

Si PF′ est supérieur à PF, le point P étant extérieur à l'hyperbole, on a

$$(4) \qquad PF' - PF < 2a,$$

et évidemment

$$(5) \qquad PF < PF' + 2a.$$

Des relations (1), (2), (5), on conclut que PF′ est moindre que la somme des rayons et plus grand que leur différence.

Des relations (1), (4), (5) on conclut la même chose.

2° Si le point P est situé sur FF′ entre les sommets A et A′, les relations (1), (2), (5), (4), (5) subsistent; donc le problème admet encore deux solutions.

5° Si le point B est sur l'hyperbole, on a

$$PF' = PF + 2a.$$

Les deux cercles sont tangents; les deux tangentes se confondent.

4° Si le point P est sur l'une des asymptotes, l'une des tangentes coïncide avec cette asymptote, et le point de contact est rejeté à l'infini.

5° Si le point P coïncide avec le centre, les deux tangentes coïncident avec les deux asymptotes.

6° Si le point P est intérieur et du même côté que F,

$$PF' - PF > 2a.$$

Donc les deux circonférences sont extérieures, et il n'y a plus de solution au problème proposé.

476. Problème. — *Mener à l'hyperbole une tangente parallèle à une direction donnée* (fig. 545).

Soit OL une direction donnée, dans l'angle S'OR des asymptotes.

Supposons le problème résolu et soit MT la tangente demandée. Menons les rayons vecteurs MF, MF' du point M, et le cercle directeur de centre F'. Le point H où MF' rencontre ce cercle est le symétrique de F par rapport à la tangente ; la détermination de ce point suffit pour la solution du problème.

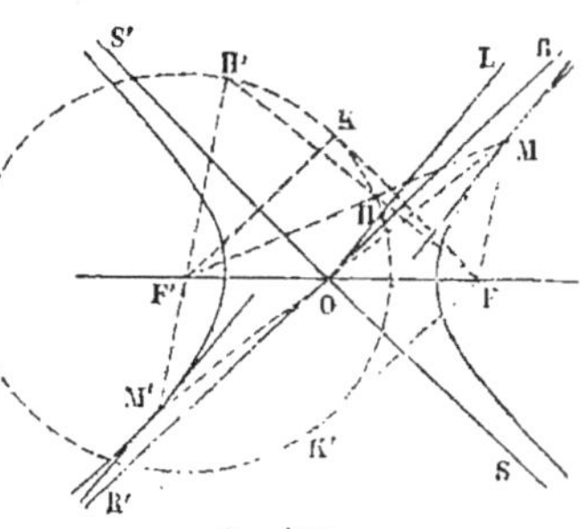

Fig. 545.

Or FH étant perpendiculaire sur la tangente, est aussi perpendiculaire sur sa parallèle OL ; donc le point H est déterminé par l'intersection du cercle directeur de centre F' et de la perpendiculaire abaissée du point F sur la direction donnée.

Ces deux lieux se rencontrent généralement en deux points H, H' ; le problème admet donc généralement deux solutions TM, T'M'.

Scholie. — Supposons que la direction OL tourne autour du point O et se rapproche de l'asymptote OR, la perpendiculaire FH tendra vers FK, et les deux solutions MT, M'T' tendront vers l'asymptote RR'.

Si OL, continuant à tourner, prend la position OM, la perpendiculaire abaissée de F sur OL ne rencontre plus le cercle directeur, il n'y a plus de solution au problème.

Il résulte de cette discussion que la direction donnée OL doit être comprise dans l'angle S'OR des asymptotes.

477. Théorème. — *La section d'un cône de révolution par un plan qui rencontre les deux nappes est une hyperbole* (fig. 546).

Par le sommet du cône abaissons une perpendiculaire sur le plan sécant ; puis, par l'axe et cette perpendiculaire, faisons passer un plan. Il coupera le cône suivant deux génératrices opposées SI, SL, et le plan sécant, auquel il sera perpendiculaire, suivant AB.

Menons un cercle C tangent aux droites SI, SL, BA et un cercle C′ tangent aux prolongements des mêmes droites sur l'autre nappe. Lorsque l'angle CSL tournera pour engendrer le cône, ces cercles engendreront des sphères tangentes au plan sécant et tangentes en même temps au cône. Les circonférences de contact sont ED, E′D′; elles sont engendrées par les points de contact D, D′ des cercles C, C′ avec SL.

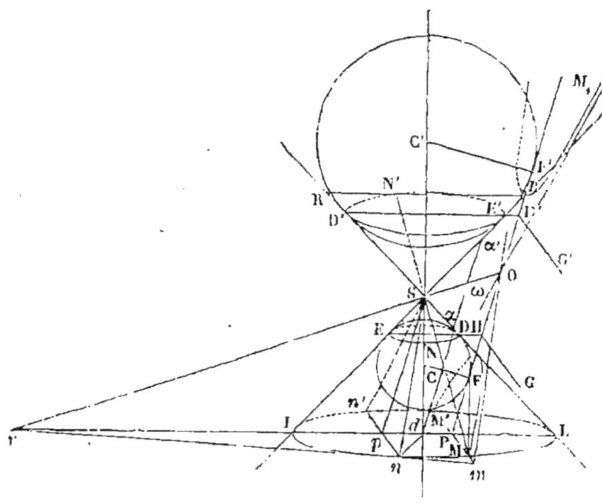

Fig. 546.

Considérons un point M quelconque de la section, joignons-le aux points F, F′ où les sphères touchent le plan sécant, et au sommet S du cône. Les deux lignes MF, MN sont égales, comme tangentes à une sphère, issues d'un même point. Les deux lignes MF′, MN′ sont égales pour la même raison; donc

$$MF' - MF = MN' - MN = NN' = DD' = \text{const.}$$

Donc la section est une hyperbole. — C. q. f. d.

Corollaire 1. — On peut démontrer que DD′ = AB. — Les deux lignes AD′ et AF′ sont égales; donc

$$AD + DD' = AB + BF',$$

et comme $AD = AF$, nous avons

$$DD' = AB + BF' - AF$$

Nous obtiendrons de même

$$EE' = AB + AF - BE',$$

et comme $EE' = DD'$, il faut que

$$BF' - AF = AF - BE' = AF - BF',$$

ou que $AF = BF'$; donc

$$DD' = AB.$$

CoROLLAIRE 2. — Prolongeons les plans des cercles de contact ED, E'D' jusqu'à leur rencontre avec le plan sécant suivant les droites HG, H'G'; ces droites, nommées *directrices*, jouissent de propriétés remarquables, que nous avons signalées déjà pour la section elliptique.

Menons du point M une perpendiculaire MP à AB, par son pied une perpendiculaire IL à l'axe; puis, par ces deux droites, faisons passer un plan qui sera perpendiculaire à l'axe et coupera le cône suivant un cercle. Les triangles semblables de la figure nous donnent

$$\frac{AL}{PA} = \frac{AD}{AH} = \frac{DL}{PH} = \frac{AR}{AB} = \frac{FF'}{AB} = \frac{c}{a};$$

mais $DL = MN = MF$, donc

$$\frac{MF}{PH} = \frac{c}{a};$$

donc *l'hyperbole est le lieu des points tels, que le rapport de leurs distances à un point fixe et à une droite fixe est constant et supérieur à l'unité.*

La distance de la directrice au centre est facile à trouver, car

$$\frac{AH}{AD} = \frac{AB}{AR} = \frac{a}{c};$$

donc

$$AH = AD \cdot \frac{a}{c} = AF \cdot \frac{a}{c} = (c - a)\frac{a}{c} = a - \frac{a}{c};$$

donc

$$OH = OA - AH = \frac{a^2}{c},$$

formule déjà trouvée pour l'ellipse.

Corollaire 5. — Voici comment on peut construire les asymptotes de la section :

Par le sommet S du cône menons un plan parallèle au plan sécant et soient Sn, Sn' les deux génératrices qu'il détermine. Le plan ISL coupe ce plan suivant une droite Sp parallèle à AB. La droite nn' est perpendiculaire sur IL, puisqu'elle est parallèle à MN'; donc le point p est le milieu de nn'. Soit d le centre du cercle IL, par ce point menons une parallèle $d\alpha\alpha'$ à Sp.

Cela posé, par la tangente rn au cercle IL et par Sn faisons passer un plan ; il coupera le plan sécant suivant une droite Om. Nous allons prouver que cette droite est l'asymptote de la courbe.

Soit r le point où la tangente en n rencontre IL, menons rS, cette droite est contenue dans le plan Snr ; elle passe donc en O. Soit ω le point où elle coupe $\alpha\alpha'$. Si ω est le milieu de $\alpha\alpha'$, O sera le milieu de AB.

Or, en désignant par R le rayon dL,

$$\frac{d\alpha}{Sp} = \frac{R}{R + dp}, \quad \frac{d\alpha'}{Sp} = \frac{R}{R - dp};$$

donc

$$\frac{d\alpha + d\alpha'}{Sp} = \frac{2R^2}{R^2 - \overline{dp}^2};$$

donc

$$\frac{1}{2}\frac{d\alpha + d\alpha'}{Sp} = \frac{R^2}{R^2 - \overline{dp}^2}.$$

D'un autre côté,

$$\frac{d\omega}{Sp} = \frac{rd}{rp} = \frac{\dfrac{R^2}{dp}}{\dfrac{R^2}{dp} - dp} = \frac{R^2}{R^2 - \overline{dp}^2},$$

donc

$$d\omega = \frac{1}{2}\,(d\alpha + d\alpha').$$

Par conséquent ω est le milieu de $\alpha\alpha'$ et O le milieu de AB.

Le plan Snr et le cône n'ont de communs que les points de la génératrice Sn ; donc om ne rencontre pas l'hyperbole.

Par la droite OS on peut faire passer une infinité de plans qui rencontrent le cône, ou ne le rencontrent pas, suivant qu'ils coupent ou non le cercle IL ; le plan tangent OSn est une limite entre ces deux séries de plans. La ligne om se trouve dans ce plan tangent ; elle sert donc de limite entre les droites qui, menées du centre, rencontrent l'hyperbole et celles qui ne la rencontrent pas. Donc om est une asymptote.

Le plan tangent OSn' donnerait l'autre.

Corollaire 4. — On peut se proposer le problème de *placer une hyperbole donnée sur un cône donné.*

Il suffit de construire le triangle ARB, dans lequel on connaît deux côtés, et l'angle opposé à l'un d'eux, savoir :

$$AB = 2a, \quad AR = 2c, \quad BRS.$$

Mais le côté opposé à l'angle est le plus petit des deux ; donc le problème n'est pas toujours possible.

Le problème n'a pas de solution quand AB est moindre que la perpendiculaire abaissée du point A sur RB ; la limite des cas possibles est donc celui où AB est perpendiculaire sur RB. Le plan sécant est alors perpendiculaire sur le cercle IL ; donc le plan Snn' passe alors par l'axe du cône. Donc, *pour que le problème soit possible, il faut et il suffit que l'angle des asymptotes de l'hyperbole donnée soit au plus égal à l'angle du cône.*

§ 4. — HÉLICE.

478. D'après la définition que nous avons donnée de l'hélice (**139**), la distance mp d'un point quelconque de la courbe au cercle de base du cylindre est proportionnelle à l'arc ap (fig. 347).

Quand le point mobile m sera revenu sur la génératrice de départ en a_1, le point p aura parcouru la circonférence de base.

Désignons par :

R le rayon du cylindre ;

z la distance mp, que l'on appelle *ordonnée* ;

α l'arc ap ;

h la distance aa_1 que l'on appelle le *pas* de l'hélice ;

nous aurons la proportion

$$\frac{z}{h} = \frac{\alpha}{2\pi R},$$

d'où l'on tire

$$z = \frac{h}{2\pi R} \cdot \alpha.$$

L'arc d'hélice compris entre a et a_1 se nomme une *spire*.

La courbe se continue à partir du point a_1 que l'on peut regarder comme une nouvelle origine, et l'hélice est formée d'une série de spires identiques. Si l'on veut n'avoir à considérer qu'une seule origine a, il faut considérer des arcs α plus grands qu'une circonférence ; ainsi l'ordonnée z_1 du point m_1 est donnée par la formule

$$z_1 = \frac{h}{2\pi R} (\alpha + 2\pi R),$$

qui revient, en effet, à

$$z_1 = z + h.$$

439. Théorème. — *L'hélice peut être considérée comme la courbe engendrée par une droite tracée sur un plan que l'on enroule sur un cylindre* (fig. 347).

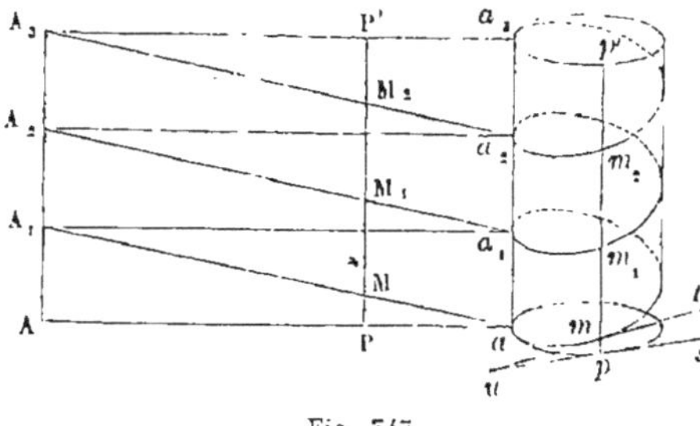

Fig. 347.

Par la génératrice aa_1 faisons passer un plan ; traçons sur ce plan le rectangle $aA A_3 a_3$, tel que sa base aA soit égale en longueur à la circonférence de base. Divisons la hauteur aA_3 en un certain nombre de parties égales, trois par exemple; menons les parallèles a_1A_1, a_2A_2, à la base, puis les diagonales A_1a, A_2a_1, A_3a_2; enfin menons une droite PP' quelconque parallèle à aa_3 et coupant les diagonales aux points M, M_1, M_2.

Nous aurons

$$\frac{MP}{A_1A} = \frac{aP}{aA};$$

donc :

$$MP = \frac{A_1A}{2\pi R} \cdot aP;$$

donc MP est l'ordonnée d'une hélice ayant A_1A pour pas, car aP représente un certain arc de la circonférence de base.

Donc, quand on enroulera le rectangle aAA_3a_3 sur le cylindre, la droite aA s'enroulera sur la circonférence, le rectangle sur la surface latérale du cylindre; la diagonale aA_1 s'enroulera sur la spire ama_1 de l'hélice, puisqu'un point quelconque M de cette diagonale viendra en un point correspondant de la spire.

Les autres diagonales continueront la courbe.

PROPOSITION XL.

480. Théorème. — *La tangente à l'hélice fait un angle constant avec la génératrice du cylindre* (fig. 347).

En effet, considérons un point m' voisin de m; soit $m'p'$ l'ordonnée de ce point, les deux droites mm', pp' se coupent en u' et l'on a :

$$\frac{mp}{ap} = \frac{m'p'}{ap'}, \quad \frac{mp}{u'p} = \frac{m'p'}{u'p'};$$

donc

$$\frac{u'p}{ap} = \frac{u'p'}{ap'} = \frac{\text{cord. } pp'}{\text{arc } pp'}.$$

Si maintenant m' tend vers m, le rapport de la corde à l'arc tend vers l'unité, par suite

$$\lim. \ u'p = up = \text{arc } ap.$$

La ligne up porte le nom de sous-tangente; donc *la sous-tangente*

*d'un point de l'hélice est égale à l'arc du cercle de base qui cor-
respond à ce point.*

Sur le rectangle aA_1a_1 prenons $aP = ap$, l'ordonnée MP sera
égale à mp; donc le triangle MPa est égal au triangle mpu; donc
enfin la tangente fait un angle constant Maa_1 avec la génératrice.
C. q. f. d.

SCHOLIE. — Notre démonstration repose sur ce lemme que le rapport d'un arc à sa corde a pour limite l'unité, quand l'arc tend vers
zéro.

481. Problème. — *Construire sur un plan perpendiculaire à
la base du cylindre la projection d'une hélice de pas donné*
(fig. 548).

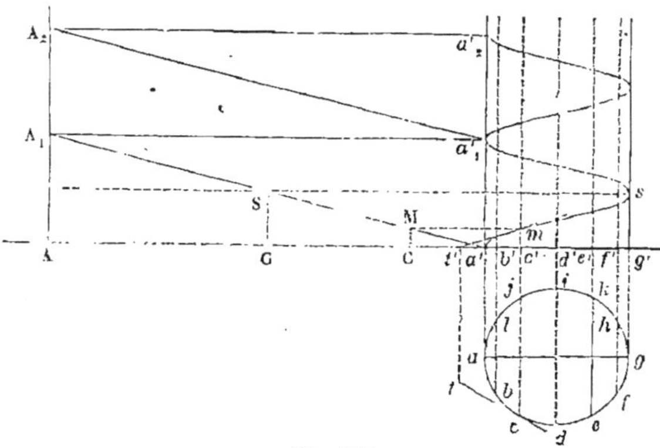

Fig. 548.

Soit A$a'g'$ la trace du plan perpendiculaire au plan de la base ag,
sur lequel on veut projeter l'hélice.

Menons le diamètre ag de la base parallèle à cette trace. La génératrice correspondante au point a se projette suivant $a'a_2'$; de
même, la génératrice correspondante au point g se projette suivant
$g's$. Les deux lignes $a'a_2'$, $g's$ forment ce qu'on nomme le contour
apparent du cylindre en projection verticale.

Soit maintenant a l'origine de l'hélice, $a'a_1'$ son pas; divisons la
circonférence, à partir de a, en un certain nombre de parties égales,
12 par exemple, et divisons le pas $a'a_1'$ en un même nombre de
parties égales. Considérons l'un quelconque des points de division,
c par exemple; la génératrice qui lui correspond se projette suivant

une ligne passant par c' et parallèle à $g's$; ce point c étant le second point de division de la circonférence, le point m qui lui correspond sur l'hélice aura pour ordonnée les $\frac{2}{12}$ du pas ; donc par la seconde division de $a'a'_1$ on mènera une parallèle à $a'g'$ jusqu'à la rencontre de $c'm$ en m.

La construction des divers points de la projection de l'hélice est donc très-simple. Le rectangle $a'AA_1a'_1$ donnera par sa diagonale le développement de la même courbe.

Pour avoir la projection de la tangente au point qui se projette en m, nous chercherons sa trace sur le plan de base. Nous savons que la sous-tangente est égale à l'arc ac. Le point t est donc la trace de la tangente en question. Ce point se projette en t', donc mt' est la projection demandée. Cette ligne mt' est tangente à la projection $a's$ de l'hélice.

§ 5. — EXERCICES.

I. — Démontrer que, dans l'hyperbole, le produit des perpendiculaires abaissées sur une tangente est constant.

II. — Faire voir que, dans une section conique quelconque, le rayon vecteur du point de contact d'une tangente est perpendiculaire sur le rayon vecteur du point de rencontre de la tangente avec la directrice.

III. — Trouver le lieu des pieds des perpendiculaires abaissées du foyer d'une hyperbole sur ses diverses tangentes.

IV. — Démontrer que l'on peut considérer la parabole comme la courbe limite d'une hyperbole dont le grand axe augmente indéfiniment, tandis qu'un foyer et le sommet correspondant restent fixes.

V. — Construire une ellipse connaissant :

1° Un foyer, deux tangentes et un point ;
2° Un foyer, deux tangentes et le point de contact de l'une d'elles ;
3° Un foyer, une tangente et son point de contact, un point de la courbe ;
4° Un foyer, un sommet et un point ;
5° Un foyer et trois points.

VI. — Construire une parabole connaissant :

1° Le foyer et deux tangentes ;
2° Le foyer, une tangente et le point de contact ;
3° Le foyer, une tangente et un point ;
4° Le foyer et deux points.

VII. — Mêmes problèmes, en remplaçant le foyer par la directrice.

VIII. — Lieu décrit par un point d'une droite de longueur constante dont les extrémités glissent sur les côtés d'un angle droit.

NOTE A.

Longueur d'une ligne courbe en général.

Soit AB un arc de courbe quelconque. Il est impossible de trouver son rapport avec une ligne droite ; il est même impossible de donner une idée nette de ce qu'on doit entendre par longueur de cet arc, sans une définition spéciale, si l'on n'a pas le moyen de le comparer par superposition avec un arc pris pour unité, comme on peut le faire pour la circonférence.

Voici la définition adoptée par les géomètres :

On appelle longueur d'un arc AB la limite vers laquelle tend le périmètre d'une ligne brisée inscrite, quand le nombre des côtés croît indéfiniment, chacun d'eux tendant vers zéro suivant une loi déterminée quelconque.

Pour que cette définition soit acceptable, il faut démontrer : 1° que cette limite existe ; 2° qu'elle est indépendante de la loi suivant laquelle s'est faite l'inscription et la multiplication des côtés.

La première partie de cette proposition est facile à démontrer en remarquant que le périmètre inscrit augmente toujours, et qu'il reste cependant inférieur à un contour fixe enveloppant le contour primitif, que nous supposons convexe.

La seconde partie est plus épineuse ; mais on y arrive assez simplement en prenant deux périmètres appartenant à deux modes d'inscription différents, en menant par tous les sommets des perpendiculaires sur la corde de l'arc AB, et en remarquant que deux éléments des périmètres compris entre deux perpendiculaires consécutives ont l'unité pour limite de leur rapport, puisque tous deux tendent vers la direction de la tangente à l'extrémité de l'une des perpendiculaires. On sait d'ailleurs que

$$\lim (a_1 + a_2 + a_3 + \ldots + a_n)$$

est égale à

$$\lim (b_1 + b_2 + b_3 + \ldots + b_n)$$

quand on a

$$\lim \frac{a_1}{b_1} = 1, \qquad \lim \frac{a_2}{b_2} = 1, \qquad \ldots \quad \lim \frac{a_n}{b_n} = 1.$$

On peut donc affirmer que la limite vers laquelle tend un premier périmètre inscrit est la même que la limite vers laquelle tendrait tout autre périmètre inscrit.

La démonstration fait même apercevoir que l'on peut substituer au périmètre inscrit un périmètre circonscrit.

On conclut facilement de là :

1° Que toute corde est moindre que l'arc convexe qu'elle sous-tend ;

2° Que la ligne droite est le plus court chemin d'un point à un autre.

5° Que la limite du rapport de la corde à l'arc est l'unité, quand l'arc tend vers zéro.

NOTE B.

La ligne droite est le plus court chemin d'un point à un autre.

Legendre prend cette proposition pour *définition* de la ligne droite : cela ne nous semble pas rationnel. La notion de la ligne droite est simple, et il est impossible de l'expliquer en la rapportant à la notion très-complexe d'un *chemin*.

Plusieurs auteurs, partageant notre manière de voir, ont pris comme *axiome* la définition de Legendre ; mais nous avons démontré dans le cours du livre Ier que cet axiome est inutile et ne simplifie rien.

Dans la note précédente, nous avons indiqué comment on doit définir en général la longueur d'une ligne courbe, et comment on déduit immédiatement de cette définition et des théorèmes du livre Ier la démonstration de la proposition en question ; nous pouvons ajouter que, sans rien préjuger sur la définition qu'on voudra prendre, on peut arriver au même résultat, en répétant mot à mot, pour la ligne droite, la démonstration de ce principe, que *sur la sphère la plus courte distance entre deux points est l'arc du grand cercle qui les réunit* (**317**).

Cette dernière démonstration, qui évite l'emploi de la méthode des limites et passe sous silence la définition de la longueur d'un arc, peut avec avantage être introduite dans les éléments.

NOTE C.

Une ligne D perpendiculaire à deux droites A et B quelconques d'un plan P est perpendiculaire à toute autre droite du plan (**233**).

Il faut, pour que l'énoncé soit *irréprochable*, dire que les droites du plan sont *concourantes*.

On doit démontrer d'abord que D rencontre le plan P. Si D ne coupait pas P, elle serait parallèle à P. Un plan Q quelconque, passant par D, couperait P suivant une parallèle D′ à D ; D′ serait alors perpendiculaire sur deux droites concourantes, ce qui est absurde.

PARIS — IMP. SIMON RAÇON ET COMP., RUE D'ERFURTH, 1.

À LA MÊME LIBRAIRIE

Traité d'arithmétique, à l'usage des aspirants aux écoles du gouvernement, par J. BOURGET, directeur de l'École préparatoire de Sainte-Barbe, et CH. HOUZEL. 1 vol. in-8 broché. . . . . 3 fr. »

Géométrie analytique à trois dimensions, par J. BOURGET, et CH. HOUZEL. 1 vol. in-8, broché. . . . . 6 fr. »

Traité de mécanique, par E. COLLIGNON, ingénieur des ponts et chaussées, répétiteur à l'École polytechnique.
    1re partie : *Cinématique.* 1 vol. in-8, avec 338 figures dans le texte. . . . . 7 fr. 50
    2e partie : *Statique.* 1 vol. in-8, avec 561 figures. . . 7 fr. 50
    3e partie : *Dynamique.*

Traité élémentaire de géométrie descriptive, par J. KLÆS.
    1re *partie*, à l'usage des classes de mathématiques élémentaires et des candidats au baccalauréat ès sciences. 2 vol. in-8, texte et planches. . . . . 6 fr. »
    2e *partie*, à l'usage des classes de mathématiques spéciales et des candidats aux Écoles normale supérieure, polytechnique et centrale. 2 vol. in-8, texte et planches. . . . . 9 fr. »

Dictionnaire des mathématiques appliquées, par H. SONNET, professeur à l'École centrale des arts et manufactures. 1 vol. gr. in-8° d'environ 1500 p. contenant 1920 fig. intercalées dans le texte, br. 50 fr. »

Problèmes et exercices d'arithmétique et d'algèbre sur les principales questions usuelles relatives au commerce, à la banque, aux fonds publics, aux établissements de prévoyance, à l'industrie, aux sciences appliquées, par M. SONNET, professeur à l'École centrale des arts et manufactures. 2 vol. in-8 brochés. . . . . 5 fr.

Nouvelle théorie des logarithmes, dans laquelle les calculs les plus compliqués sont ramenés à de simples additions de nombres décimaux, avec les applications de la géométrie, par M. TARNIER. 1 vol. in-8, broché. . . . . 2 fr. »

Table des logarithmes à 7 décimales, d'après Callet, Véga, Brémiker, etc., par M. J. DUPUIS. Édition stéréotype, contenant les logarithmes des nombres de 1 à 100,000, les logarithmes des sinus et des tangentes des arcs, calculés dans la supposition de R = 1, de seconde en seconde pour les cinq premiers degrés, et de dix secondes en dix secondes pour tous les degrés du quart de cercle, et quelques tables usuelles. 1 beau vol. grand in-8, broché . . . . . . 3 fr. 50
Cartonné en percaline gaufrée. . . . . 10 fr. »

Premiers éléments de calcul infinitésimal, à l'usage des jeunes gens qui se destinent à la carrière d'ingénieur, par M. SONNET. 1 vol. in-8, broché. . . . . 6 fr. »

PARIS. — IMP. SIMON RAÇON ET COMP., RUE D'ERFURTH, 1.

www.ingramcontent.com/pod-product-compliance
Lightning Source LLC
LaVergne TN
LVHW010840060726
842526LV00002B/334